普通高等教育"十三五"系列教材

大学物理实验教程

第 2 版

主　编　刘　毅　胡　林

参　编　白光富　白忠臣　何　丽

　　　　姜加梅　景江红　蒋晓英

　　　　刘大卫　刘树成　郋贵江

　　　　汤　燕　余克俭　曾庆丰

　　　　张敏园　张　鹏　詹　琼

U0380678

机械工业出版社

本书根据教育部高等学校物理基础课程教学指导分委员会制定的《理工科类大学物理实验课程教学基本要求》（2010 年版），并结合贵州大学物理实验课程建设的实际经验编写而成。本书注重强化实验基本技能、基本方法和物理实验思想的训练，注重培养和提高学生的科学实验素质，重点突出能力培养和创新意识的训练。本书在编排上力求突出时代特色，采取由浅入深、循序渐进的方式编排实验内容，力求做到实验原理简明扼要、实验方法清晰合理、数据处理规范。本书主要内容有绪论、物理测量的数据处理、预备性实验、基础性实验、综合性实验、研究性实验及附录七部分，分层次收录了 55 个实验项目，其中预备性实验 6 个、基础性实验 16 个、综合性及研究性实验 33 个。

　　本书可作为高等院校理、工、农、林、生等各专业大学物理实验课程的教学用书，也可供其他有关专业选用。

图书在版编目（CIP）数据

大学物理实验教程/刘毅，胡林主编. —2 版. —北京：机械工业出版社，2017.12（2025.1 重印）

普通高等教育"十三五"系列教材

ISBN 978-7-111-58542-8

Ⅰ.①大⋯　Ⅱ.①刘⋯　②胡⋯　Ⅲ.①物理学-实验-高等学校-教材　Ⅳ.①O4-33

中国版本图书馆 CIP 数据核字（2017）第 285030 号

机械工业出版社（北京市百万庄大街 22 号　邮政编码 100037）

策划编辑：李永联　责任编辑：李永联　陈崇昱

责任校对：刘雅娜　封面设计：马精明

责任印制：邓　博

北京盛通数码印刷有限公司印刷

2025 年 1 月第 2 版第 14 次印刷

184mm×260mm·20 印张·490 千字

标准书号：ISBN 978-7-111-58542-8

定价：49.80 元

电话服务　　　　　　　　　网络服务

客服电话：010-88361066　　机　工　官　网：www.cmpbook.com

　　　　　010-88379833　　机　工　官　博：weibo.com/cmp1952

　　　　　010-68326294　　金　书　网：www.golden-book.com

封底无防伪标均为盗版　　机工教育服务网：www.cmpedu.com

前　言

大学物理实验是高等学校理、工、农、林、生等专业学生的重要基础课程之一。随着科学技术的高速发展，社会对高校本科毕业生科学素质和创新能力的要求日益提高，科研单位、企业在对技术人才的评价考核方面，更加注重实践能力和实验动手能力方面的考核，而这些能力的培养和训练正是大学物理实验课程的主要教学内容。因此，大学物理实验课程在培养学生的实验科学基础理论、实验操作技能、科学素养和动手创新能力方面起着其他课程不能替代的重要作用。同时，大学物理实验课程本身的内容和要求也应随着社会的发展不断改革与更新。本书正是在这样的背景下，根据教育部高等学校物理基础课程教学指导分委员会制定的《理工科类大学物理实验课程教学基本要求》（2010 年版），并结合贵州大学新校区实验室建设及西部高校实力提升计划实验室专项建设，为适应高等教育发展对大学物理实验课程与时俱进的新要求，针对贵州大学各专业本科人才培养计划对大学物理实验课程的需求而编写的。

教学质量的保证受限于区域经济和文化教育的背景。我校大部分生源来自农村，学生的基础参差不齐，为保证教学效率和教学质量，本书保留了一些最基本的传统实验项目，用于实验基本方法、基本操作技能的训练，并设立了预备实验项目，面向一年级新生开放。学生们通过自主学习，可以熟悉最基本的实验操作和仪器使用。在第一阶段基础实验内容的教学中，保持基础实验在基本知识、基本方法、基本技能训练的基础上加强与现代技术的结合，减少单纯验证性实验，适度增加具有专业特色的应用性实验，重点学习和掌握物理实验的基础理论和实验数据处理方法。第二阶段设置了综合性实验项目，针对物理、电子科学、材料、冶金、化工、生命科学、电工、机械、矿业、资源环境、土建等理工科专业，开设了涉及力、热、电、磁、光、声等综合性和应用性较强的实验项目。教学的重点是：了解各类电、光仪器设备的基本工作原理，理解实验物理的基本理论知识；熟悉各类仪器的基本操作和元器件性能，训练和提高学生的实验操作能力；启发对实验兴趣高的学生学习、组装测量线路或组合搭建光路。这对培养学生的实验科学素质、提高学生的实验动手能力至关重要。第三阶段以研究性或设计性实验项目为载体，主要培养学生的自主创新能力，通过对实验室现有仪器、元器件的不同组合，实现新的测量内容，并对实验测量结果给出合理的定性或定量解释，或通过物理学发展史上具有代表性的典型实验的学习实践，介绍这些实验的历史背景和对传统认识的挑战，强调对学生进行创新意识的培养。

根据教学任务和培养目标，本书分为绪论、四个实验章节以及附录。第 1 章物理测量的数据处理，可以分两个阶段完成：实验开始前和实验中，开始主要介绍实验的基础理论和数据处理的基本方法，通过第一阶段基础实验后，再讲授实验全过程中的数据处理，使学生真正体会到数据处理对于整个实验设计、实验操作、实验结果的重要性，这有利于培养学生尊重科学和实事求是的作风。第 2 章预备性实验（开放性），指导学生自主学习最基本、最简单的实验仪器的使用和操作；第 3 章基础性实验，指导学生完成基本知识、基本方法、基本技能的训练；第4章综合性实验，指导学生了解各种电、光仪器设备的基本工作原理，熟悉各类仪器和元器件性能，并正确使用仪器设备；第5章研究性实验，指导、启发和提高学生的实验综合素质及创新能力。

为了使学生在实验知识、实验方法、实验技能和误差与数据处理各方面都能够得到由浅入深、由易到难、由简到繁、循序渐进的系统训练，达到培养学生进行科学实验的能力，提高学生科学实验素养的目的，基础性实验写得比较细致、具体，给出了有关的数据记录表格、数据处理要求以及误差计算和结果表示，以便于学生参考学习。在综合性、研究性实验中，重点突出实验原理和思路，将一些细节问题留给学生去思考和探索，以利于学生的创新意识、创新精神和创新能力的培养。

本书编写人员如下：白光富（绪论、物理测量的数据处理、实验4.16、实验5.7、实验5.8）、白忠臣（实验3.14、实验4.14、实验5.9、实验5.10、实验5.11）、胡林（前言、附录）、何丽（实验2.4、实验4.4、实验4.5、实验4.9、实验4.15）、姜加梅（实验3.1、实验4.2）、景江红（实验2.2）、蒋晓英（实验3.8、实验3.9、实验4.8）、刘大卫（实验3.6、实验4.18、实验4.19、实验5.2）、刘树成（实验4.6、实验4.7）、刘毅（实验3.13、实验4.13、实验5.1、实验5.3、实验5.4、实验5.12）、郜贵江（实验3.4、实验3.5、实验3.15、实验3.16）、汤燕（实验4.17、实验5.5、实验5.6、实验5.13）、余克俭（实验2.3、实验3.10、实验4.3）、曾庆丰（实验3.2、实验3.3、实验3.12）、张敏园（实验2.5、实验2.6、实验4.10、实验4.11、实验4.12）、张鹏（实验3.7、实验4.1）、詹琼（实验2.1、实验3.11、实验4.20）。

限于编者的经验和水平，书中难免有欠妥和不足之处，恳请读者不吝指正。

编　者

目 录

绪 论

1. 物理实验的地位和作用

在自然科学领域中，人类研究和认识自然规律概括起来有三种基本方法：理论研究、实验研究和计算机模拟研究。实验是联系现实世界与理论知识的桥梁。科学理论来源于科学的实验，并受到科学实验的检验；物理学理论就是通过观察、实验、抽象、假说等研究方法，并通过实验的检验而建立起来的。

观察和实验是物理学中的重要研究方法。观察是对自然界中发生的某种现象，在不改变自然条件的情况下，按照原来的样子加以记录、研究的方法。而实验则是人们为了一定的研究目的，借助符合规定的仪器设备，人为地控制或模拟自然现象，使自然现象以比较纯粹或典型的形式表现出来，进而对各种物理量的变化关系进行反复研究，并探索其内部规律的一种方法。

物理学从本质上说是一门实验科学，无论是物理规律的发现，还是物理理论的创立，都有待于实验验证。1956年，杨振宁和李政道首次提出了"宇称不守恒定律"，推翻了长期以来被人们奉为金科玉律的"宇称守恒定律"。吴健雄用实验证明了宇称不守恒定律是正确的，轰动了当时的国际物理界。有人说，吴健雄解开了原子物理和核物理的第一号谜底。正是借助于吴健雄的实验结果，1957年杨振宁和李政道才能够以革命性的理论成就荣获诺贝尔物理学奖。那一年，对瑞典皇家科学院的诺贝尔委员会没有把诺贝尔物理学奖颁给吴健雄，许多大科学家都公开表示了他们的失望和不满。又如，伟大的科学家爱因斯坦并不是因他著名的相对论而获得诺贝尔物理学奖的，而是由于他成功地解释了光电效应，因为当时相对论还没有得到证实。

物理实验不仅在物理学的发展中占有重要的地位，而且在推动其他自然科学、工程技术的发展中也起着重要作用。特别是在不少交叉学科中，物理实验的构思、方法和技术与化学、生物学、天文学等学科的相互结合已取得丰硕的成果。此外，物理实验还是众多高技术发展的源泉，原子能、半导体、激光、超导和空间技术等最新科技成果，都是与物理实验密切相关的。

2. 物理实验课的教学目的

物理实验课程不同于一般的探索性科学实验研究，每个实验题目都经过精心设计安排，可使学生们获得基本的实验知识，在实验方法和实验技能诸方面得到较为系统的、严格的训练，是大学里从事科学实验的起步，同时在培养科学工作者的良好素质及科学世界观方面，物理实验课程也起着潜移默化的作用。

学生通过对实验现象的观察、分析和对物理量的测量，学生可以学习物理实验知识和设计思想，掌握和理解物理理论；借助于教材或仪器说明书正确使用常用仪器；运用物理学理论对实验现象进行初步的分析判断；正确记录和处理实验数据，绘制实验曲线，说明实验结果，撰写合格的实验报告；能够根据实验目的和仪器设计出合理的实验，培养学生理论联系实际和实事求是的科学作风；保持严肃认真的工作态度，培养主动研究和创新的探索精神以及遵守纪律、团结协作和爱护公共财产的优良品德。

3. 物理实验课的基本程序

物理实验课通常分以下三个阶段进行。

（1）实验前的预习

为了在规定的时间内保质保量地完成实验内容，学生在实验前必须做好预习工作。

实验讲义是实验的指导参考，它对每一个实验的实验目的、实验要求、实验原理都做了明确的阐述，因此，在上实验课前必须认真地阅读。对于教材中不清楚的原理或操作，还需要查阅有关参考资料；有许多实验仪器和设备是从未见过的，在预习时就需要认真阅读仪器介绍，弄清仪器的原理、构造、操作规程和注意事项等。特别是注意事项，不仅要看，还要牢记，否则会造成仪器损坏，甚至人身事故。对仪器的构造，应尽可能地去理解、去想象，必要时还需要去实验室观察实物。

在预习的基础上写好预习报告，其内容包括实验名称、实验目的、实验原理（包括实验装置简图、电路图、光路图、主要公式等）、数据记录表格（分清已知量、未知量、待测量和单位）。此外，根据实验内容，准备好实验中所需的绘图工具和计算器等。不要照抄实验教材！

（2）实验操作

实验时应严格遵守实验室的规章制度。为了顺利完成实验，进入实验室后按**"核、调、测、记"**的四字方针进行实验。

在实验正式进行前，首先结合仪器实物，对照实验讲义或仪器说明书，核对实验仪器是否齐全，认识和熟悉仪器的结构和使用方法；其次要全面考虑实验的操作步骤，看怎样做更为合理，不要急于动手。在老师介绍完后，动手将实验仪器安装或调试到最佳状态。仪器的安装和调整是决定实验成败的关键一环，在使用仪器进行测量时，必须满足仪器的正常工作条件。

因为对于操作程序中某些关键步骤而言，哪怕是有很小的错误，都有可能使实验前功尽弃。实验测量应遵循"先定性、后定量"的原则，即先定性地观察实验全过程，确认整个实验装置工作是否正常，对所测内容要做到心中有数。在可能的情况下，在对数据的数量级和趋势做出估计后，再定量地读取和记录测量数据。测量时，观测者应集中精力，细心操作，仔细观察，并积极发挥主观能动性，以获得所用仪器可能达到的最佳效果。

原始数据是宝贵的第一手资料，是以后进行计算和分析的依据，要按有效数字的规则正确记录。

实验记录的内容应包括：日期、时间、地点、合作者、指导教师、仪器的名称和编号、原始数据及有关现象。

实验数据是否合理，学生应首先自查，然后交给指导老师审查。对不合理和错误的实验结果，应分析原因，及时补测或重做。离开实验室后原始数据不能被更改。离开实验室前，应听从实验管理员和指导老师的指挥，自觉整理好仪器，并做好清洁工作。

（3）写实验报告

写实验报告的目的是培养学生以书面形式总结工作和报告科学成果的能力。实验报告要求文字通顺，字迹端正，数据完整，图表规范，结果正确。

一份完整的实验报告应包括：①实验名称，②实验目的，③实验原理简述，④主要实验仪器设备，⑤实验数据表格、数据处理、计算主要过程、作图及实验结果和结论，⑥实验现象分析、误差评估、小结和讨论。

第1章

物理测量的数据处理

1.1 测量与误差

在物理学中，测量一般是指借助于一定的仪器、量具将待测的物理量与选定的标准量进行比较的过程。按测量次数分为单次测量、多次测量。按是否能用测量仪器直接测得结果分为直接测量、间接测量。例如，当用游标卡尺测量正方体的长、宽、高时，就可以直接测量；如果要测其体积，显然需要用到体积公式，即将测量量代入函数关系求出所需的物理量，这类物理量的测量过程称为间接测量。

测量是人类主观认识客观的过程，必然与客观值之间有一定的偏差，这种偏差就称为误差。

分析误差对于我们来说具有重要意义：

1）有助于认识与改造客观世界。实验人员进行的实验与测量是为了研究自然界中所发生的量变现象，借以认识我们周围所发生的客观过程，从而能动地改造客观世界。由于有误差存在，实验结果常常会歪曲这些客观现象，实验人员要想正确认识不以主观意志为转移的客观规律，就需要分析实验测量时产生误差的原因和性质，采取必要措施，以消除、抵偿和减弱误差。

2）精确地组织实验。分析误差有助于我们正确地组织实验和测量，合理地设计仪器、选用仪器及选定测量方法，以最经济的方式获得有效的结果。

3）评价与确保质量。在计量科学和实验工作中，必须保证量值的统一和准确传递。提供物理量单位的计量基准、标准的研究成果、技术革新中的仪器的性能和质量、科学实验的数据等，它们的质量是否过硬，怎样正确使用，还取决于误差分析是否正确。

4）促进理论的发展。自近代以来，由于测量和计量仪器准确度得到很大提高，以往很难用实验方法验证的理论也能得以验证。譬如：将几十万年不会相差 1s 的原子钟放在高速飞行器上，并不断与地面相对静止的时间标准比对，就能成功地验证爱因斯坦相对论——"处于高速运动的时钟慢了"这一理论，这是时间频率领域中量子计量学的成功。从宏观的实物计量基准过渡到微观计量基准，这本身就是大大减小误差的过程。

按照不同的分类方法可以将误差分为不同类型。按定义，误差可分为绝对误差、相对误差、分贝误差和引用误差。

绝对误差：测量值-真值（真值可以分为理论真值、计量真值、标准器真值等，测量值可分为测得值、实验值、标称值、示值等）。

相对误差：绝对误差的绝对值/真值。

分贝误差：其在无线电和声学中有广泛的应用，在这里通过下面的一个例子介绍。

例如：输入电压与输出电压分别为 u_1，u_2，$\alpha = u_1/u_2$，$A = 20\lg\alpha\,(\mathrm{dB})$，当 α 有一定变化 $\delta\alpha$ 时，引起 A 有变化 δA。

$$A + \delta A = 20\lg(\alpha + \delta\alpha)\,(\mathrm{dB}) \text{ 或 } \delta A = 20\lg(1 + \delta\alpha/\alpha)\,(\mathrm{dB})$$

其中，δA 为绝对分贝误差。

引用误差：仪器示值的绝对误差与测量范围的上限或量程之比。

仪器仪表上标出的级数通常指的就是引用误差，因此，我们可以通过仪器上的级次来判断仪器的引用误差。

例 1 量程为 10 A 的电流表，标定为 2.75 A，对应的实际值为 2.50 A。

引用误差：$\dfrac{|2.75 - 2.50|}{10} \times 100\% = 2.5\%$，表示仪器的级次为 2.5 级。

常用级次有：0.1，0.2，0.5，1.0，1.5，2.5，7.0。

按误差的来源，误差可以分为：装置误差（装置误差又可分为标准器误差、附件误差、仪器误差、变化性误差）、环境误差、人员误差、方法误差。

下面来讲述误差的表现形式及其分类。

有的误差表现出明确的规律性，有的在离散中表现出一定的规律性，如图 1-1-1 所示。

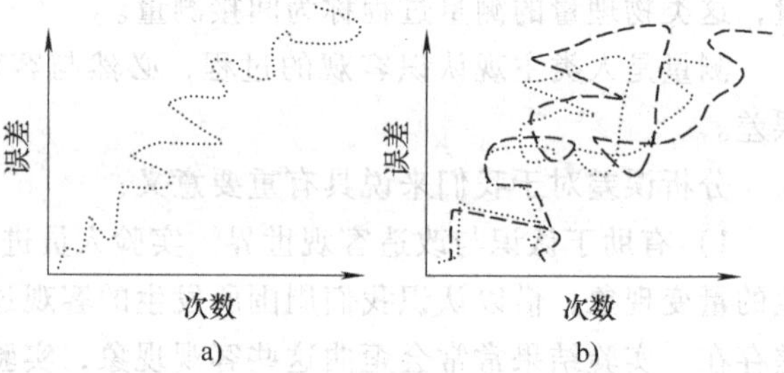

为了方便分析误差，我们将误差分为以下三类：

1）系统误差：在偏离规定的条件下多次测量同一量时，误差的绝对值和符号保持恒定或在该测量条件改变时，按确定的规律改变的误差。

图 1-1-1

造成系统误差的可能原因如下：

测量仪器本身不准确，如调零；实验理论和方法不完善；测量者的习惯不同；使用条件的变化，如环境温度等。系统误差又可分为已定系统误差和未定系统误差。已定系统误差的方向已知，绝对值已知，如电表、外径千分尺的零位误差；测电压、电流时由于忽略电表内阻而引起的误差，对于含有这类误差的测量值需要给予修正。未定系统误差的方向未知，绝对值未知，如外径千分尺制造时的螺纹公差等，对于这类误差，要估计出分布范围。

2）随机误差：在实际测量条件下，多次测量同一量时，误差的绝对值和符号的变化时大、时小、时正、时负，以不可预测的方式改变着的误差。主要实验条件和环境因素无规则地起伏变化，会引起测量值围绕真值发生涨落的变化。例如：电表轴承的摩擦力变动、外径千分尺测量在一定范围内的随机变化、操作读数时的视差影响等。对于这类误差，要估计出分布范围。

3）粗大误差：超出在规定条件下的预期误差，也称为过失误差。对于这类误差，一般情况下需要剔除，但剔除时要慎重，常采用"3σ 法则"剔除。

在分析误差时通常只考虑系统误差和随机误差。

需要强调的是系统误差并没有很严格的区分，如系统误差中就含有随机变化的部分，这部分也可以称为随机误差。另外，在不同的场合，误差不是恒定不变的，而是会相互转化。例如，当工人在使用游标卡尺作为工具测量物体时，会带来系统误差，然而对于生产游标卡尺的车间里的工人来说，同时生产出的一批游标卡尺之间会有不同的标称误差，从而可以认为是随机误差。

误差分类小结：

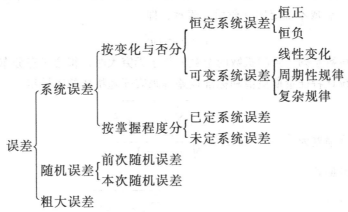

在学习数据处理之前，先介绍几个重要的术语：精确度、正确度与准确度，它们都是评价测量结果好坏的物理量，分别用来表示随机误差、系统误差和综合误差的大小。

1）精确度：表示测量结果中随机误差大小的程度。这种测量是指在同一测量条件下对被测量物体进行多次测量，获得一组测量结果的重复性（或离散性）程度。

2）正确度：表示测量结果中系统误差大小的程度。这种系统误差是指同一物理量在不同测量中所得各次测量值与真实值的接近程度，它反映了在规定条件下测量结果中所有系统误差的综合。

3）准确度：表示测量结果与被测量的（约定）真值之间的一致程度，它反映了在同一测量条件下系统误差和随机误差的综合影响。

在图 1-1-2a 中的情况属于随机误差小、系统误差大，故可以说成"精确度高、正确度不高"；图 1-1-2b 中的情况属于系统误差小、随机误差大，故可以说成"正确度高、精确度不高"；图 1-1-2c 中的情况属于随机误差与系统误差都小，故可以说成"精确度与正确度都高"。显然，只有在图 1-1-2c 中的情况下，准确度才高，如图 1-1-2a、b 所示两种情况的准确度都不高。

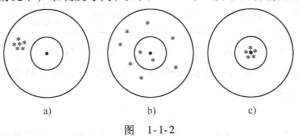

图　1-1-2

1.2　不确定度与分类

由于测量的存在，被测值不能被肯定的程度称为不确定度，用符号 u 表示。它表示一定置信概率下的误差限值，反映了可能存在的误差分布范围。

按误差的表现形式可分为系统不确定度和随机不确定度。

按估计或推测其数值的不同方式可分为 A 类不确定度 u_A 和 B 类不确定度 u_B。A 类不确定度可以用统计方法得出，并用标准偏差代表 u_A。B 类不确定度用统计以外的方法得出，一般用非统计方法估计出近似"标准偏差"，并用"标准偏差"代表 u_B。为了跟 A 类分量和 B 类分量区别，合成不确定度一般用 u 表示，即

$$u = \sqrt{u_A^2 + u_B^2}$$

随机误差构成随机数系列，当随机数的个数 n 趋于无穷大时，符合正态分布。在随机数系列中，我们可以用统计特征量期望值和标准偏差等来表征随机数的离散型。

随机数的标准偏差为

$$s(x) = \sqrt{\dfrac{\sum\limits_{i=1}^{n}(x_i - \bar{x})^2}{n-1}}$$

平均值的标准偏差为

$$s(\bar{x}) = \dfrac{s(x)}{\sqrt{n}} = \sqrt{\dfrac{\sum\limits_{i=1}^{n}(x_i - \bar{x})^2}{n(n-1)}}$$

必须强调的是，在这里我们假设仪器是稳定的，如果仪器不可避免地发生变化，测量列不是在同种条件下测出的，则应改用其他算法。

$$u_A = s(\bar{x})$$

$$u_B = \dfrac{\Delta_{仪}}{C}$$

式中，$\Delta_{仪}$ 为误差限，代表仪器的最大误差；C 为置信因子。C 与 $\Delta_{仪}$ 的分布有关。正态分布时 $C=3$，均匀分布时 $C=\sqrt{3}$，三角形分布时 $C=\sqrt{6}$，反正弦分布时 $C=\sqrt{2}$。表 1-2-1 给出了常见仪器的 $\Delta_{仪}$ 分布情况。

表　1-2-1

仪器名称	外径千分尺	游标卡尺	米尺	物理天平	秒表	电表	电阻箱
误差分布类型	正态分布	均匀分布	正态分布	正态分布	近似均匀分布	近似均匀分布	近似均匀分布

在实际实验中，n（实验次数）不可能为无穷多次，这时随机误差的分布服从 t 分布（这里只是一种简化模型），如果用正态分布的标准偏差公式求不确定度 A 类分量，需要加 t 因子，因此，对其修正得

$$u_A = t s(\bar{x})$$

式中，t 因子与实验次数有关，显然，当次数趋于无穷大时，t 分布就趋于正态分布，t 因子趋于1，见表 1-2-2。

表　1-2-2

n	3	4	5	6	7	...	15	∞
t	1.32	1.20	1.14	1.11	1.09	...	1.04	1

在本书中，为了计算方便，当 $n \geqslant 6$ 时可以近似认为 $t \approx 1$。

综上所述，直接测量量的不确定度评估可以按以下基本步骤进行：

1）列出测量列样本 x_i；

2）求算术平均值

$$\bar{x} = \frac{1}{n} \sum x_i$$

并进行 A 类评定，求出 $u_A(\bar{x})$；

3）根据测量的性质进行 B 类评定，求出 $u_B(\bar{x})$；

4）求合成不确定度

$$u = \sqrt{u_A^2(\bar{x}) + u_B^2(\bar{x})}$$

对于单次测量，有
$$u_A(\bar{x}) = 0$$

则
$$u(\bar{x}) \approx u_B(\bar{x}) = \frac{\Delta_{仪}}{C}$$

5）写出测量结果 $x = \bar{x} \pm u(\bar{x})$（单位）或 $x = \bar{x}$（单位）$\pm u(\bar{x})$（单位）。

上述结果表示的物理意义是：测量量落在 $[\bar{x} - u, \bar{x} + u]$ 区间上的概率为 68.3%。

如果将综合不确定度扩大 3 倍，即 $U = 3u$，则称其为扩展不确定度，其测量结果可表示为

$$x = \bar{x} \pm U(\bar{x})（单位）或 x = \bar{x}（单位）\pm U(\bar{x})（单位）$$

此时表示的物理意义是：测量量落在 $[\bar{x} - U, \bar{x} + U]$ 区间上的概率为 99.7%。

如果将综合不确定度扩大 2 倍，即 $U = 2u$，则称其为扩展不确定度。

值得注意的是，有的学者认为该概率为 95%。为了不引起混乱，本书采用置信概率为 68.3% 的方式表示。

例 2　用量程为 1.5 V、级次为 0.5 的电压表单次测量某一电压 $U = 1.434$ V，设电压表零位已校准，试表示测量结果。

解：电压 U 为单次测量，$u_A = 0$，故只需考虑 B 类分量 u_B。

$$\Delta_{仪} = U_m \times k\% = 1.5 \text{ V} \times 0.5\% = 0.0075 \text{ V}$$

$$u = u_B = \frac{\Delta_{仪}}{C} = \frac{0.0075 \text{ V}}{1.732} = 0.00433 \text{ V} = 0.004 \text{ V}$$

（电压表的仪器误差为均匀分布，$C = \sqrt{3}$）

最佳测量值　$\bar{U} = U - \Delta_{系} = 1.434$ V（电压表零位已校准，$\Delta_{系} = 0$）

测量结果　$U = \bar{U} \pm u = (1.434 \pm 0.004)$ V

例 3　用一级外径千分尺测量钢珠直径 d，测量数据为（单位：mm）

8.452，　8.450，　8.449，　8.453，　8.456，　8.453

已知外径千分尺的仪器误差限 $\Delta_{仪} = 0.004$mm，服从正态分布，初读数为 −0.016mm，试表示测量结果。

解：测量平均值　$\bar{d}' = \frac{1}{6} \sum_{i=1}^{6} d_i = 8.452$mm

最佳测量值　$\bar{d} = \bar{d}' - \Delta_{系} = 8.452$mm $- (-0.016$mm$) = 8.468$mm

下面计算不确定度的 A 类分量：

测量列的标准偏差　　$s_d = \sqrt{\dfrac{1}{6-1}\sum_{i=1}^{6}(d_i - \bar{d}')^2} = 0.00248\,\text{mm}$

平均值的标准偏差　　　　　　$s_{\bar{d}} = \dfrac{1}{\sqrt{n}}s_d = 0.00101\,\text{mm}$

A 类标准不确定度　$u_A = s'_{\bar{d}} = ts_{\bar{d}} \approx s_{\bar{d}} = 0.00101\,\text{mm}$　　　（当测量次数 $n \geq 6$ 时，$t \approx 1$）

计算不确定度的 B 类分量：

B 类标准不确定度

$$u_B = \frac{\Delta_{仪}}{C} = \frac{0.004\,\text{mm}}{3} = 0.00133\,\text{mm}（外径千分尺的仪器误差为正态分布，C=3）$$

合成不确定度

$$u = \sqrt{u_A^2 + u_B^2} = \sqrt{0.00101^2 + 0.00133^2}\,\text{mm} = 0.00167\,\text{mm} \approx 0.002\,\text{mm}$$

$$d = \bar{d} \pm u = (8.468 \pm 0.002)\,\text{mm}（68.3\%）$$

它表示的物理意义是：直径落在 $[8.468-0.002,\ 8.468+0.002]$ 区间上的概率为 68.3%，一般情况下后面的概率常省略。

对于间接测量，不确定度评估比较麻烦，需要用到误差传递公式，其思想是用微分量代表误差分量。例如，已知直接测量量 x_i 及间接测量量与直接测量量的函数关系：$y = f(x_1, x_2, \cdots, x_n)$，则

$$dy = \sqrt{\left(\frac{\partial f}{\partial x_1}\right)^2 dx_1^2 + \left(\frac{\partial f}{\partial x_2}\right)^2 dx_2^2 + \cdots + \left(\frac{\partial f}{\partial x_n}\right)^2 dx_n^2}$$

$$u(y) = \sqrt{\left(\frac{\partial f}{\partial x_1}\right)^2 u^2(x_1) + \left(\frac{\partial f}{\partial x_2}\right)^2 u^2(x_2) + \cdots + \left(\frac{\partial f}{\partial x_n}\right)^2 u^2(x_n)}　（和差形式）\qquad(1)$$

如果函数是积商形式，为了计算方便，可以先将等式两边取对数，化为和差形式后再微分，则

$$\frac{u(y)}{\bar{y}} = \sqrt{\left(\frac{\partial \ln f}{\partial x_1}\right)^2 u^2(x_1) + \left(\frac{\partial \ln f}{\partial x_2}\right)^2 u^2(x_2) + \cdots + \left(\frac{\partial \ln f}{\partial x_n}\right)^2 u^2(x_n)}　（积商形式）\qquad(2)$$

此时得到的为相对不确定度，其不确定度为

$$u(y) = \bar{y}\sqrt{\left(\frac{\partial \ln f}{\partial x_1}\right)^2 u^2(x_1) + \left(\frac{\partial \ln f}{\partial x_2}\right)^2 u^2(x_2) + \cdots + \left(\frac{\partial \ln f}{\partial x_n}\right)^2 u^2(x_n)}\qquad(3)$$

间接测量量的不确定度评估可以按以下基本步骤进行：

1）用直接测量的方法得到 $\overline{x_i}, u(\overline{x_i})$；

2）由函数关系 $y = f(x_1, x_2, \cdots, x_n)$ 计算出 y 的最佳估计值 $\bar{y}$；

3）计算出合成不确定度 $u(\bar{y})$；

4）写出测量结果的表达式：$y = \bar{y} \pm u(\bar{y})$（单位）或 $y = \bar{y}$（单位）$\pm u(\bar{y})$（单位）。

例 4　试求下列两测量函数的不确定度传递公式：

（1）$w = 2x + 3y - 4z$；

（2）$w = \dfrac{3x^2}{y^3 z^4}$。

解：（1）对函数 $w = 2x + 3y - 4z$ 求微分，得到

$$dw = 2dx + 3dy - 4dz$$

再由式（1）得到不确定度为

$$u(w) = \sqrt{2^2 u^2(x) + 3^2 u^2(y) + (-4)^2 u^2(z)}$$

$$= \sqrt{4u^2(x) + 9u^2(y) + 16u^2(z)}$$

（2）对函数 $w = \dfrac{3x^2}{y^3 z^4}$ 取对数，得

$$\ln w = \ln 3 + 2\ln x - 3\ln y - 4\ln z$$

对上式求导得

$$\frac{dw}{w} = \frac{2}{x}dx - \frac{3}{y}dy - \frac{4}{z}dz$$

由式（2）得到

$$\frac{u(w)}{\overline{w}} = \sqrt{\left(\frac{2}{\overline{x}}\right)^2 u^2(x) + \left(\frac{3}{\overline{y}}\right)^2 u^2(y) + \left(\frac{4}{\overline{z}}\right)^2 u^2(z)}$$

$$= \sqrt{\frac{4}{\overline{x}^2}u^2(x) + \frac{9}{\overline{y}^2}u^2(y) + \frac{16}{\overline{z}^2}u^2(z)}$$

由式（3）得到不确定度为

$$u(w) = \overline{w}\left(\frac{u(\overline{w})}{\overline{w}}\right)$$

例5 用自组惠斯通电桥测电阻，已知待测电阻 $R_x = \dfrac{R_1 R_3}{R_2}$，设

$$R_1 = (156.2 \pm 0.8)\,\Omega, \quad R_2 = (121.8 \pm 0.8)\,\Omega, \quad R_3 = (76.2 \pm 0.8)\,\Omega$$

试进行数据处理并完整地表示出测量结果。

解： 待测电阻的最佳值为

$$\overline{R}_x = \frac{\overline{R}_1 \overline{R}_3}{\overline{R}_2} = \frac{156.2 \times 76.2}{121.8}\,\Omega = 97.7\,\Omega$$

而由式（2）得

$$\frac{u(R_x)}{\overline{R}_x} = \sqrt{\left(\frac{1}{\overline{R}_1}\right)^2 u^2(R_1) + \left(\frac{1}{\overline{R}_2}\right)^2 u^2(R_2) + \left(\frac{1}{\overline{R}_3}\right)^2 u^2(R_3)} = 0.011$$

由式（3）得待测电阻的不确定度为

$$U(R_x) = \overline{R}_x\left(\frac{u(R_x)}{\overline{R}_x}\right) = 97.7\,\Omega \times 0.011 = 1\,\Omega$$

按照测量结果的有效数字末位与不确定度对齐的原则（后面叙述），测量结果可表示为

$$R_x = (98 \pm 1) \, \Omega$$

例6 测金属圆柱体的体积，数据分析如下：

d_i/cm：1.0069   1.0071   1.0073   1.0076   1.0072   1.0074

h_i/cm：2.1016   2.0110   2.0107   2.0103   2.0101   2.0112

$$V = \frac{1}{4} \pi d^2 h$$

解： $\bar{d} = 1.00725 \text{cm}, s(d_i) = 0.0033 \text{cm}$

$$u_A(\bar{d}) = ts(\bar{d}) = t \frac{s(d_i)}{\sqrt{n}} \approx \frac{0.0033 \text{cm}}{\sqrt{6}} = 0.00013 \text{cm} \quad (t \approx 1)$$

$$u_A(\bar{h}) = ts(\bar{h}) = t \frac{s(h_i)}{\sqrt{n}} = 0.00017 \text{cm} \quad (t \approx 1)$$

$$u_B(\bar{d}) = u_B(\bar{h}) = \frac{\Delta_\text{仪}}{C} = \frac{\Delta_\text{仪}}{\sqrt{3}} = 0.00023 \text{cm}$$

$$u(\bar{d}) = \sqrt{u_A^2(\bar{d}) + u_B^2(\bar{d})} = 0.00026 \text{cm}$$

$$u(\bar{h}) = \sqrt{u_A^2(\bar{h}) + u_B^2(\bar{h})} = 0.00029 \text{cm}$$

$$\bar{V} = \frac{1}{4} \pi \bar{d}^2 \bar{h}$$

$$\frac{u(V)}{\bar{V}} = \sqrt{4\left(\frac{u(d)}{\bar{d}}\right)^2 + \left(\frac{u(h)}{\bar{h}}\right)^2} = 0.000536$$

$$u(V) = \bar{V} \times \frac{u(V)}{\bar{V}} = 1.60214 \text{cm}^3 \times 0.000536 \approx 0.0009 \text{cm}^3$$

$$V = \bar{V} \pm u(V) = (1.6021 \pm 0.0009) \text{cm}^3$$

1.3 有效数字及其运算

1. 有效数字的读取

（1）在实验仪器给出最大允许误差 $\Delta_\text{仪}$ 时，应读到 $\Delta_\text{仪}$ 所在位。

（2）在测量仪器带有标尺时，应在两刻度间估读一位。

说明：1）有效数字的位数越多，测量精度越高。

2）有效数字的位数与十进制单位的变换和小数点的位置无关。如：

$$g = 9.800 \text{m/s}^2 = 980.0 \text{cm/s}^2 \neq 9.8 \text{m/s}^2$$

3）特大或特小的数用科学计数法。如：

$$0.6328 \mu\text{m} = 6.328 \times 10^{-7} \text{m}$$

4）纯数或常数（如 π）可以认为其有效数字的位数是无限的，想取几位就取几位，一般与测量值位数最多的相同或多取一位。

2. 确定有效数字误差的基本原则

测量结果的误差取决于不确定度的发生位。如：

$$\overline{x} = 2.85324\text{m}^3, \quad \mu(\overline{x}) = 0.006\text{m}^3$$

则
$$x = (2.853 \pm 0.006)\,\text{m}^3$$

3. 测量结果有效数字的修约

修约就是去掉数据中多余的位。修约后所保留数据末位数字的最小间隔为修约间隔。预先选定修约间隔：从它的完整的整数倍数列中选出一个数代替原来的值叫作修约，如：限定修约间隔为 0.1，相当于将数值修约到一位小数（如 $12.1498 \approx 12.1$）；选定修约间隔为 100，相当于将数值修约到百位（如 $1327 \approx 1.3 \times 10^3$）。

说明：1）修约采用的进舍规则

一般采用四舍六入五凑偶法，即：舍去的数字最左位小于 5 时，舍去；大于 5 时，则进 1；等于 5 但后面有非零的数则进一，若等于 5 且后面全为零，则当保留的末位数为奇数时进一，为偶数或 0 时舍去。

2）不允许连续修约

如：$15.4546 \approx 15$ 是正确的，而 $15.4546 \approx 15.455 \approx 15.46 \approx 15.5 \approx 16$ 却是错误的。

4. 有效数字的运算

（1）加减法

最后结果的有效数字和参与运算的各有效数字中有效数字误差最大的相同，也称为尾数对齐法。如：

$$10.1 + 4.178 = 14.278 \approx 14.3; \quad 10.1 - 4.178 = 5.922 \approx 5.9$$

（2）乘除法

最后结果的有效数字和参与运算的各有效数字中有效数字位数最少的相同，也叫作位数取齐法。如：

$$4.178 \times 10.1 = 42.1978 \approx 42.2; \quad 1.1111 \times 1.11 = 1.233321 \approx 1.23$$

说明：1）不确定时一般取一位有效数字，且仅当首位为 1 或 2 时取两位，只要尾数不为零一律进位，只进不舍。

2）当不确定度以相对形式给出时，不确定度也只能最多保留两位有效数字。

3）若出现测量结果的位数小于不确定度的位数，则应补 0。如：

$$\overline{y} = 36.06\text{mm}, u(\overline{y}) = 0.007\text{mm}$$

则
$$y = (36.060 \pm 0.007)\,\text{mm}$$

4）有效数字在运算过程中为了不影响计算过程中引入新的不确定度，中间过程需要多保留一位有效数字。

例 7 求：$\dfrac{400 \times 1500}{12.60 - 11.6}$

解： $\dfrac{400 \times 1500}{12.60 - 11.6} = \dfrac{6.000 \times 10^5}{1.00} = 6.0 \times 10^5$

分析：第一步分别计算分子、分母，分子属于乘除法，按"位数取齐"的原则，本应该保留三位有效数字，但由于是中间结果，保留四位 6.000×10^5；分母属于加减法，按"尾数对齐"的原则，本应该保留到小数点后一位，但由于是中间过程，多取一位保留到小数点后第二位 1.00；最后一步属于乘除法，按"位数取齐"的原则应该保留三位（与位数较少的 1.00 相同），但由于在中间过程中多保留了一位有效数字，所以需要再去掉一位，最后为两位有效数字。

当然还可以先进行混合运算（尽可能多的保留数字），然后再按照规则进行修约，下面再举一例。

例 8 求：$3.18×(0.1+0.213)÷1.357$

解： 方法 1（与上题相同，逐步运算）

$$3.18×(0.1+0.213)÷1.357 = 3.18×0.31÷1.357$$
$$= 3.2×0.31÷1.4$$
$$= 0.71$$

方法 2（综合运算）

$$3.18×(0.1+0.213)÷1.357 = 3.18×0.313÷1.357$$
$$= 0.99534÷1.357$$
$$= 0.7334856$$
$$= 0.73$$

由以上结果可以看出，后一种运算更接近真实值。因此，在使用计算器的情况下，一般不对中间结果做任何取舍，最后将结果进行四舍五入，这样能减少计算中引入的误差。

1.4 物理实验数据处理的基本方法

数据处理的方法有很多，这里重点介绍大学物理实验中经常用到的四种基本方法，感兴趣的同学可以查阅相关书籍。

1. 列表法

要求：

1）简单明了，便于表示物理量的对应关系。

2）表格的标题栏中注明物理量的名称、符号和单位，单位不必在数据栏内重复书写。

3）数据要反映测量结果的有效数字，需要强调：所谓原始数据记录表格，其填写的内容是观测到的，不需要任何计算，而对于处理过的数据应该填在数据处理表格中，这也要求同学们在预习时注意原始数据记录表格和数据处理表格之间的区别。

4）提供与表格有关的说明和参数。包括：名称、主要测量仪器的规格、有关环境参数（温度、湿度等）和其他需要引用的常量和物理量等。

例如（表 1-4-1）：

表 1-4-1 测量圆柱体体积的实验数据处理表格

i	h_i/cm	$v_{h_i}/×10^4 cm$	D_i/cm	$v_{D_i}/×10^4 cm$
1	8.110	−12	2.082	−4
2	8.112	8	2.080	−24
3	8.114	28	2.084	16
4	8.108	−32	2.084	16

（续）

i	h_i/cm	$\nu_{h_i}/\times 10^4\,\text{cm}$	D_i/cm	$\nu_{D_i}/\times 10^4\,\text{cm}$
5	8.112	8	2.082	−4
平均值			2.0824	

主要仪器：游标卡尺，$\Delta_{仪} = \Delta d = 0.02\text{mm}$

注：1. 标题栏中给出了测量仪器的有关参数。

2. 栏目内有物理量的名称符号和单位正确。

3. 表格内有完整的原始数据的内容，如果只是作为原始数据记录用，则表格中的误差及平均值的计算可以省去。

2. 逐差法

当两个自变量之间存在线性关系，且自变量为等差级数变化时，用逐差法处理数据，既能充分利用实验数据，又有减小误差的效果。

数据处理过程：

把符合线性函数关系的测量值分为两组，相隔 $n/2$，其中 n 为数据个数且为偶数，如果数据个数是奇数，就先去掉中间项再分组。

设 $y = a_0 + a_1 x$，当数据个数 $n = 6$ 时，分组后新数据个数 $k = 3$

$$y_1,\ y_2,\ y_3,\ y_4,\ y_5,\ y_6;\ x_1,\ x_2,\ x_3,\ x_4,\ x_5,\ x_6 。\ \Delta y\ 为定值$$

分组：
$$x_4 - x_1,\ x_5 - x_2,\ x_6 - x_3$$

平均值：
$$\overline{\Delta x} = \frac{1}{3}\left[(x_4 - x_1) + (x_5 - x_2) + (x_6 - x_3)\right]$$

$$a_1 = \frac{\Delta y}{\Delta x}$$

由此我们可以看到用逐差法处理数据的条件：

1）函数可以写成多项式

$$y = a_0 + a_1 x$$

或
$$y = a_0 + a_1 x + a_2 x^2 + \cdots$$

对于高次项系数可以用多次逐差法求得。

2）自变量必须是等间隔的，即

$$x_{i+1} - x_i = c$$

现在介绍一次逐差法（对应线性函数），多次逐差法（对应多项式函数）与之相类似。

设
$$y = a + bx$$

数据序列：(x_i, y_i)，$i \le k$，$k = 2n$，k 为测量次数。

$$x_1,\ x_2 \cdots,\ x_n;\ x_{n+1},\ \cdots,\ x_{2n}$$

$$y_1,\ y_2 \cdots,\ y_n;\ y_{n+1},\ \cdots,\ y_{2n}$$

逐差后的数据分别为

$$x_{n+1} - x_1,\ y_{n+1} - y_1,\ b_1 = \frac{y_{n+1} - y_1}{x_{n+1} - x_1}$$

$$\vdots$$

$$x_{n+n}-x_n, \quad y_{n+n}-y_n, \quad b_n=\frac{y_{n+n}-y_n}{x_{n+n}-x_n}$$

易得

$$\bar{b}=\frac{1}{n}\sum_{i=1}^{n}b_i$$

当自变量等间隔时，有 $x_{n+i}-x_i=\Delta_n x$，则

$$\bar{b}=\frac{1}{n}\sum_{i=1}^{n}b_i=\frac{1}{n}\sum_{i=1}^{n}\frac{y_{n+i}-y_i}{x_{n+i}-x_n}=\frac{1}{n\Delta_n x}\sum_{i=1}^{n}(y_{n+i}-y_i)$$

$$\bar{a}=\frac{1}{k}\left(\sum y_i-\bar{b}\sum x_i\right)$$

$$u_A(\bar{b})=s(\bar{b})=\sqrt{\frac{\sum(b_i-\bar{b})^2}{n(n-1)}}, n=k/2$$

3. 作图法

要求：

1）要求采用坐标纸作图，图纸的大小由有效数字的位数决定；有效数字末位对应坐标纸最小分隔以内估读的一位。

2）将要作图的一对物理量的数值列成表格，然后在选定的坐标轴上标明标度方向及其所代表的物理量和单位，必要时可在单位旁边写上"$\times 10^n$"，合理选择坐标轴的比例和坐标原点，以便使所形成的图均匀地充满整个图纸。

3）用尖锐的铅笔把对应的数据以×，△，+等符号标在图纸上，然后根据这些数据画出光滑曲线，画曲线时让数据点分居曲线的两侧，起到取平均、减小误差的作用。

4）一般在图的下方写明曲线的名称，图名中一般把纵轴所代表的物理量写在前面，在图的下方标明必不可少的物理实验条件。

5）图解法求相关参量。

① 由直线求物理量

选点，求斜率，求截距（y轴，x轴）

例如：$y=a+bx$

$$b=(y_2-y_1)/(x_2-x_1) \quad a=(x_2 y_1-x_1 y_2)/(x_2-x_1) \quad （y轴截距）$$

x轴截距：$x_0=(x_2 y_1-x_1 y_2)/(y_2-y_1)$

② 曲线改直线：如 $x=c\sqrt{y}$，令 $z=x^2$，$y=\dfrac{z}{c^2}$，则 y 与 z 为线性函数。

4. 最小二乘法与线性回归

（1）最小二乘法原理

$$\min\sum(x_i-\bar{x})^2$$

（2）回归运算

这里仅介绍一元线性回归，多元线性回归与此相仿。

数据序列：(x_i, y_i)，函数形式：$y=a+bx$

对于理想条件应该有

$$y_i-a-bx_i=0$$

但在实际实验条件下总会存在差异，这时左边式子不为 0，即

$$y_i - a - bx_i = \nu_i$$

但我们可以假设在条件允许的情况下（如通过改良仪器的精度、提高实验者的实验素质等），这种差异是最小的，即

$$\min \sum \nu_i^2 \text{ 或 } \min \sum (y_i - a - bx_i)^2$$

上式意味着左边表达式的偏导数为 0，即

$$\left.\begin{array}{l} \dfrac{\partial}{\partial a} \sum (y_i - a - bx_i)^2 = 0 \\[2mm] \dfrac{\partial}{\partial b} \sum (y_i - a - bx_i)^2 = 0 \end{array}\right\} \Rightarrow \left\{\begin{array}{l} -2 \sum\limits_{i=1}^{n} (y_i - a - bx_i) = 0 \\[2mm] -2 \sum\limits_{i=1}^{n} (y_i - a - bx_i)(-x_i) = 0 \end{array}\right.$$

得

$$\left\{\begin{array}{l} \sum\limits_{i=1}^{n} y_i - na - b \sum\limits_{i=1}^{n} x_i = 0 \\[3mm] \sum\limits_{i=1}^{n} y_i x_i - a \sum\limits_{i=1}^{n} x_i - b \sum\limits_{i=1}^{n} x_i^2 = 0 \end{array}\right.$$

以上两式除以 n 并注意到

$$\bar{x} = \frac{1}{n} \sum_{i=1}^{n} x_i, \quad \overline{x^2} = \frac{1}{n} \sum_{i=1}^{n} x_i^2, \quad \bar{y} = \frac{1}{n} \sum_{i=1}^{n} y_i, \quad \overline{xy} = \frac{1}{n} \sum_{i=1}^{n} x_i y_i$$

得

$$\left\{\begin{array}{l} \bar{y} - a - b\bar{x} = 0 \\[2mm] \overline{xy} - a\bar{x} - b\overline{x^2} = 0 \end{array}\right.$$

解方程组有

$$\left\{\begin{array}{l} b = \dfrac{\overline{xy} - \bar{x}\,\bar{y}}{\overline{x^2} - \bar{x}^2} \\[4mm] a = \bar{y} - b\bar{x} \end{array}\right.$$

相关系数

$$\gamma = \frac{\overline{xy} - \bar{x}\,\bar{y}}{\sqrt{(\overline{x^2} - \bar{x}^2)(\overline{y^2} - \bar{y}^2)}}$$

当 $|\gamma| \approx 1$ 时，x，y 严格线性相关；当 $|\gamma| \approx 0$ 时，x，y 不相关；当 $|\gamma| \approx 1$ 时，且当 $\begin{cases} \gamma > 0 \text{ 表明 } x \text{ 增大，} y \text{ 增大，} \\ \gamma < 0 \text{ 表明 } x \text{ 减小，} y \text{ 增大。} \end{cases}$

a，b，y_i 的误差估算：

$$s(a) = \frac{\sqrt{\overline{x^2}}}{\sqrt{n[\overline{x^2} - \bar{x}^2]}} s(y), \quad s(b) = \frac{1}{\sqrt{n[\overline{x^2} - \bar{x}^2]}} s(y)$$

$$s(y_i) = \sqrt{\frac{1}{n-2} \sum_{i=1}^{n} (y_i - a - bx_i)^2}$$

1.5 对不确定度的几点说明

由于本书重点是介绍实验，而不是讨论数据处理方面的专著，所以受篇幅的限制，很多涉及数据处理的概念没有深入讨论，甚至没有涉及。然而这些概念对于理解不确定度评估还是很重要的，因此，这里将不确定度评估中的问题及重要概念列出，需要深入学习的读者可以参看相关书籍。

1. 测量不确定度的来源

1）对被测量的定义不完整或不完善。例如，定义一根标称值为 1m 长的钢棒的长度，精确到微米（μm）量级，则被测量的定义就不完整，因为其还与温度、压强等有关。

2）实现被测量定义的方法不理想。例如，上述的压强和温度测量，引入不确定度也会对长度的不确定度有贡献。

3）取样的代表性不够，即被测量的样本不能代表所定义的被测量。例如，为测量某种介质在给定频率时的相对介电常数，由于条件限制，只能测量由部分材料做成的样块，如果该样块的均匀性或成分不能完全代表被测量，即会引起不确定度。

4）对测量过程受环境影响的认识不周全，或对环境条件的测量与控制不完善。

5）对模拟式仪器的读数存在人为偏差。

6）测量仪器计量性能上存在局限性。

7）赋予计量标准的值和标准物质不准确。例如，在用天平测量物体质量时，结果的不确定度中就包括了标准砝码的不确定度。

8）引入的数据或其他参量的不确定度，如 ε，α 等常数。

9）与测量方法和测量程序有关的近似性和假设性。

10）在表面上看来完全相同的条件下被测量重复观测值的变化。

2. 重要概念

1）（可测量的）量。

2）量值：一般用一个数乘以测量单值所表示的特定量的大小。

3）量的真值。

4）被测量。

5）测量结果。

6）（测量结果的）重复性：指在相同测量条件下，对同一被测量进行多次测量所得结果之间的一致性。重复性由观测结果的实验标准差（称为重复性标准差）s_r 定量地给出。

7）（测量结果的）复现性：指在改变了的测量条件下，同一被测量的测量结果之间的一致性。改变了的测量条件包括测量原理、测量方法、观测者等。

3. 测量误差与测量不确定度的区别和联系（表 1-5-1）

表 1-5-1

项目	测量误差	测量不确定度
表达形式（定义）	有正号或负号的量值，其值为测量结果减去被测量的真值	无符号参数，用标准差或标准差的倍数或置信区间的半宽表示

（续）

项目	测量误差	测量不确定度
与测量条件、方法的关系	与测量条件、方法、程序无关,只要测量结果不变,误差也不变	不确定度会随之改变
分量形式	按规律可分为随机误差和系统误差,总误差为其代数和	按其方法可以分为 A 类、B 类不确定度,合成确定度为其方和根,必要时引入协方差
极限值	存在	从分布理论上来说不存在
客观性	客观存在,不以人的认识程度而改变	与人们对被测量的影响量及测量过程的认识有关
来源	有相同的地方,也有不相同的地方	
修正	已知系统误差时,可对测量结果修正	对已进行误差修正的测量不确定度评定时应考虑修正不完善引入的不确定度分量

习　题

1. 评述下列各误差的定义:

（1）含有误差的值与其真值之差为误差;

（2）某一量值与其算术平均值之差为误差;

（3）加工实际值与其标称值之差为误差;

（4）测量值与其真值之差为误差;

（5）错误值与其真值之差为误差。

2. 什么是方差? 什么是标准差? 为什么用它们能描述测量的重复性或测量的稳定性? σ 与 $\sigma/\sqrt{n}$ 的区别是什么?

3. 计算 $\varphi = x^3\sqrt{y}$ 的值及其标准偏差。已知: $x = 2$, $\sigma_x = 0.01$, $y = 3$, $\sigma_y = 0.02$。

4. 按关系 $A = uIt$ 求焦耳值时,测得 $I = 10.330 \pm u_i$, $u = 120.7 \pm u_u$, $t = 603.2 \pm u_t$。已知 $u_i = 0.015$ A, $u_u = 0.3$ V, $u_t = 0.2$ s, 且都为均匀分布。

5. 某胶体浓度与密度的关系可以视为直线,试作直线拟合计算。数据如下:

浓度: 4.04　3.64　3.23　2.83　2.42　2.02　1.62　1.21　0.81　0.40　0.00

密度: 1.0005　1.0002　0.9998　0.9994　0.9911　0.9988　0.9984　0.9981　0.9977　0.9973　0.9970

6. 将下列物理量进行单位换算,并用科学计数法正确表达其换算结果。

$m = （312.670 \pm 0.002）$ kg 换算成 g 和 mg。

7. 有甲、乙、丙三人共同用外径千分尺测量一圆球的直径。在算出直径的最佳值和不确定度后,各人所表达的测量结果分别是:甲,(1.2802 ± 0.002)cm;乙,(1.280 ± 0.002)cm,丙:(1.28 ± 0.002)cm。请问哪一个人表示得正确? 另两人错在什么地方?

8. 按照误差理论和有效数字运算规则改正以下错误:

（1）$q = (1.61243 \pm 0.28765) \times 10^{-19}$C

（2）有人说 0.2870 有五位有效数字,有人说只有三位,请纠正并说明理由。

（3）有人说 0.0008 g 比 8.0 g 测得准确,试纠正并说明理由。

（4）28cm = 280mm

（5）$0.0221 \times 0.0221 = 0.00048841$

（6）$\dfrac{400 \times 1500}{12.60 - 11.6} = 600000$

9. 利用有效数字的简算规则计算下列结果：

$$\dfrac{100.0 \times (5.6 + 4.412)}{(78.00 - 77.0) \times 10.000} + 110.0$$

10. 试推导下列函数关系的误差传递公式：

$$g = 4\pi^2 \dfrac{L}{T^2}$$

11. 某物体质量的测量值（单位：g）分别为：42.125，42.116，42.121，42.124，42.126，42.122。试求其算术平均值和标准偏差，并正确表达出测量结果。设仪器误差限 $\Delta_{仪} = 0.005$g 为正态分布。

12. 用 50 分度的游标卡尺测得一正方形金属板的边长（单位：cm）为：2.002，2.000，2.004，1.998，1.996。试分别求正方形金属板周长和面积的平均值和不确定度，并正确表达出测量结果。

13. 设匀加速直线运动中，速度 v 随时间 t 的变化如下：

t/s：　　　　25.5　35.5　46.3　58.2　67.8　78.6

$v/$（cm/s）：3.16　4.57　5.52　6.71　8.18　9.30

试用作图法求解加速度 a。

14. 下面是用伏安法测电阻得到的一组数据：

I/mA：　　0.00　1.00　2.00　3.00　4.00　5.00

U/V：　　　0.00　0.62　1.23　1.81　2.40　2.98

试用逐差法求出电阻 R 的测量结果（测量时所用电流表为量程 5mA 的 0.5 级表，所用电压表为量程 3V 的 0.5 级表）。

第 2 章

预备性实验

实验 2.1　力学基本物理量的测量

【引言】

长度是最基本的物理量。在各种各样的长度测量仪器中，它们的外观虽然不同，但其标度大都是以一定的长度来划分的。对许多物理量的测量都可以归结为对长度的测量，因此，长度的测量是实验测量的基础。在进行长度的测量时，不仅要求我们能够正确使用测量仪器，还要能够根据对长度测量的不同精度要求，合理选择仪器，以及根据测量对象和测量条件采用适当的测量手段。

密度是表征物体特征的重要物理量，因而密度的测量对物体性质的研究起着重要的作用。对于规则的物体，用物理天平测出其质量，用测量长度的方法测出其体积，即可测量出物质的密度。

【实验目的】

1. 掌握游标卡尺、外径千分尺、读数显微镜、物理天平等仪器的正确使用方法。
2. 学习正确使用比重瓶的方法。
3. 掌握用流体静力称衡法和比重瓶法测定形状不规则的固体和流体密度的原理。
4. 测定不规则固体和液体的密度。

【实验仪器】

游标卡尺、外径千分尺、读数显微镜、物理天平、玻璃烧杯、比重瓶、待测物体、温度计。

【实验原理】

1. 规则物体密度的测定

设体积为 V 的某一物体的质量为 m，则该物体的密度为

$$\rho = \frac{m}{V} \tag{1}$$

如一实心圆柱体，设其高度为 h，直径为 d，质量为 m，则其体积为 $V = \frac{1}{4}\pi d^2 h$，密度

$\rho = \dfrac{4m}{\pi d^2 h}$。由此可见，只要测出圆柱体的质量 m、直径 d 和高度 h，就可算出圆柱体的密度。

2. 流体静力称衡法

根据阿基米德原理，浸没在液体中的物体要受到向上的浮力，其大小等于物体所排开的液体的重量。如果将物体分别在空气中和水中称衡，重量分别为 W_1 和 W_2，则物体在水中受到的浮力的大小为 $W_1 - W_2$，它等于物体全部浸没在液体中所排开的水的重量，即 $W_1 - W_2 = \rho_0 g V$（ρ_0 为水的密度），又由于 $W_1 = \rho V g$（ρ 为物体密度），整理后有

$$\rho = \frac{W_1}{W_1 - W_2} \rho_0 = \frac{m_1}{m_1 - m_2} \rho_0 \tag{2}$$

若将上述物体再浸没在密度为 ρ' 的待测液体中，称量此物体的重量为 W_3，则此时受到的浮力为 $W_1 - W_3$，又由于 $W_1 - W_3 = \rho' g V$，则有

$$\rho' = \frac{W_1 - W_3}{W_1 - W_2} \rho_0 = \frac{m_1 - m_3}{m_1 - m_2} \rho_0 \tag{3}$$

3. 比重瓶法

将比重瓶注满液体后，当用中间有毛细管的玻璃塞子塞住时，多余的液体就从毛细管中溢出，这样，瓶内盛有的液体的体积就是固定的。

若用比重瓶来测量不溶于水的小块固体的密度 ρ，可依次称出小块固体的质量 m_4、盛满纯水后比重瓶和纯水的总质量 m_5、往装满纯水的比重瓶投入小块固体后总的质量 m_6，显然，被小块固体所排出的比重瓶的纯水的质量为 $m_4 + m_5 - m_6$，排出的水的体积就是质量为 m_4 的小块固体的体积，因而有

$$\rho = \frac{m_4}{m_4 + m_5 - m_6} \rho_0 \tag{4}$$

若要测量待测液体密度 ρ'，可先称出比重瓶质量 m_0，然后分两次将温度相同的纯水和待测液体注满比重瓶，称出纯水和比重瓶总质量 m_7 与待测液体和比重瓶总质量 m_8，于是，同体积的纯水与待测液体的质量分别为 $m_7 - m_0$ 和 $m_8 - m_0$，从而有

$$\rho' = \frac{m_8 - m_0}{m_7 - m_0} \rho_0 \tag{5}$$

【装置介绍】

1. 游标卡尺

游标卡尺是一种比较精确的常用测量长度的量具，其准确度可达 $0.1 \sim 0.02 \text{mm}$，它的外形和结构如图 2-1-1 所示。游标卡尺主要由尺身（主尺）和可以沿尺身滑动的游标（副尺）组成。钳口 A、B 用来测量物体的外部尺寸；刀口 A′、B′ 用来测量管的内径或槽宽；尾尺 C 用来测量槽或小孔的深度；F 为固定螺钉。

尺身的最小分度为 1mm，尺身上有游标 E，利用游标可以把尺身上的估读数值准确地测量出来，从而提高测量的精确度。一般游标卡尺常见的有 10 分度、20 分度和 50 分度三种，其分度值分别为 0.1mm、0.05mm 和 0.02mm。下面以 20 分度游标为例介绍游标卡尺的读数原理。图 2-1-2 所示是 A、B 或 A′、B′ 合拢时的图，由图可看出，游标上 n（$n = 20$）个分格的总长与尺身上 $\gamma n - 1$ 个分格的总长相等，$\gamma = 1$ 或 2，称为游标系数，以 a 表示尺身上 1 个

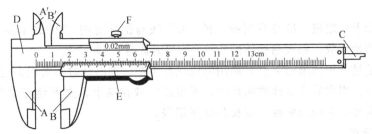

图 2-1-1　游标卡尺的结构

分格的长度，b 表示游标上 1 个分格长度，则有

$$nb=(n-1)a \quad 或 \quad nb=(2n-1)a$$

对第一种情况，如图 2-1-2a 所示，尺身与游标上每个分格的差值定义为游标的分度值 δ，即

$$\delta = a-b = a-\frac{n-1}{n}a = \frac{a}{n} = 0.05\text{mm}$$

对第二种情况，如图 2-1-2b 所示，尺身上 2 个分格与游标上每个分格的差值定义为游标的分度值 δ，即

$$\delta = 2a-b = 2a-\frac{2n-1}{n}a = \frac{a}{n} = 0.05\text{mm}$$

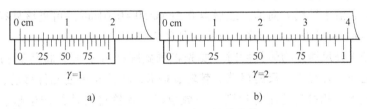

a)　　　　　　　　　　　b)

图 2-1-2　游标卡尺的分度值

由上可见，虽然游标系数不同，游标卡尺的结构不同，但游标的分度值却是一样的，均由公式 $\delta = \dfrac{a}{n}$ 计算。下面介绍游标卡尺的读数方法。

图 2-1-3 所示是使用 20 分度游标测量的示意图。当在测量爪之间放入被测物体时，游标将向右移动到某个位置，其向右移动的距离即物体的长度，若没有游标，可见此物体长度在 3.3cm 与 3.4cm 之间，有游标后，可以把读数

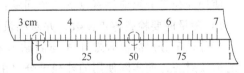

图 2-1-3　游标卡尺的读数方法

精确读出来，由图可见，游标上第 10 格与尺身上刻度线重合，由此可知物体的长度等于 33.00mm+10×0.05mm=33.50mm。由图 2-1-3 可以看出，游标卡尺是利用尺身和游标上每一分格之差，使测量读数进一步精确的，此种方法称为差分法。

参照上例可知，在使用游标卡尺进行测量时，读数分为两步：

1）从游标零线位置读出尺身的整格数。

2）根据游标上与尺身对齐的刻线读出不足一分格的小数，二者相加即为测量值。

与任何物理测量仪器一样，游标卡尺也存在仪器误差，其仪器误差一般规定等于其分

度值。

在使用游标卡尺之前，应注意尺身上的"0"线与游标上的"0"线是否对齐，若不对齐，应记下其初始读数，则被测物体的长度=测量时读数-初始读数。

游标卡尺是最常用的精密量具，使用时应注意维护，推游标时不要用力过大，测量中不要随意触弄刀口，用完后应立即放回盒中，不要随便放在桌上，更不允许放在潮湿的地方。只有这样，才能保持它的准确度，延长其使用期限。

2. 外径千分尺

外径千分尺又称螺旋测微计，是比游标卡尺更精密的测长仪器，准确度为 0.01 ~ 0.001mm。它常用于测量细丝和小球的直径以及薄片的厚度等。

外径千分尺的外形与结构如图2-1-4所示。螺母套管 B、固定套管 D 和测砧 E 都固定在尺架 G 上。D 上刻有尺身，尺身上有一条横线称作读数准线，横线上方刻有表示毫米数的刻线，横线下方刻有表示半毫米数的刻线。测微螺杆 A 和微分筒 C、棘轮旋柄 K 连在一起。微分筒上的刻度通常为 50 分度。测微螺杆的螺距为 0.5mm，当测微螺杆旋转一周时，它沿轴线方向前进或后退 0.5mm，

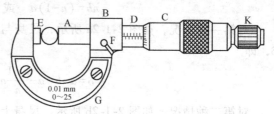

图 2-1-4　外径千分尺

A—测微螺杆　B—螺母套管　C—微分筒　D—固定套管
E—测砧　F—锁紧装置　G—尺架　K—棘轮旋柄

而每旋转一格，它沿主轴线方向前进或后退 0.5mm/50＝0.01mm。可见该外径千分尺的最小刻度值为 0.01mm，即千分之一厘米，故称为外径千分尺。

当使用外径千分尺测量物体长度时，要先将测微螺杆 A 退开，将待测物体放在 E 与 A 这两个测量面之间。外径千分尺的尾端有棘轮旋柄 K，转动 K 可使测杆移动，当测微螺杆与被测物（或测砧 E）相接后的压力达到某一数值时，棘轮将滑动并产生喀、喀的响声，活动套管不再转动，测微螺杆也停止前进，此时即可读数。读数时，从尺身上读取 0.5mm 以上的部分，从微分筒上读取余下尾数部分（估计到最小分度值的十分之一，即（1/1000）mm），然后两者相加，如图 2-1-5a 所示的读数为 5.155mm，图 2-1-5b 所示的读数为 5.655mm。

使用外径千分尺应注意以下几个问题：

1）测量前要检查零点读数，并对测量数据进行零点修正。

当外径千分尺的测微螺杆 A 与测砧 E 相接时，活动套管上的零线应当刚好和固定套管上的横线对齐，而实际使用的外径千分尺由于调整不充分或使用不当等原因，造成初始状态与上述要求不符，即有一个不等于零的零点读数，图2-1-6表示两种零点读数的例子。要注

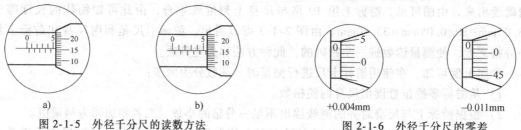

a)　　　　　　　　　　b)　　　　　　　+0.004mm　　　-0.011mm

图 2-1-5　外径千分尺的读数方法　　　　　图 2-1-6　外径千分尺的零差

意它们的符号不同，每次测量后，要从测量值的平均值中减去零点读数。

2）在检查零点读数和测量长度时，切忌直接转动测微螺杆和微分筒，而应轻轻转动棘轮旋柄。设置棘轮可保证每次测量条件（对被测物的压力）一定，并保护外径千分尺的精密螺纹，若不使用棘轮而直接转动活动套管去卡物体，由于对被测物的压力不稳定会造成测量不准确，另外可使螺纹发生形变和增加磨损，降低了仪器的准确度。

3）在测量读数时，当尺身上的刻度线似出未出时，这时看微分筒上数值，一般格数较大时说明那根主刻度线未出，格数较小时说明那根主刻度线出来了，如图2-1-7所示，图2-1-7a所示尺身应为2mm，读数为2.473mm，图2-1-7b所示尺身应为2.5mm，读数为2.523mm。

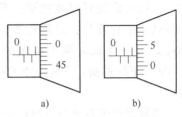

图 2-1-7　外径千分尺读数

4）测量完毕应使测砧和测微螺杆留有间隙，以免因热胀而损坏螺纹。

实验室中常见的一级外径千分尺的仪器误差为0.004mm。

3. 读数显微镜和测微目镜

读数显微镜是将测微螺旋和显微镜组合起来的用于精确测量长度的仪器。它的测微螺距为1mm。如图2-1-8所示，和外径千分尺活动套管对应的部分是转鼓A，它的周边等分为100个分格，每转一个分格显微镜将移动0.01mm，所以读数显微镜的测量精度也是0.01mm，它的量程一般是50mm。读数显微镜所附的显微镜B一般是低倍的（20倍左右），它由三部分组成：目镜、叉丝（靠近目镜）和物镜。用读数显微镜进行测量的步骤是：①伸缩目镜C看清叉丝，并适当旋转目镜，使其中一条叉丝与标尺F方向平行；②把待测物放在物镜下方的工作台上，转动旋柄D（调焦旋钮），由下向上移动显微镜镜筒，改变物镜到被测物之间的距离，看清被测物；③使待测物与导轨平行，或旋转显微镜对准待测量；④转动转鼓A，先使叉丝远离待测物，再朝一个方向转动转鼓A逐渐逼近待测物，直到使叉丝的交点和测量的目标对准，读数（从指标E_1和标尺F读出毫米的整数部分，从指标E_2和转鼓A读出毫米以下的小数部分）；⑤继续沿上述方向转动转鼓，移动显微镜（方向不

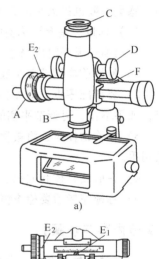

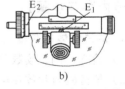

图 2-1-8　读数显微镜

要错，否则会带来较大回程误差），使叉丝和被测物的第二个目标对准并读数，而读数之差即为所测量点间的距离 $L = |x_1 - x_2|$。

使用读数显微镜要注意：

1）当转动转鼓A移动显微镜时，要使显微镜的移动方向和被测物的两点连线平行。

2）防止回程误差。当移动显微镜从两个方向对准同一目标的两次读数，因螺钉和螺套不可能完全密接，螺旋转动方向改变时，它们的接触状态也将改变，两次读数并不相同，由此产生的误差称作回程误差。为了防止回程误差，在测量时应向同一方向转动转鼓使叉丝和目标对准，当移动叉丝超过了目标时，就要多退回一些，重新再向同一方向转动转鼓去对准目标。

4. 物理天平

物理天平是常用的测量物体质量的仪器，其外观示意图如图 2-1-9 所示。天平的横梁上装有三个刀口，中间刀口置于支柱上，两侧刀口各悬挂一个秤盘。横梁下面固定一个指针，当横梁摆动时，指针尖端就在支柱下方的标尺前摆动。制动旋钮可以使横梁上升或下降，横梁下降时，制动架就会把它托住，以避免磨损刀口。横梁两端两个平衡螺母是天平空载时调平衡用的。横梁上装有游码，用于1.00g 以下的称衡。支柱左边的托盘，可以托住不被称衡的物体。

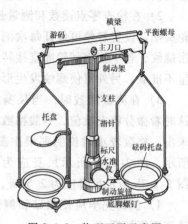

图 2-1-9　物理天平示意图

物理天平的规格由下列两个参量来表示：

（1）感量　是指天平平衡时，为使指针产生可觉察的偏转在一端需加的最小质量。感量越小，天平的灵敏度越高。感量一般也指天平的最大误差。

（2）称量　是允许称衡的最大质量。

使用物理天平时应当注意以下几点：

1）使用前应调节天平底脚螺钉，使水准仪中气泡在中心，以保证支柱铅直。

2）要调准零点，即先将游码移到横梁左端零线上，支起横梁，观察指针是否停在中间点；如果不在，可调节平衡螺母，使指针指向中间点。

3）在称物体时，将被称物体放在左盘，砝码放在右盘，加减砝码时必须使用镊子，严禁用手。

4）在取放物体和砝码、移动游码或调节天平时，都应将横梁制动，以免损坏刀口。

5）称衡完毕后要检查横梁是否放下，盒中的砝码和镊子是否齐全。

【实验内容与步骤】

1. 测量物体的长度（待测物：刀片）

1）检查、调整读数显微镜，使视场清晰，目镜中叉丝清晰可见。

2）把待测刀片放在载物台上，使叉丝的交点和测量的目标对准。

3）测量刀片上狭缝的宽度（注意防止回程误差）。

2. 测定规则物体的密度（待测物：空心铜圆柱）

1）检查、调整物理天平，使底板水平，立柱铅直，指针指在中央。

2）测出铜块质量 m。

3）用游标卡尺测出铜块的内直径 d、外直径 D、高 h。

4）计算铜块的密度。

3. 用流体静力称衡法测定物体的密度

1）用物理天平称出物体在空气中的质量 m_1。

2）把装有大半杯水的烧杯放在天平左边的托盘上，然后将用细线（不计质量）挂在天平左边小钩上的物体全部浸入水中（不要接触杯子），称出物体在水中的重量对应的质量 m_2。

3）用温度计测量水的温度。

4）查出此温度下纯水的密度 ρ_0，计算物体的密度。

4. 用比重瓶法测量小块固体的密度

1）用天平称量小块固体的质量 m_4。

2）将比重瓶注满纯水，塞上塞子，擦去溢出的水（瓶内不能有水泡），这时水刚好到达毛细管顶部，用天平称出比重瓶与纯水的总质量 m_5。

3）将小块固体投入注满纯水的瓶中。重复步骤（1），称出比重瓶、纯水及小块固体的总质量 m_6。

4）计算小块固体的密度。

【数据记录与处理】

1. 用读数显微镜测量刀片狭缝的宽度（表2-1-1）

仪器：读数显微镜　型号：_____　分度值：_____

表　2-1-1

次数 内容	1	2	3	4	5	平均值
x_1/mm						—
x_2/mm						—
$L=\|x_1-x_2\|$/mm						

2. 用游标卡尺测量圆筒状小工件的内径、外径、高度。分别测5次，记入表2-1-2。

仪器：游标卡尺　分度值：_____　　仪器误差：_____　　零差：_____

表　2-1-2

被测量 测量次数	外径/mm	内径/mm	高度/mm
1			
2			
3			
4			
5			
平均值			

3. 用外径千分尺测量小球直径。测5次，记入表2-1-3。

仪器：外径千分尺　分度值：_____　　仪器误差：_____　　零差：_____

表　2-1-3

次数	1	2	3	4	5	平均值
直径/mm						

4. 用物理天平测量物体的质量（各为一次测量），表格自行设计。

仪器：物理天平　型号：_____　　分度值：_____　　仪器误差：_____

5. 计算并正确表示各测量量的测量结果。

【思考题】

1. 用读数显微镜测量宽度时为什么不计零差？

2. 用游标卡尺测量时要估读数吗？

3. 假设待测物体能溶于水，但不溶于某种未知液体 A，现欲用比重瓶法测定该待测物体的密度，请给出测量原理和主要步骤。

【附表】

表 2-1-4　水在不同温度时的密度

$t/℃$	密度 $ρ/$（g/cm^3）	$t/℃$	密度 $ρ/$（g/cm^3）	$t/℃$	密度 $ρ/$（g/cm^3）
0	0.99987	12	0.99952	24	0.99733
1	0.99993	13	0.99940	25	0.99707
2	0.99997	14	0.99927	26	0.99681
3	0.99999	15	0.99913	27	0.99654
4	1.00000	16	0.99897	28	0.99626
5	0.99999	17	0.99880	29	0.99597
6	0.99997	18	0.99862	30	0.99568
7	0.99993	19	0.99843	31	0.99537
8	0.99988	20	0.99823	32	0.99505
9	0.99981	21	0.99802	33	0.99472
10	0.99973	22	0.99780	34	0.99440
11	0.99963	23	0.99757	35	0.99406

实验 2.2　用气垫导轨测速度和加速度

【实验目的】

1. 学习气垫导轨的调整和数字毫秒计的使用。

2. 学习测量滑块在导轨上运动的瞬时速度。

3. 测量滑块在导轨上一段距离内运动的平均加速度。

4. 测量当地的重力加速度。

【实验仪器】

气垫导轨（包括附件）、滑块、数字毫秒计、气源、游标卡尺。

在力学实验中，由于摩擦的存在，很多实验结果的误差很大，甚至有些实验无法进行。采用气垫装置如气垫导轨、气桌等，可使这一问题得到基本解决，从而实现对这些力学现象和过程进行较为准确的研究。利用气垫导轨可精确地进行速度、加速度的测定；可验证牛顿运动定律及动量守恒和机械能守恒定律；可研究碰撞和简谐振动等。

气垫导轨是一种力学实验装置，它利用气源将压缩空气打入导轨型腔，再由导轨表面上的小孔喷出气流，在导轨与滑块之间形成很薄的气膜，将滑块浮起。这样，滑块在导轨表面做直线运动时，仅仅只受到很小的空气黏滞力和周围空气阻力，滑块的运动几乎"无摩擦"，极大地减小了以往在力学实验中由于摩擦力的影响而出现的较大误差，使实验结果更接近理论值。

1. 气垫导轨和检测原理介绍

（1）气垫原理

气垫导轨实验装置如图 2-2-1 所示，导轨是一根非常平直的三角形管体，长 1.58m，两侧有许多气孔。从导轨的一端通进压缩空气，空气便从气孔排出，在导轨与滑块之间形成一层很薄的空气层，使滑块"漂浮"在导轨上，做接近于无摩擦的运动。导轨的末端为一气垫滑轮，空气从滑轮喷出，在滑轮与涤纶薄膜带之间形成气垫，可使涤纶薄膜带做无"摩擦"的滑动。

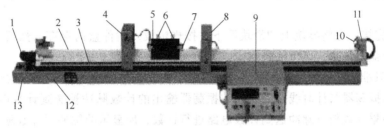

图 2-2-1　气垫导轨实验装置

1—进气口　2—导轨　3—标尺　4、8—光电门　5—滑块　6—挡光片　7、10—弹簧
9—数字毫秒计　11—气垫滑轮　12—底座　13—底座调节螺钉

导轨下有三个调节螺钉，用来调节导轨的水平度。每条导轨配有三个滑块，用来研究运动规律。每个滑块上有两条挡光片（凹形，挡光框），当滑块在气垫上运动时，挡光片对光电门进行挡光，每挡光一次光电转换电路便产生一个电脉冲信号，来控制计时门的开和关（即计时的开始和停止）。

（2）结构

其主要部分由导轨、支撑梁、滑块、光电门、发射架座组成。

导轨：采用三角形空心截面铝合金材料，全长为 1580mm，两个轨面互为直角，并经精细加工，具有较高的平直度和表面粗糙度。每个轨面上均匀分布着直径为 0.6mm 的小孔，在导轨的两端加上端盖形成气孔，其中一个端盖是进气接头，上有进气接套、三通进气管，另一端设置气垫滑轮（备有砝码盘和涤纶薄膜带）。在一侧轨面下部贴有一条刻度标尺，其上刻有确定滑块运动距离的读数。在另一侧轨面下部可以粘贴火花记录纸。

滑块：滑块的截面形状较复杂，采用了专门铝合金材料。其下部截面呈"人"字形，是与导轨互相吻合的滑行板。它的两个工作表面也经过精细加工，平整光滑。这是形成稳定"气膜"的必要条件。其上部呈"工"字形，为了减轻滑块的重量，中间复板较薄，上下矩形箱备有螺孔，用来固定各种附件。顶部有挡光片和挡光片固定座，两端都有碰撞弹簧以及用来固定谐振弹簧的拉耳，配重块可通过载重杆固定在滑块的两侧。

发射架座：用螺钉固定于导轨两端，其上有橡皮筋发射架，滑块可在两发射架座之间往返运动；还有用来架设火花合金丝的绝缘板和绝缘板架，为了使合金丝始终处于紧张状态，在它的两端与绝缘板之间各接入拉伸弹簧连接在两发射架之间。当做阻尼振动实验时，可将磁块用玻璃胶纸粘结在滑块滑行板的两侧上。

光电门：用薄钢板弯成的跨架结构，在其上装有光源和光敏二极管、标尺指针等。利用光敏二极管受光照和不光照的电位变化产生脉冲信号来控制数字毫秒计工作。

（3）使用注意事项

1）轨面和滑块必须保持平整、光洁，在使用时防止碰伤轨面。要避免在导轨上加压重物，以免引起导轨变形。

2）在使用气垫导轨前，用棉纱蘸酒精擦拭轨面和滑块的工作面，不应留有灰尘和污垢，并检查气孔是否全部畅通，如发现某些气孔堵塞时，报告实验教师，可用 $\phi 0.5 \text{mm}$ 的钢丝进行疏通。

3）切忌在气轨不通气，滑块与轨面直接接触的情况下，来回推动滑块，这样会使轨面和滑块工作面擦坏，影响气膜的形成。滑块的几何精度要求较高，注意轻拿轻放，绝对不允许随意抛掷。

4）使用完毕，应将导轨上的滑块取下，按规定放入附件盒内保存，然后关闭气源、电源，用塑料套盖好气垫，以免沾染灰尘。

5）气源只准断续使用，连续送气 40min 后，必须断电间歇 30min，否则会损坏。

接通晶体振荡器与计时线路后，晶体振荡器输出的计数脉冲被送到计数电路进行计数，所显示的脉冲累计数随着脉冲送到计数电路进行计数，所显示的脉冲累计数随着脉冲的进入电路而增加，直到晶体振荡器计数电路断开，才停止计数。累计的脉冲数即代表这两个电路由接通到断开的时间间隔。

控制电路的作用相当于一个开关，一般可用电脉冲（控制脉冲）来控制晶体振荡器与计时电路的接通或断开。控制脉冲可采用控制和光控制两种方式产生。

（4）使用和调节方法

光控时，架在气垫导轨上的光电门，由一个光敏二极管和光源组成。光敏二极管受光照射时电阻较小，当光线被挡住而不受光照射时电阻很大。由于这个电阻的突变，从而使光电开关电路产生一个控制脉冲。第一个脉冲开始计时（相当于接通晶体振荡器与计时显示电路），则第二个脉冲即停止计时（相当于断开晶体振荡器与计时显示电路），数字显示管上的读数即为两次挡光的时间间隔。光控分为两挡，S_1 挡的记录时间为遮光时间，即光敏二极管不受光照时开始计时，光敏二极管受光照时停止计时。S_1 挡记录的时间为两次遮光的时间间隔，即光敏二极管第一次遮光开始计时，第二次遮光停止计时。

在每一次测量时间后，都必须"清零"，即将计数显示屏上的数字清除掉，准备进行下一次测量。"清零"的方法有两种：自动和手动。一般使用光控时都采用自动清零。从测量结束到自动"清零"这段时间，可由面板上的"复位延迟"调节。

面板上时间信号选择开关的使用，可根据计时距离的大小，从有效数字角度出发，选择 0.1ms 挡、1ms 挡、10ms 挡，它们分别显示出数的最小一位是 0.1ms、1ms、10ms。

当需显示的读数在 0～99.99s 时，将选择开关置于 10ms 挡；当需显示的读数在 0～9.999s 时，将选择开关置于 1ms 挡；当需显示的读数在 0～0.9999s 时，将选择开关置于 0.1ms 挡。

2. 数字毫秒计

数字毫秒计是一种利用标准脉冲信号通过数字计数器计时的仪器。图 2-2-2 所示是一种具有基本计时功能的数字毫秒计，其各部分的功能和作用如下：1 为数码显示屏；2 为"机控"二芯插座；3 为"机控"和"光控"选择开关；4 为"光控"四芯插口，连接两个光电门；5 为"S_1"和"S_2"计时功能选择开关；6 为手动清"0"按钮；7 为手动、自动清"0"方式选择开关；8 为延时旋钮，调整清"0"延迟时间；9 为电源开关；10 为时基脉冲选频按键。

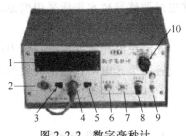

图 2-2-2 数字毫秒计

数字毫秒计的使用方法：先根据实验需要将选择开关 3 置于"光控"或"机控"。如用光控，先将两个外接的光电门信号输入线（四芯插头）插入仪器孔 4，再根据计时方式将开关 3 拨至"S_1"或"S_2"（有的数字毫秒计为"A"和"B"，S_1 同 A，S_2 同 B）。当计时方式置于 S_1 时，数码显示屏 1 显示光电门一次挡光的时间；置于 S_2 时，显示光电门两次挡光的时间间隔（即光电门被挡光一次计数器开始计时，再挡一次光停止计时）。如用机控，需先把机械触点的引线插头（二芯）插入插座 2，当两触点接触、计数器开始计时，断开停止计时，数码显示屏显示两触点的接触时间。每次计时完毕后，需使数字清"0"。仪器设置了两种清"0"方式，一是用手动清零按钮 6，将开关 7 置于"手动"，则数字显示后，实验者记录下来，按一下 6，数字马上清零；二是将开关 7 置于"自动"，再把延时旋钮 8（即数字显示后的延迟时间）定好，显示数字经过延时后，自动清零。时基选择键 10 共有四挡，单位是 ms，旋到哪个挡，显示的数字乘该键的倍率即是计时的时间。在选择时应根据计时的长短，使数码显示屏有四位有效数字。

目前，在气垫导轨实验中，还常配套使用计算机计时计数测速仪，这种仪器采用单片机处理器，程序化控制，可广泛用于各种计时、计数、测速实验中。除具有计时功能外，还可输入响应的长度值，具有将所测时间直接转换为速度和加速度的特殊功能。在实验中光电门数量可达 4 个。

【实验原理】

1. 速度测量

在滑块上安装一个如图 2-2-3 所示的挡光片 2，当滑块经过光电门时，挡光片边沿 A 和 C 两次挡光，经光电门传给数字毫秒计两个电信号，若毫秒计"计数预置开关"被拨到 2，则毫秒计上的示数即为滑块位移 Δx 所经历的时间 Δt，因此，滑块通过光电门的平均速度为

$$\bar{v} = \frac{\Delta x}{\Delta t} \qquad (1)$$

若 Δx 足够小，则测出的 $\bar{v}$ 可当作滑块通过光电门时的瞬时速度。

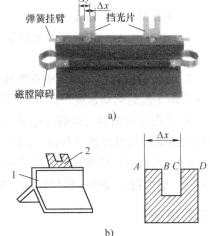

图 2-2-3 滑块及凹形挡光片
1—滑块 2—挡光片

若滑块做匀速直线运动，则将光电门设置在导轨上不同位置时所测出的速度均应相同，这也是调整导轨水平所采用的原理。

2. 加速度的测量

若滑块沿导轨方向受一恒力作用，则它将做匀加速运动。在气垫导轨中段相距为 s 的两处设置两个光电门，测出滑块通过两光电门的速度 v_1 和 v_2，可求出滑块的加速度为

$$a = \frac{v_2^2 - v_1^2}{2s} \tag{2}$$

3. 重力加速度的测量

如图 2-2-3 所示，在导轨一端下面加上厚度为 d 的垫块，使导轨有一个倾斜角 α，则滑块将沿斜面加速下滑，其加速度

$$a = g\sin\alpha \tag{3}$$

在 α 很小时有 $\sin\alpha \approx \dfrac{d}{l}$，因此

$$g = \frac{a}{d}l \tag{4}$$

【实验内容与步骤】

1. 安装好气垫导轨、光电门和数字毫秒计，并将导轨调至水平。

2. 测量滑块速度：给滑块一个初始力 F（注意：力 F 不能过大，并且必须与导轨平行），分别记下滑块通过两个光电门的时间 Δt_1 与 Δt_2，重复测量 5 次，测出挡光片 A、C 边沿之间的距离 Δx。

3. 测量加速度和重力加速度：在导轨下端加上一标准垫块，使导轨呈倾斜状态，将滑块从一固定位置静止释放，分别测出挡光片通过两光电门的时间 Δt_1、Δt_2，重复测量 3 次。

4. 换用不同高度的垫块，重复步骤 3。

【数据处理】

1. 实验室给出的数据：

　　　　本地重力加速度 $g =$　　　　　　　气垫两脚间距 $l =$

　　　　垫块厚度 $d_1 =$　　　　　　　　　$d_2 =$

2. 在实验内容与步骤 2 中取滑块一次通过两光电门的速度的平均值为该次的运动速度，分别求出 5 次的运动速度。（自己设计实验数据表格）

3. 根据实验内容与步骤 3 记录的数据求出滑块各次运动的加速度，并分别算出对应同一厚度垫块时加速度的平均值。（自己设计实验数据表格）

4. 由上面算出的加速度 a 以及对应的垫块厚度 d 和气垫两脚间距 l，求出本地的重力加速度 g，取平均后与公认值相比较，给出百分误差。

【注意事项】

1. 参阅"实验仪器 1"中气垫导轨使用的注意事项。

2. 滑块在气垫上滑行的速度不宜过快，以免发生意外。

【思考题】

1. 做本实验要注意些什么？

2. 在调节气垫导轨水平时，如何由 Δt_1、Δt_2 来判断气垫两端的高低？

3. 在实验原理中 $v = \Delta x / \Delta t$ 的物理含义是什么？

4. 由测量误差分析，挡光片 A、C 边沿间的距离 Δx 是否越小越好？为什么？

5. 比较两种测量加速度的方法，哪种测量方法好？各有哪些优缺点？

实验2.3　电学基础实验

【实验目的】

1. 学习电磁学实验操作规程和安全知识。

2. 掌握电磁学实验的基本仪器的性能和使用方法。

3. 学习连接电路的一般方法。

【实验仪器】

直流稳压电源、毫安计、伏特计、变阻器、电阻、导线、开关等。

【实验原理】

1. 制流电路

如图 2-3-1 所示，A 端和 C 端连在电路中，B 端空着不用，当滑动 C 时，整个电阻电路改变了，因此电流也改变了，所以叫作制流电路。当 C 滑动到 B 端时，变阻器全部电阻串联入回路，R_{AC} 最大，这时回路电流最小；当 C 滑动到 A 端时，$R_{AC} = 0$，回路电流最大。

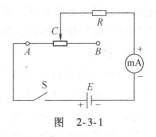

图　2-3-1

为保证安全，在接通电源前，一般应使 C 滑动到 B 端，使 R_{AC} 最大，电流最小，以后逐渐减小电阻，使电流增到所需值。

2. 分压电路

如图 2-3-2 所示，变阻器的两个固定端 A、B 分别与电压源的两电极相连，滑动端 C 和一个固定端 A（或 B，图中用 A），连接到用电部分，接通电源后，AB 端的电压 U_{AB} 等于电源电压，U_{AB} 又是 AC 间电压 U_{AC} 和 BC 间电压 U_{BC} 之和，所以输出电压 U_{AC} 可以看作是 U_{AB} 的一部分，随着滑动端 C 的位置改变，U_{AC} 就改变，当 C 滑动至 B 端时 $U_{AC} = U_{AB}$，输出电压最大；当 C 滑动至 A 端时，$U_{AC} = 0$，所以输出电压 U_{AC} 可以调节从零到电源电压的任意数值。

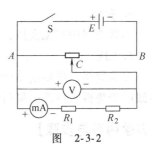

图　2-3-2

为保证安全，在接通电源前，一般应使 $U_{AC} = 0$，以后逐渐滑动 C，使电压增到所需值。

小型变阻器通称为电位器，它的额定功率只有零点几瓦到数瓦，视体积大小而定。电阻值较小的电位器多数用电阻丝绕成，称为线绕电位器，而电阻值较大（约从几千欧到几兆欧）的电位器则用碳质薄膜作为电阻，故称为碳膜电位器。由于电位器的生产已经系列化，规格也相当齐全，所以容易购得合适的阻值。

【实验操作规程】

1. 准备

进入实验室前应做好预习工作，写好预习报告，画好线路图及数据记录表格。实验时，先把本组实验仪器的规格弄清楚，然后根据线路图安排好元件、仪器位置（基本按电路排列次序，但也要考虑读数和操作的方便）。

2. 连线

要在理解电路的基础上连线，如图 2-3-2 所示的电路，应当这样理解：分压器先把电源电压分为两部分，用伏特计测出 AC 部分的分压，再把这部分分压送到用电的电阻 R_1、R_2 上，并由毫安计测出电阻 R_1 上的电流。连线时的次序及思路，以连接图 2-3-2 所示电路为例，可以从电源开始（但先不接通电源），用两根线连到开关的两个接线柱上，再由开关引出两根线，连到变阻器 AB 上，使产生电压降，从 A、C 两端引线到伏特计上测量分电压，再从伏特计两端引出分压送到电阻 R_1、R_2 串联的电路。

在连线时还应注意到用不同颜色的导线，这样可以表现出电路电位的高低（也便于检查），一般用红色或浅色接正极或高压，用蓝色或深色接负极或低电压；最后，应特别指出，在连线过程中，所有的电源最后才连入电路。

3. 检查

接好电路后，先复查电路连接是否正确，再检查其他是否符合要求，例如开关是否断开，电表和电源正负极是否接错，量程是否正确，电阻箱数值是否正确，变阻器的滑动端（或电阻箱各挡旋钮）位置是否正确等，直到一切都做好，再请教师检查，经同意后，再接上电源。

4. 通电

在通电合闸时，要事先想好通电瞬间各仪器表的正常反应是怎样的。例如，电表指针是指零不动或是摆动到什么位置等，合闸后要密切注意仪表是否反应正常，并随时准备在不正常时拉开电闸。实验过程中需要暂停时，应断开必要的开关，若需要更换电路，应将电路中各个仪器拨到安全位置再断开开关，拆去电源，再改接电路，经教师重现检查后，才可接通电源重新实验。

5. 安全

不管电路中有无高压，都要养成避免用手或身体接触电路中裸露导线的习惯。

6. 归整

实验完毕，应将电路中仪器拨到安全位置，断开开关，经教师检查实验数据后再拆线。拆线时应先拆去电源，最后将所有仪器放回原处，再离开实验室。

【实验内容与步骤】

1. 详细地考察各电表、电阻、变阻器、开关的结构，以便掌握它们的使用方法和读数方法，并详细记下各器件信息于表中。

2. 严格按照电学实验操作规程，按图 2-3-1 所示连接电路，注意使电阻值 R 随标尺增加而增大。

3. 接通电源，改变滑动端 C 的位置，从小到大调节 10 次 C 端的位置 L（格），记录 L 位置各相应电流表的 I 数值到表 2-3-1 中，并在坐标纸上画出 $L/$（格）-$I/$（mA）图。

4. 按图 2-3-2 所示连接电路接通电源，改变滑动端 C 的位置，从小到大调节 10 次 C 端的位置 L（格），记录 L 位置各相应电压表的 U 数值到表 2-3-2 中，并在坐标纸上画出 $L/$（格）-$U/$（V）图。[接线时应考虑变阻器刻度增加时输出电压也会增加，画图时以 $L/$（格）为横轴]。

【数据记录与处理】

表 2-3-1 制流电路

输入电压：＿＿＿＿＿ V 电阻：＿＿＿＿＿ Ω 分度值：＿＿＿＿＿ mA 误差值：＿＿＿＿＿ mA

$L/$格数	0	10	20	30	40	50	60	70	80	90	100
$I/$mA											

表 2-3-2 分压电路

输入电压：＿＿＿＿＿ V 电阻：＿＿＿＿＿ Ω 分度值：＿＿＿＿＿ V 误差值：＿＿＿＿＿ V

$L/$格数	0	10	20	30	40	50	60	70	80	90	100
$U/$V											

【思考题】

1. 在制流电路中，为什么要将滑动变阻器的 C 端滑动到 B 端？
2. 在分压电路中，为什么要将滑动变阻器的 C 端滑动到 A 端？
3. 电压表和电流表在电路中的接入方法有什么不同？

【补充说明】

电磁学实验中常用仪器简单介绍

1. 电源

实验室常用的电源有直流电源和交流电源。

常用的直流电源有直流稳压电源、干电池和蓄电池。直流稳压电源的内阻小，输出功率较大，电压稳定性好，而且输出电压连续可调，使用十分方便，它的主要指标是最大输出电压和最大输出电流，如 YB1713 型直流稳压电源的最大输出电压为 30V，最大输出电流为 2A。干电池的电动势约为 1.5V 左右，使用时间长了，电动势下降得很快，而且内阻也要增大。铅蓄电池的电动势约为 2V 左右，输出电压比较稳定，储藏的电能也比较大，但需要经常充电，比较麻烦。

交流电源一般使用 50Hz 的单相或三相交流电。市电每相 220V，如果需用高于或低于 220V 的单相交流电压，可使用变压器将电压升高或降低。

不论使用哪种电源，都要注意安全，千万不要接错，而且切忌电源两端短接。使用时注意不得超过电源的额定输出功率，对直流电源要注意极性的正负，常用"红"端表示正极，

"黑"端表示负极,对交流电源要注意区分相线、零线和地线。

2. 电表

电表的种类很多,在电学实验中,以磁电式电表应用最广,实验室常用的是便携式电表。磁电式电表具有灵敏度高、刻度均匀、便于读数等优点,适合于直流电路的测量,其结构可以简单地用图 2-3-3 表示,永久磁铁的两个极上连着带圆孔的极掌,极掌之间装有圆柱形软铁芯,极掌和铁芯之间的空隙中磁场很强,磁力线以圆柱的轴线为中心呈均匀辐射状。在圆柱形铁芯和极掌间空

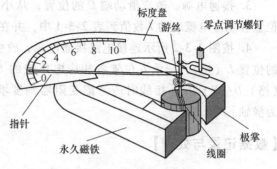

图 2-3-3　磁电式电表

隙处放有长方形线圈,两端固定了转轴和指针,当线圈中有电流通过时,它将因为受电磁力矩而偏转,同时固定在转轴上的游丝产生反方向的扭力矩。当两者达到平衡时,线圈停在某一位置,偏转角的大小与通入线圈的电流成正比,电流方向不同,线圈的偏转方向也不同。下面具体介绍几种磁电式电表(电表面板符号见后面附表中的表 2-3-5)。

(1)灵敏电流计　它的特征是指针零点在刻度中央,便于检测不同方向的直流电。灵敏电流计常用在电桥和电位差计的电路中作为平衡指示器,即检测电路中有无电流,故又称检流计。

检流计的主要参数有:

1)电流计常数:即偏转一小格所代表的电流值。AC5/1 型的指针检流计一般约为 10^{-6} A/小格。

2)内阻:AC5/1 型检流计内阻一般不大于 50Ω。

AC5/1 型检流计的面板如图 2-3-4 所示,使用方法如下:

当表针锁扣打向红点(左边)时,由于机械作用,锁住表针,打向白点(右边)时指针可以偏转。检流计使用完毕后,锁扣应打向红点。零位调节旋钮应在检流计使用前调节,使表针在零线上。当锁扣打向红点时,不能调节零位调节旋钮,以免损坏表头,把接线柱接入检流电路,按下电计按钮并旋转此按钮(相当于检流计的开关),检流电路接通。短路按

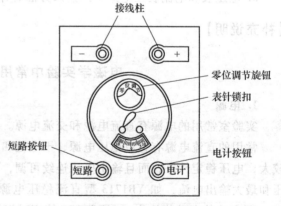

图 2-3-4　检流计面板

钮实际上是一个阻尼开关,使用过程中,可待表针摆到零位附近按下此按钮,而后松开,这样可以减少表针来回摆动的时间。

(2)直流电压表　它是用来测量直流电路中两点之间电压的。根据电压大小的不同,可分为毫伏(mV)表和伏特(V)表等。电压表是将表头串联一个适当大的降压电阻而构成的,如图 2-3-5 所示,它的主要参数如下。

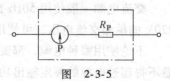

图 2-3-5

1）量程：指针偏转满度时的电压值。例如，伏特表量程为 0~7.5V~15V~30V，表示该表有三个量程，第一个量程在加上 7.5V 电压时偏转满度，第二、三个量程在加上 15V、30V 电压时偏转满度。

2）内阻：电压表两端的电阻，同一伏特表在不同量程下的内阻不同。例如，0~7.5V~15V~30V 伏特表的三个量程的内阻分别为 1500Ω、3000Ω、6000Ω，但因为各量程的每伏欧姆数都是 200Ω/V，所以伏特表内阻一般用 Ω/V 统一表示，可用下式计算某量程的内阻：

$$内阻 = 量程 \times 每伏欧姆数$$

（3）直流电流表　它是用来测量直流电路中的电流的。根据电流大小的不同，可分为安培（A）表、毫安（mA）表和微安（μA）表，电流表是在表头的两端并联一个适当的分流电阻而构成的，如图 2-3-6 所示。它的主要参数如下。

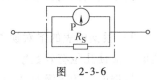

图　2-3-6

1）量程：指针偏转满度时的电流值，安培表和毫安表一般都是多量程的。

2）内阻：一般安培表的内阻在 0.1Ω 以下。毫安表、微安表的内阻可从 100~200Ω 到 1000~2000Ω。

（4）使用直流电流表和直流电压表应注意的事项

1）电表的连接及正负极：直流电流表应串联在待测电路中，并且必须使电流从电流表的“+”极流入，从“-”极流出。直流电压表应并联在待测电路中，并应使电压表的“+”极接高电位端，“-”极接低电位端。

2）电表的零点调节：使用电表之前，应先检查电表的指针是否指零，如不指零，应小心调节电表面板上的零点调节螺钉，使指针指零。

3）电表的量程：实验时应根据被测电流或电压的大小，选择合适的量程。如果量程选得太大，则指针偏转太小，会使测量误差太大。量程选得太小，则过大的电流或电压会使电表损坏。在不知道测量值范围的情况下，应先试用最大量程，根据指针偏转的情况再改用合适的量程。

4）视差问题：读数时应使视线垂直于电表的刻度盘，以免产生视差。级别较高的电表，在刻度线旁边装有平面反射镜。读数时，应使指针和它在平面镜中的像相重合。

（5）电表误差

1）测量误差：电表测量产生的误差主要有两类。

仪器误差：由于电表结构和制作上的不完善所引起，例如轴承摩擦、分度不准、刻度尺不精密、游丝的变质等原因的影响，使得电表的指示与其值有误差。

附加误差：这是由于外界因素的变动对仪表读数产生影响而造成的。外界因素指的是温度、电场、磁场等。

当电表在正常情况下（符合仪表说明书上所要求的工作条件）使用时，不会有附加误差，因而测量误差可只考虑仪器误差。

2）电表的测量误差与电表等级的关系：各种电表根据仪器误差的大小共分为七个等级，即 0.1，0.2，0.5，1.0，1.5，2.5，5.0。根据仪表的级数可以确定电表的测量误差。例如，0.5 级的电表表明其相对额定误差为 0.5%。它们之间的关系可表示如下：

$$相对额定误差 = \frac{绝对误差}{表的量程}$$

$$仪器误差 = 量程 \times 仪表等级\%$$

例如：用量程为 15V 的伏特表测量时，表上指针的示数为 7.28V，若表的等级为 0.5 级，读数结果应如何表示？

$$仪器误差：\Delta U_{仪} = 量程 \times 表的等级\% = 15V \times 0.5\%$$
$$= 0.075V \approx 0.08V（误差取一位）$$

$$相对误差：\frac{\Delta U_{仪}}{U} = \frac{0.08}{7.28} = 1\%$$

由于用镜面读数较准确，可忽略读数误差，所以绝对误差只用仪器误差。读数结果为

$$U = (7.28 \pm 0.08)V$$

3）根据电表的绝对误差确定有效数字：例如，用量程为 15V、0.5 级的伏特表测量电压时，应读几位有效数字？

根据电表的等级数和所用量程可求出：

$$\Delta U = 15V \times 0.5\% \approx 0.08V$$

故读数值时只需读到小数点后两位，以下位数的数值按数据的舍入规则处理。

（6）数字电表　它是一种新型的电测仪表，在测量原理、仪器结构和操作方法上都与指针式电表不同，数字电表具有准确度高、灵敏度高、测量速度快的优点。

数字电压表和数字电流表的主要参数有：量程、内阻和精确度。数字电压表内阻很高，一般在 MΩ 以上，要注意的是其内阻不能用统一的每伏欧姆数表示，说明书上会标明各量程的内阻。数字电流表具有内阻低的特点。

下面着重介绍数字电表的误差表示方法以及在测量时如何选用数字电表的量程。

数字电压表常用的误差表示方法是

$$\Delta = \pm(a\%U_x + b\%U_m)$$

式中，Δ 为绝对误差值；U_x 为测量指示值；U_m 为满度值；a 为误差的相对项系数；b 为误差的固定项系数。

从上式可以看出数字电压表的绝对误差分为两部分，式中第一项为可变误差部分；式中第二项为固定误差部分，与被测值无关。

由上式还可得到测量值的相对误差 r 为

$$r = \frac{\Delta}{U_x} = \pm\left(a\% + b\%\frac{U_m}{U_x}\right)$$

此式说明，满量程时 r 最小，随着 U_x 的减小 r 逐渐增大，当 U_x 略大于 $0.1U_m$ 时，r 最大。当 $U_x \leq 0.1U_m$ 时，应该换下一个量程使用，这是因为数字电压表量程是 10 进位的。

例如，一个数字电压表在 2.0000V 量程时，若 $a = 0.02$，$b = 0.01$，则其绝对误差为

$$\Delta = \pm(0.02\%U_x + 0.01\%U_m)$$

当 $U_x = 0.1U_m = 0.20000V$ 时，相对误差为

$$r = \pm(0.02\% + 10 \times 0.01\%) = \pm0.12\%$$

而满度时 r 值只有 ±0.03%。所以，在使用数字电压表时，应选合适的量程，使其略大于被测量，以减小测量值的相对误差。

3. 电阻

实验室常用的电阻除了有固定阻值的定值电阻以外，还有电阻值可变的电阻，主要有电阻箱和滑线变阻器。

（1）电阻箱 电阻箱外形如图 2-3-7b 所示，它的内部有一套用锰铜线绕成的标准电阻，按图 2-3-7a 连接。旋转电阻箱上的旋钮，可以得到不同的电阻值。在图 2-3-7b 中，每个旋钮的边缘都标有数字 0，1，2，…，9，各旋钮下方的面板上刻有×0.1，×1，×10，…，×10000 的字样，称为倍率。当每个旋钮上的数字旋到其所对准的倍率时，用倍率乘上旋钮上的数值并相加，即为实际使用的电阻值。如图 2-3-7b 所示的电阻值为

$$R = (8×10000+7×1000+6×100+5×10+4×1+3×0.1)\ \Omega$$
$$= 87654.3\ \Omega$$

电阻箱的参数如下。

1）总电阻：即最大电阻，如图 2-3-7 所示的电阻箱总电阻为 99999.9Ω。

2）额定功率：指电阻箱每个电阻的功率额定值，一般电阻箱的额定功率为 0.25W，可以由它计算额定电流，例如用 100Ω 挡的电阻时，允许的电流 $I = \sqrt{\dfrac{W}{R}} = \sqrt{\dfrac{0.25}{100}}\,\text{A} = 0.05\text{A}$，各挡允许通过的电流值列于表 2-3-3 中。

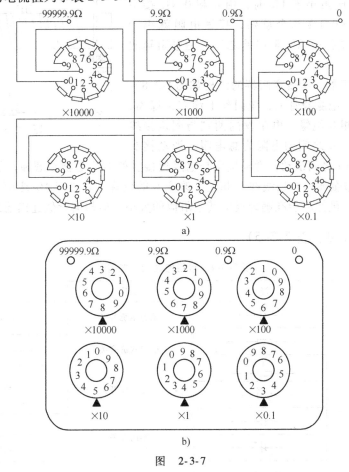

图 2-3-7

表 2-3-3

旋钮倍率	×0.1	×1	×10	×100	×1000	×10000
允许负载电流/A	1.5	0.5	0.15	0.05	0.015	0.005

3）电阻箱的等级：电阻箱根据其误差的大小分为若干个准确等级，一般分为 0.02，0.05，0.1，0.2 等，它表示电阻值相对误差的百分数。例如 0.1 级，当电阻为 87654.3Ω 时，其误差为 87654.3Ω×0.1%≈87.7Ω。

电阻箱面板上方有 0，0.9Ω，9.9Ω，99999.9Ω 这四个接线柱，0 分别与其余三个接线柱搭配使用从而构成电阻箱的三种不同调整范围。使用时，可根据需要选择其中一种，如果所使用的电阻小于 10Ω 时，可选 0、9.9Ω 两接线柱，这种接法可避免电阻箱其余部分的接触电阻对使用的影响，不同级别的电阻箱，规定允许的接触电阻标准亦不同。例如 0.1 级规定每个旋钮的接触电阻不得大于 0.002Ω，在电阻较大时，它带来的误差微不足道，但在电阻值较小时，这部分误差却很可观。例如一个六钮电阻箱，当阻值为 0.5Ω 时接触电阻所带来的相对误差为 $\frac{6×0.002}{0.5}=2.4\%$，为了减少接触电阻，一些电阻箱增加了小电阻的接头。如图 2-3-7b 所示的电阻箱，当电阻小于 10Ω 时，用 0 和 9.9Ω 接头可使电流只经过×1Ω，×0.1Ω 这两个旋钮，即把接触电阻限制在 2×0.002Ω＝0.004Ω 以下；当电阻小于 1Ω 时，用 0 和 0.9Ω 接头可使电流只经过×0.1Ω 这个旋钮，接触电阻就小于 0.002Ω。标称误差和接触电阻误差之和就是电阻箱的误差。

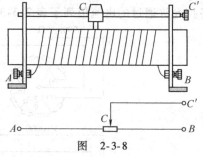

（2）滑线变阻器　滑线变阻器的结构如图2-3-8所示，电阻丝密绕在绝缘瓷管上，电阻丝上涂有绝缘物，各圈电阻丝之间相互绝缘。电阻丝的两端与固定接线柱 A、B 相连，A、B 之间的电阻为总电阻。滑动接头

图　2-3-8

C 可以在电阻丝 AB 之间滑动，滑动接头与电阻丝接触处的绝缘物被磨掉，使滑动接头与电阻丝接通。C 通过金属棒与接线柱 C′相连，改变 C 的位置，就改变 AC 或 BC 之间的电阻值。使用滑线变阻器，虽然不能准确地读出其电阻值的大小，但却能近似连续地改变电阻值。

【附表】（表 2-3-4、表 2-3-5）

表 2-3-4　常用电路元件符号

名称	符号	名称	符号
电池（直流电源）		单刀单掷开关	
固定电阻		单刀双掷开关	
变阻器			
可变电阻		双刀双掷开关	
固定电容			
可变电容		换向开关	
电感线圈		二极管	
互感线圈			
信号灯		晶体管（NPN）	

表 2-3-5　常见电气仪表表盘标记符号

名称	符号	名称	符号
指示测量仪表的一般符号	◻	磁电系仪表	⌂
检流计	↑	静电系仪表	⊥
安培计	A	直流	—
毫安计	mA	交流(单相)	~
微安计	μA	准确度等级(例如 1.5 级)	1.5
伏特计	V	电表垂直放置	⊥
毫伏计	mV	电表水平放置	⊓
千伏计	kV	绝缘强度试验电压为 2kV	☆2
欧姆计	Ω	防潮(湿)分为 A,B,C 等级	◬B
兆欧计	MΩ	Ⅱ级防外磁场及电场	▥

实验 2.4　万用电表的组装和使用

【引言】

万用电表是一种通用的多用途电表。它的特点是量程多，使用范围广。一般的万用电表可以用来测量直流电压、直流电流、交流电压、交流电流、电阻和音频电平等量。万用电表有多种类型，面板布局也有所不同，但其基本功能、旋钮的作用、读数方法基本相同。

【实验目的】

1. 了解万用电表的构造及工作原理。
2. 能正确使用万用电表测量电流、电压和电阻。
3. 学会使用万用电表检测电路故障。

【实验仪器】

万用电表、线路板、交直流电源、导线。

【实验原理】

1. 万用电表的结构原理

万用电表是在微安表上并联不同的分流电阻，使其变为不同量程的电流表；或串联不同的降压电阻，从而变为不同量程的电压表；或者加上直流电源和调零电阻变为欧姆表；或装上整流装置（即将交流变为直流后再测量），用于测量交流电流、电压等部件组合而成的多用表。

2. 万用电表的工作原理

（1）直流电流的测量

如图 2-4-1 所示，在表头上并联适当的电阻（称分流电阻）进行分流，就可扩展表的电流量程。改变分流电阻的阻值，就能改变表的电流测量范围。因此，当开关处于不同位置时，流过表头的电流占总电流的比例不同，形成了不同的电流量程。

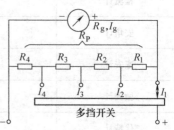

图 2-4-1　多量程直流电流表

多量程电流表中分流电阻的接法有开路置换式和闭路抽头式两种。对闭路抽头式分流电阻的计算公式为

$$R_P = \frac{I_g}{I - I_g} R_g$$

从图 2-4-1 中显而易见，当接 I_1 挡时，$R_P = R_1 + R_2 + R_3 + R_4$，$R'_g = R_g$；当接 I_2 挡时 $R_P = R_2 + R_3 + R_4$，$R'_g = R_g + R_1$；各挡量程均可同理处理。

（2）直流电压的测量

如图 2-4-2 所示，在表头上串联适当的电阻（倍增电阻）进行降压，就可扩展表的电压量程。改变倍增电阻的阻值，就能改变表的电压测量范围。因此，当倍增电阻的阻值改变时，加在表头的电压占总电压的比例不同，形成了不同的电压量程。多量程电压表中分压电阻的计算公式为

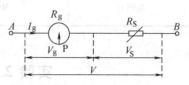

图 2-4-2　多量程直流电压表

$$R_S = \frac{U - U_g}{I_g} = \frac{U}{I_g} - R_g$$

由上式可见：要把表头改装成量程为 U 的电压表，只要给表头串联一个阻值为 R_S 的电阻即可。因此，给表头串联不同大小的电阻，就可以得到不同量程的直流电压表。

（3）电阻的测量

如图 2-4-3 所示，在表头上并联和串联适当的电阻，同时串接一节电池，使电流通过被测电阻。由于表头指针的偏转角和电流大小成正比，流过表头的电流 I 与被测电阻 R_x 是一一对应的，所以由电流的大小就可以在表头上直接读出指针偏转位置所对应的 R_x 值。改变分流电阻的阻值，就能改变电阻的测量量程。

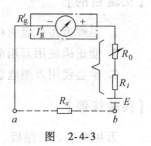

图 2-4-3

图 2-4-3 中 E 为内接电源；R_i 为限流电阻；R_0 为调"零"电位器；R_x 为被测电阻；R'_g 为等效表头电阻；I'_g 为等效表头量程。在使用欧姆表前要先调"零"点，即将 a、b 两点短路（相当于 $R_x = 0$），调节 R_0 的阻值，使表头指针正好偏转到满度。这时回路中的电流即为等效表头量程 I'_g，显然

$$I'_g = \frac{E}{R'_g + R_0 + R_i}$$

可见，欧姆表的零点是在表头标度尺的满刻度，当 a、b 两端接入被测电阻 R_x 时，电路中的电流即为

$$I=\frac{E}{R'_g+R_0+R_i+R_x}$$

由此可见：当电池电压 E 保持不变时，被测电阻与电流值有一定的对应关系。即接入不同电阻，表头就会有不同的偏转读数，R_x 越大，电流越小；当 $R_x=\infty$ 时，$I=0$，即表头指针在原来的零位。所以标度尺为反向刻度，且刻度是不均匀的，电阻 R_x 越大，刻度间隔越密。如果表头的标度尺已预先按已知电阻值刻度，则可以直接用电流表来测量电阻了。

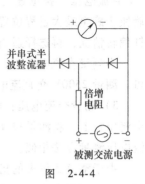

图 2-4-4

（4）交流电压的测量

因为表头是直流表，所以在测量交流时，需加并串式半波整流电路，如图 2-4-4 所示，将交流电进行整流变成直流电后再通过表头，就可以根据直流电压的大小来测量交流电压。扩展交流电压量程的方法与直流电压量程的扩展相似。

【实验介绍】

万用电表的型号很多，但其原理和使用方法基本相同，常用的 MF500 型万用电表的面板图如图 2-4-5 所示，面板的上半部分为测读数用的指针及标度尺，标度尺一共有 4 条，按照从上到下的顺序，第 1 条标度尺用于电阻测量，第 2 条标度尺用于交直流电压和交直流电流测量，第 3 条标度尺用于交流电压测量，第 4 条标度尺用于音频电平测量。MF500 型万用电表面板的下半部分有测量选择旋钮（2 个）、测试杆插孔（4 个）、机械调零器和欧姆表调零旋钮。

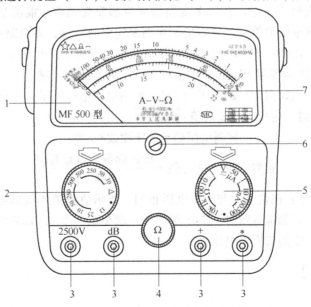

图 2-4-5 MF500 型万用电表面板图

1—表头　2—测量选择旋钮Ⅰ　3—测试杆插孔　4—欧姆表调零旋钮

5—测量选择旋钮Ⅱ　6—机械调零器　7—标度尺

MF500 型万用电表的使用方法如下。

1）使用前需调整机械调零器，使指针准确地指在零位上。

2）测量直流电压：将测试杆分别插在"＊"和"＋"插孔内，测量选择旋钮Ⅱ旋至"交直流电压"挡位置上，当不能预计被测直流电压的大约数值时，可将直流电压量程选择旋钮Ⅰ旋至最大量程位置（500V）上，再将测试杆跨接在被测电路元件两端，然后根据指针偏转情况，再选择适当的量程，使指针得到尽量大的偏转度，读数见第 2 条刻度线。

当测量直流电压时，若指针反向偏转，这时只需将测试杆的"＊"和"＋"极互换即可。测量 2500V 交直流电压时，应将测试杆插在"＊"和"2500V 交直流电压"挡插孔中。

3）测量交流电压：电表调节方法与测直流电压相同，只是将测量选择旋钮Ⅰ旋至电压交流位置上。将测量选择旋钮Ⅰ旋至欲测量交流电压值所对应的量程位置上，测量方法与直流电压测量方法相似。

由于整流式仪表的指示值是交流电压的平均值，仪表指示值是按正弦交流电压的有效值校正，对被测交流电压的波形失真，在任意瞬时值与正弦波上相应的瞬时值间的差别不超过基本波形振幅的+1%，当被测电压为非正弦波时，例如，测量铁磁饱和稳压器的输出电压时，仪表的指示值将因波形失真而引起误差。

4）测量直流电流：将测量选择旋钮Ⅰ旋至"A"位置上，测量选择旋钮Ⅱ旋至欲测量直流电流值所对应的量程位置上，然后将测试杆串联到测试电路中，就可以测量出被测电路中的直流电流值，指示值见第 2 条刻度线。测量过程中仪表与电路的接触应保持良好，并应注意切勿将测试杆并联进电路中，以防止仪表因过载而损坏。

5）测量电阻：将测量选择旋钮Ⅰ旋至"Ω"位置上，测量选择旋钮Ⅱ旋至欲测量电阻值的倍率，先将两测试杆短路，使指针向右偏转，然后调节欧姆表调零旋钮4，使指针指示在欧姆刻度尺"0"的位置上，再将测试杆分开进行未知电阻阻值的测量。指示值见第 1 条刻度线。使用欧姆表时应注意，在每次变换倍率后都要先调零才能测量。为了提高测试精度，指针所指示被测电阻的值应尽可能指示在刻度线中间一段，即全刻度起始的 20%~80% 弧度范围内，Ω×1，Ω×10，Ω×100，Ω×1000 倍率所用直流工作电源为 1.5V 电池一节，Ω×10k 倍率所用直流工作电源系 9V 层叠电池一节，当两测试杆短路时，若调节欧姆表调零旋钮 4 不能使指针指到欧姆刻度尺的"0"位置，表明电池电压不足，应更换新电池。

6）计算被测电阻、电压、电流的值：

$$被测电阻值=指针读数×倍率$$

$$被测电流（电压）值=\frac{指针读数乘以量程值}{满刻度值}$$

7）测量音频电平：测量方法与交流电压相同，指示值见第 4 条刻度线，因音频电压同时有直流电压存在，在测量音频时，应在测试杆一端串联一个 0.01μF 的、耐压值大于被测电平峰值的电容器，以隔离直流电压。

【实验内容与步骤】

1. 电阻的测量

1）首先，将万用电表量程选择开关拨至"Ω"挡的某量程上，不管用哪个量程，在使用时，首先应调零，即将正负表笔短路，调节调零旋钮，使指针指到"0"刻度线上。

2）取如图 2-4-6 所示的电路板，将被测电阻 R_1、R_2、R_3、R_4、R_5 从所连入的电路中断开，万用电表两表笔接到被测电阻 R_1 的两端，观察指针偏转。为了使读数准确，在测量时，倍率要适中，使表针尽可能指向表的中值。

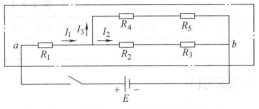

图 2-4-6 实验电路图

3）从刻度线上读出指针所指的刻度，再根据指针所指位置读出数值。被测电阻阻值 ＝ 指针指示数值×量程倍率，如果选择 $R×10$，则将读数乘以 10 即为所测电阻的阻值。

4）使用上述方法，分别测出 R_1、R_2、R_3、R_4、R_5 及 R_{ab} 电阻的阻值，并记录于表 2-4-1 中。

2. 交流电压的测量

1）按图 2-4-6 连接电路，将 a、b 两端接上 6V 交流电压。

2）将万用电表的转换开关拨到交流电压挡的“交直流电压”上，然后选择适当的量程。

3）将万用电表并联到被测电路上，不必考虑表笔的正负，根据选择的量程，正确读数。分别测出 R_1、R_2、R_3、R_4、R_5 及 a 与 b 之间的交流电压，并将测量结果记录于表 2-4-2 中。

3. 直流电压的测量

1）按图 2-4-6 连接电路，将 a、b 两端接上 12V 直流电压。

2）将万用电表的转换开关拨到直流电压挡“交直流电压”上，然后选择适当的量程。

3）将万用电表并联（注意正、负极性）到被测电路上，根据选择的量程，分别测出 R_1、R_2、R_3、R_4、R_5 及 a 与 b 之间的直流电压，将测量结果记录于表 2-4-3 中，按列表法处理实验数据，并举一例写出实验结果表达式。

4. 直流电流的测量

1）按图 2-4-6 连接电路，将 a、b 两端接上 12V 直流电压。

2）将万用电表的转换开关拨到直流电流“A”挡，然后选择适当的量程，将万用电表串接到电路各支路中，分别读出各支路电流数值，将测量结果记录于表 2-4-4 中，按列表法处理实验数据，并举一例写出实验结果的表达式。

【数据处理】

表 2-4-1 测电阻

R_1/Ω	R_2/Ω	R_3/Ω	R_4/Ω	R_5/Ω	R_{ab}/Ω

表 2-4-2 测交流电压

电源电压/V	量程/V	最小分度值/V	U_{R1}/V	U_{R2}/V	U_{R3}/V	U_{R4}/V	U_{R5}/V	U_{ab}/V

表 2-4-3 测直流电压

电源电压/V	量程/V	最小分度值/V	U_{R1}/V	U_{R2}/V	U_{R3}/V	U_{R4}/V	U_{R5}/V	U_{ab}/V

表 2-4-4 测直流电流

电源电压/V	量程/mA	最小分度值/mA	I_1/mA	I_2/mA	I_3/mA

【注意事项】

1. 在使用万用电表时，首先要看电表平放时指针是否停在表面刻度线左端"0"位置，否则要用小螺钉旋具（俗称螺丝刀）旋转"机械调零器"旋钮，使其指针指在"0"位处。

2. 在测电阻时，被测电路不能通电。测电流时，万用电表串联到电路中。测电压时，万用电表并联到电路中。

3. 当被测电路中的电压和电流的数值无法估计时，则应先将万用电表的量程选择旋钮拨至最大量程范围，测量时用瞬时点接法试一下，根据指针偏转大小选择适当的量程。

4. 在使用量程选择旋钮选择项目和转换量程时，两表笔一定要离开被测电路，在每次测量前必须认真检查量程选择旋钮是否调节在正确位置，千万不能搞错。请牢记：

一挡二程三正负，正确接入再读数；调换量程断开笔，切断电源测电阻。

5. 测量结束后，应将万用电表选择旋钮拨到最大交流电压量程处，以保证电表安全。

【思考与讨论】

1. 使用万用电表测量电压或者测量电流时，它的接入方法有何不同？

2. 请问可以带电测量电阻吗？

3. 实验结果的表达式应如何表示，根据上述测量结果举一例。

实验 2.5 分光计的基本操作

【引言】

分光计是一种能准确测量角度的光学仪器。由于一些光学量（如折射率、光波波长等）不能被直接测量，但一般都能归结为有关角度的测量，因此分光计能测量物质的许多光学特性，例如用来测量三棱镜的顶角、最小偏向角、折射率，测量光波波长、色散率、光栅常数，观测光谱等，还可以借助其他光学元件按波长分光，获得单色光。因此，它广泛应用于光学实验中，是光学实验的基础仪器之一。同时，它也是一种精密仪器，使用时必须严格按规则调整。

【实验目的】

学习调整和使用分光计的方法及技巧。

【实验仪器】

JJY 型分光计

分光计是测量角度的光学仪器。要测量入射光和出射光之间的夹角，根据反射定律和折射定律，分光计必须满足以下两个要求：

1）入射光和出射光应当是平行光。

2）入射光、出射光及反射面或折射面的法线应与分光计刻度盘平行。

分光计型号很多，但基本都是由平行光管、自准直望远镜、载物台和光学游标刻度盘（读数装置）这四个部分组成，并被安装在稳固的基座上。图 2-5-1 所示是 JJY 型分光计的结构图。下面逐一介绍分光计的四个部分。

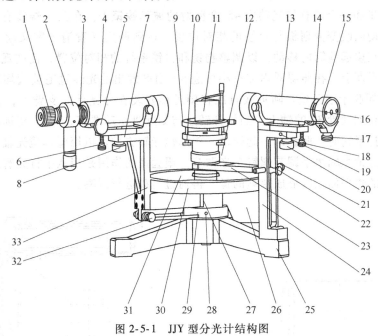

图 2-5-1　JJY 型分光计结构图

1—目镜视度调节手轮　2—阿贝式自准直目镜　3—目镜锁紧螺钉　4—望远镜

5—望远镜调焦手轮　6—望远镜光轴水平倾斜度调节螺钉　7—望远镜光轴水平调节螺钉（背面）

8—望远镜光轴水平锁紧螺钉　9—载物台　10—载物台调平螺钉（3个）　11—三棱镜

12—载物台锁紧螺钉（背面）　13—平行光管　14—狭缝装置锁紧螺钉　15—狭缝装置

16—平行光管调焦手轮（背面）　17—狭缝宽度调节螺钉　18—平行光管光轴水平倾斜度调节螺钉

19—平行光管光轴水平调节螺钉　20—平行光管光轴水平锁紧螺钉　21—游标盘微动螺钉

22—游标盘止动螺钉　23—制动架（二）　24—立柱　25—底座　26—转座

27—转座与刻度盘止动螺钉（背面）　28—制动架（一）与底座止动螺钉　29—制动架（一）

30—刻度盘　31—游标盘　32—望远镜微调螺钉　33—支臂

1. 平行光管

用平行光束观察研究光学现象，往往可以得到非常简便和有效的结果，因此在分光计的结构中设计了平行光管，它的作用是将发散光转变成平行光。它由会聚透镜 1 和宽度可调的狭缝 2 组成，如图 2-5-2 所示。在柱形圆筒的一端装有一个可伸缩的套筒，套筒末端有一个可调节的狭缝，套筒的另一端装有消色差透镜组。当狭缝恰位于透镜焦平面时，就能使照射在狭缝上的光经过透镜后成为平行光。整个平行光管安装在与底座连接的立柱上。狭缝的宽度可由调节螺钉 17 来调节（见图 2-5-1），平行光管的光轴水平倾斜度可由调节螺钉 18 来调节，平行光管光轴水平方位可以通过立柱上的调节螺钉 19 来调节，以使平行光管的光轴和分光计的中心轴垂直。

2. 自准直望远镜

望远镜一般用来观察远距离的物体，或者作为测量和对准的工具。它是由长焦距的物镜和短焦距的目镜所组成的。望远镜的物镜和目镜的焦点重合在一起，并且在它们的共同焦平面附近安装叉丝或分划板。由于不同距离的物体成像在物镜焦平面附近不同的位置，而此像又必须在目镜焦距的范围内，且靠近目镜的焦平面，所以在观测不同距离的物体时，需要调节物镜和目镜之间的距离，即改变镜筒长度，以满足成像要求。目镜一般分为高斯目镜和阿贝式目镜两种，其作用是用以观察平行光。本实验中，阿贝式目镜系统（见图2-5-3）内装有玻璃分划板T和一个具有与光轴成45°全反射的玻璃棱镜D，在其一端装有目镜C，目镜可在镜筒内移动以改变分划板与目镜的相对位置，达到调焦（看清十字叉丝）的目的。整个目镜系统可在望远镜筒内移动，以调整物镜和目镜系统的相对位置，使被观测对象准确地成像于分划板平面上。在照明器内装有小灯泡S。由S发出的光经过毛玻璃均匀散射后再经棱镜D反射以照亮十字叉丝。阿贝式自准直望远镜安装在分光计的支臂上，支臂与转座固定在一起，套在刻度盘30的轴上。当松开转座与刻度盘止动螺钉27时，望远镜与刻度盘可以相对转动；拧紧它时，两者即一起转动。望远镜光轴方位可以用望远镜光轴水平倾斜度调节螺钉6和望远镜光轴水平调节螺钉7来调节。望远镜的作用是把从平行光管发出的平行光束聚焦在目镜的焦平面上以形成狭缝的像，再通过目镜进行观察。

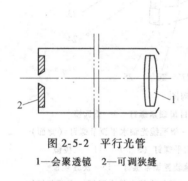

图 2-5-2　平行光管

1—会聚透镜　2—可调狭缝

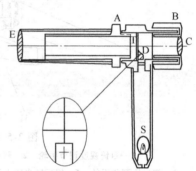

图 2-5-3　望远镜的结构

3. 载物台

其功能是用来放置待测件（如三棱镜、光栅），它的上部附有夹住元件的压簧片（俗称旗杆），下部设有三个调节平台台面倾斜度的螺钉。通过调节螺钉12，载物台既可以独立地、也可以跟随游标盘一起绕中心轴转动，还可以沿竖直方向上下升降。

4. 读数装置

由刻度圆盘和沿盘边缘对称安装的两个游标构成，设置两个游标的目的是为了消除刻度盘的偏心误差（有关偏心误差，参见本实验的补充说明）。刻度盘分为360°，最小刻度为30′，小于30′利用游标读数。游标上刻有30小格，故游标每一格对应角度为1′。角度游标读数的方法与游标卡尺的读数方法相似，如图2-5-4所示位置应读116°12′。

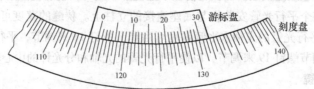

图 2-5-4　分光计的游标盘和刻度盘

在用分光计测角度时，必须遵照下列规定：

1）当望远镜（或刻度盘）绕分光计中心轴转过某一角度时，要同时记下左、右两个游标所指示的方位角坐标 θ_{11} 和 θ_{12}，以及转动后左、右两个游标所指示的方位角坐标 θ_{21} 和 θ_{22}。

2）当望远镜从方位 T_1 转至 T_2，如图 2-5-5a 所示，φ 角内不夹 0°时，

$$\varphi = \frac{1}{2} \left(\left| \theta_{11} - \theta_{21} \right| + \left| \theta_{12} - \theta_{22} \right| \right)$$

当望远镜从方位 T_1 转至 T_2，如图 2-5-5b 所示，φ 角内夹有 0°时，

$$\varphi = \frac{1}{2} \left[\left(360° - \left| \theta_{11} - \theta_{21} \right| \right) + \left| \theta_{12} - \theta_{22} \right| \right] \qquad (\theta_{11} 与 \theta_{21} 之间夹 0°)$$

或 $$\varphi = \frac{1}{2} \left[\left| \theta_{11} - \theta_{21} \right| + \left(360° - \left| \theta_{12} - \theta_{22} \right| \right) \right] \qquad (\theta_{12} 与 \theta_{22} 之间夹 0°)$$

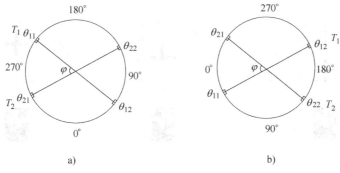

图 2-5-5　θ 角的计算

【实验内容与步骤】

1. 调整分光计

（1）目镜的调焦　先把目镜视度调节手轮 1 旋出，然后一边旋进，一边从目镜中观察，直至分划板刻线成像清晰为止。

（2）望远镜调焦

1）将平行平面反射镜平贴望远镜物镜，应可见一亮十字或绿色光斑。

2）旋转望远镜调焦手轮 5，使绿色的亮十字清晰成像且无视差。

（3）调节望远镜的光轴垂直于仪器中心轴　由图 2-5-6 根据自准法原理分析可知，分划板平面（焦平面）下部亮十字（物）发出的光线经垂直于望远镜的平面镜反射后，成像于分划板上方的十字线处，反过来说：若反射像与分划板上部的十字线重合，说明望远镜的光轴已垂直于仪器中心轴，即平面镜法线与仪器中心轴垂直。具体调节方法如下：

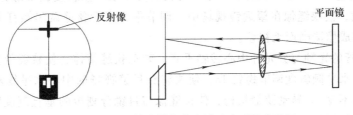

图 2-5-6　望远镜光轴与分光计垂直时的光路图

1）粗调：将平行平面反射镜放置于载物台上，如图 2-5-7 所示，调节载物台调平螺钉 10，使载物台尽量水平（平面镜尽量垂直），调节望远镜光轴水平倾斜度调节螺钉 6，使望远镜尽量水平。

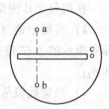

图 2-5-7　平面反射镜在载物台上的位置

2）细调：检查粗调是否合格，若粗调得好，就会从望远镜中看到平面镜两面反射的亮十字像，否则需重新粗调。细调可采用各半逐次逼近法调节：当反射像与分划板上部十字不重合时，先转动载物台使反射像与分划板竖直线重合，如图 2-5-8a 所示，再调节望远镜的螺钉 6，使水平线间距由 S 减半缩小为 $S/2$，如图 2-5-8b 所示；然后调节载物台下的螺钉 a 或 b，使两水平线完全重合，如图 2-5-8c 所示。将载物台（不能移动平面镜）转动 180°，观察另一个面的反射像，并用上述同样方法调节反射像。重复上述调节步骤，直至依次所见两面反射的十字像均处于如图 2-5-8c 所示位置为止。

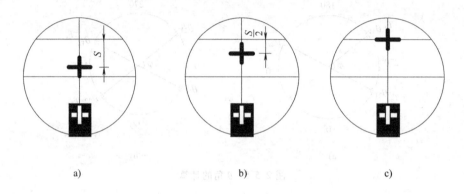

图 2-5-8　各半逐次逼近调节法

（4）调节载物台使台面垂直于仪器中心轴　把望远镜光轴调节到垂直于仪器中心转轴后，将图 2-5-7 中的平面镜转动 90°放置（即使平面镜平面平行于 a、b 两螺钉的连线），转动载物台使平面镜正对望远镜，并调节载物台下的螺钉 c，使反射的亮十字像与分划板上半部十字线重合（注意此时切勿动望远镜光轴的水平倾斜度调节螺钉 6）。

（5）调整分划板十字线的水平和垂直　慢慢转动载物台，看被平面镜反射的亮十字的横线是否始终沿分划板的水平线移动，若发现有些偏移，需谨慎地转动目镜镜筒，使偏差得到校正。

（6）调节平行光管

1）调节平行光管发出平行光。将已调节好的望远镜对准平行光管，旋动狭缝宽度调节螺钉 17，使缝宽适中（0.5~1mm），调节平行光管光轴水平倾斜度调节螺钉 18 和平移（左右移动）望远镜，使狭缝像在望远镜视场中。调节平行光管狭缝调焦螺钉 16，前后移动狭缝筒体，使狭缝成像清晰而无视差。

2）平行光管的光轴与分光计中心转轴垂直。转动狭缝筒体，使狭缝像呈水平后，再调节平行光管光轴水平倾斜度调节螺钉 18，使狭缝对目镜视场的中心水平线对称（注意应保持狭缝像的清晰不变）。转动狭缝机构，使狭缝像与目镜分划板的垂直刻度线平行，注意不要破坏平行光管的调焦，然后将狭缝装置锁紧螺钉旋紧。如图 2-5-9 所示。

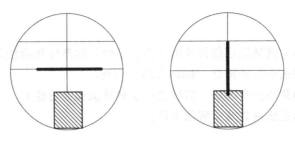

图 2-5-9 平行光管的光轴与分光计中心转轴垂直

【注意事项】

1. 汞灯是高强度的弧光放电灯，为了保护眼睛，不要直接注视汞光源。

2. 在实验中由于各种原因中途断电，不能马上接通汞灯电源开关，须等待灯泡逐渐冷却，汞蒸气气压降到适当程度后再接通电源开关。

3. 正确使用分光计上的各个锁紧固定螺钉及微调螺钉，确保实验测量正常进行，避免使用不当致使仪器损坏。当发现活动部分不灵活时，不能用力硬扳，应向实验教师报告。

【补充说明】

用圆刻度盘测量角度时，为了消除圆刻度盘的偏心差，必须由相差 180° 的两个游标分别读数。我们知道，圆刻度盘是绕仪器主轴转动的，由于仪器制造时不容易做到圆刻度盘中心准确无误地与主轴重合，这就不可避免地会产生偏心差。圆刻度盘上的刻度均匀地刻在圆周上，当圆刻度盘中心与主轴重合时，由相差 180° 的两个游标读出的转角刻度数值就相等，而当圆刻度盘偏心时，由两个游标读出的转角刻度数值就不相等了。所以，如果只用一个游标读数就会出现系统误差。如图 2-5-10 所示，用 $\widehat{AB}$ 的刻度读数，则偏大；用 $\widehat{A'B'}$ 的刻度读数，则偏小。由平面几何容易证明

$$(\widehat{AB}+\widehat{A'B'})/2 = \widehat{CD} = \widehat{C'D'}$$

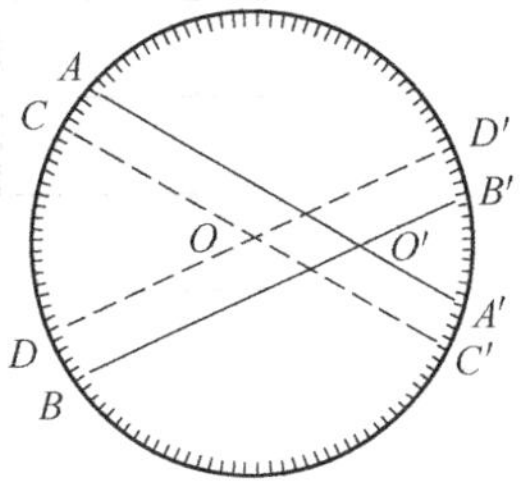

图 2-5-10 圆刻度盘的偏心差

亦即由两个相差 180° 的游标读出的转角刻度数值的平均值就是圆刻度盘真正的转角值。

实验 2.6　薄透镜焦距的测定

透镜是由两个共轴折射曲面构成的光学元件。通常多以光学玻璃为原材料，磨制成形后将折射面抛光而成。若不加以说明而提到透镜或透镜组，则绝大多数场合是指球面透镜及其组合。透镜由于两个表面的折射，具有对光束的会聚或发散作用，能在任何要求位置形成物体的像，因此是不可缺少的光学元件。反映透镜特性的一个重要参数是焦距。在不同的使用场合，由于使用目的的不同，需要选择不同焦距的透镜或透镜组。为了能正确地使用光学仪器，必须掌握透镜成像的规律，学会光路的调节技术和焦距的测量方法。

【实验目的】

1. 通过实验加深对薄透镜成像公式的认识，了解近轴条件和同轴等高调节的必要性。
2. 掌握简单光路的分析和调整（同轴等高）方法。
3. 掌握测量透镜焦距的自准法、共轭法；了解透镜成像的像差。
4. 掌握用左右逼近法读数及了解消去法。

【实验仪器】

光具座（包括导轨和可移动的底座）、凸透镜、凹透镜、平面镜、光源、物屏（其上中心位置有"1"形透光孔）、像屏等。

【实验原理】

1. 薄透镜成像公式

透镜可以分为凸透镜和凹透镜两类。凸透镜具有使光线会聚的作用，就是说当一束平行于凸透镜主光轴的光线通过凸透镜后，将会聚到主光轴上，会聚点 F 称为该凸透镜的焦点，如图 2-6-1a 所示。凸透镜光心 O（即光线过这一点时不改变传播方向）到焦点 F 的距离称为焦距 f。同理，位于凸透镜焦点上的点光源发出的光束通过凸透镜后，将变成一束平行于主轴的平行光。如图 2-6-1b 所示。

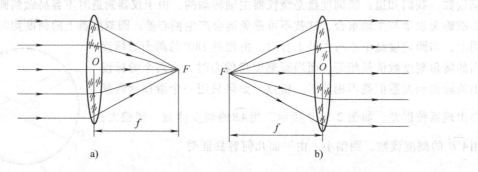

图 2-6-1 凸透镜

凹透镜具有相反的作用，即使光线发散的作用，也即一束平行于凹透镜主光轴的光线通过凹透镜后将散开。发散光的反向延长线与主光轴的交点 F 称为凹透镜的焦点，如图 2-6-2a 所示。凹透镜光心 O 到焦点 F 的距离称为焦距 f。同理，当一束会聚光入射到凹透镜上，且会聚光的会聚点在凹透镜的入射面的反面的焦点上时，光束通过凹透镜后将变成一束平行于主轴的平行光，如图 2-6-2b 所示。

当透镜的厚度与其焦距相比为很小时，这种透镜称为薄透镜。在近轴光线的条件下，薄透镜成像的规律可表示为

$$\frac{1}{u} + \frac{1}{v} = \frac{1}{f} \tag{1}$$

式中，u 为物距；v 为像距；f 为透镜的焦距，u、v 和 f 均从透镜的光心 O 点算起。物距 u 恒取正值，像距 v 的正负由像来确定。实像时，v 为正；虚像时，v 为负。凸透镜的 f 取正值，

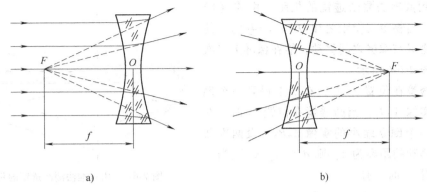

a)   b)

图 2-6-2　凹透镜

凹透镜的 f 取负值。

通常在考虑薄透镜时，都是将其作为理想光具来对待。即假定同心光线（从同一点光源发出的光线）经透镜后仍能保持为同心光线，且物与像在几何上完全相似。实际上，只有单色的近轴光线才能较好地满足上述条件。实际的光学系统由于总具有一定大小的孔径和视场，此时，在物点发出的光线中，部分或全部远离近轴区，光线与光轴夹角的正弦值不可能再用弧度值（单位为 rad）代替而不产生误差，故实际光路与理想光路有所偏离，得不到与物完全相似的像，导致像差。图 2-6-3 中由 P 点发出的近轴光线通过透镜中心部分后可以很好地交于一点，但通过边缘部分的光线经过透镜折射后就不会交于一点，造成球面像差。另外，制造光学元件的光学材料，其折射率随波长而异，用白光或复色光经光学系统成像时，会因为各色光之间的光路差异而产生色差，如图 2-6-4 所示。因此，为了改善透镜成像的质量，应尽量减小各种像差，在光学仪器中很少使用单透镜，而是采用多个透镜组成的复合透镜。

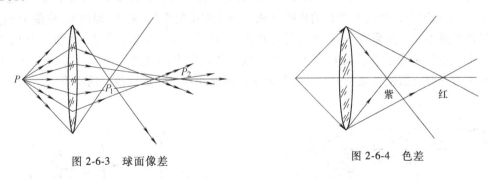

图 2-6-3　球面像差

图 2-6-4　色差

2. 透镜焦距测量原理

（1）用自准法测凸透镜的焦距　在图 2-6-5 中，光源 S_0 置于凸透镜焦点 F 处，发出的光经过凸透镜后成为平行光，若在凸透镜后面放一块与凸透镜主光轴垂直的平面镜 M，平行光射向平面镜 M 后由原路反射回来，仍会聚于 S_0 上，即光源和光源的像都在凸透镜的焦点 F 处，凸透镜光心 O 与光源 S_0 之间的距离即为该凸透镜的焦距 f。如果光源不是点光源，而是一个发光的、有一定形状的物屏 AB，则当该物屏位于凸透镜的焦平面上，而且呈倒像时，物屏至凸透镜光心的距离便是焦距 f。利用这种物、像在同一平面上且呈倒像的测量凸透镜焦距的方法称为自准法。

（2）用共轭法测凸透镜的焦距　由式（1）可以证明，当物距与像距之和 $D = u+v > 4f$ 时，使凸透镜在物屏与像屏之间移动，能在像屏上二次成像，如图 2-6-6 所示。

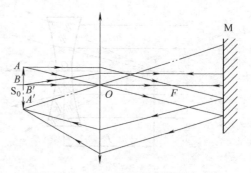

图 2-6-5　用自准法测凸透镜的焦距

当凸透镜在位置 x_1 时，在屏上得到一个倒立放大的实像 A_1B_1；当凸透镜在位置 x_2 时，在屏上得到一个倒立缩小的实像 A_2B_2。设两次凸透镜成像移动的距离为 d，则 $d = |x_1 - x_2|$。当凸透镜在位置 x_1 时，有

$$\frac{1}{f} = \frac{1}{u_1} + \frac{1}{(D - u_1)} \tag{2}$$

当凸透镜在位置 x_2 时，有

$$\frac{1}{f} = \frac{1}{u_1 + d} + \frac{1}{D - (u_1 + d)} \tag{3}$$

由式（2）和式（3），消去 u_1，可解得

$$f = \frac{D^2 - d^2}{4D} \tag{4}$$

由式（4）知，只要测出物屏的位置、像屏的位置及凸透镜两次成像时的位置便可以算出 D 和 d，再将其代入式（4），即可以算出凸透镜的焦距。用这种方法测焦距的优点就是把对焦距的测量归结为对量 D 和 d 的精确测定，从而避免了在测量 u 和 v 时，由于估计凸透镜光心位置不准确所带来的误差（因为在一般情况下，凸透镜的光心并不跟它的对称中心重合）。

（3）用自准法测凹透镜的焦距　因凹透镜是发散透镜，如果要使凹透镜获得一束平行光，就必须有一会聚透镜产生一会聚光束入射其上才能实现。如图 2-6-7 所示，物 S_0 处于凸透镜 L_1 的主光轴上，物距大于它的焦距（成一倒立缩小的像），物 S_0 通过 L_1 成像于 S_{10} 处，并保持该光路不变。如果在 S_{10} 与凸透镜之间放一凹透镜 L_2，并使它与 L_1 共轴，当 L_2 的光心 O_1 到 S_{10} 的距离等于凹透镜 L_2 的焦距时，从凹透镜射出的就是一束平行光，若用一垂直于主光轴的平面反射镜将这束平行光反射回来，则能在物屏上成一清晰的实像。

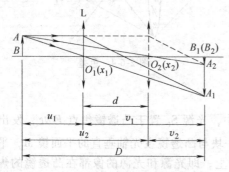

图 2-6-6　用共轭法测凸透镜的焦距

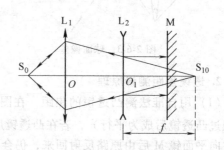

图 2-6-7　用自准法测凹透镜的焦距

（4）用物距、像距法测凹透镜的焦距

如图 2-6-8 所示，先用凸透镜 L_1 使物 AB 成缩小倒立的实像 A_1B_1，然后将待测凹透镜 L_2 置于凸透镜 L_1 与像 A_1B_1 之间，如果 O_1A_1 小于凹透镜焦距 f，则通过的光束经过折射后，仍能成一实像 A_2B_2。但应注意，对凹透镜 L_2 来讲，A_1B_1 是虚物，物距 $u = -O_2B_1$，像距 $v = O_2B_2$，代入式（1），即能算出焦距

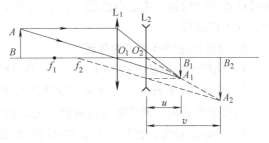

图 2-6-8 用物距、像距法测凹透镜焦距

$$f = \frac{uv}{v - u} \qquad (5)$$

【实验内容与步骤】

1. 光具座上各元件的等高同轴调整

薄透镜成像公式（1）仅在近轴光线的条件下才能成立。对于一个透镜的装置，应使发光点处于该透镜的主光轴上，并在透镜前适当位置上加一光阑，挡住边缘光线，使入射光线与主光轴的夹角很小。对于由多个透镜元件组成的光路，应使各光学元件的主光轴重合，才能满足近轴光线的要求。光具座的导轨上带有毫米刻度尺，导轨上用于装接各种光学元件的滑块上有读数准线，为了能在导轨的刻度上正确地测得光学元件之间的距离，必须使待测长度与导轨平行。本实验要测量的焦距 f、物距 u、像距 v 等都是指透镜光轴上的长度，因此，透镜的光轴应跟光具座导轨平行。故我们将这一调节步骤统称为光学系统的等高共轴调整。

1）粗调：把光源、透镜、物屏、像屏等安置在滑块上，先将它们靠拢，调节高低、左右，使光源、物屏上"1"形透光孔的中心、透镜中心、像屏中心大致在一条和导轨平行的直线上，并使物屏、透镜和像屏的平面互相平行且垂直导轨。

2）细调：借助于其他仪器或应用成像规律来调整。本实验中可以用透镜成像的共轭法原理（二次成像法）进行调整，使物屏与像屏之间的距离大于 $4f$，逐步将凸透镜从物屏移向像屏，在移动过程中，像屏上将先后获得一次大的和一次小的清晰的实像。若两次所成像的中心重合，即表示等高共轴的要求已经达到。若大像中心在小像中心的下方，说明透镜位置偏低，应将透镜调高；反之，则将透镜调低。

3）当有两个透镜需要调整时（如测凹透镜焦距时），必须逐个进行上述调整，即先将一个透镜（凸）调整好，记下像中心在屏上的位置；然后加上另一个透镜（凹），再次观察成像情况，对后一透镜的位置作上下、左右的调整，直至像的中心仍保持在第一次成像时记下的中心位置上为止。

2. 用自准法测凸透镜的焦距

将物屏、凸透镜和平面镜依次装在光具座的滑块上，改变凸透镜的距离，直至物屏上"1"形透光孔旁出现清晰的"1"形透光孔像为止（注意区分光线经凸透镜表面反射所成的像和经平面镜反射所成的像）。调好光路后测物的位置，只需测一次，估计仪器误差为 2mm。测 6 次凸透镜的位置。在实际测量时，由于对成像清晰程度的判断不免有一定误差，故常采用左右逼近法读数，先使透镜由左向右移动，当像刚清晰时停止，记下透镜位置的读数，再使透镜自右向左移动，在像刚清晰时又可读得一数，取这两次读数的平均值作为像清

晰时凸透镜的位置。固定凸透镜，然后改变平面镜和凸透镜之间的距离，观察成像有无变化，并加以解释。

3. 用共轭法测凸透镜的焦距

1）先用一个简易方法估计一下待测凸透镜的焦距值。（用步骤 2 的数据）

2）按图 2-6-6 所示，使物屏和像屏之间的距离 D 大于四倍估计的焦距值，在物屏和像屏之间放上凸透镜，调节其等高共轴，记录物屏和像屏的位置。

3）移动凸透镜，使像屏上呈现出清晰的放大像，记下此时凸透镜 L 的位置读数 x_1，然后再移动透镜至另一位置，使物屏上呈现出清晰的缩小像，记下此时凸透镜 L 的位置读数 x_2，做一次测量。

4. 用自准法测量凹透镜的焦距

实验步骤自拟（提示：关键是调节光路找出 O_2 和 S_{10} 的位置，只要求做一次测量）。

【数据处理】

读数位置的仪器误差均为 2mm。

1. 用自准法测凸透镜焦距的数据记录（表 2-6-1）

物屏的位置 $s=$ 　　　 cm　　$\Delta_{仪}=$ 　　　 cm

表 2-6-1　测凸透镜的位置记录表格

测量次数		1	2	3	4	5	6
凸透镜 位置	$x_左/\text{cm}$						
	$x_右/\text{cm}$						
$x=\left[(x_左+x_右)/2\right]/\text{cm}$							

焦距：$\bar{f}=\left|s-\bar{x}\right|=$

式中，$\bar{x}=\dfrac{1}{6}\displaystyle\sum_{i=1}^{6}x_i=$

$$s_x=\sqrt{\frac{\sum(x_i-\bar{x})}{n-1}}\ ,\quad \sigma_x=\sqrt{s_x^2+\Delta_仪^2}\ ,\quad \sigma_x=\Delta_仪$$

$$\sigma_f=\sqrt{\sigma_x^2+\sigma_s^2}$$

测量结果：$f=\bar{f}\pm\sigma_f=$

2. 用共轭法测凸透镜焦距的数据记录（表 2-6-2）

表　2-6-2

物屏位置 B/cm	像屏位置 $B_1(B_2)/\text{cm}$	x_1/cm	x_2/cm

焦距：$f=$

$\sigma_d=$ 　　　　　$\sigma_D=$ 　　　　　$\sigma_f=$

测量结果：$f=\bar{f}\pm\sigma_f=$

3. 用自准法测凹透镜焦距的数据记录（表 2-6-3）

表 2-6-3

凸透镜所成的像屏位置 S_{10}/cm	凹透镜成像时的光心位置 O_1/cm

焦距：$\bar{f}=$

$$\sigma_f=$$

测量结果表示：$f=\bar{f}\pm\sigma_f=$

【注意事项】

1. 透镜应轻拿轻放，小心不要失手跌落打破。

2. 不要用手接触透镜的光学表面，若透镜有灰尘时要用透镜纸轻轻擦去或交实验室工作人员清洗。

【思考题】

1. 调节等高同轴的意义是什么？如何调节？
2. 用共轭法测量凸透镜焦距的条件是什么？有何优点？
3. 为什么采用"左右逼近法"调节？
4. 分别对用共轭法和自准法测同一块凸透镜焦距所得结果做出评定。

【补充说明】

光学仪器的使用和维护规则

光学是物理学的重要组成部分，通常将它分为几何光学、物理光学和量子光学。在本教材中，《实验 2.6 薄透镜焦距的测定》就是运用几何光学的典型实验，《实验 4.11 光栅衍射》和《实验 5.9 光的偏振特性》就是运用物理光学的典型实验，《实验 5.7 利用光电效应测普朗克常量》就是运用量子光学的典型实验。

光学仪器一般分为两部分，一是机械部分，二是光学元件。机械部分如狭缝、螺钉的传动装置、度盘等，都是精密加工元件，严禁乱拨乱拧，调节时必须按仪器操作规程使用，动作要轻缓，精力集中，要坚持在观察现象的情况下进行调整的原则。光学元件大都是玻璃制品，表面经过精细抛光，有的还经过镀膜，使用时一定要十分小心谨慎，不能粗心大意。

光学仪器常见的损坏情况有下列几种：

（1）破损 由于光学元件大都是玻璃制品，因此若使用者粗心大意，发生激烈撞击，如失手跌落、震动或挤压极易造成破裂。

（2）磨损 在光学表面附有灰尘或油渍等不洁净物时，由于处理不当，如用手、普通的布或普通的纸去擦，致使光学表面留下痕迹或镀膜被擦掉，也有保管不善，使光学表面与其他物品发生摩擦，造成光学表面的擦伤。由于磨损使仪器成像模糊，甚至于无法观察和测量。

（3）污损 在拿取光学元件时，若用手直接接触光学表面，会将手上的汗渍、油渍沾在光学表面上而留下污渍，特别是镀过膜的光学表面，如不能及时清除污渍，问题会更为严重。因此，拿取光学元件一定要十分小心，绝对不能接触光学表面。

（4）发霉 这是由于保管不善，使光学元件经常处于温度高、湿度大的环境中，由于霉菌沾污光学表面所致，因此平时应将光学仪器放在通风干燥的房间或将光学元件置于干燥的容器内保存。

（5）腐蚀 光学表面遇到酸、碱等化学物品时会发生腐蚀现象，应加以注意。

由于以上原因，光学仪器在使用时必须遵守下列原则：

1）必须在详细了解仪器的使用方法和操作规程后才能使用。

2）仪器应轻拿轻放，避免激烈震动和失手跌落。

3）不准用手触摸仪器的光学表面，如果必须用手拿光学元件（如透镜、棱镜、平面镜、光栅等）时，只能接触非光学表面部分，即磨砂面，如透镜的边缘、棱镜的上下底面、平面镜和光栅的底座等，如图 2-6-9 所示。

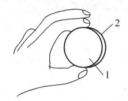

图 2-6-9 手持光学元件的方式
1—光学面 2—磨砂面

4）光学表面如果有轻微的污渍或指印，可用特制的擦镜纸或清洁的麂皮轻轻擦去，不能施加压力硬擦，更不能用衣服或其他纸来擦，使用的擦镜纸应保持清洁。如果光学表面有较严重的污渍和指印，应交实验室人员用乙醚、丙酮或酒精等清洁。

5）光学表面如果有灰尘，可用实验室专备的橡皮球将灰尘吹去，或用软毛刷轻轻掸去，切不可用其他物品来擦。

6）除实验室规定外，不允许任何溶液接触光学表面，不要对着光学表面说话、咳嗽、打喷嚏等。

7）在暗室中应先熟悉各种仪器和元件安放的位置，在黑暗环境中摸索光学元件表面时，手应贴着桌面，动作要轻而缓慢，以免碰倒或带落仪器、元件等物。

8）光学仪器的机械结构一般都比较精细。操作时动作要轻，缓慢进行，用力要均匀平稳，不得强行扭动，也不能超出其行程范围。若使用不当，其精度会大大降低，甚至损坏。

9）光学仪器的装配非常精密，拆卸后很难复原，因此，严禁私自拆卸仪器。

10）仪器用毕，应放回箱内或加防尘罩，防止沾污和受潮。

11）对于光学狭缝，不允许狭缝过于紧闭，否则由于狭缝过紧造成刀刃口互相挤压而受损，若狭缝处不清洁，可将狭缝调到适当宽度，用折好的软白纸在狭缝内由上而下滑动一次，切记不要往复滑动。

第3章

基础性实验

实验 3.1　液体表面张力系数的测定

【实验目的】

1. 用拉脱法测量室温下液体的表面张力系数。
2. 学习力敏传感器的定标方法。
3. 学习用最小二乘法处理实验数据。
4. 对表面张力系数测量误差进行分析。

【预习要求】

1. 掌握液体表面张力系数的测量方法和定量计算。
2. 熟悉液体表面张力系数测定仪及整个装置的使用方法。

【实验仪器】

DH4607 型液体表面张力系数测定仪、砝码、游标卡尺、吊环、玻璃器皿。

【实验原理】

　　液体的张力都具有收缩的趋势，犹如紧张的弹性薄膜。从微观的角度看，液体的表面是具有一定厚度的薄层，称为表面层。由于表面层的分子与液体内分子受力情况不同（液体内每个分子所受的合外力为零，而表面层分子所受的合外力不为零，该合力垂直于表面并指向液体内部），所以，表面层出现了张力，这种张力就叫作表面张力。表面张力的大小用表面张力系数 α 来描述。因此，对液体表面张力系数的测定，可以为分析液体表面的分子分布及结构提供帮助。液体表面张力系数是表征液体性质的一个重要参数。测量液体表面张力系数的方法有很多种，拉脱法是测量液体表面张力系数常用的方法之一。该方法的特点是：用称量仪器直接测量液体的表面张力，测量方法直观，概念清楚。用拉脱法测量液体的表面张力，对测量力的仪器要求较高，由于用拉脱法测量液体表面的张力约在 $1\times10^{-3}\sim1\times10^{-2}\text{N}$ 之间，因此，需要有一种量程范围较小，灵敏度高，且稳定性好的测量力的仪器。近年来，新发展的硅压阻式力敏传感器张力测定仪正好能满足测量液体表面张力的需要，它比传统的焦利秤、扭秤等灵敏度高，稳定性好，且可数字信号显示，利用计算机实时测量。

　　测量一个已知周长的金属片从待测液体表面脱离时需要的力，得到该液体表面张力系数

的实验方法称为拉脱法。若金属片为环状吊片，考虑一级近似，可以认为脱离力为表面张力系数乘以脱离表面的周长，即

$$F = \alpha\pi(D_1 + D_2) \tag{1}$$

式中，F 为脱离力；D_1、D_2 分别为圆环的外直径和内直径；α 为液体的表面张力系数。

硅压阻式力敏传感器由弹性梁和贴在梁上的传感器芯片组成，其中芯片由四个硅扩散电阻集成一个非平衡电桥，当外界压力作用于金属梁时，在压力的作用下，电桥失去平衡，此时将有电压信号输出，输出电压大小与所加外力成正比，即

$$\Delta U = KF \tag{2}$$

式中，F 为外力的大小；K 为硅压阻式力敏传感器的灵敏度；ΔU 为传感器输出电压的大小。在实验过程中，对力敏传感器定标，可得传感器的灵敏度 K，电压的变化量可由数字电压表测得，通过式（2）可以求得外力 F，此外，只要知道圆环的内、外直径，由式（1）就可得知待测液体的表面张力系数 α。

【仪器介绍】

实验装置如图 3-1-1 所示。

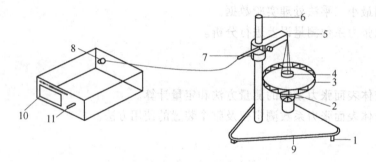

图 3-1-1

1—调节螺钉　2—升降螺钉　3—玻璃器皿　4—吊环　5—力敏传感器　6—支架　7—固定螺钉

8—航空插头　9—底座　10—数字电压表　11—调零旋钮

其中，左侧的液体表面张力系数测定仪包括硅扩散电阻非平衡电桥的电源和测量电桥失去平衡时输出电压大小的数字电压表。其他装置包括铁架台、微调升降台、装有力敏传感器的固定杆、盛液体的玻璃器皿和圆环形吊片等，实验证明，当环的直径在 3cm 附近而液体和金属环接触的接触角近似为零时，运用式（1）测量各种液体的表面张力系数的结果较为正确。

【实验内容与步骤】

1. 实验准备

1）开机预热。

2）清洗玻璃器皿和吊环。

3）在玻璃器皿内放入被测液体并安放在升降台上。（玻璃器皿底部可用双面胶与升降台面贴紧固定）

4）将砝码盘挂在力敏传感器的钩上。

5）若整机已预热 15min 以上，可对力敏传感器定标，在加砝码前应首先对仪器调零，安放砝码时应尽量轻，并在它停止晃动之后，方可读数。

6）换吊环前应先测定吊环的内、外直径，然后挂上吊环，在测定液体表面张力系数的过程中，可观察到液体产生的浮力与张力的情况与现象，以顺时针转动升降台大螺母时液体液面上升，当环下沿部分均浸入液体中时，改为逆时针转动该螺母，这时液面往下降（或者说相对吊环往上提拉），观察吊环浸入液体中及从液体中拉起时的物理过程和现象。

2. 力敏传感器的定标

每个力敏传感器的灵敏度都有所不同，在实验前，应先将其定标，定标步骤如下：

1）在传感器梁端头小钩中，挂上砝码盘，调节调零旋钮，使数字电压表显示为零。

2）在砝码盘上分别放上如 0.5g，1.0g，1.5g，2.0g，2.5g，3.0g 等质量的砝码，记录在相应这些砝码的作用下，数字电压表的读数值 U。

3）用最小二乘法做直线拟合，求出传感器灵敏度 K。

3. 环的测量与清洁

1）用游标卡尺测量金属圆环的外直径 D_1 和内直径 D_2。

2）环的表面状况与测量结果有很大的关系，实验前应将金属环状吊片浸泡在 NaOH 溶液中 20~30s，然后用净水洗净。

4. 液体的表面张力系数

1）将金属环状吊片挂在传感器的小钩上，调节升降台，将液体升至靠近环片的下沿，观察环状吊片下沿与待测液面是否平行，如果不平行，将金属环状片取下后，调节吊片上的细丝，使吊片与待测液面平行。

2）调节容器下的升降台，使其渐渐上升，将环片的下沿部分全部浸没于待测液体中，然后反向调节升降台，使液面逐渐下降，这时，金属环片和液面间形成一环形液膜，继续下降液面，测出环形液膜即将拉断前一瞬间数字电压表读数值 U_1 和液膜拉断后一瞬间数字电压表读数值 U_2。

$$\Delta U = U_1 - U_2$$

3）将实验数据代入式（2）和式（1），求出液体的表面张力系数，并与标准值进行比较。

5. 测出其他待测液体（如酒精、乙醚、丙酮等）**在不同浓度下的表面张力系数**

【数据处理】

1. 传感器灵敏度的测量（表 3-1-1）

表　3-1-1

砝码/g	0.5	1.0	1.5	2.0	2.5	3.0
电压/mV						

经最小二乘法拟合得 $K =$ _____ mV/N，拟合的线性相关系数 $r =$ _____。

2. 水的表面张力系数的测量（表 3-1-2）

金属环外直径 $D_1 =$ _____ cm，内直径 $D_2 =$ _____ cm，水的温度 $t =$ _____ ℃。

表　3-1-2

编号	U_1/mV	U_2/mV	$\Delta U/mV$	F/N	$\alpha/(N/m)$
1					
2					
3					
4					
5					

平均值：$\overline{\alpha}$ = _____ N/m

3. 查出水在该温度时表面张力系数的标准值，计算相对误差

【注意事项】

1. 吊环须严格处理干净。可用 NaOH 溶液洗净油污或杂质后，用清洁水冲洗干净，并用热吹风烘干。

2. 必须使吊环保持竖直和干净，以免测量结果引入较大误差。

3. 实验之前，仪器开机需预热 15min。

4. 在旋转升降台时，尽量使液体的波动要小。

5. 实验室内不可有风，以免吊环摆动致使零点波动，所测系数不准确。

6. 若液体为纯净水。在使用过程中应防止灰尘、油污及其他杂质污染，特别注意手指不要接触被测液体。

7. 力敏传感器使用时用力不宜大于 0.098N。过大的拉力会使力敏传感器容易损坏。

8. 实验结束后要用清洁纸将吊环擦干，然后再用清洁纸包好，放入干燥缸内。

9. 玻璃器皿放在升降台上，调节升降台时应小心、轻缓，防止打破玻璃器皿。

10. 调节升降台拉起水柱时动作必须轻缓，应注意液膜必须充分被拉伸开，不能使其过早地破裂，实验过程中不要使平台摇动而导致测量不准或测量失败。

【思考与讨论】

1. 实验前，为什么要清洗吊环？

2. 为什么吊环拉起的水柱的表面张力为 $F = \alpha\pi(D_1 + D_2)$？

3. 当吊环下沿部分均浸入液体中后，旋转大螺母使得液面往下降，数字电压表的示数将会如何变化？

实验 3.2　弦振动实验

【引言】

本实验采用钢质弦线，不仅能用眼睛观察到弦线的振动情况，而且还能听到振动的声音，从而可研究振动与声音的关系；不仅能做弦振动实验，还能配合示波器进行驻波波形的观察和研究。

【实验目的】

1. 了解波在弦上的传播及驻波形成的条件。
2. 测量拉紧弦时不同弦长的共振频率。
3. 测量弦线的线密度。
4. 测量弦振动时波的传播速度。

【实验仪器】

DH4618 型弦振动研究实验仪、双踪示波器。

【实验原理】

如图 3-2-1 所示，张紧的弦线在驱动器产生的交变磁场中受力。移动劈尖改变弦长或改变驱动频率，当弦长是驻波半波长的整数倍时，弦线上会形成驻波。下面用简谐波表达式对驻波进行定量分析。

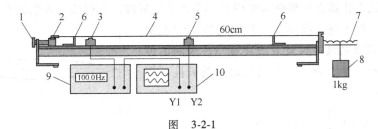

图 3-2-1

1—调节螺杆 2—圆柱螺母 3—驱动传感器 4—弦线 5—接收传感器 6—支撑板
7—张力杆 8—砝码 9—信号源 10—示波器

沿 x 轴正向和负向传播的两列简谐波的波方程为

$$y_1 = A\cos\left(\omega t - \frac{2\pi x}{\lambda}\right), \quad y_2 = A\cos\left(\omega t - \frac{2\pi(2L-x)}{\lambda} + \pi\right)$$

$$y = y_1 + y_2 = 2A\cos\left(\frac{2\pi(L-x)}{\lambda} - \frac{\pi}{2}\right)\cos\left(\omega t - \frac{2\pi L}{\lambda} + \frac{\pi}{2}\right)$$

式中，L 为弦长，则合成波方程就是驻波方程。于是，在波节处有

$$\frac{2\pi(L-x)}{\lambda} - \frac{\pi}{2} = (2K+1)\frac{\lambda}{2} \quad (K = 0, 1, 2, \cdots)$$

即

$$x = L - (K+1)\frac{\lambda}{2}$$

时，振幅为零。

当 $x = 0$ 处是波节时，有

$$L = (K+1)\frac{\lambda}{2} \quad (K = 0, 1, 2, \cdots)$$

即只有弦线长度是半波长的整数倍时，弦线上才能形成稳定的驻波。任何两个相邻波节间的

距离为$\dfrac{\lambda}{2}$且称为一个驻波波形，只要测出 n 个波形的长度 L，即可得到波长

$$\lambda = \frac{2L}{n}$$

理论和实验证明，波在弦上传播的速度可由公式表示如下：

$$v = \sqrt{\frac{T}{\rho}} \tag{1}$$

式中，v 是波沿弦线的传播速度；T 是弦线所受到的张力；ρ 是弦线每单位长度的质量（称为线密度）。

另一方面，波的传播速度 v 和波长 λ 以及频率 f 之间的关系为

$$v = \lambda f \tag{2}$$

由此可得

$$\lambda = \frac{1}{f}\sqrt{\frac{T}{\rho}} \tag{3}$$

当波在弦线上传播而碰到弦端障碍时，会产生反射波。反射波与入射波在一定的条件下叠加形成驻波，即出现一些波节（振幅为零）和波腹（振幅最大），相邻的波节与波节或波腹与波腹间的距离等于半个波长。设 L 为 n 个半波长之间的长度，则有下面的关系：

$$L = n\frac{\lambda}{2} \quad \text{或} \quad \lambda = \frac{2L}{n}$$

代入式（3），得

$$f = \frac{n}{2L}\sqrt{\frac{T}{\rho}} \tag{4}$$

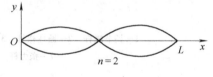

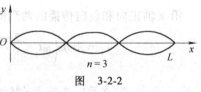

图 3-2-2

式（4）表明，对于弦长、张力、线密度一定的弦，两端固定时，其自由振动频率不止一个，而是 n 个，并且仅与弦的固有力学参量有关，所以也称为固有频率。每一个 n 对应于一种驻波，如图 3-2-2 所示。

$n=1$ 时的驻波只有两个节点，它的波长在所有固有振动中最长，相应的频率也最低，称为基频。

$n>1$ 的各次频率称为泛频。由于各次泛频都为基频的整数倍，因而也称为谐频。

在实验中，将驱动线圈放在弦的下方，由信号发生器产生周期性的信号，通过驱动线圈对弦线施加周期性驱动力，使弦线产生受迫振动。调节驱动信号的频率，当驱动信号频率等于弦的固有频率时，弦线将发生驻波共振，此时可以观察到弦上形成的驻波，也可以通过示波器观察共振信号的波形。同时通过改变弦长、张力、线密度，可以验证式（4）。

【乐理分析】

常见的音阶由 7 个基本音组成，用唱名表示即：do, re, mi, fa, so, la, si, 用 7 个音以及比它们高一个或几个八度的音、低一个或几个八度的音构成各种组合就成为各种乐器的

"曲调"。每高一个八度的音其频率升高一倍。

振动的强弱（能量的大小）体现为声音的大小，不同物体的振动体现的声音音色是不同的，而振动的频率则体现音调的高低。$f = 261.6$Hz 的音在音乐里用字母 C^1 表示。其相应的音阶表示为：C，D，E，F，G，A，B，在将 C 音唱成 "do" 时定为 C 调。人的声音及乐器中最富有表现力的频率范围约为 $60 \sim 1\,000$Hz。C 调中 7 个基本音的频率，以 "do" 音的频率 $f = 261.6$Hz 为基准，按十二平均律的分法，其他各音的频率为其倍数，其倍数值见表 3-2-1。

表 3-2-1

音名	C	D	E	F	G	A	B	c
频率倍数	1	$(\sqrt[12]{2})^2$	$(\sqrt[12]{2})^4$	$(\sqrt[12]{2})^5$	$(\sqrt[12]{2})^7$	$(\sqrt[12]{2})^9$	$(\sqrt[12]{2})^{11}$	2
频率/Hz	261.6	293.7	329.6	349.2	392.0	440.0	493.9	523.2

金属弦线形成驻波后，会产生一定的振幅，从而发出对应频率的声音。如果将驱动频率设置为表 3-2-1 所定的值，由弦振动的理论可知，通过调节弦线的张力或长度，形成驻波，就能听到与音阶对应的频率了。这样做的特点是能产生准确的音调，有助于我们对音阶的判断和理解。

【实验内容与步骤】

1. 实验前准备

1）选择一条弦，将弦的带有铜圆柱的一端固定在张力杆的 U 形槽中，把带孔的一端套到调整螺杆的圆柱螺母上。

2）把两劈尖（支撑板）放在弦下相距为 L 的两点上，窄的一端朝标尺，弯脚朝外，如图 3-2-1 所示；放置好驱动线圈和接收线圈，按图 3-2-1 连接好下线。

3）将质量可选砝码挂到张力杆上，然后旋动调节螺杆，使张力杆水平。注意张力杆必须水平。弦线的张力如图 3-2-3 所示。每一次改变张力时，由于张力不同，弦线的伸长也不同，需重新调节张力杆的水平。

2. 实验内容

（1）张力、线密度和弦长一定，改变驱动频率，观察驻波现象和驻波波形，测量共振频率。

1）放置两个劈尖至合适位置，装上一条弦。在张力杆上挂上一定质量的砝码，旋动调节螺杆，

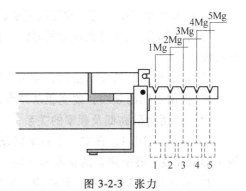

图 3-2-3 张力

使张力杆处于水平状态，把驱动线圈放在离劈尖 $5 \sim 10$cm 处，把接收线圈放在弦的中心位置。注意：为了避免驱动线圈和接收线圈之间出现电磁干扰，两者之间至少应相距 10cm。

2）将驱动信号的频率调至最小，信号幅度调节合适，同时调节示波器的通道增益处于合适位置。

3）慢慢升高驱动信号的频率，观察示波器接收到的波形的改变。频率调节过程不能太快，细调时要特别特别慢。如果观察不到波形，则应调大信号源的输出幅度；如果弦线的振

幅太大，造成弦线敲击传感器，则应减小信号源输出幅度；适当调节示波器的通道增益，可观察到合适的波形大小。一般一个波腹时，信号源输出为2~3（峰-峰值），即可观察到明显的驻波波形，同时弦线亦有明显的振幅。当弦的振动幅度最大时，示波器接收到的波形振幅最大，这时的频率就是共振频率。

4）记下这个共振频率，以及线密度、弦长、张力、弦线的波腹波节的位置和个数等参数。如果弦线只有一个波腹，这时的共振频率最低，波节就是两个劈尖处。

5）再增加输出频率，连续找出几个共振频率（3~5个）并记录。接收线圈如果处于波节位置时，则示波器上无法测量到波形，所以驱动线圈和接收线圈此时应适当移动位置，以观察到最大的波形幅度。当驻波的频率较高，弦线上形成几个波腹、波节时，弦线的振幅会较小，眼睛不易观察到。这时把接收线圈移向右边劈尖，再逐步向左移动，同时观察示波器，找出并记下波腹和波节的个数，及每个波腹和波节的位置。

（2）张力和线密度一定，改变弦长，测量共振频率。

1）选择一根弦线以及合适的张力，放置在两劈尖至一定的间距，调节驱动频率，使弦线产生稳定的驻波。

2）记录相关的线密度、弦长、张力、波腹等参数。

3）移动劈尖至不同的位置改变弦长，调节驱动频率，使弦线产生稳定的驻波。记录相关的参数。

（3）弦线和线密度一定，改变张力，测量共振频率和横波在弦上的传播速度。

1）将两个劈尖放置到合适位置，选择一定的张力，调节驱动频率，使弦线产生稳定的驻波。

2）记录相关的线密度、弦长、张力、波腹等参数。

3）改变砝码的质量和挂钩的位置，调节驱动频率，使弦线产生稳定的驻波。记录相关的参数。

（4）张力和弦长一定，改变线密度，测量共振频率和弦线的密度。

1）将两个劈尖放置到合适的间距，选择一定的张力，调节驱动频率，使弦线产生稳定的驻波。

2）记录相关的弦长、张力、波腹等参数。

3）换用不同的弦线，改变驱动频率，使弦线产生同样的稳定驻波。记录相关的参数。

（5）聆听音阶高低及频率的关系

1）对照表3-2-1，选定一个频率以及合适的张力，通过移动劈尖的位置改变弦长，在弦线上形成驻波，聆听声音的音调和音色。

2）依次选择其他频率，聆听声音的变化。

3）换用不同的弦线，重复以上步骤。

*（6）探究弦线的非线性振动

1）设定一定的张力、线密度、弦长和驱动频率，张力不要过大，频率不宜过高，在示波器上观察到驻波波形。

2）移动接收传感器的位置，注意驻波的波形有无变化。

3）移动接收传感器的位置，注意驻波的频率有无变化。

【数据处理】

1. 张力和弦长一定，测量弦线的共振频率和横波的传播速度（见表3-2-2）。

根据式（4）求得的共振频率计算值，与实验值得到的共振频率相比较，计算出其相对误差，并分析其存在的原因。

弦长：＿＿＿＿＿cm　张力：＿＿＿＿＿kg·m/s² 　线密度：＿＿＿＿＿kg/m

表　3-2-2

波腹位置 /cm	波节位置 /cm	波腹数	波长 /cm	共振频率 /Hz	频率计算值 $f = \dfrac{n}{2L}\sqrt{\dfrac{T}{\rho}}$	传播速度 $v = 2Lf/n$ /(m/s)

2. 张力和线密度一定，改变弦长，测量弦线的共振频率和横波的传播速度（见表3-2-3）。

张力：＿＿＿＿＿kg·m/s²　 线密度：＿＿＿＿＿kg/m

表　3-2-3

弦线长度 /cm	波腹位置 /cm	波节位置 /cm	波腹数	波长 /cm	共振频率 /Hz	传播速度 $v = 2Lf/n$ /(m/s)

画出弦长与共振频率的关系图。

3. 弦长和线密度一定，改变张力，测量弦线的共振频率和横波的传播速度（见表3-2-4）。

弦长：＿＿＿＿＿cm　线密度：＿＿＿＿＿kg/m

表　3-2-4

张力 /(kg·m/s²)	波腹位置 /cm	波节位置 /cm	波腹数	波长 /cm	共振频率 /Hz	传播速度 $v = 2Lf/n$ /(m/s)

画出张力与共振频率的关系图。

根据式（1）算出波速，再与 $v = 2Lf/n$ 比较，算出相对误差，分析存在差别的原因。画出张力与速度的关系图。

4. 弦长和张力一定，改变线密度，测量弦线的共振频率和线密度（见表3-2-5）。

已知弦线的静态线密度为

弦线1：0.562g/m   弦线2：1.030g/m   弦线3：1.515g/m

弦长：＿＿＿＿＿＿＿ cm   张力：＿＿＿＿＿＿＿ kg·m/s^2

表　3-2-5

弦线	波腹位置 /cm	波节位置 /cm	波腹数	波长 /cm	共振频率 /Hz	线密度 $\rho = T[n/(2Lf)]^2/(\mathrm{kg/m})$
弦线1 ($\phi0.3$)						
弦线2 ($\phi0.4$)						
弦线3 ($\phi0.5$)						

比较测量所得的线密度与上述静态线密度有无差别，试说明原因。

【注意事项】

1. 仪器应可靠放置，张力挂钩应置于实验桌外侧，并注意不要让仪器滑落。

2. 弦线应可靠挂放，砝码的悬挂取放应动作轻缓，以免使弦线崩断而发生事故。

【思考与讨论】

1. 通过实验，说明弦线的共振频率和波速与哪些条件有关？

2. 换用不同弦线后，共振频率有何变化？存在什么关系？

3. 如果弦线有弯曲或者是不均匀的，对共振频率和驻波有何影响？

4. 相同的驻波频率时，不同的弦线产生的声音是否相同？

5. 试用本实验的内容阐述吉他的工作原理。

*6. 移动接收传感器至不同位置时，弦线的振动波形有何变化？是否依然为正弦波？试分析原因。

实验3.3　刚体转动惯量的测定

【引言】

转动惯量是刚体转动时惯性大小的量度，是表明刚体特性的一个物理量。刚体转动惯量除了与物体质量有关外，还与转轴的位置和质量分布（即形状、大小和密度分布）有关。如果刚体形状简单，且质量分布均匀，可以直接计算出它绕特定转轴的转动惯量。对于形状复杂，质量分布不均匀的刚体，计算将极为复杂，通常采用实验方法来测定，例如机械部件、电动机转子和枪炮的弹丸等。

转动惯量的测量，一般都是使刚体以一定形式运动，通过表征这种运动特征的物理量与转动惯量的关系，进行转换测量。本实验是利用"刚体转动惯量实验仪"来测定刚体的转动惯量。

【实验目的】

1. 学习用转动惯量仪测定物体的转动惯量。
2. 研究作用在刚体上的外力矩与刚体角加速度的关系，验证刚体转动的平行轴定理。
3. 观测转动惯量随质量、质量分布及转动轴线的不同而改变的状况。

【实验仪器】

ZS-TD 转动惯量测试仪及附件、HMS-3 通用。

【仪器介绍】

转动惯量测试仪由圆形承物台、绕线塔轮、遮光片和小滑轮组成。如图 3-3-1 所示。承物台（见图 3-3-2）转动时固定在载物台边缘并随之转动的遮光片，每转动半圈（$\theta = \pi$）遮挡一次固定在底座圆周直径相对两端的光电门，即产生一个光电脉冲送入通用电脑式毫秒计，通用电脑式毫秒计将记下时间和遮挡次数。塔轮的半径：$R = 1.5\text{cm}$，$R = 2.0\text{cm}$，$R = 2.5\text{cm}$。载物台上标 1 和 2 的圆孔中心分别距离转轴为 5cm 和 7.5cm。圆盘的半径为 10cm，质量在盘上，圆环内径为 8.6cm、外径为 10.0cm，质量在圆环上，小圆柱体的质量在圆柱体上。

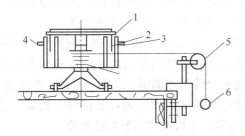

图 3-3-1　转动惯量测试仪结构图

1—承物台　2—遮光片　3—绕线塔轮

4—光电门　5—滑轮　6—砝码

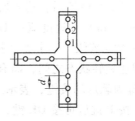

图 3-3-2　承物台俯视图

通用电脑式毫秒计如图 3-3-3 所示，由 MCS-51 单片机、外围接口、光电开关等器件组成，采用操作系统和计算机程序固化存储的方式，能顺时序计下 64 个电脉冲的时间，精确到十分之一毫秒。其左上为脉冲组（个）数显示窗：2 位数码，中上为计时或角加速度显示窗：6 位数码。为本仪器显示的时间单位为 s，计时精度（仪器误差限）为 0.001s。其使用方法如下。

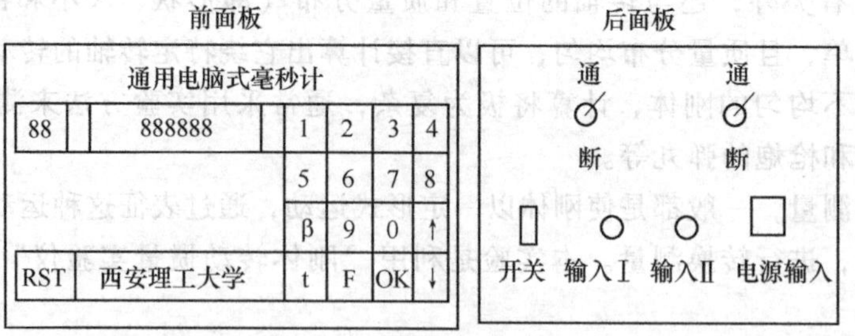

前面板

后面板

通用电脑式毫秒计		1	2	3	4
88	888888	5	6	7	8
		β	9	0	↑
RST	西安理工大学	t	F	OK	↓

图 3-3-3 通用电脑式毫秒计

左上为脉冲组（个）数显示窗：2 位数码，中上为计时或角加速度显示窗：6 位数码。

↑—选择数据组递增按键 ↓—选择数据组递减按键 RST—复位或重新开始按键

OK—回车键，各类操作确定按键 β—提取角加（减）速度按键

t—提取时间按键 F—软启动按键

1）将转动惯量测试仪的两组光电门和通用电脑式毫秒计输入接口的 I、II 两通道并用专用电缆分别连接好，选择通、断开关，通常只选择接通一路，另一路留作备用。

2）通电后，显示 PP-HELLO，3s 后进入模式设定等待状态 F0164，前两位数表示几个输入脉冲编为 1 组，01 表示输入一个脉冲作为 1 次计时单元，05 表示输入 5 个脉冲作为 1 次计时单元。后两位数表示每组脉冲的次数，"组"×"数" ≤64。

3）在"F0164"等待状态，可按动数字键进行设定，如显示 F0213 即为每两个脉冲计一次时间，共 13 组。

4）按 OK 键显示 88-888888 进入待测状态，当第一个光电脉冲通过时即开始计时，此时脉冲组数数字跳动，表示计数正常运行。测量和计算完毕即显示 EE，此时各数据已被存储，以备提取；若未显示 EE，则不能提取各类参数，应按 RST 重新开始。

5）提取时间：按 t 键，显示 01H 后按 OK 键则显示第一个脉冲的起始时间（00.0000s），按↑键则依次递增各次数据，按↓键则依次递减各次数据。若只提取某一个数值，按 t 键显示××H 后，输入所要提取的数，按 OK 键后，即显示出该 t 值。

6）提取（角）加速度值：①按 β 键出现××b 后，先按数字键 01，再按键 OK，即显示出 01，b±×.×××数值。其余类似提取时间的方法。②从有外力作用的加速旋转状态到砝码落地后的减速旋转状态之间，隔有 5 次 PASS，这表示转折点周围的数据不可靠，须舍去。

7）F 键为软启动按键，表示继续使用上次设定的模式，此时内存数据尚未消除，还可再次提取。按 F 键后再按 OK 键，则可进行新的实验，上次的实验数据已消除。

【实验原理】

1. 匀角加（减）速度的测量

通用电脑式毫秒计记录遮挡次数和载物台旋转 $k\pi$ 所经历的时间间隔。固定在转台边缘相差 π 的两遮光片，在转台每转动半圈遮挡一次光电门（只用一个光电门），光电门产生一个计数光电脉冲。若从第一次挡光（$k=0$，$t=0$）开始计起，转台初始角速度为 ω_0，则对于匀变速转动测量得到的任意两组数据 (k_m, t_m) 和 (k_n, t_n)，角位移分别为

$$\theta_m = k_m\pi = \omega_0 t_m + \frac{1}{2}\beta t_m^2 \tag{1}$$

$$\theta_n = k_n \pi = \omega_0 t_n + \frac{1}{2}\beta t_n^2 \tag{2}$$

其中 β 为匀角加（减）速度。从式（1）、式（2）中消去 ω_0，得

$$\beta = \frac{2\pi(k_n t_m - k_m t_n)}{t_n^2 t_m - t_m^2 t_n}$$

2. 转动惯量的测量

根据刚体定轴转动定律

$$M = J\beta \tag{3}$$

只要测定刚体转动时所受的总合外力矩 M 及该力矩作用下刚体转动的角加速度 β，则可计算出该刚体的转动惯量 J。

设以某初始角速度转动的空转台的转动惯量为 J_1，未加载砝码时，在摩擦阻力矩 M_μ 的作用下做匀角加速度为 β_1 的运动。若加质量为 m 的砝码时，并设砝码的加速度为 a，则细线给转台的力矩为 $TR = (mg - ma)R$。若此时转台的角加速度为 β_2，则有 $a = R\beta_2$。此时有

$$-M_\mu = J_1 \beta_1 \tag{4}$$

$$m(g - R\beta_2)R - M_\mu = J_1 \beta_2 \tag{5}$$

将式（4）代入式（5），得

$$J_1 = \frac{mR(g - R\beta_2)}{\beta_2 - \beta_1} \tag{6}$$

同理，若向转台加上被测物体后系统的转动惯量为 J_2，加砝码前、后的角加速度分别为 β_3 和 β_4，则有

$$J_2 = \frac{mR(g - R\beta_4)}{\beta_4 - \beta_3} \tag{7}$$

由转动惯量的可加性，被测物体的转动惯量为

$$J_{待测} = J_2 - J_1$$

3. 转动惯量平行轴定理的验证

若质量为 m 的物体绕通过质心的转轴转动时的转动惯量为 J_0，则当转轴平行移动距离 d 时，刚体对新轴的转动惯量将变为

$$J = J_0 + md^2$$

由此可见，J 与 d^2 呈线性关系，实验中若得此关系，则验证了平行轴定理。

4. 待测物体转动惯量 J 的"理论"公式

设圆盘的质量为 m、半径为 r，则圆盘圆柱绕几何中心轴的转动惯量理论值为

$$J = \frac{1}{2}mr^2$$

同理，圆环转动惯量的理论值为

$$J = \frac{m}{2}(r_外^2 + r_内^2)$$

【实验内容与步骤】

1. 调节转动惯量仪的底脚螺钉，使仪器处于水平状态。

2. 用电缆将光电门与通用电脑式毫秒计相连，只接通一路。若用输入 I 插孔输入，该

通段接通，输入Ⅱ通段开关必须断开。

3. 开启通用电脑式毫秒计，使其进入计数状态。

4. 测量支架的转动惯量

将选定的砝码钩挂线的一端打结，沿塔轮上开的细缝塞入，再将线绕在中间的塔轮上，调节滑轮位置使绕线与台面平行。让砝码由静止下落，砝码脱落时必须用手接住，以免挂砝码的杆断掉。然后分别记下有外力矩时的 β_1'，β_2'，β_3'，β_4'，β_5' 和无外力矩时的 β_1'，β_2'，β_3'，β_4'，β_5'。求出 $\overline{\beta_2}$、$\overline{\beta_1}$，然后计算空台的 J_1，将所得数据填入表3-3-1中。

5. 测量待测物的转动惯量

1）加上圆盘，测量系统的转动惯量 J_2；

2）加上圆环，测量系统的转动惯量 J_2。

6. 已知支架的转动惯量 J_1，从而可得待测物的转动惯量 $J_{待测} = J_2 - J_1$。

7. 将测量值与理论值进行比较，并计算其相对误差。

8. 验证平行轴定理

将小圆柱体分别放在离转轴5cm和7.5cm处，测得此时系统的转动惯量 J，作出图3-3-4，并将其与 $J_0 + md^2$ 比较，从而验证平行轴定理。

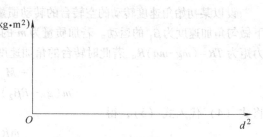

图3-3-4　验证平行轴定理

9. 用作图法求转动惯量，并用实验的方法证明转动惯量与外力矩无关。

1）将圆盘放在空台上，保持塔轮半径不变，加载不同的砝码，将计时器上的时间数据填入表3-3-2。

2）将1）做如下改变：保持砝码不变，塔轮半径分别取3个不同的值，测量并填入自己设计的表格中。

【数据记录与处理】（表3-3-1）

表3-3-1　测量刚体的转动惯量

待测物	有/无外力矩	1 β_1'	2 β_2'	3 β_3'	4 β_4'	5 β_5'	$\overline{\beta}$	J
空台	有							$J_{空台} = J_1$
	无							
圆环	有							$J_{空台+圆环} =$
	无							
圆盘	有							$J_{空台+圆盘} =$
	无							
圆柱	有							$J_{空台+圆柱} =$
	无							
	有							$J_{空台+圆柱}' =$
	无							

圆环的转动惯量 $= J_{空台+圆环} - J_{空台} = $ _____ （测量值），理论值 $= $ _____

圆盘的转动惯量 $= J_{空台+圆盘} - J_{空台} = $ _____ （测量值），理论值 $= $ _____

比较理论值与测量值，计算相对误差。

表 3-3-2

m/g \ k	1	2	3	4	5	6	7	8	$\beta/(1/s^2)$
50									
60									
70									
80									
90									
100									

【注意事项】

1. 实验室通用电脑式毫秒计的计数从 1 开始，所以计算时所计的次数要减 1。

2. 摩擦随运动速度有一些变化，建议从减速起，开始取加速度。

3. ZS-TD 转动惯量测试仪的通用电脑式毫秒计的保险管安装在仪器电源插座内，保险管的额定电流为 0.3A。

4. 通用电脑式毫秒计计数、计时出现错误或仪器工作不正常时，按 RST 复位键重新开始。

5. ZS-TD 转动惯量测试仪的通用电脑式毫秒计的保险管安装在仪器电源上。

【思考与讨论】

1. 本实验所采用的方法为什么可以不考虑滑轮的质量及其转动惯量？

2. 本实验是如何检验转动定律和平行轴定理的？

3. 分析本实验产生误差的主要原因是什么？

实验 3.4 用拉伸法测金属丝的弹性模量

【引言】

弹性模量是描述固体材料抵抗形变能力的重要物理量，它是选定机械构件材料的依据之一，也是工程技术中常用的参数。

【实验目的】

1. 了解弹性模量的物理意义。

2. 学习用逐差法处理实验数据。

【实验原理】

1. 拉伸法测量金属丝的弹性模量

物体在外力作用下，在一定限度内会发生弹性形变，发生弹性形变时物体内将产生恢复形变的内应力。弹性模量是反映材料形变与内应力关系的物理量。

设一粗细均匀的金属丝，其长度为 L，横截面积为 S，在外力 F 的作用下，伸长了 ΔL。金属丝在单位面积上受到的力 F/S 称为应力，相对伸长量 $\Delta L/L$ 称为应变，它决定物体的形变，在物体的弹性限度内，由胡克定律可知物体的应力与应变成正比，即

$$\frac{F}{S} = E\frac{\Delta L}{L} \tag{1}$$

式中，E 是比例系数，称为材料的弹性模量，它是固体材料的重要参数之一，在数值上等于产生单位应变的应力。即

$$E = \frac{F/S}{\Delta L/L} \tag{2}$$

它表征材料本身的性质，弹性模量 E 越大的材料，要使它发生一定的相对形变所需的单位横截面积上的作用力也越大。

若所用金属丝横截面为圆形，直径为 d，则式（2）变为

$$E = \frac{4FL}{\pi d^2 \Delta L} \tag{3}$$

式中，各量均为 SI 单位，E 的单位为帕斯卡（即 Pa，$1\text{Pa} = 1\text{N/m}^2$）。

可见，只要测出式（3）中等号右边的各个量，就可算出弹性模量 E。式中，F（外力）、L（金属丝原长）、d（金属丝直径）均容易测定，只有 ΔL 是一微小伸长量，很难用普通测长度的仪器测准。

2. 测量原理

与弹性模量相关的物理量可用待测金属丝在静态拉伸实验中测得，主要是 ΔL 的测量。如图 3-4-1 所示，在悬垂的金属丝下端连着十字叉丝板和砝码盘，当往盘中加载质量为 m 的砝码时，金属丝受力增加了

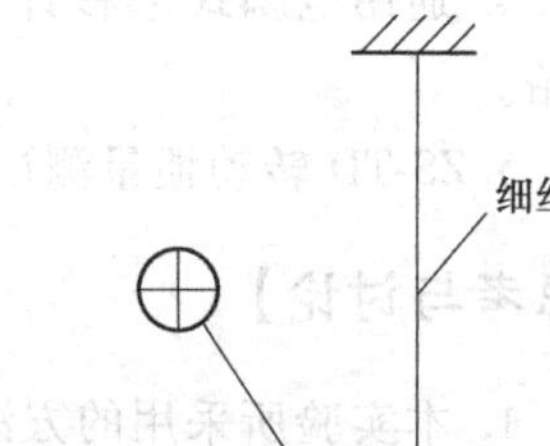

$$F = mg \tag{4}$$

图 3-4-1

十字叉丝随着金属丝的伸长同样下降 ΔL。而叉丝板通过显微镜的 $1 \times$ 物镜成像在最小分度为 0.05mm 的分划板上，再被目镜放大，所以能够用眼睛通过显微镜对 ΔL 进行直接测量。将式（4）代入式（3），整理得

$$E = \frac{4mgL}{\pi d^2 \Delta L} \tag{5}$$

式中，g 是当地的重力加速度；d 是细丝的直径。

【实验仪器】

弹性模量测定仪、外径千分尺、钢卷尺。

弹性模量测定仪各器件都在同一个底座上。底座可通过旋动底脚螺钉调平。

金属丝支架和砝码

在两根立柱之间安装上、下两个横梁。金属丝一端被上梁侧面的一付夹板夹牢，另一端用小夹板夹在连接方框上，方框下旋进一个螺钉吊起砝码盘，框子的正面固定一个十字叉丝板，下梁一侧有连接框的防摆动装置，只需将2个螺钉调到适当位置，就能够限制增减砝码引起的连接框的扭转和摆动。立柱旁设砝码架，附200g砝码9个，100g砝码1个，可按需要组成200g，400g，600g和300g，600g，900g等不同序列进行等间隔测量。

显微镜

显微镜的具体情况见表3-4-1。

表 3-4-1

物镜 放大倍数	目镜 放大倍数	显微镜 放大倍数	工作距离 /mm	分划板格分度 /mm	测量范围 /mm
1	25	25	76	0.05	3

支座：带锁紧钮支架，磁性底座，横向和升降可微调。

【实验内容与步骤】

1. 支架的调节

先调节底脚螺钉，使仪器底座水平（可用水准器），再用上梁的微调旋钮调节夹板的水平，直到穿过夹板的细丝不靠贴小孔内壁。然后调节下梁一侧的防摆动装置，将两个螺钉分别旋进铅直细丝下连接框两侧的"V"形槽，并与框体之间形成两个很小的间隙，以便能够上下自由移动，又能避免发生扭转和摆动现象。

2. 读数显微镜的调节

将显微镜筒装到支架上，插入磁性座，紧靠定位板直边。按显微镜工作距离大致确定物镜与被测十字叉丝屏的距离之后，用眼睛对准镜筒，转动目镜，对分划板调焦，然后沿定位板微移磁性底座，在分划板上找到十字叉丝像，经磁性底座升降微调，使微尺分划板的"3"刻度线对准十字叉丝的横线，并微调目镜，尽量消除视差。最后锁住磁性底座。

3. 观测细丝伸缩变化实验

记下待测细丝下的砝码盘加载两个砝码时目镜里所看到的毫米刻度尺在十字叉丝横丝上的读数 L_0，以后在砝码盘上每增加一个 $m = 200g$ 的砝码，就从读数显微镜读取一次数据 L_i（$i = 1$，2，$\cdots$，7）。然后逐一减掉砝码，再从读数显微镜读取 L_7'，L_6'，$\cdots$，L_1' 一组数据，两组数据逐一取平均，得 $\overline{\Delta L_i}$，并将所得数据记入表3-4-2。

待测细丝的长度用钢卷尺进行单次测量。考虑到细丝直径 d 在各处可能存在的不均匀性，可取用外径千分尺在4处测量到的平均值，并将所测数据记入表3-4-3。

【数据记录与处理】

1. 记录读数显微镜微尺读数

标尺的仪器允差 $\Delta_{仪} = $ _____ mm

表　3-4-2

次数 i	砝码的质量 /kg	增加砝码时标尺读数 L_i/格	减少砝码时标尺读数 L_i'/格	两次测量的平均值 L_i/格	隔项逐差 $(L_{i+4}-L_i)$/格	$\overline{\Delta L}$/格
0	0.000					
1						
2						
3						
4						
5						
6						
7						

2. 细丝的长度 L

$L =$ ＿＿＿＿＿＿＿ m　　　　$\Delta_{仪}$（钢卷尺）＝ ＿＿＿＿＿＿＿ m

3. 细丝的直径 d

外径千分尺初读数 $d_0 =$ ＿＿＿＿＿＿＿ mm　　　$\Delta_{仪} =$ ＿＿＿＿＿＿＿ mm

表　3-4-3

测量次数	1	2	3	4	平均值
测量值/mm					

4. 实验数据处理要求

（1）计算标尺读数隔项逐差的平均值 $\overline{\Delta L}$ 及其不确定度，细丝长度 L、细丝直径 d 的最佳测量值及各自的不确定度。

（2）计算弹性模量的最佳值 E，推导弹性模量 E 的误差传递公式并估算其不确定度。

【注意事项】

1. 仪器一经调好，在实验过程中不可再移动，否则需要重新调整和测量。在增、减砝码时，应轻拿轻放，并随时观察、判断微尺的读数是否合理。

2. 测量直径 d 时不要将金属丝扭曲。

【思考题】

1. 实验中为什么不同长度的测量会用到不同的仪器？

2. 用逐差法处理数据的优点是什么？

3. 是否可用作图法求弹性模量？如果以应力为横轴，应变为纵轴作图，图线应该是什么形状？

实验 3.5　用单摆法测重力加速度

【引言】

　　单摆实验有着悠久的历史，当年伽利略在观察比萨教堂中的吊灯摆动时发现，摆长一定的摆，其摆动周期不因摆角而变化，因此可用它来计时，后来惠更斯利用了伽利略的这个观察结果，发明了摆钟。重力加速度是物理学中的一个重要物理量。地球上各个地区的重力加速度的数值，随该地区的地理纬度和相对海平面的高度不同而稍有差异。本实验利用单摆的周期性来测定本地区内的重力加速度。

【实验目的】

　　1. 学习重力加速度测定的简单方法。
　　2. 学习使用计时仪器（光电计时器）。
　　3. 学习在直角坐标纸上正确作图及处理数据。
　　4. 学习用最小二乘法进行直线拟合。

【实验原理】

　　把一个金属小球 A 拴在一根细长的线上，如图 3-5-1 所示。如果细线的质量比小球 A 的质量小很多，而小球 A 的直径又比细线的长度小很多，则此装置可看作是一根不计质量的细线系住一个质点，这就是单摆。略去空气的阻力和浮力以及线的伸长不计，在摆角很小时，可以认为单摆做简谐振动，其振动周期 T 为

$$T = 2\pi\sqrt{\frac{l}{g}}, \qquad g = 4\pi^2\frac{l}{T^2} \qquad (1)$$

式中，l 是单摆的摆长，就是从悬点 O 到小球 A 的球心的距离；g 是重力加速度。因而，单摆周期 T 只与摆长 l 和重力加速度 g 有关。如果我们测量出单摆的 l 和 T，就可以计算出重力加速度 g。

图　3-5-1

【实验仪器】

　　单摆装置、钢卷尺、光电计时器。

　　单摆装置：由带摆线的小钢球和支架组成。小球直径为 20mm，底部孔中插有一根长 15mm、直径为 2.7mm 的中空塑料圆柱形遮光棒。支架底座的三个螺钉可以调节遮光棒与光电门之间的位置；光电门和摆角辅助架可以上下移动。

　　支架上端是摆线调节部分，正中间螺钉是悬点螺钉，单摆摆动时要把它拧紧，压住摆线，悬点即是螺钉底部，改变摆线长度时要松开此螺钉；悬点螺钉的左、右两侧有 2cm 左右突出的支架部分，其上表面正好与悬点螺钉底部对齐，测量摆长时用钢卷尺挂钩勾住即可；右手边的最大螺钉是摆线调节螺钉，旋动它就可以改变摆线长度；顶端螺钉也是一锁紧

螺钉，它控制的是摆线调节螺钉。

光电计时器的使用方法：开机通电后，数码屏显示默认的计时周期数为30个；按"执行"键即准备计时，数码屏显示"9999"；当遮光棒通过光电门挡光时，即进行计时，数码屏显示挡光次数。由于光电计时器每挡光一次就记录一次挡光时刻的值，一个周期内共挡光两次，在第61次挡光时就停止计时，此时数码屏显示的是30个周期的时间。如果要改变计时次数，按"复位"键后，再按"上调""下调"键可改变计时次数。再按"执行"键即可计时。下一次测量时先按"返回"键，再按"执行"键。

【实验内容与步骤】

1. 固定摆长，测定 g

（1）测定摆长（摆长 l 取 100cm 左右）

先用钢卷尺分别测量悬点 O 到小球底部的距离 l_1 和到小球顶部的距离 l_2（见图 3-5-1），然后将所测数据记入表 3-5-1。

钢卷尺的 $\Delta_{仪}$ =

表 3-5-1

l_1/cm	l_2/cm	$l = \left[(l_1 + l_2)/2\right]/\mathrm{cm}$

（2）测量单摆周期

使单摆做小角度摆动。通过计算可知，当小球的振幅小于摆长的1/12时，摆角 $\theta<5°$。小球的振幅可以通过摆角辅助架的挡杆在水平方向的位置来确定。从挡杆方向平稳放开小球，使其开始自由摆动，待摆动稳定后，用光电计时器测量。

测量摆动30次所需的时间 $30T$（积累法），并重复测量多次，求平均值，见表 3-5-2。

表 3-5-2

次数	1	2	3	4	5	平均
$30T/\mathrm{s}$						

2. 改变摆长，测定 g

使 l 分别为 50cm，60cm，70cm，80cm，90cm 左右，测出不同摆长下的 $30T$。（表格自拟）

【数据处理】

1. 固定摆长，测定 g

计算摆长的不确定度 $u(l)$，则摆长 l 的结果可以表示为

$$l = (\underline{\hspace{2cm}} \pm \underline{\hspace{1.5cm}})\,\mathrm{cm}$$

求出 $\overline{30T}$ 和 $u(\overline{30T})$，则

$$(30T) = (\underline{\hspace{2cm}} \pm \underline{\hspace{1.5cm}})\,\mathrm{s}$$

由

$$g = \frac{4\pi^2 l}{T^2} = \frac{4\pi^2 l}{(30T/30)^2} = \frac{\pi^2 l \times 3600}{(30T)^2}$$

得

$$\frac{u(g)}{g} = \sqrt{\left[\frac{u(l)}{l}\right]^2 + \left[\frac{2u(\overline{30T})}{30T}\right]^2}$$

计算 g 的标准不确定度 $u(g)$（计算时可把 $30T$ 作为一个数，而不必求出 T），则

$$g = (\underline{\hspace{1cm}} \pm \underline{\hspace{1cm}})(\underline{\hspace{1cm}})（写出单位符号）$$

2. 改变摆长，测定 g

（1）用直角坐标纸画出 l-$(30T)^2$ 图，如果是直线说明什么？由直线得斜率求 g。

（2）以 l 及相应的 $(30T)^2$ 数据，用最小二乘法进行直线拟合，求其斜率，并求出 g。

【注意事项】

1. 要注意小摆角的实验条件，例如控制摆角 $\theta < 5°$。

2. 要注意使小球始终在同一个竖直平面内摆动，防止形成"锥摆"。可以观察遮光棒通过光电门时光点左、右两次是否在同一位置。

3. 判断单摆摆动良好后才能开始计时。

【思考题】

1. 请想出一种摆锤由不规则形状的重物（如一把挂锁）制成的"单摆"，并测定重力加速度 g 的方法。

2. 假设单摆的摆动不在竖直平面内，而是做圆锥形运动（即"锥摆"）。若不加修正，在同样的摆角条件下，所测的 g 值将会偏大还是偏小？为什么？

实验 3.6　气体比热容比的测定

【实验目的】

1. 理解气体比热容比的物理含义。

2. 掌握测定空气比热容比的原理与方法。

【实验仪器】

DH4602 型气体比热容比测定仪、支撑架、气泵、精密玻璃容器。

【实验原理】

气体的比定压热容 c_p 与比定容热容 c_v 之比 $\gamma = c_p/c_v$ 叫作比热容比。它在热力学过程特别是绝热过程中是一个很重要的参数。测定的方法有很多种（绝热膨胀法、声速法等）。这里介绍谐振动测量方法，它通过测定物体在特定容器中的振动周期来计算 γ 值。实验基本装置如图 3-6-1 所示，振动物体小球的直径比玻璃管直径仅小 $0.01 \sim 0.02$mm。它能在此精密的玻璃管中上下移动，在瓶子的壁上有一小口，并插入一根细管，通过它各种气体可以注入烧瓶中。

钢球 A 的质量为 m，半径为 r（直径为 d），当瓶子内压力 p 满足下面条件时钢球 A 处于力平衡状态。这时 $p = p_L + \dfrac{mg}{\pi r^2}$，式中 p_L 为大气压强。为了补偿由于空气阻尼引起振动钢球 A 振幅的衰减，通过 C 管一直注入一个小气压的气流，在精密玻璃管 B 的中央开设有一个小孔。当振动钢球 A 处于小孔下方的半个振动周期时，注入气体使容器的内压力增大，引起钢球 A 向上移动，而当钢球 A 处于小孔上方的半个振动周期时，容器内的气体将通过小孔流出，使物体下沉。以后重复上述过程，只要适当控制注入气体的流量，钢球 A 就能在玻璃管 B 的小孔上下做简谐振动，振动周期可利用光电计时装置来测得。

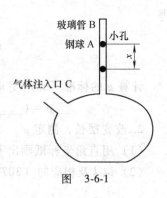

图 3-6-1

若物体偏离平衡位置一个较小距离 x，则容器内的压力变化 Δp，物体的运动方程为

$$m\frac{\mathrm{d}^2 x}{\mathrm{d}t^2} = \pi r^2 \Delta p \tag{1}$$

因为物体振动过程相当快，所以可以看作绝热过程，绝热方程

$$pV^\gamma = \text{常数} \tag{2}$$

将式（2）求导，得

$$\Delta p = -\frac{p\gamma \Delta V}{V}, \qquad \Delta V = \pi r^2 x \tag{3}$$

将式（3）代入式（1）得

$$\frac{\mathrm{d}^2 x}{\mathrm{d}t^2} + \frac{\pi^2 r^4 p\gamma}{mV}x = 0$$

此式即为熟知的简谐振动方程，它的圆频率为

$$\omega = \sqrt{\frac{\pi^2 r^4 p\gamma}{mV}} = \frac{2\pi}{T}$$

$$\gamma = \frac{4mV}{T^2 pr^4} = \frac{64mV}{T^2 pd^4} \tag{4}$$

式中各量均可方便测得，因而可算出 γ 值。由气体运动论可以知道，γ 值与气体分子的自由度数有关，对单原子气体（如氩）只有 3 个平均自由度，双原子气体（如氢）除上述 3 个平均自由度外还有 2 个转动自由度。对多原子气体，则具有 3 个转动自由度，比热容比 γ 与自由度 f 的关系为 $\gamma = \dfrac{f+2}{f}$。理论上得出：

单原子气体（Ar，He）：$f = 3$，$\gamma = 1.67$

双原子气体（N_2，H_2，O_2）：$f = 5$，$\gamma = 1.40$

多原子气体（CO_2，CH_4）：$f = 6$，$\gamma = 1.33$

且与温度无关。理论上空气的比热容比 $\gamma = 1.40$。

本实验装置主要系玻璃制成，且对玻璃管的要求特别高，振动物体的直径仅比玻璃管内径小 0.01mm 左右，因此振动物体表面不允许擦伤。平时它停留在玻璃管的下方（用弹簧托住）。若要将其取出，只需在它振动时，用手指将玻璃管壁上的小孔堵住，稍稍加大气流量物体便会上浮到管子上方开口处，就可以方便地取出，或将此管由瓶上取下，将球倒出来。

振动周期采用可预置测量次数的数字计时仪（分 50 次、100 次两挡），采用重复多次测量。

振动物体直径采用外径千分尺测出，质量用物理天平称量，烧瓶容积由实验室给出，大气压力由气压表自行读出，并将所得数据的单位换算成单位为 N/m^2（$760mmHg = 1.013 \times 10^5 N/m^2$）。

【实验内容】

1. 接通电源，调节气泵上气量调节旋钮，使小球在玻璃管中以小孔为中心上下振动。注意，气流过大或过小会造成钢珠不以玻璃管上小孔为中心上下振动，调节时需要用手挡住玻璃管上方，以免气流过大将小球冲出管外造成钢珠或瓶子损坏。

2. 打开周期计时装置，程序默认预置周期数为 $n = 30$（数显），小球来回经过光电门的次数为 $N = 2n+1$ 次。根据具体要求，若要设置周期数 $n = 50$ 次，则先按"置数"开锁，再按上调（或下调）改变，再按"置数"锁定，此时，即可按执行键开始计时，信号灯不停闪烁，即为计时状态，当物体经过光电门的周期次数达到设定值，数显将显示具体时间，单位为"s"。当需再执行"50"周期时，无须重新设置，只要按"返回"即可返回到上次刚执行的周期数"50"，再按"执行"键，便可以第二次计时。（当断电再开机时，程序从头预置 30 次周期，须重复上述步骤）将次数设置为 50 次，按下执行按钮后即可自动记录振动 50 次周期所需的时间，请将所得数据记入表 3-6-2。

3. 若不计时或不停止计时，可能是光电门位置放置不正确，造成钢珠上下振动时未挡光，或者是外界光线过强，此时须适当挡光。

4. 重复以上步骤五次（本实验仪器体积约为 1450mL）。

5. 用外径千分尺和物理天平分别测出钢珠的直径 d 和质量 m，其中直径重复测量五次，并记入表 3-6-1 中。

【数据记录与处理】

1. 求钢珠的直径、质量及其不确定度（见表 3-6-1）

$$m = \underline{\quad\quad} g, \quad \Delta d_{仪} = 0.004mm, \quad \Delta m = 0.05g, \quad \Delta t = 0.01s$$

表 3-6-1

直径 d	d_1	d_2	d_3	d_4	d_5	$\bar{d}$
数值/mm						

平均值：$\bar{d} = \dfrac{d_1 + d_2 + d_3 + d_4 + d_5}{5}$

$$s_d = \sqrt{\frac{\sum (d_i - \bar{d})^2}{(n-1)}}, \quad s_{\bar{d}} = \sqrt{\frac{\sum (d_i - \bar{d})^2}{n(n-1)}}, \quad u_A = t s_{\bar{d}}$$

$$u_B = \frac{\Delta d_{仪}}{C}$$

不确定度：$u_d = \sqrt{u_A^2 + u_B^2}$

质量不确定度：$u_m = \dfrac{\Delta m}{C}$

2. 求周期及其不确定度（见表 3-6-2）

表　3-6-2

测量次数	1	2	3	4	5
t					
T					

$$s_T = \sqrt{\frac{\sum (T_i - \overline{T})^2}{(n-1)}} , \quad s_{\overline{T}} = \sqrt{\frac{\sum (T_i - \overline{T})^2}{n(n-1)}} , \quad u_{AT} = t s_{\overline{T}}$$

$$u_{BT} = \frac{\Delta t}{C}$$

$$u_T = \sqrt{u_{AT}^2 + u_{BT}^2}$$

3. 在忽略容器体积 V、大气压强 p 测量误差的情况下估算空气的比热容比及其不确定度

$$p_L = \qquad\qquad V = 1450 \text{cm}^3$$

$$p = p_L + \frac{mg}{\pi r^2}$$

$$\overline{\gamma} = \frac{4mV}{\overline{T}^2 p r^{-4}} = \frac{64mV}{\overline{T}^2 p \overline{d}^4}$$

$$E_\gamma = \sqrt{\left(\frac{u_m}{m}\right)^2 + \left(2\frac{u_T}{T}\right)^2 + \left(4\frac{u_d}{d}\right)^2}$$

$$u_\gamma = E_\gamma \overline{\gamma}$$

$$\gamma = \overline{\gamma} \pm u_\gamma$$

【思考题】

1. 注入气体量的多少对小球的运动情况有没有影响？

2. 在实际问题中，物体振动过程并不是理想的绝热过程，这时测得的值比实际值大还是小？为什么？

实验 3.7　用冷却法测量金属的比热容

根据牛顿冷却定律，用冷却法测定金属或液体的比热容是量热学中常用的方法之一。若已知标准样品在不同温度时的比热容，通过作冷却曲线可测得各种金属在不同温度时的比热容。本实验以铜样品为标准样品，测定铁、铝样品在 100℃ 时的比热容。通过实验了解金属

的冷却速率和它与环境之间温差的关系，以及进行测量的实验方法。热电偶数字显示测温技术是当前生产实际中常用的测试方法，首先它比一般的温度计测温方法有着测量范围广，计值精度高，可以自动补偿热电偶的非线性因素等优点；其次，它的温度数字化还可以对工业生产自动化中的温度值直接起着监控作用。

【实验原理】

单位质量的物质，其温度升高 1K（或 1℃）所需的热量称为该物质的比热容，其值随温度而变化。将质量为 m_1 的金属样品加热后，放到较低温度的介质（例如室温的空气）中，样品将会逐渐冷却。其单位时间的热量损失（$\Delta Q / \Delta t$）与温度下降的速率成正比，于是得到下述关系式

$$\frac{\Delta Q}{\Delta t} = c_1 m_1 \frac{\Delta \theta_1}{\Delta t} \tag{1}$$

式中，c_1 为该金属样品在温度 θ_1 时的比热容；$\dfrac{\Delta \theta_1}{\Delta t}$ 为金属样品在温度 θ_1 时的冷却速率。根据冷却定律有

$$\frac{\Delta Q}{\Delta t} = \alpha_1 S_1 (\theta_1 - \theta_0)^m \tag{2}$$

式中，α_1 为热交换系数；S_1 为该样品外表面的面积；m 为常数；θ_1 为金属样品的温度；θ_0 为周围介质的温度。由式（1）和式（2）可得

$$c_1 m_1 \frac{\Delta \theta_1}{\Delta t} = \alpha_1 S_1 (\theta_1 - \theta_0)^m \tag{3}$$

同理，对质量为 m_2、比热容为 c_2 的另外一种金属样品，可有同样的表达式：

$$c_2 m_2 \frac{\Delta \theta_2}{\Delta t} = \alpha_2 S_2 (\theta_2 - \theta_0)^m \tag{4}$$

由式（3）和式（4）可得

$$\frac{c_2 m_2 \dfrac{\Delta \theta_2}{\Delta t}}{c_1 m_1 \dfrac{\Delta \theta_1}{\Delta t}} = \frac{\alpha_2 S_2 (\theta_2 - \theta_0)^m}{\alpha_1 S_1 (\theta_1 - \theta_0)^m}$$

所以

$$c_2 = c_1 \frac{m_1 \dfrac{\Delta \theta_1}{\Delta t}}{m_2 \dfrac{\Delta \theta_2}{\Delta t}} \frac{\alpha_2 S_2 (\theta_2 - \theta_0)^m}{\alpha_1 S_1 (\theta_1 - \theta_0)^m}$$

假设两样品的形状、尺寸都相同（例如细小的圆柱体），即 $S_1 = S_2$；两样品的表面状况也相同（如涂层、色泽等），而周围介质（空气）的性质当然也不变，则有 $\alpha_1 = \alpha_2$。于是，当周围介质温度不变（即室温 θ_0 恒定），两样品又处于相同温度 $\theta_1 = \theta_2 = \theta$ 时，上式可以简化为

$$c_2 = c_1 \frac{m_1 \left(\dfrac{\Delta \theta}{\Delta t} \right)_1}{m_2 \left(\dfrac{\Delta \theta}{\Delta t} \right)_2} \tag{5}$$

如果已知标准金属样品的比热容 c_1、质量 m_1，待测样品的质量 m_2 及两样品在温度 θ 时的冷却速率之比，就可以求出待测的金属材料的比热容 c_2。几种金属材料的比热容见表3-7-1。

表 3-7-1

温度/℃	比热容/$(J \cdot kg^{-1} \cdot K^{-1})$	c_{Fe}	c_{Al}	c_{Cu}
100		460	908	385

【实验仪器】

DH-4603 型冷却法金属比热容测量仪（见图 3-7-1）

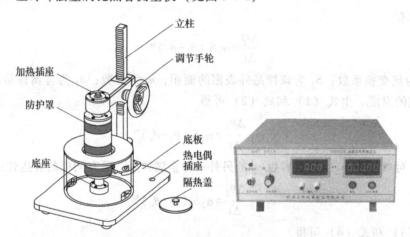

图 3-7-1   DH-4603 型冷却法金属比热容测量仪

本实验装置由加热仪和测试仪组成。加热仪的加热装置可通过调节手轮自由升降。被测样品盛放在有较大容量的防风圆筒（即样品室）内的底座上，测温热电偶放置于被测样品内的小孔中。当加热装置向下移动到底后，对被测样品进行加热；样品需要降温时则将加热装置向上移动。仪器内设有自动控制限温装置，以防止因长期不切断加热电源而引起的温度不断升高。

测量试样温度采用常用的铜-康铜做成的热电偶（其热电势约为 $0.042mV/℃$），将热电偶的冷端置于冰水混合物中，带有测量扁叉的一端接到测试仪的"输入"端。热电势差的二次仪表由高灵敏、高精度、低漂移的放大器放大加上满量程为 $20mV$ 的三位半数字电压表组成。这样当冷端为℃时，由数字电压表显示的 mV 数查表即可换算成对应待测温度值。

【实验内容与步骤】

开机前先连接好加热仪和测试仪，共有加热四芯线和热电偶线两组线。

1）选取长度、直径、表面粗糙度尽可能相同的三种金属样品（铜、铁、铝）用物理天平或电子天平称出它们的质量 m。再根据 $m_{Cu} > m_{Fe} > m_{Al}$ 这一特点，把它们区别开来。

2）使热电偶端的铜导线与数字电压表的正端相连；冷端铜导线与数字电压表的负端相连。当样品加热到150℃（此时热电势显示约为6.7mV）时，切断电源移去加热源，样品继续安放在与外界基本隔绝的有机玻璃圆筒内自然冷却（筒口必须盖上盖子），记录样品的冷却速率 $\left(\dfrac{\Delta\theta}{\Delta t}\right)_{\theta=100℃}$。具体做法是，记录数字电压表上示值约从 $E_1 = 4.36\text{mV}$ 下降到 $E_2 = 4.20\text{mV}$ 所需的时间 Δt（因为数字电压表上的值显示数字是跳跃性的，所以 E_1 和 E_2 只能取附近的值），从而计算 $\left(\dfrac{\Delta E}{\Delta t}\right)_{E=4.28\text{mV}}$。按铁、铜、铝的次序，分别测量其温度的下降速度，每一样品应重复测量6次，并将所得数据填入表3-7-2。因为热电偶的热电动势与温度的关系在同一小温差范围内可以看作呈线性关系，即

$$\frac{\left(\dfrac{\Delta\theta}{\Delta t}\right)_1}{\left(\dfrac{\Delta\theta}{\Delta t}\right)_2} = \frac{\left(\dfrac{\Delta E}{\Delta t}\right)_1}{\left(\dfrac{\Delta E}{\Delta t}\right)_2}$$

式（5）可以简化为

$$c_2 = c_1 \frac{m_1(\Delta t)_2}{m_2(\Delta t)_1}$$

3）仪器的加热指示灯亮，表示正在加热；如果连接线未连好或加热温度过高（超过200℃）导致自动保护时，指示灯不亮。升到指定温度后，应切断加热电源。

4）注意：测量降温时间时，按"计时"或"暂停"按钮应迅速、准确，以减小人为因素导致的计时误差。

5）加热装置向下移动时，动作要慢，应注意要使被测样品垂直放置，以使加热装置能完全套入被测样品。

【数据处理与分析】

样品质量：$m_{Cu} = $ _____ g；　　$m_{Fe} = $ _____ g；　　$m_{Al} = $ _____ g。

热电偶冷端温度：_____ ℃

样品由4.36mV下降到4.20mV所需时间（单位为s）：

表 3-7-2

次数 样品	1	2	3	4	5	6	平均值 $\Delta t/\text{s}$
Fe							
Cu							
Al							

以铜为标准：$c_1 = c_{Cu} = 385\text{J}\cdot\text{kg}^{-1}\cdot\text{K}^{-1}$

铁：$c_2 = c_1 \dfrac{m_1(\Delta t)_2}{m_2(\Delta t)_1} = $ _____ $\mathrm{J \cdot kg^{-1} \cdot K^{-1}}$

铝：$c_3 = c_1 \dfrac{m_1(\Delta t)_3}{m_3(\Delta t)_1} = $ _____ $\mathrm{J \cdot kg^{-1} \cdot K^{-1}}$

【思考题】

1. 为什么实验应该在防风筒（即样品室）中进行？

2. 测量三种金属的冷却速率，并在图纸上绘出冷却曲线，如何求出它们在同一温度点的冷却速率？

实验 3.8 用惠斯通电桥测电阻

电桥是一种用比较法测量物理量的电磁学基本测量仪器。在电磁测量技术中应用极为广泛，它不仅能测量多种电学量，如电阻、电感、电容、互感、频率及电介质、磁介质的特性，而且配合适当的传感器，还能用来测量某些非电学量，如温度、湿度、压强、微小形变等。由于它具有很高的测量灵敏度和准确度，稳定性好，因而应用非常广泛。

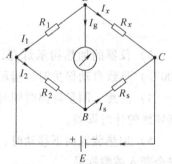

图 3-8-1 惠斯通电桥原理图

【实验目的】

1. 掌握惠斯通电桥测电阻的原理和桥式电路的特点。

2. 学会用惠斯通电桥测电阻的方法。

【实验仪器】

QJ23a 型惠斯通电桥、待测电阻板、导线。

【实验原理】

1. 惠斯通电桥基本原理和平衡比较法

惠斯通电桥（也称单臂电桥）是由电源、桥臂、桥路三部分组成。其原理如图 3-8-1 所示，它是由三个可调的已知标准电阻 R_1、R_2、R_s 以及一个未知待测电阻 R_x 构成的四边形，它的每一条边称为电桥的一个臂，对角 B 和 D 之间连接检流计 G，此对角线 BD 称为电桥的桥路，另一对角线 AC 间连接直流电源 E，称为供电系统。当调节电阻 R_1、R_2、R_s 的阻值时，使得检流计中没有电流通过（$I_g = 0$），则说明 B、D 两点之间的电位差为零，即检流计指针指向零位，此时称电桥达到了平衡状态，并且有

$$U_{AD} = U_{AB}, \quad U_{DC} = U_{BC}$$

即

$$I_1 R_1 = I_2 R_2, \quad I_1 R_x = I_2 R_s$$

两式相除，得

$$\frac{R_1}{R_x} = \frac{R_2}{R_s} \tag{1}$$

或

$$R_x = \frac{R_1}{R_2} R_s = K_r R_s \qquad (2)$$

这就是用电桥测电阻的公式。通过使电桥达到平衡，将待测电阻 R_x 与标准电阻 R_s 比较来测量 R_x 的大小，这种方法称为平衡比较法。

标准电阻 R_s 在电路中充当一个桥臂的作用，称为电桥的比较臂；$K_r = \frac{R_1}{R_2}$ 通常称为电桥的比例臂倍率。用电桥测电阻时，应先根据待测电阻 R_x 的估计值，选定倍率 K_r，再调节比较臂 R_s，使检流计指针指零，即可测得准确的电阻值 R_x。

式（1）亦可写为

$$R_x R_2 = R_1 R_s \qquad (3)$$

由上式可看出：电桥平衡条件就是对边支路的电阻乘积相等。所以，电桥相对臂的位置互换时，平衡不变。另外，电源电压在许可范围内的大小波动对平衡无影响。

2. 惠斯通电桥测电阻的仪器误差

电桥准确度等级带来的误差即电桥基本误差的允许极限，称其为仪器误差并用 $\Delta_{仪}$ 表示（见表 3-8-1），其中 R_x 表示测得的电阻值。从表 3-8-1 中可看出仪器误差公式 $\Delta_{仪}$ 与所选的倍率有关，不同的倍率下仪器误差公式也不同。

表 3-8-1　倍率与仪器误差

倍率 K_r	有效量程	分辨力	$\Delta_{仪}/\Omega$	电源电压/V
$\times 10^{-3}$	$1 \sim 11.11\,\Omega$	$0.001\,\Omega$	$\Delta_{仪} = \pm(0.5\%R_x + 0.001)$	
$\times 10^{-2}$	$10 \sim 111.1\,\Omega$	$0.01\,\Omega$	$\Delta_{仪} = \pm(0.2\%R_x + 0.01)$	
$\times 10^{-1}$	$100 \sim 1111\,\Omega$	$0.1\,\Omega$	$\Delta_{仪} = \pm(0.1\%R_x + 0.1)$	3
$\times 1$	$1\,\Omega \sim 11.11\,k\Omega$	$1\,\Omega$	$\Delta_{仪} = \pm(0.1\%R_x + 1)$	
$\times 10$	$10\,\Omega \sim 111.1\,k\Omega$	$10\,\Omega$	$\Delta_{仪} = \pm(0.1\%R_x + 10)$	9
$\times 10^2$	$100\,\Omega \sim 1111\,k\Omega$	$100\,\Omega$	$\Delta_{仪} = \pm(0.2\%R_x + 100)$	15
$\times 10^3$	$1\,\Omega \sim 11.11\,M\Omega$	$1\,k\Omega$	$\Delta_{仪} = \pm(1.0\%R_x + 1000)$	

【仪器介绍】

图 3-8-2 所示是 QJ23a 型惠斯通电桥的面板图

本仪器包括内置检流计、内置电源。按钮"B"和按钮"G"是分别接通电源和检流计用的。"调零"为检流计指针调零旋钮；"灵敏度"为检流计的灵敏度调节旋钮；当测量中内置检流计灵敏度不够时，需外接高灵敏的检流计，此时应将"G"选择开关打向"外接"，外接检流计接在"G 外接"接线柱上。用内置检流计时将选择开关打向"内接"；倍率旋钮（K_r）从 $\times 10^{-3} \sim \times 10^3$ 共 7 项可供选择，测量旋钮 R_s 则是由 $\times 1000$、$\times 100$、$\times 10$、$\times 1$ 这四个旋钮组成。

【实验内容与步骤】

下面用惠斯通电桥测量电阻板上两个电阻串、并联时的阻值。

1）在仪器后面，开启电源开关，指示灯亮。将"G"选择开关打向"内接"。

2）电源电压选 3V。

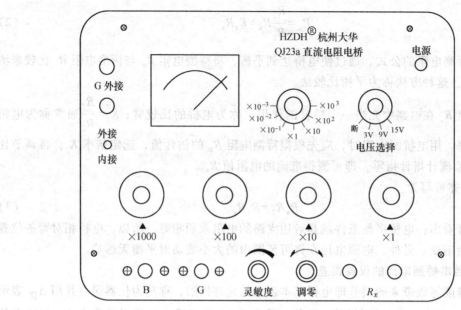

图 3-8-2 QJ23a 型惠斯通电桥的面板图

3）调节"调零"旋钮使检流计指针指零。"灵敏度"旋钮旋到最小位置。

4）将被测电阻接至" R_x "接线柱，根据被测电阻的标称值，预置倍率旋钮 K_r 和测量旋钮 R_s ，使 R_s 达到四位有效数字（即×1000 旋钮不能为零）。

5）先按" B "后按" G "按钮，调节 R_s ，使电桥平衡（即使检流计指零）。检流计指向"+"方向偏转，说明应加大 R_s ，反之则减小 R_s ，直至检流计指针指零，记下 R_s 和 K_r 值。此时， R_s 四个旋钮读数之和乘以 K_r 即为 R_x 的值。

6）断开时，先松开" G "后再松开" B "，然后把数据记入自拟的表格中。

7）电桥使用完毕后，应关闭电源开关。

【数据处理】

1. 自拟数据记录表格。根据式（2）计算出串、并联后的 R_x 值。

2. 根据表 3-8-1 计算仪器误差 $\Delta_{仪}$ ，计算不确定度 $u_{R_x}\left(u_{R_x} = \dfrac{\Delta_{仪}}{C}, \ C = \sqrt{3} \right)$ ，要求写出计算过程。

3. 写出正确的测量结果表达式。

【注意事项】

1. 使用电桥时，不能长时间按下 B、G 两键，这样会使通电时间太长。

2. 各接线旋钮必须拧紧，否则会因接触电阻过大，影响测量的准确度，甚至无法达到平衡。

【思考与讨论】

1. 惠斯通电桥主要由哪几部分组成？电桥的平衡条件是什么？如果电桥达到平衡后，

互换电源与检流计的位置，问电桥是否仍保持平衡？为什么？

2. 测量一个数百欧姆的电阻时，电桥比例臂倍率应选多大？测量一个数万欧姆的电阻时，电桥比例臂倍率又应选多大？为什么？

3. 下列因素是否会使单臂电桥测量电阻的误差加大？

（1）电源电压不太稳定；

（2）导线电阻和接触电阻；

（3）检流计没有调好零点；

（4）检流计灵敏度不够高。

4. 在图 3-8-1 所示的电桥电路中，如果任一桥臂导线断开，按下 B、G 以后将会看到什么反常现象？

实验 3.9　用开尔文电桥测低电阻

【引言】

开尔文电桥（也称双臂电桥）是用来解决低值电阻测量问题的。在低值电阻测量中，测量所用的连接导线的电阻和测量电路各接触处的接触电阻对测量结果都有影响，而导线电阻和接触电阻通常称为附加电阻，其阻值范围为 $0.01 \sim 0.001\Omega$。因此，采用开尔文电桥进行测量，可以消除附加电阻的影响，它适用于 $10^{-6} \sim 10^{2}\Omega$ 电阻的测量。

【实验目的】

1. 了解测量低电阻时，消除导线电阻和接触电阻对测量结果影响的方法。

2. 掌握直流开尔文电桥的原理，学习用开尔文电桥测低电阻的原理和方法。

【实验仪器】

QJ42 型直流开尔文电桥、DHSR 型四端电阻器、导线和待测电阻（铜棒、铁棒、铝棒）。

【实验原理】

1. 开尔文电桥的测量原理

为了消除附加电阻的影响，构思出如图 3-9-1 所示的电路图。图中 R_x 为待测电阻，R_s 为一标准可调电阻，R_1，R_2，R_3，R_4 均为已知阻值较大的电阻。在 R_x 与 R_s 两侧各设计一对电流接头（A_1、B_1 和 B_2、C_1）和一对电压接头（A_2、B_3 和 B_4、C_2）。将 B_1、B_2 设计成用粗导线连接，并设它们的连线电阻与接触电阻的总和为 r。从图中不难看出 A_1、C_1 的接触电阻及导线电阻均被并入电源内阻里，A_2、C_2 的接触电阻及导线电阻分别并入电阻 R_1 和 R_2 中，而 B_3、B_4 的接触电阻及导线电阻分别并入电阻 R_3 和 R_4 中。适当调节 R_1，R_2，R_3，R_4 和 R_s 的阻值，就可以消去附加电阻 r 对测量结果的影响。因此将待测电阻 R_x 和比较臂 R_s 做成四端电阻（见图 3-9-2），即外侧两端钮 C_1、C_2 做得较粗大，使其能通过较大电流，称"电流端钮"；中间两端钮 P_1、P_2 可把电阻上的电压引出，称为"电压端钮"，把一部分附加电阻转移到电桥两臂的高电阻上，由于高电阻远远大于附加电阻，可忽略附加电阻的作用；另一部分并入电源内阻上。两低电阻之间用一粗导线连接，以达到"转移"附加电阻的目的。

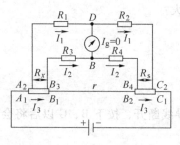

图 3-9-1　开尔文电桥电路

图 3-9-2　四端电阻器

如果调节电阻 R_1，R_2，R_3，R_4 和 R_s 使检流计中的电流 I_g 等于零，即检流计指针指向零位时，通过 R_1 和 R_2 的电流相等，图中以 I_1 表示；通过 R_3 和 R_4 的电流相等，以 I_2 表示；通过 R_x 和 R_s 的电流也相等，以 I_3 表示。因为 B、D 两点的电位相等，故有

$$I_1 R_1 = I_3 R_x + I_2 R_3$$

$$I_1 R_2 = I_3 R_s + I_2 R_4$$

$$I_2 (R_3 + R_4) = (I_3 - I_2) r$$

联立求解，得到

$$R_x = \frac{R_1}{R_2} R_s + \frac{r R_4}{R_3 + R_4 + r} \left(\frac{R_1}{R_2} - \frac{R_3}{R_4} \right) \tag{1}$$

现在我们来讨论式（1）右边的第二项。如果 $R_1/R_2 = R_3/R_4$，则式（1）右边的第二项为零，即

$$\frac{r R_4}{R_3 + R_4 + r} \left(\frac{R_1}{R_2} - \frac{R_3}{R_4} \right) = 0$$

这时式（1）变为

$$R_x = \frac{R_1}{R_2} R_s = K_r R_s \tag{2}$$

可见，式（2）中成立的前提是只要 $R_1/R_2 = R_3/R_4$ 始终相等，即将两对比率臂（R_1/R_2 和 R_3/R_4）采用双十进电阻箱。在这种电阻箱里，两个相同十进电阻的转臂连接在同一转轴上，因此，在转臂的任一位置上都保持 R_1 和 R_3 相等，R_2 和 R_4 相等，就可以消除附加电阻 r 的影响。上述这种电路装置称为开尔文电桥。它的设计思路就是通过"转移"附加电阻的影响，以达到测量低电阻目的。

2. 开尔文电桥的仪器误差

开尔文电桥的仪器误差受仪器等级指数 a 的影响，产生的最大仪器误差按下式估算

$$\Delta_{仪} = \pm a\% \left(\frac{R_N}{10} + R_x \right) \tag{3}$$

式中，a 为等级指数；R_N 为基准值；R_x 为测得的阻值。仪器的倍率 K_r、有效量程、等级指

数和基准值见表3-9-1。从表3-9-1中可看出仪器误差公式$\Delta_仪$与所选的倍率有关，不同的倍率仪器误差公式也不同。

表3-9-1　仪器的倍率、有效量程、等级指数和基准值

倍率 K_r	有效量程/Ω	等级指数 a	基准值/Ω
×1	1~11	2	10
×10^{-1}	0.1~1.1	2	1
×10^{-2}	0.01~0.11	2	0.1
×10^{-3}	0.001~0.011	10	0.01
×10^{-4}	0.0001~0.0011	10	0.001

【仪器介绍】

图3-9-3所示是QJ42型直流开尔文电桥的面板图。该电桥测量的总有效量程为0.0001~11Ω。图中的"调零"为检流计指针调零旋钮；"灵敏度"为检流计的灵敏度调节旋钮；C_1、C_2和P_1、P_2接待测四端电阻R_x；倍率读数旋钮K_r有×1，×10^{-1}，×10^{-2}，×10^{-3}，×10^{-4}五挡。"B""G"分别是接通电源和检流计的按钮。滑线读数盘相当于公式中的R_s。

当电桥平衡时，被测电阻值为

$$R_x = 倍率读数 × 滑线盘读数 = K_r R_s$$

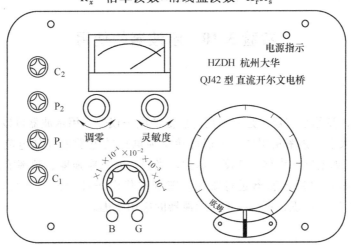

图3-9-3　QJ42型直流开尔文电桥的面板图

【实验内容与步骤】

下面用开尔文电桥分别测铜棒、铝棒、铁棒的电阻值。

1）在仪器后面，开启电源开关，指示灯亮。

2）将被测电阻R_x按图3-9-2所示的四端钮C_1，C_2，P_1，P_2接在电桥相应的接线柱上。

3）用调零旋钮使检流计指针指零，灵敏度旋钮旋到最小位置。

4）估计R_x值的大小，将倍率开关K_r置于适当的倍率上，先按下"B"后再按"G"按钮，调节读数盘R_s，使检流计指针指零，此时电桥达到平衡。

5）释放"B""G"按钮开关，在读数盘上读出R_s值，则R_x=倍率读数×滑线盘读数=$K_r R_s$。

【数据处理】

1. 自拟数据记录表格，分别测出铜棒、铁棒和铝棒的电阻值。

2. 根据表 3-9-1 计算 $\Delta_仪$，计算不确定度 $u_{R_x}\left(u_{R_x} = \dfrac{\Delta_仪}{C},\ C = \sqrt{3}\right)$，要求写出计算过程。

3. 写出正确的测量结果表达式。

【注意事项】

1. 由于待测电阻和比较标准电阻的阻值都较小，电流较大，通过电流的时间不能太长。故不能长时间按下"B""G"两键，以免桥臂过热而影响测量或损坏仪器。测量时先按"B"，后按"G"；断开时，先松"G"，后松"B"，以免损坏检流计电路。

2. 电桥使用完毕后，应将仪器后面电源开关关闭。

【思考与讨论】

1. 开尔文电桥是怎样避免附加电阻对测量低电阻的影响？如果四端电阻器的电压接头和电流接头接反了，能消除附加电阻的影响吗？请分析说明并画出等效电路图。

2. 开尔文电桥的平衡条件是什么？需要附加什么条件？

实验 3.10　示波器的使用

【引言】

电子示波器，简称示波器，是一种用途广泛的电子仪器。用示波器可以直接观察电压波形，测定电压的大小、频率及相位。一切可转化为电压的电学量（如电流、电功率、阻抗等）、非电学量（如温度、位移、速度、压力、光强、磁感应强度、频率等）以及它们随时间的变化过程，都可以用示波器进行观测。随着现代电子技术的飞速发展和新型示波器（例如储存示波器）的出现，更是扩展了示波器的应用范围。

【实验目的】

1. 了解示波器的基本结构和工作原理。
2. 学习示波器和信号发生器的使用。
3. 观察李萨如图形，学习用李萨如图形测量正弦波频率。

【实验仪器】

YB4328 型双踪示波器、YB1600 型函数信号发生器。

【实验原理】

1. 模拟示波器的基本结构和工作原理

示波器有以下四个基本组成部分：示波管、扫描和同步电路、X 轴和 Y 轴电压放大器以及电源部分，其原理框图如图3-10-1所示。下面分别简述各部分的原理和作用。

（1）示波管 其基本结构如图3-10-2所示，它主要由电子枪、偏转板和荧光屏三部分组成，封装在一个抽成高真空的玻璃壳内。

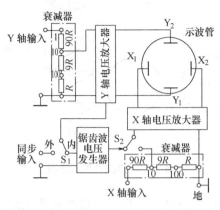

图3-10-1 示波器原理框图

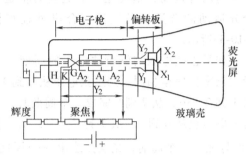

图3-10-2 示波管的基本结构

H—钨丝加热电极 K—阴极 G—控制栅极 A₁—第一阳极

A₂—第二阳极 X₁X₂—水平偏转板 Y₁Y₂—垂直偏转板

电子枪由钨丝加热电极 H、阴极 K、控制栅极 G、第一阳极 A_1 和第二阳极 A_2 组成。当加热电流通过钨丝加热电极 H 时，套在灯丝外的圆筒形阴极 K 的表面涂层受热发射出热电子。这些电子在第二阳极 A_2 上的加速电压作用下，穿过控制栅极 G 前端的小孔，通过第一阳极 A_1，高速打在示波器前端的荧光屏上，使屏上荧光物质发出可见光。控制栅极 G 相对于阴极 K 为负电位，两者相距又很近，其间产生的电场起着将电子推斥回阴极的作用。改变控制栅极 G 上的负电位，就可以控制电子枪内射出的电子数目，从而控制荧光屏的发光亮度。从控制栅极 G 射出的电子束会因电子之间的相互排斥而逐渐散开，为此，在第二阳极 A_2 两部分之间安装了第一阳极，第一阳极与第二阳极之间形成的电场能使发散开的电子束重新会聚起来。调节第一阳极 A_1 上的电压，可控制电子束会聚的程度，从而能在荧光屏上得到亮而小的光点。

偏转板安装在电子枪和荧光屏之间，是两对相互垂直放置的平行板电极。水平放置的一对称为 X 偏转板，垂直放置的一对称为 Y 偏转板。如果在偏转板上加有电压，当电子束通过时，将受电场力的作用而产生偏转，使电子束在荧光屏上产生的光点位置随之改变。光点在荧光屏上的位移与偏转板上所加电压成正比。

（2）扫描与同步电路 如果在 Y 偏转板上加一正弦电压（见图3-10-3a），电子束在荧光屏上产生的光点将在 Y 轴方向上做简谐振动。但若此时 X 偏转板上未加电压，则光点在水平方向上无位置移动，荧光屏上出现的只是一条竖直亮线（见图3-10-3b），显示不出正弦电压的波形。

如果在 X 偏转板上加一锯齿波电压（见图3-10-3d），电子束在荧光屏上产生的光点将随着锯齿波电压的线性增加而从左到右匀速运动。当锯齿波电压从正的最大跳回负的最大时，光点也将从荧光屏的右端突然返回左端，然后再随锯齿波电压从左向右运动。这样随着锯齿波电压的周期变化，光点也往返重复，从而在荧光屏上形成一条水平亮线（见图3-10-3c）。

如果在 Y 偏转板上加正弦电压的同时，在 X 偏转板上加锯齿波电压，在两电压的共同作用下，荧光屏上的光点将同时参与相互垂直的两种运动，则荧光屏上显现的将是两个分运动的合运动的轨迹，合成过程如图3-10-3e所示。

如果正弦电压与锯齿波电压的周期（或者说频率）完全相同，当正弦电压从 0 到 1，从 1 到 2，…，从 7 到 8 完成一个周期时，锯齿波电压也从 0 到 1，从 1 到 2，…，从 7 到

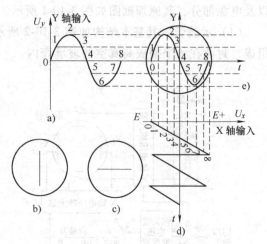

图 3-10-3　扫描过程示意图

8 刚好完成一个周期，光点描绘出一个周期的完整正弦波形。然后，光点跳回荧光屏的左端，在荧光屏的同一位置上描绘出一个周期的正弦波形。这样，不断重复上述过程，使这段正弦曲线稳定地显现在荧光屏上。如果正弦波电压与锯齿波电压的周期稍有不同，每次描出的曲线与前一次描出的曲线将产生错位，荧光屏上的曲线将向左或向右移动，甚至呈现出变化不定的杂乱图形。

由此可见，要想观察加在 Y 偏转板上的电压 U_y 的波形，首先必须在 X 偏转板上加一锯齿波电压 U_x，将 U_y 产生的竖直亮线随时间"展开"。这一展开过程就称为扫描，所加电压 U_x 称为扫描电压。其次，加在 X 偏转板上的扫描电压 U_x 的周期必须与 Y 偏转板上的信号电压 U_y 的周期完全相同，或者前者是后者的整数倍，只有这样才能在荧光屏上得到简单而稳定的波形。换句话说，形成简单稳定波形的条件是信号电压 U_y 的频率 f_y 与扫描电压 U_x 的频率 f_x 之比值必须是整数，即

$$\frac{f_y}{f_x}=n \quad (n=1,~2,~3,~\cdots) \tag{1}$$

此时荧光屏上显示出待测信号在 n 个周期内的完整波形。

由于被观测信号的频率是任意的，这就要求示波器的扫描频率必须在一定范围内可以调节，以满足上述频率条件。

但是，信号电压 U_y 和扫描电压 U_x 来自于两个相互独立的信号源，技术上很难将它们的频率调节到并保持为准确的整数。为此，在示波器内设有一迫使频率 f_x 追踪 f_y 的电路，称为同步电路。同步信号可直接从机内取自被观测信号，也可从机外专门输入。同步信号的大小应能调节，以使各种不同的被观测信号都能稳定地显示在荧光屏上。

（3）X 轴、Y 轴电压放大器　在示波器 X 轴和 Y 轴的信号输入端均设有电压放大器，用于将微弱的输入电压放大到 X、Y 偏转板所需要的大小。Y 轴放大器前设有衰减器，X轴、Y 轴的放大倍数可作×5 扩展，以适应不同大小的信号，使荧光屏上得到幅度适当的图形。

（4）电源　示波器内设电源电路，用于供给示波器各部分工作所需要的各种电压。

2. 信号周期、电压的测量

（1）测量周期 把待测信号输入到示波器的 Y 轴输入端，Y 轴输入选择开关置于"AC"位置（测量直流电压时 Y 轴输入选择开关应置于"DC"位置，如 Y 轴输入选择开关置于"⊥"，则信号接地，不能输入到后面电路），将扫描速率选择开关"SEC/DIV"置于适当位置，调节有关开关及旋钮使显示波形稳定，读出波形上所需测量的一个完整周期的格子数 n_1。因光点进行一次扫描需在 X 轴方向扫过 10 格，故扫描周期 $T_0 = 10.0 \times 0.5\text{ms} = 5.0\text{ms}$，则扫描频率为 $f_x = 1/T_0 = 200\text{Hz}$。根据被测信号的频率进行选择，可在荧光屏上获得适当数目的波形。同时，可测得被测信号的周期。例如图 3-10-4 中，信号波形完成一次全振动的过程中，光点在 X 轴方向由 a 到 b 扫过 8 格，则被测信号周期的计算公式为

$$T = n_1 \times (\text{SEC/DIV}) \tag{2}$$

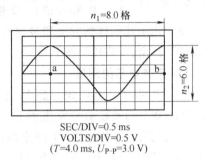

SEC/DIV=0.5 ms
VOLTS/DIV=0.5 V
(T=4.0 ms, $U_\text{P-P}$=3.0 V)

图 3-10-4　被测信号的幅度和频率

（2）电压测量 把待测信号输入到示波器的 Y 轴输入端，"VOLTS/DIV"置于适当位置，调节有关开关及旋钮使显示波形稳定，读出波形上所需测量的波峰到波谷之间格子数 n_2。则被测信号电压（峰-峰值）的计算公式为

$$U_\text{P-P} = n_2 \times (\text{VOLTS/DIV}) \tag{3}$$

3. 用李萨如图形测频率（频率校准原理）

如果在示波管 Y 偏转板上加正弦电压的同时，在 X 偏转板上加的也是正弦电压，光点在荧光屏上的运动将是两个相互垂直的正弦振动的合成。当正弦电压 U_y 的频率 f_y 与正弦电压 U_x 的频率 f_x 之比等于两个整数之比时，光点所描出的轨迹是一闭合曲线，称为李萨如图形（参见表 3-10-2）。此时，闭合曲线在 X 和 Y 方向上切线的切点数 N_x 和 N_y 与两信号频率 f_x 和 f_y 成反比，即

$$\frac{f_y}{f_x} = \frac{N_x}{N_y} \tag{4}$$

由此，若已知一频率，则可测量另一频率。

【实验内容与步骤】

1. 开机前的准备工作

开机前应先认识、熟悉仪器面板上各控制件及其作用（参见"补充说明"1. YB4328 示波器）。将示波器面板上各电位器旋钮调到居中（带开关的电位器旋钮把开关关上），所有按键开关先弹出，扫描速率选择开关（SEC/DIV）㉔拨到"0.5ms"挡，Y1〔CH1（X）〕轴每格电压幅度选择开关⑧拨到"0.5V"挡。再将"垂直方式"中的"CH1"键和"水平方式"中的"自动"键按下。

2. 观察与校准机内信号

1）接通电源（按电源开关①），指示灯亮，表明电源已接通。调节"辉度"旋钮②使荧光屏上出现亮度适中的扫描线，调节聚焦旋钮③，使扫描线最细且清晰。

2）将带探头连接线的一端接入到"Y1轴〔通道 1 或 CH1（X）〕"输入端插座⑦上，

探头这一端连接到探极校准信号输出端⑤上，Y1 轴（VOLTS/DIV）电压幅度选择开关⑧拨到"0.5V"挡，再将 X 轴（SEC/DIV）扫描速率选择开关㉔拨到 0.5ms 挡，此时示波器荧光屏上应显示垂直方向幅（高）度为 1 格，水平方向一周期宽度为 2 格的方波信号波形（若波形不在合适位置，可调节垂直、水平位移旋钮）。若此时荧光屏上显示不是上述数据，应分别调节垂直微调旋钮⑨和水平微调旋钮㉕使其示波器显示波形（方波）符合测量前校准的要求（$f = \dfrac{1}{T} = \dfrac{1}{(0.5\text{ms/格}) \times 2\text{ 格}} = 1\text{kHz}$，$U_{\text{P-P}} = (0.5\text{V/格}) \times 1\text{ 格} = 0.5\text{V}$）。

3）用上述同样的方法和步骤校准通道 2（CH2 或 Y2）（注意，此时应将垂直方式中的"CH1"弹出，"CH2"按下）。

3. 正弦电压的测量

1）开机前应先认识、熟悉信号发生器仪器面板上各控制件及其作用（参见附录 2. YB1600 系列函数信号发生器）。打开信号发生器电源开关①，按下波形选择⑤处中的"～"（正弦波）按钮和按下频率范围大小选择按钮⑦，其余各按钮都弹出，将输出幅度旋钮⑫调节到适当位置；示波器 Y1［CH1（X）］轴端与信号发生器输出端⑬相连接，同时将示波器面板上"垂直方式"中的"CH1"和"水平方式"中的"自动"键按下；调节"频率调节"和"输出幅度"旋钮，使示波器荧光屏上显示出幅度和波形适当的正弦波形。

2）调节信号发生器上的"频率调节"③和"输出幅度"⑫旋钮使其输出信号为

$$f = 500\text{Hz}, \quad U_{\text{P-P}} = 2.0\text{V}$$

并将此信号数据输入到示波器 CH1 通道，从示波器上读取数据并记录到表 3-10-1 中。

3）重复步骤 2）的过程，将其信号发生器的输出信号调节为

$$f = 500\text{kHz}, \quad U_{\text{P-P}} = 2.5\text{V}$$

4）并将此信号数据输入到示波器 CH1 通道，从示波器上读取数据并记录到表3-10-1中。

表 3-10-1　正弦电压测量数据记录表

图形	$f = 500\text{Hz}, U_{\text{P-P}} = 2.0\text{V}$		图形	$f = 500\text{kHz}, U_{\text{P-P}} = 2.5\text{V}$	
	Y 轴示值	X 轴示值		Y 轴示值	X 轴示值
	VOLTS/DIV	SEC/DIV		VOLTS/DIV	SEC/DIV
	高度/格	宽度/格		高度/格	宽度/格
	$U_{\text{有效}}$/V	T/s		$U_{\text{有效}}$/V	T/s
	$U_{\text{P-P}}$/V	f/Hz		$U_{\text{P-P}}$/V	f/Hz

4. 用李萨如图形测频率

1）将一台频率信号发生器作为标准频率计使用并将此频率计调到 500Hz，使其输出端⑬的端口用连接线连接到示波器"［CH2（Y）］"轴输入端接口⑭，调节其频率 $f_y = 500\text{Hz}$ 作为标准频率。再将另一台频率信号发生器输出端⑬用连接线接入到示波器"［CH1（X）］"轴输入端⑦插座接口，其频率 f'_x 待调。将示波器上扫描速率转换开关 SEC/DIV㉔旋转至 X–Y 处；调节 CH1⑧和 CH2⑯的 Y 轴每格电压幅度选择开关（VOLTS/DIV）或调节信号发生器电压输出幅度调节旋钮⑫，使荧光屏上显示的图形大小适中。

2）分别参照表 3-10-2 中的李萨如图形，读取各图形上的 N_x 和 N_y 切点数并填入表 3-10-2中，根据式（4）计算出各李萨如图形的 f_x 值（此时 $f_y = 500\text{Hz}$），调节连接 CH1（X）

通道上的信号发生器"频率调节"旋钮，测量出不同李萨如图形输出信号的频率 f_x'，以得到表 3-10-2 中各李萨如图形。将李萨如图形尽量调稳定后，读出并记录信号发生器的信号频率（仪器示值）f_x'，并与表 3-10-2 中李萨如图形和式（4）算出的相应频率（校准值）f_x 比较，计算 $\Delta f_x = f_x' - f_x$。

表 3-10-2 李萨如图形测频率数据表

李萨如图形							
切点数 N_x							
切点数 N_y							
f_y/Hz							
f_x/Hz							
f_x'/Hz							
Δf_x/Hz							

【数据处理】

1. 根据式（2）、式（3），计算表 3-10-1 中各波形的周期、频率、峰-峰值及有效值电压，将其数据（各数据保留一位小数，其中周期和频率用科学计数法表示）填充到表 3-10-1 中并根据其数据画出正弦波形图。

2. 将算出的 f_x 和从信号发生器上读出的 f_x' 记入数据记录表 3-10-2 中，计算出 Δf_x，最后由式 $\left| \dfrac{\Delta f_x}{f_x} \right|_{\max}$ 算出表 3-10-2 中最大相对误差值。

【注意事项】

1. 了解各旋钮的作用后再动手。调节各旋钮时动作要适度，不得猛拨乱拧，弄坏仪器。
2. 电源打开后，不要经常通断电源，以免缩短示波器或信号发生器的使用寿命。
3. 示波器"亮度"不能调得太亮，不要让强光点长时间停留在一点，以免灼伤荧光屏。
4. 严禁用示波器直接测量 220V 市电，以防损坏示波器。
5. 调节李萨如图形时，一定要预置信号发生器的频率输出。

【思考与讨论】

1. 如果示波器是良好的，打开电源后，荧屏上既无光点又无扫描线，可能的原因是什么？应该怎样调节？
2. 若波形总是沿横向左右移动，此时应该怎样调节？
3. 在用李萨如图形测频率实验中，当 X 与 Y 偏转板上的正弦电压频率相等时，屏上图形还在时刻转动，为什么？

【补充说明】

1. YB4328 示波器

YB4328 示波器具有两个独立的 Y 通道，可同时测量两个信号。其面板示意图如图3-10-5所示。

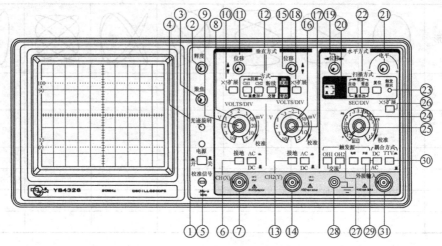

图 3-10-5 YB4328 示波器面板示意图

（1）电源部分

①电源开关（POWER）。②辉度旋钮（INTENSITY）：顺时针方向旋转亮度增加。接通电源之前应将该旋钮逆时针方向旋转到底。③聚焦旋钮（FOCUS）：调节聚焦控制旋钮使轨迹达到最清晰的程度。④光迹旋转旋钮（TRACE ROTATION）：用于调节光迹与水平刻度线平行。⑤探极校准信号（PROBE ADJUST）：此端口输出幅度为 0.5V，频率为 1kHz 的方波信号，用于校准 Y 轴偏转系数和扫描时间系数。

（2）垂直方向部分

⑥、⑬耦合方式（AC、GND、DC）：垂直通道 1 的输入耦合方式选择，AC：信号中的直流分量被隔开，用以观察信号的交流成分；DC：信号与仪器通道直接耦合，当需要观察信号的直流成分或被测信号的频率较低时应选用此方式；GND：输入端处于接地状态，用于确定输入端为零电位时光迹所在位置。

⑦通道 1 输入端［CH1 INPUT（X）］：双功能端口，在常规使用时，此端口作为垂直方向通道 1 的输入口，当仪器工作在 X-Y 方式时此端口作为水平轴信号输入口。⑭通道 2 输入端［CH2 INPUT（Y）］：垂直通道 2 的输入端口，在 X-Y 方式时，输入端的信号为 Y 轴输入口。⑧、⑯通道 1（通道 2）每格电压幅度选择开关（VOLTS/DIV）：选择垂直轴的偏转系数，从 5mV/div 到 10V/div 共分 11 个挡级调整，可根据被测信号的电压幅度选择合适的挡级。

⑨、⑰垂直微调旋钮（VARIBLE）：用于连续调节垂直轴的电压偏转系数，调节范围 ≥2.5 倍，此旋钮在正常情况下应位于顺时针方向旋到底的位置，此时可根据"VOLTS/DIV"开关度盘位置和屏幕显示幅度读取该信号的电压值。⑩、⑱通道扩展控制键开关（PULL×5）：按下此开关，垂直偏转盘系数扩展 5 倍。⑪、⑮垂直位移旋钮（POSITION）：用此旋钮

调节光迹在屏幕中的垂直位置。⑫垂直方式工作按钮（VERTICAL MODE）：选择垂直方向的工作方式。CH1：屏幕上只显示 CH1 通道信号；CH2：屏幕上仅显示 CH2 的信号；交替：用于同时观察两路信号，此时两路信号交替显示，该方式适合于在扫描速率较快时使用；断续：两路信号断续工作，适合于在扫描速率较慢时同时观察两路信号；叠加（ADD）：用于显示两路信号相加的结果，当 CH2 极性开关被按下时，则两信号相减；CH2 反相：此按键未被按下时，CH2 的信号为常态显示，按下此键时，CH2 的信号被反相。

（3）水平方向部分

⑲水平位移（POSITION）：用于调节轨迹在水平方向移动。⑳极性（SLOPE）：用于选择被测信号在上升沿或下降沿触发扫描。㉑电平（LEVEL）：用于调节被测信号在变化至某一电平时触发扫描。㉒扫描方式（SWEEP MODE）：选择产生扫描的方式。自动（AUTO）：当无触发信号输入时，屏幕上显示扫描光迹，一旦有触发信号输入，电路自动转换为触发扫描状态，调节电平可使波形稳定显示在屏幕上，此方式适合观察频率在 50Hz 以上的信号；常态（NORM）：无信号输入时，屏幕上无光迹显示，有信号输入时，且触发电平旋钮在合适位置上，电路被触发扫描，当被测信号频率低于 50Hz 时，必须选择该方式；锁定：仪器工作在锁定状态后，无须调节电平即可使波形稳定显示在屏幕上；单次：用于产生单次扫描，进入单次状态后，按动复位键，电路工作在单次扫描方式，扫描电路处于等待状态，当触发信号输入时，扫描只产生一次，下次扫描需再次按动复位按键。㉓触发指示（TRIG'D READY）：该指示灯具有两种功能指示，当仪器工作在非单次扫描方式时，该灯亮表示扫描电路工作在被触发状态；当仪器工作在单次扫描方式时，该灯亮表示扫描电路在准备状态，此时若有信号输入将产生一次扫描，指示灯随之熄灭。㉔扫描速率选择开关（SEC/DIV 或 TIME/DIV）：根据被测信号的频率高低，选择合适的挡位。当扫描"微调"置于校准位置时，可根据度盘的位置和波形在水平轴的距离读出被测信号的时间参数。㉕扫描微调控制键（VARIBLE）：用于连续调节扫描速率（TIME/DIV），调节范围≥2.5 倍，此旋钮在正常情况下应位于顺时针方向旋到底的位置即校准位置；X-Y 控制位：在 X-Y 工作方式时，垂直偏转信号接入 CH2 输入端，水平偏转信号接入 CH1 输入端，显示两个相互垂直信号的合成。㉖扫描扩展控制开关（MAG×5）：按入此按键，水平速率扫描扩展 5 倍。

（4）触发源（TRIGGER SOURCE）

㉗触发源：用于选择不同的触发信号源：CH1：在双踪显示时，触发信号来自 CH1 通道，单踪显示时，触发信号则来自被显示的通道；CH2：在双踪显示时，触发信号来自 CH2 通道，单踪显示时，触发信号则来自被显示的通道；交替：在双踪交替显示时，触发信号交替来自于两个 Y 通道，此方式用于同时观察两路不相关的信号；电源：触发信号来自于市电；外接：触发信号来自于触发输入端口。㉘⊥：机壳接地端。㉙AC/DC：外触发信号的耦合方式，当选择外触发源时，且信号频率很低时，应将开关置于 DC 位置。㉚常态/TV（NORM/TV）：一般测量时此开关置于常态位置，当需要观察电视信号时，应将此开关置于 TV 位置。㉛外触发输入（EXT INPUT）：当选择外触发方式时，触发信号由此端口输入。

2. YB1600 系列函数信号发生器

YB1600 系列函数信号发生器面板示意图如图 3-10-6 所示。

①电源开关（POWER）：将电源开关按键弹出即为"关"位置，将电源线接入，按下电源开关，以接通电源。②LED 显示窗口：此窗口指示输出信号的频率，当"外测"开关被

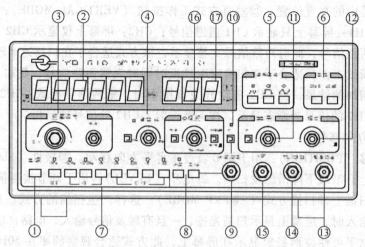

图 3-10-6　YB1600 系列函数信号发生器面板示意图

按下时，显示外测信号的频率。③频率调节旋钮（FREQUENCY）：调节此旋钮改变输出信号频率，顺时针旋转，频率增大，逆时针旋转，频率减少，微调旋钮可以微调频率。④占空比（DUTY）：占空比开关、占空比调节旋钮，将占空比开关按入，占空比指示灯亮，调节占空比旋钮，可改变波形的占空比。⑤波形选择开关（WAVE FORM）：按对应波形的某一键，可选择需要的波形。⑥衰减开关（ATTE）：电压输出衰减开关，二挡开关组合为 20dB，40dB，60dB。⑦频率范围选择开关（并兼频率计闸门开关）：根据所需要的频率，按其中一键。⑧计数、复位开关：按计数键，LED 显示开始计数；按复位键，LED 显示全为 0。⑨计数/频率端口：计数、外测频率输入端口。⑩外测频开关：此开关按下时，LED 显示窗显示外测信号频率或计数值。⑪电平调节：按下电平调节开关，电平指示灯亮，此时调节电平调节旋钮，可改变直流偏置电平。⑫幅度调节旋钮（AMPLITUDE）：顺时针调节此旋钮，增大电压输出幅度；逆时针调节此旋钮，可减少电压输出幅度。⑬电压输出端口（VOLTAGE OUT）：电压输出由此端口输出。⑭TTL/CMOS 输出端口：由此端口输出 TTL/CMOS 信号。⑮VCF：由此端口输入电压控制频率变化。⑯扫频：按下扫频开关，电压输出端口输出信号为扫频信号，调节速率旋钮，可改变扫频速率，改变线性/对数开关可产生线性扫频和对数扫频。⑰电压输出指示：3 位 LED 显示输出电压值，输出接 50Ω 负载时应将读数除以 2。

实验 3.11　用弯曲法测量横梁的弹性模量

【引言】

固体材料弹性模量的测量是综合大学和工科院校物理实验中必做的实验之一。该实验利用了霍尔位置传感器的输出电压与位移量线性关系的定标和微小位移量的测量，既有利于联系科研和生产实际，又可以使学生了解和掌握微小位移的非电量电测新方法，并提高学生的实验技能。

【实验目的】

1. 熟悉霍尔位置传感器的特性。

2. 用弯曲法测量黄铜的弹性模量。

3. 在测黄铜弹性模量的同时，对霍尔位置传感器定标。

4. 用霍尔位置传感器测量可锻铸铁的弹性模量。

【实验原理】

1. 霍尔位置传感器

将霍尔元件置于磁感应强度为 B 的磁场中，在垂直于磁场的方向通以电流 I，则与这二者相垂直的方向上将产生霍尔电势差 U_H：

$$U_H = K_H I B \qquad (1)$$

式中，K_H 为元件的霍尔灵敏度。如果保持霍尔元件的电流 I 不变，而使其在一个均匀梯度的磁场中移动，则输出的霍尔电势差的变化量为

$$\Delta U_H = K_H I \frac{\mathrm{d}B}{\mathrm{d}z} \Delta z \qquad (2)$$

式中，Δz 为位移量，此式说明，若 $\dfrac{\mathrm{d}B}{\mathrm{d}z}$ 为常数，则

ΔU_H 与 Δz 成正比。

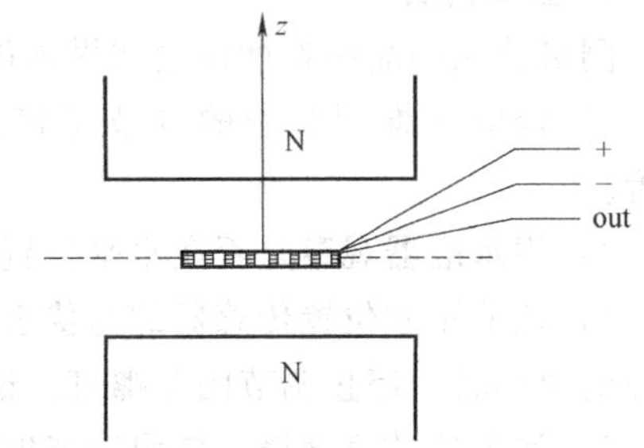

图 3-11-1

为实现均匀梯度的磁场，如图 3-11-1 所示，可以将两块相同的磁铁（磁铁截面积及表面磁感应强度相同）相对放置，即 N 极与 N 极相对，两磁铁之间留一等间距间隙，霍尔元件平行于磁铁放在该间隙的中轴上。间隙大小要根据测量范围和测量灵敏度要求而定，间隙越小，磁场梯度就越大，灵敏度就越高。磁铁截面要远大于霍尔元件，以尽可能地减小边缘效应影响，提高测量精确度。

若磁铁间隙内中心截面处的磁感应强度为零，则当霍尔元件位于该处时，输出的霍尔电势差也应该为零。当霍尔元件偏离中心沿 z 轴发生位移时，由于磁感应强度不再为零，霍尔元件也就产生相应的电势差输出，其大小可以用数字电压表测量。由此，可以将霍尔电势差为零时元件所处的位置作为位移参考零点。

霍尔电势差与位移量之间存在一一对应关系，当位移量较小（<2mm）时，这一对应关系具有良好的线性。

2. 弹性模量

弹性模量测定仪主体装置如图3-11-2所示，在横梁弯曲的情况下，弹性模量可以用下式表示：

$$E = \frac{d^3 \cdot \Delta m \cdot g}{4a^3 \cdot b \cdot \Delta z} \qquad (3)$$

式中，d 为两刀口之间的距离；a 为梁的

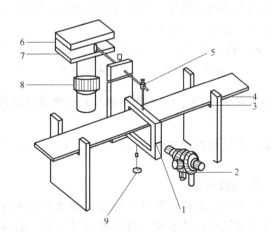

图 3-11-2　弹性模量测定仪主体装置

1—铜刀口上的基线　2—读数显微镜　3—刀口
4—横梁　5—铜杠杆（顶端装有 95A 型集成霍尔
传感器）　6—磁铁盒　7—磁铁（N 极
相对放置）　8—调节架　9—砝码

厚度；b 为梁的宽度；Δz 为梁中心由于外力作用（加砝码 Δm）而下降的距离；g 为重力加速度。

【实验仪器】

霍尔位置传感器测弹性模量装置一台（底座固定箱、读数显微镜、95A 型集成霍尔位置传感器、磁铁两块等）；霍尔位置传感器输出信号测量仪一台（包括直流数字电压表）。

【实验内容与步骤】

1. 基本内容

测量黄铜样品的弹性模量和霍尔位置传感器的定标。

1）调节三维调节架的调节螺钉，使集成霍尔位置传感器探测元件处于磁铁中间的位置。

2）用水准器观察是否在水平位置，若偏离，可以用底座螺钉调节。

3）调节霍尔位置传感器的毫伏表。磁铁盒下的调节螺钉可以使磁铁上下移动，当毫伏表数值很小时，停止调节固定螺钉，最后调节调零电位器使毫伏表读数为零。

4）调节读数显微镜，使眼睛能够清晰地观察到十字线、分划板刻度线和数字，然后移动读数显微镜前后距离，直到能够清晰地看到铜架上的基线。转动读数显微镜的鼓轮，使刀口架的基线与读数显微镜内的十字刻度线吻合，并记下初始读数值。

5）逐次增加砝码 m_i（每次增加 10g 砝码），并从读数显微镜上读出梁弯曲后相应位置上的 z_i 及数字电压表上对应的读数值 U_i（单位为 mV），以便计算弹性模量和对霍尔位置传感器进行定标。在进行测量之前，要求符合上述安装要求，并且检查杠杆的水平、刀口的垂直、挂砝码的刀口处于梁中间，要防止外加风的影响，杠杆必须安放在磁铁的中间，注意不要与金属外壳接触，待一切正常后再加砝码，从而使梁弯曲产生位移 Δz；精确测量传感器信号输出端的数值与固定砝码架的位置 z 的关系，也就是用读数显微镜对传感器的输出量进行定标，检验 U-z 的关系。

6）测量横梁两刀口间的距离 d 和不同位置的横梁宽度 b 与横梁厚度 a。

7）用逐差法按照式（3）进行计算，求得黄铜材料的弹性模量，并求出霍尔位置传感器的灵敏度 $K_H = \dfrac{\Delta U}{\Delta z}$，把测量值与公认值进行比较，计算相对误差。［注意：灵敏度 K_H 的计算要求分别用两种方法：（a）最小二乘法 $K_H = \dfrac{\Delta U}{\Delta z} = \dfrac{\overline{zU} - \bar{z} \cdot \bar{U}}{\overline{z^2} - (\bar{z})^2}$；（b）作图法。］

2. 选做内容

用霍尔位置传感器测量可锻铸铁的弹性模量并与理论值比较（把铜样品换成铁样品，重复上述铜样品的步骤，但不用记录位置 z 的读数，可根据仪器灵敏度 K_H 来求出对应的 Δz。）以下数据可供参考：

$$E_{E黄铜} = 10.55 \times 10^{10} \text{N/m}^2 \qquad E_{E可锻铸铁} = 18.15 \times 10^{10} \text{N/m}^2$$

【数据记录与处理】

1. 测量黄铜片样品的弹性模量和霍尔位置传感器的定标（表 3-11-1～表 3-11-3）。

黄铜片样品的宽度 $b = 23.00\text{mm}$　两刀口距离 $d = 23.00\text{cm}$

表 3-11-1　测量黄铜片样品的厚度（外径千分尺）　　零点修正：$a_0 = \underline{\qquad}$

n	1	2	3	4	5	6	平均值
a/mm							

表 3-11-2　测量黄铜片样品的弹性模量（霍尔传感器定标）

i	m/g	z_i/mm	U_i/mV	z_i^2/mm	$z_i U_i$ $/(\text{mm} \cdot \text{mV})$
1	0				
2	10				
3	20				
4	30				
5	40				
6	50				
7	60				
8	70				
平均值					

表 3-11-3　用逐差法计算横梁加载砝码 Δm 后对应的下降距离 Δz

次数	1	2	3	4	平均
$\Delta z/\text{mm}$					
$\Delta U/\text{mV}$					

根据式（3）计算黄铜片样品的弹性模量 E 及传感器的灵敏度 K_H，与铜样品的弹性模量理论值比较并计算相对误差。

2. 测量可锻铸铁样品的弹性模量（表 3-11-4、表 3-11-5）

表 3-11-4　测量可锻铸铁样品的厚度（外径千分尺）　　零点修正：$a_0 = \underline{\qquad}$

n	1	2	3	4	5	6	平均值
a/mm							

表 3-11-5　测量可锻铸铁样品的弹性模量

i	m/g	U_i/mV
1	0	
2	10	
3	20	
4	30	
5	40	
6	50	
7	60	
8	70	

先利用"逐差法"计算当 $\Delta M = 40\text{g}$ 时对应的 ΔU，再根据灵敏度求出 ΔU 所对应的 Δz，

再根据式（3）求出可锻铸铁的弹性模量，并与理论值比较计算相对误差。

【注意事项】

1. 梁的厚度必须测准确。在用外径千分尺测量黄铜片样品的厚度 a 时，需要将外径千分尺旋转，当它将要与金属接触时，必须用微调轮。当听到嗒、嗒、嗒三声时，停止旋转。有个别学生的实验误差较大，其原因是外径千分尺使用不当，将黄铜梁厚度测得偏小。

2. 当读数显微镜的准丝对准铜挂件（有刀口）的标志刻度线时，注意要区别是黄铜梁的边沿，还是标志线。

3. 在定标霍尔位置传感器前，应先将霍尔传感器调整到零输出位置，这时可调节电磁铁盒下升降杆上的旋钮，达到零输出的目的，另外，应使霍尔位置传感器的探头处于两块磁铁的正中间稍偏下的位置，这样测量数据更可靠一些。

4. 当加载砝码时，应该轻拿轻放，尽量减小砝码架的晃动，这样可以使电压值在较短的时间内达到稳定值，节省了实验时间。

5. 在用读数显微镜测量标志线下移的位置的过程中，要防止回程误差。

6. 在实验开始前，必须检查横梁是否有弯曲，如果有，应及时矫正。

实验 3.12　晶体硅基本特性的测定

【引言】

随着煤、石油、天然气等化石能源的大量消耗，能源短缺和环境污染已成为人类面临的重要危机。太阳能是人类取之不尽用之不竭的洁净能源，对太阳能的充分利用是解决人类能源危机最具前景的途径之一。晶体硅就是通过半导体的内光电效应直接把光能转化成电能的装置。目前晶体硅应用领域除人造卫星和宇宙飞船外，还应用于许多民用领域，如太阳能汽车、太阳能游艇、太阳能收音机、太阳能计算机、太阳能乡村电站等。利用本实验的仪器可以开展针对晶体硅基本光电特性的综合性实验，实验内容和仪器本身都具有一定的新颖性和实用性，对掌握晶体硅的相关知识、激发学生学习兴趣、培养学生分析和解决实际问题的能力以及环保节能的人文思想都大有裨益。

【实验目的】

1. 测量晶体硅在无光照时的伏安特性曲线。

2. 测量晶体硅在不同光源照射下的输出特性，并求其短路电流 I_{SC}、开路电压 U_{OC}、最大输出功率 P_m 及填充因子 $\left[FF = \dfrac{P_m}{(I_{SC} U_{OC})} \right]$。

3. 测量晶体硅在不同光源照射下的短路电流 I_{SC}、开路电压 U_{OC} 与光强 J 的关系，并求出它们的近似函数关系。

4. 测量晶体硅的输出与单色光入射角 ϕ 的关系。

【实验仪器】

1. 光具座及滑块座：均为铝合金材质，燕尾形偶合结构，标尺长 50.0cm。

2. 晶体硅盒两个（单晶、多晶各 1 个，偏转角 ±45°）。

3. 光源：高亮的红、白、绿、蓝 LED 灯（1W，连续可调）。

4. XGCF-A 型晶体硅实验仪：含 3 位半数字电压表（0~2V），3 位半数字电流表（0~200mA），3 位半数字光强监测表（0~2W）；直流稳压电源连续可调。

5. 遮光盖 1 个。

6. 光强监测探头 1 个。

7. 电阻箱：0~9999Ω。

【实验原理】

晶体硅能够吸收光的能量，并将所吸收光子的能量转化为电能。这一能量转换过程是利用半导体 P-N 结的光伏效应（Photovoltaic Effect）进行的。在没有光照时晶体硅的特性可简单地看作一个二极管，其正向偏压 U 与通过电流 I 的关系式为

$$I = I_o(e^{\frac{qU}{nkT}} - 1) = I_o(e^{\beta U} - 1) \tag{1}$$

式中，I、U 为 P-N 结二极管的电流及电压；k 为玻尔兹曼常数（1.38×10^{-23} J/K）；q 为电子电荷量（1.602×10^{-19} C）；T 为热力学温度；I_o 是二极管的反向饱和电流；n 是理想二极管参数；$\beta = \dfrac{q}{nkT}$。

由半导体理论知道，二极管主要是由如图 3-12-1 所示的能隙为 E_C-E_V 的半导体所构成。E_C 为半导体导电带，E_V 为半导体价电带。因为在不同的光谱中光子所携带的能量不一样，所以并非所有光子都能顺利地通过晶体硅将光能转换为电能。当光子所携带的能量大于禁带能量时，光子照射入半导体内，把电子从价电带激发到导电带，从而在半导体内部产生了许多"电子-空穴"对，在内建电场的作用下，电子向 N 型区移动，空穴向 P 型区移动，这样，N 区有很多电子，P 区有很多空穴，在 P-N 结附近就形成了与内建电场方向相反的光生电场，它的一部分抵消了内建电场，其余部分则使 P 区带正电，N 区带负电，于是在 N 区与 P 区之间产生了光生电动势，这就是所谓的"光伏效应"。当光子所携带的能量小于禁带能量时，对晶体硅而言并没有什么作用，不会产生任何的电流。在太阳光照射到晶体硅产生电子-空穴对的同时，也会有部分能量以热能的形式散发掉而不能被有效地利用。

如果晶体硅开路（即在组成电池回路中，负载电阻为无穷大），则被 P-N 结分开的电子和空穴会全部积累在 P-N 结附近，于是就出现了最大光生电动势，其数值即为开路电压（U_{OC}）。如果把晶体硅短路（即回路负载电阻为零），则所有 P-N 结附近的电子与空穴会由结的一边流经外电路到达结的另一边，这样也就产生了最大可能的电流，即短路电流（I_{SC}）。晶体硅相当于具有与受光面平行的极薄 P-N 结的大面积的等效二极管，因此可以建立一个等效理论模型来分析其工作特性，假设晶体硅由一个理想电流源（光照产生光电流的电流源）、一个理想二极管和一个电阻 R_{sh} 并联而成，且串

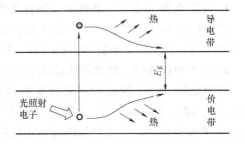

图 3-12-1 晶体硅光电转换机理示意图

联了一个电阻为 R_s 的等效电路，如图 3-12-2 所示。

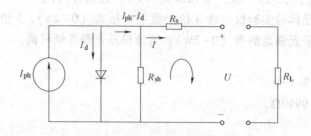

图 3-12-2　晶体硅的理论模型等效电路

图中，I_{ph} 为晶体硅在光照时该等效电源的输出电流，I_d 为光照时通过晶体硅内部二极管的电流。由基尔霍夫定律，得

$$IR_s + U - (I_{ph} - I_d - I)R_{sh} = 0 \tag{2}$$

I 为晶体硅的输出电流，U 为输出电压。可以得到

$$I\left(1 + \frac{R_s}{R_{sh}}\right) = I_{ph} - \frac{U}{R_{sh}} - I_d \tag{3}$$

假定 $R_{sh} = \infty$ 和 $R_s = 0$，则晶体硅可简化为如图 3-12-3 所示的电路。

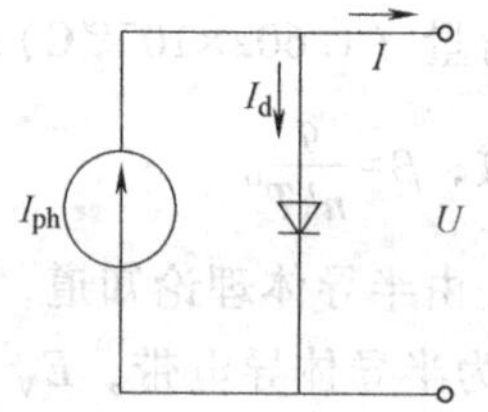

图中，$I = I_{ph} - I_d = I_{ph} - I_o(e^{\beta U} - 1)$。

在短路时，$U = 0$，$I_{ph} = I_{sc}$；

在开路时，$I = 0$，$I_{ph} - I_o(e^{\beta U_{OC}} - 1) = 0$，则

图 3-12-3　晶体硅理论模型的简化等效电路

$$U_{OC} = \frac{1}{\beta} \ln\left(\frac{I_{ph}}{I_o} + 1\right) \tag{4}$$

式（4）即为在 $R_{sh} = \infty$ 和 $R_s = 0$ 的情况下，晶体硅的开路电压 U_{OC} 和短路电流 I_{SC} 的关系式。

【实验内容与步骤】

将 LED 灯和晶体硅盒共轴并相向地置于导轨上，对应滑块相距 20cm，确保灯光完全入射到电池接收面上，将 LED 灯接到光强输出端。将光电接收探头插入到光源出口端，另一端同光强检测输入端连接，可间接测量光强。

1. 在无光照（全黑）条件下，测量晶体硅正向偏压时的 I-U 特性

按照如图 3-12-4 所示方法安排实验仪器，盖上遮光盖，依次改变电源电压，通过电流表和电压表分别测得实验数据，画出 I-U 曲线，并求得常数 β 和 I_o 值。

2. 在不加偏压时，测量晶体硅在不同单色光源照射下的输出特性

按照如图 3-12-5 所示方法安排实验仪器，打开遮光盖，将光强调到最大。依次选用（红、白、绿、蓝）LED 灯，测量电池在不同负载电阻下 I 对 U 的变化关系，根据公式 $P = UI$ 画出 P-R 曲线图，并求出晶体硅在此光照条件下的短路电流 I_{SC}、开路电压 U_{OC}、最大输出功率 P_m 和填充因子 $\left[FF = \dfrac{P_m}{(I_{SC}U_{OC})}\right]$。

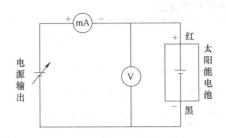

图 3-12-4 *I-U* 特性测试示意图

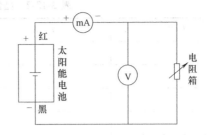

图 3-12-5 负载特性测试示意图

3. 测量晶体硅的光电性质

（1）测量短路电流与光强的关系 将晶体硅盒接到电流表的输入端，依次选用（红、白、绿、蓝）LED 灯，改变 LED 灯的光强，记录电流表的对应实验数据，画出 I_{SC}-J 曲线。

（2）测量开路电压与光强的关系 将晶体硅盒接到电压表的输入端，依次选用（红、白、绿、蓝）LED 灯，改变 LED 灯的光强，记录电压表的对应实验数据，画出 U_{OC}-J 曲线。

（3）测量光源入射角与光电池的光电性质 将晶体硅盒接到电流表的输入端，将 LED 灯的光强调到最大，依次选用（红、白、绿、蓝）LED 灯，旋转晶体硅盒的金属杆，改变光源入射角（最大偏转角 ±45°），记录电流表的对应实验数据，画出 I_{SC}-ϕ 曲线。

【数据处理】

1. 在全暗的情况下，测量晶体硅的正向 *I-U* 特性曲线（表 3-12-1）。

表 3-12-1 全暗情况下晶体硅在外加偏压时的 *I-U* 特性

	1	2	3	4	5	6	7	8	9
U/V									
I/mA									
	10	11	12	13	14	15	16	17	18
U/V									
I/mA									
	19	20	21	22	23	24	25	26	27	28
U/V										
I/mA										

画出 *I-U* 曲线，并求得常数 β 和 I_o 值。由 $I = I_o(e^{\beta U} - 1)$ 知，当 U 较大时，$e^{\beta u} \gg 1$，即可近似为 $I = I_o e^{\beta U}$，经数据拟合求得常数 β 和 I_o 值

2. 在不加偏压时，测量晶体硅在光照时的输出特性（表 3-12-2）。

按照如图 3-12-5 所示方法安排实验仪器，打开遮光盖。用不同的 LED 灯照射，改变电阻箱阻值，测量晶体硅在不同负载电阻下的 *I*、*U* 变化关系。

画出光照下晶体硅的负载特性曲线，并由该曲线图读出在此条件下晶体硅的短路电流 I_{SC} 和开路电压 U_{OC}。画出 *P-R* 曲线图，读出最大输出功率 P_m，求出填充因子 $\left(FF = \dfrac{P_m}{I_{SC} U_{OC}}\right)$。

表 3-12-2　晶体硅的负载特性实验数据

U/V	I/mA	R/Ω	P/mW
		0	
		5	
		10	
		15	
$\vdots$	$\vdots$	$\vdots$	
		155	

3. 测量晶体硅的 I_{SC}、U_{OC} 与光强 J 的关系。

测量晶体硅接收到不同的相对光强 J 值时，对应的 I_{SC} 和 U_{OC} 的值，实验数据如表 3-12-3 所示。

表 3-12-3　晶体硅接收到不同相对光强 J 值时对应的 I_{SC} 和 U_{OC} 测量结果

J	U_{OC}/V	J	I_{SC}/mA
0		0	
25		25	
50		50	
75		75	
$\vdots$	$\vdots$	$\vdots$	$\vdots$
550		550	

（1）据此描绘 I_{SC}-J 关系曲线，用最小二乘法进行线性数据拟合 I_{SC}-J 关系，相关系数。

（2）同样根据实验数据描绘 U_{OC}-J 的关系曲线，进行数据拟合后得到近似 U_{OC} 和 J 的函数关系。因此，考虑到杂散光、仪器本底等问题的影响，我们可以得到 I_{SC} 和 U_{OC} 与相对光强 J 的近似函数关系为

$$I_{SC} = A(J), \quad U_{OC} = \beta\ln(J) + C$$

其中，A 是对 I_{SC}-J 关系曲线用最小二乘法进行线性数据拟合所得到的常数；C 是对 U_{OC}-J 关系曲线进行数据拟合所得到的常数。

【注意事项】

1. 每次开通电源前，要将光强调到最小，以免瞬时电流烧坏 LED 灯，并检查实验电路，确保连接无误后再开通电源。

2. 实验测试结果会受到实验室杂散光的影响，使用过程中应尽量保持较暗的测试环境。

3. 各台仪器使用的晶体硅的光电转换效率的差异、LED 灯存在一定的个体差异，以及实验仪器所处的环境亮度也不尽相同，这些因素均可能会导致各台仪器之间的测量结果存在一定差异，但并不会影响所反映的物理规律。

4. 如果实验室电网电压波动较大，请加稳压电源后再使用本仪器。

5. 不能将 LED 灯接到稳压电源的输出端。

实验 3.13 霍尔效应实验

【引言】

霍尔效应是由于导电材料中的电流与磁场相互作用而产生电动势的效应。1879 年美国霍普金斯大学研究生霍尔在研究金属导电机理时发现了这种电磁现象，故称为霍尔效应。后来曾有人利用霍尔效应制成测量磁场的磁传感器，但因金属的霍尔效应太弱而未能得到实际应用。随着半导体材料和制造工艺的发展，人们又利用半导体材料制成霍尔元件，由于它的霍尔效应显著而得到应用和发展，现在广泛用于非电量的测量、电动控制、电磁测量和计算装置等方面，在磁场、磁路等磁现象的研究和应用中，霍尔效应及其元件是不可缺少的，利用它观测磁场直观、干扰小、灵敏度高、效果明显。另外，电流体中的霍尔效应也是目前研究中的"磁流体发电"的理论基础。近年来，霍尔效应实验不断有新发现，1980 年原西德物理学家冯·克利青研究二维电子气系统的输运特性，在低温和强磁场下发现了量子霍尔效应，这是凝聚态物理领域最重要的发现之一，克利青因此获得了 1985 年的诺贝尔物理学奖。之后，美籍华裔物理学家崔琦和美国物理学家劳克林、施特默在更强磁场下研究量子霍尔效应时发现了分数量子霍尔效应，这个发现使人们对量子现象的认识更进一步，他们也因此获得了 1998 年的诺贝尔物理学奖。

【实验目的】

1. 学习霍尔效应原理及霍尔元件有关参数的含义和作用。
2. 测绘霍尔元件的 U_H-I_S 曲线和 U_H-I_M 曲线，了解霍尔电势差 U_H 与霍尔元件工作电流 I_S、磁感应强度 B 及励磁电流 I_M 之间的关系。
3. 学习利用霍尔效应测量磁感应强度 B 的方法及磁场分布。
4. 学习用"对称交换测量法"消除负效应产生的系统误差。

【实验原理】

霍尔效应从本质上讲，是运动的带电粒子在磁场中受洛伦兹力的作用而引起的偏转。当带电粒子（电子或空穴）被约束在固体材料中时，这种偏转就导致在垂直于电流和磁场的方向上产生正负电荷在不同侧的聚积，从而形成附加的横向电场。如图 3-13-1 所示，磁场 B 位于 Z 轴的正向，在与之垂直的半导体薄片上沿 X 轴正向通以电流 I_S（称为工作电流），假设载流子为电子（N 型半导体材料），它沿着与电流 I_S 相反的 X 轴负向运动。由于洛伦兹力 F_L 作用，电子就会向图中虚线箭头

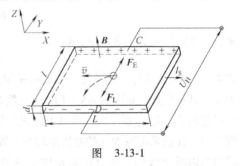

图 3-13-1

所指的位于 Y 轴负方向的 D 侧偏转，并使 D 侧形成电子积累，而相对的 C 侧形成正电荷积累。与此同时，运动的电子还受到由于这两种积累的异种电荷而形成的反向电场力 F_E 的作用。随着电荷积累的增加，F_E 增大，当两力大小相等（方向相反）时，$F_L = -F_E$，则电子

积累便达到动态平衡。这时在 C、D 两端面之间建立的电场称为霍尔电场 E_H，相应的电势差称为霍尔电压 U_H。

设电子按一平均速度 $\bar{v}$ 向图示的 X 轴负方向运动，在磁场 $\boldsymbol{B}$ 的作用下，所受洛伦兹力的大小为

$$F_L = -e\bar{v}B$$

式中，e 为电子电荷量；$\bar{v}$ 为电子漂移平均速度；B 为磁感应强度。

同时，电场作用于电子上的力的大小为

$$F_E = -eE_H = -e\frac{U_H}{l}$$

式中，E_H 为霍尔电场强度；U_H 为霍尔电压；l 为霍尔元件宽度。

当达到动态平衡时，有

$$F_L = -F_E，\quad 即 \quad \bar{v}B = \frac{U_H}{l} \tag{1}$$

设霍尔元件的宽度为 l，厚度为 d，载流子浓度为 n，则霍尔元件的工作电流为

$$I_S = ne\bar{v}ld \tag{2}$$

由式（1）、式（2）可得

$$U_H = E_H l = \frac{1}{ne}\frac{I_S B}{d} = R_H \frac{I_S B}{d} \tag{3}$$

即霍尔电压 U_H（C、D 间电压）与 I_S 和 B 的乘积成正比，与霍尔元件的厚度 d 成反比，比例系数 $R_H = \dfrac{1}{ne}$ 称为霍尔系数（严格来说，对于半导体材料，在弱磁场下应引入一个修正因子 $A = \dfrac{3\pi}{8}$，从而有 $R_H = \dfrac{3\pi}{8}\dfrac{1}{ne}$，它是反映材料霍尔效应强弱的重要参数，根据材料的电导率 $\sigma = ne\mu$ 的关系，还可以得到

$$R_H = \frac{\mu}{\sigma} = \mu p \quad 或 \quad \mu = |R_H|\sigma \tag{4}$$

式中，μ 为载流子的迁移率，即单位电场下载流子的运动速度，一般电子迁移率大于空穴迁移率，因此制作霍尔元件时大多采用 N 型半导体材料。

当霍尔元件的材料和厚度确定时，设

$$K_H = \frac{R_H}{d} = \frac{1}{ned} \tag{5}$$

将式（5）代入式（3）中，得

$$U_H = K_H I_S B \tag{6}$$

式中，K_H 称为元件的灵敏度，它表示霍尔元件在单位磁感应强度和单位控制电流下的霍尔电压大小，其单位是 [mV/（mA·T）]，一般要求 K_H 愈大愈好。由于金属的电子浓度（n）很高，所以它的 R_H 或 K_H 都不大，所以不适宜作为霍尔元件。此外，元件厚度 d 愈薄，K_H 愈高，所以制作时，往往采用减少 d 的办法来增加灵敏度，但不能认为 d 愈薄愈好，因为此时元件的输入和输出电阻将会增加，这对霍尔元件来说是不希望的。本实验采用的双线圈霍尔片的厚度 d 为 0.2mm，宽度 l 为 2.5mm，长度 L 为 3.5mm。

应当注意：当磁感应强度 B 和元件平面法线成一角度时（见图 3-13-2），作用在元件上的有效磁场是其法线方向上的分量 $B\cos\theta$，此时有

$$U_\mathrm{H} = K_\mathrm{H}I_SB\cos\theta$$

所以，一般在使用时应调整元件两平面的方位，使 U_H 达到最大，即 $\theta = 0$，这时有

$$U_\mathrm{H} = K_\mathrm{H}I_SB\cos\theta = K_\mathrm{H}I_SB \tag{7}$$

由式（7）可知，当工作电流 I_S 或磁感应强度 B 两者之一改变方向时，霍尔电压 U_H 的方向也会随之改变；若两者方向同时改变，则霍尔电压 U_H 的极性不变。

霍尔元件测量磁场的基本电路如图 3-13-3 所示，将霍尔元件置于待测磁场的相应位置，并使元件平面与磁感应强度 B 垂直，在其控制端输入恒定的工作电流 I_S，霍尔元件的霍尔电压输出端接毫伏表，测量霍尔电压 U_H 的值。

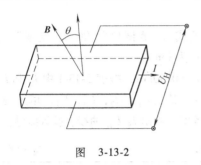

图 3-13-2

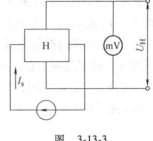

图 3-13-3

【实验仪器】

DH4512 系列霍尔效应实验仪。

【实验内容】

1. 研究霍尔效应及霍尔元件特性

研究 U_H 与励磁电流 I_M 和工作电流 I_S 之间的关系。

2. 测量通电圆线圈的磁感应强度 B

测量通电圆线圈中磁感应强度 B 的分布。

【实验内容与步骤】

1. 按仪器面板上的文字和符号提示将 DH4512 型霍尔效应测试仪（简称"测试仪"）**与 DH4512 型霍尔效应实验架**（简称"实验架"）**正确连接。**

1）将"测试仪"面板右下方的励磁电流 I_M 的直流恒流源输出端（0~0.5A），接"实验架"上的 I_M 磁场励磁电流的输入端（即红接线柱与红接线柱对应相连，黑接线柱与黑接线柱对应相连）。

2）"测试仪"左下方供给霍尔元件工作电流 I_S 的直流恒流源（0~3mA）输出端，接"实验架"上 I_S 霍尔片工作电流输入端（即红接线柱与红接线柱对应相连，黑接线柱与黑接线柱对应相连）。

3）将"测试仪"上的 U_H 霍尔电压输入端，接"实验架"中部的 U_H 霍尔电压输出端。注意：以上三组线千万不能接错，以免烧坏元件。

4）用一边是分开的接线插、一边是双芯插头的控制连接线与测试仪背部的插孔相连接（红色插头与红色插座相连，黑色插头与黑色插座相连）。

5）仪器开机前应将 I_S 和 I_M 调节旋钮沿逆时针方向旋到底，使其输出电流趋于最小状态，然后再开机。

6）仪器接通电源后，预热数分钟即可进行实验。

7）"I_S 调节"和"I_M 调节"旋钮分别用来控制样品工作电流和励磁电流的大小，其电流随旋钮沿顺时针方向转动而增加，细心操作。

8）关机前，应将"I_S 调节"和"I_M 调节"旋钮沿逆时针方向旋到底，使其输出电流趋于零，然后才可切断电源。

2. 研究霍尔效应与霍尔元件特性

（1）测量霍尔电压 U_H 与工作电流 I_S 的关系

1）先将 I_S、I_M 都调零，电压测量选择 U_H 测量模式（"测试仪"和"实验架"上对应的键均按下），并对中间的霍尔电压表调零，使其显示为 0mV。

2）将霍尔元件移至线圈中心，调节 $I_M = 500$mA，$I_S = 0.50$mA，按表 3-13-1 中 I_S 和 I_M 的正负情况切换"实验架"上的方向，分别测量霍尔电压 U_H 值（U_1，U_2，U_3，U_4）填入表 3-13-1中。以后 I_S 每次递增 0.50mA，测量 U_1，U_2，U_3，U_4 各值。绘出 I_S-U_H 曲线，验证线性关系。

表 3-13-1　U_H-I_S　　　　　　　　　　　$I_M = 500$mA

I_S/mA	U_1/mV	U_2/mV	U_3/mV	U_4/mV	$U_H = \dfrac{|U_1|+|U_2|+|U_3|+|U_4|}{4}$/mV
	$+I_S$, $+I_M$	$+I_S$, $-I_M$	$-I_S$, $-I_M$	$-I_S$, $+I_M$	
0.50					
1.00					
1.50					
2.00					
2.50					
3.00					

（2）测量霍尔电压 U_H 与励磁电流 I_M 的关系

1）先将 I_M、I_S 调零，并对霍尔电压表调零，然后调节 I_S 至 3.00mA。

2）调节 $I_M = 100$mA，150mA，200mA，…，500mA（间隔为 50mA），分别测量霍尔电压 U_H 值填入表 3-13-2 中。

3）根据表 3-13-2 中所测得的数据，绘出 I_M-U_H 曲线，验证线性关系的范围，分析当 I_M 达到一定值以后，I_M-U_H 直线斜率变化的原因。

表 3-13-2　U_H-I_M　　　　　　　　　　　$I_S = 3.00$mA

I_M/mA	U_1/mV	U_2/mV	U_3/mV	U_4/mV	$U_H = \dfrac{|U_1|+|U_2|+|U_3|+|U_4|}{4}$/mV
	$+I_S$, $+I_M$	$+I_S$, $-I_M$	$-I_S$, $-I_M$	$-I_S$, $+I_M$	
100					
150					
200					
250					
300					

（续）

I_M/mA	U_1/mV	U_2/mV	U_3/mV	U_4/mV	$U_H = \dfrac{|U_1|+|U_2|+|U_3|+|U_4|}{4}$/mV
	$+I_S, +I_M$	$+I_S, -I_M$	$-I_S, -I_M$	$-I_S, +I_M$	
350					
400					
450					
500					

3. 测量通电圆线圈中磁感应强度 B 的分布

1）先将 I_M、I_S 调零，调节中间的霍尔电压表，使其显示为 0mV。

2）将霍尔元件置于通电圆线圈中心，调节 $I_M = 500$mA，$I_S = 3.00$mA，测量相应的 U_H。

3）将霍尔元件从中心向边缘移动，每隔 5mm 选一个点测出相应的 U_H，填入表 3-13-3 中。

4）利用以上所测 U_H 值，由公式

$$U_H = K_H I_S B$$

得到

$$B = \frac{U_H}{K_H I_S}$$

由此计算出各点的磁感应强度，并绘 B-X 图，得出通电圆线圈内 B 的分布。

表 3-13-3　U_H-X　　　　　　　　$I_S = 3.00$mA　$I_M = 500$mA

X/mm	U_1/mV	U_2/mV	U_3/mV	U_4/mV	$U_H = \dfrac{|U_1|+|U_2|+|U_3|+|U_4|}{4}$/mV
	$+I_S, +I_M$	$+I_S, -I_M$	$-I_S, -I_M$	$-I_S, +I_M$	
0					
5					
10					
15					
20					
25					
⋮					

【注意事项】

1. 当霍尔片未连接到"实验架"，并且"实验架"与"测试仪"未连接好时，严禁开机加电，否则，极易使霍尔片遭受冲击电流而使霍尔片损坏。

2. 霍尔片性脆易碎、电极易断，严禁用手去触摸，以免损坏！在需要调节霍尔片位置时，必须谨慎。

3. 加电前必须保证"测试仪"的"I_S 调节"和"I_M 调节"旋钮均置于零位（即逆时针旋到底），严防 I_S、I_M 电流未调到零就开机。

4. "测试仪"的"I_S 输出"接"实验架"的"I_S 输入"，"I_M 输出"接"I_M 输入"。决不允许将"I_M 输出"接到"I_S 输入"处，否则一旦通电，会损坏霍尔片！

5. 为了不使通电线圈过热而受到损坏或影响测量精度，除在短时间内读取有关数据，通过励磁电流 I_M 外，其余时间最好断开励磁电流。

6. 移动尺的调节范围有限！在调节到两边停止移动后，不可继续调节，以免因错位而损坏移动尺。

【实验系统误差及其消除】

测量霍尔电压 U_H 时，不可避免地会产生一些副效应，由此而产生的附加电势叠加在霍尔电势上，形成测量系统误差，这些副效应如下。

（1）不等位电势差 U_0

由于制作时，两个霍尔电压电极不可能绝对对称地焊在霍尔片两侧（见图 3-13-4a）、霍尔片电阻率不均匀、控制电流极的端面接触不良（见图 3-13-4b）都可能造成 A、B 两极不处在同一等位面上，此时虽未加磁场，但 A、B 间存在电势差 U_0，称为不等位电势，$U_0 = I_S R_0$，R_0 是两等位面间的电阻。由此可见，在 R_0 确定的情况下，U_0 与 I_S 的大小成正比，且其正负随 I_S 的方向而改变。

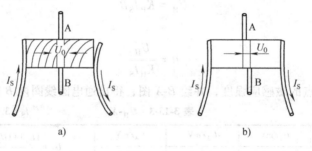

a) b)

图 3-13-4

（2）爱廷豪森效应

如图 3-13-5 所示，当在元件 X 轴方向通以工作电流 I_S，Z 轴方向施加磁场 B 时，由于霍尔片内的载流子速度服从统计分布，有快有慢，在达到动态平衡时，在磁场的作用下无论是慢速还是快速的载流子，都将在洛伦兹力和霍尔电场的共同作用下，沿 Y 轴分别向相反的两侧偏转，这些载流子的动能将转化为热能，使两侧的温升不同，因而造成 Y 轴方向上的两侧的温差 $(T_A - T_B)$。因为霍尔电极和元件两者材料不同，电极和元件之间形成温差电偶，这一温差会在 A、B 间产生温差电动势 $\mathscr{E}_E$（$\mathscr{E}_E \propto I B$）。这一效应称为爱廷豪森效应，$\mathscr{E}_E$ 的大小和正负符号与 I、B 的大小和方向有关，这与 U_H 与 I、B 的关系相同，所以不能在测量中消除。

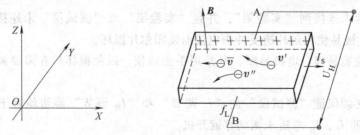

图 3-13-5 正电子运动平均速度

注：$v' < \bar{v}$，$v'' > \bar{v}$，其中，$\bar{v}$ 为载流子平均漂移速度，v' 和 v'' 为载流子漂移速度。

（3）伦斯脱效应

由于控制电流的两个电极与霍尔元件的接触电阻不同，控制电流在两电极处将产生不同的焦耳热，引起两电极间的温差电动势，此电动势又产生温差电流（称为热电流）I_Q，热电流在磁场作用下将发生偏转，结果在 Y 轴方向上产生附加的电势差 U_H，且 $U_H \propto I_Q B$，这一效应称为伦斯脱效应，由上式可知，U_H 的符号只与磁场 $\boldsymbol{B}$ 的方向有关。

（4）里纪-杜勒克效应

如（3）所述，霍尔元件在 X 方向有温度梯度 $\dfrac{\mathrm{d}T}{\mathrm{d}X}$，引起载流子沿梯度方向扩散而有热电流 I_Q 通过元件，在此过程中载流子受 Z 方向的磁场 $\boldsymbol{B}$ 作用，从而在 Y 轴方向引起类似爱廷豪森效应的温差 $T_A - T_B$，由此产生的电势差 $U_H \propto I_Q B$，其符号与磁场 $\boldsymbol{B}$ 的方向有关，与 I_S 的方向无关。

为了减少和消除以上效应的附加电势差，利用这些附加电势差与霍尔元件工作电流 I_S、磁场 $\boldsymbol{B}$（即相应的励磁电流 I_M）的关系，采用对称（交换）测量法进行测量。

当 $+I_S$，$+I_M$ 时，$U_{AB1} = +U_H + U_0 + \mathscr{E}_E + U_N + U_R$

当 $+I_S$，$-I_M$ 时，$U_{AB2} = -U_H + U_0 - \mathscr{E}_E + U_N + U_R$

当 $-I_S$，$-I_M$ 时，$U_{AB3} = +U_H - U_0 + \mathscr{E}_E - U_N - U_R$

当 $-I_S$，$+I_M$ 时，$U_{AB4} = -U_H - U_0 - \mathscr{E}_E - U_N - U_R$

对以上四式做如下运算则得

$$\frac{1}{4}(U_{AB1} - U_{AB2} + U_{AB3} - U_{AB4}) = U_H + \mathscr{E}_E$$

可见，除爱廷豪森效应以外的其他副效应所产生的电势差会被全部消除，因爱廷豪森效应所产生的温差电动势 $\mathscr{E}_E$ 的符号和霍尔电压 U_H 的符号与 I_S 及 $\boldsymbol{B}$ 的方向关系相同，故无法消除，但在非大电流、非强磁场的情况下，$U_H \gg \mathscr{E}_E$，因而 $\mathscr{E}_E$ 可以忽略不计，由此可得

$$U_H + \mathscr{E}_E \approx U_H = \frac{|U_1| + |U_2| + |U_3| + |U_4|}{4}$$

实验 3.14　光学基础综合实验

【实验目的】

1. 培养学生运用各种基础光学元件组装光学实验系统的能力。

2. 加深理解激光传播准直的原理与过程，以及光的干涉、衍射和两束单色光合成为复色光的实验现象等，在此基础上设计并组装如薄透镜的焦距测定、干涉仪等实验装置；

3. 加强学生在光学实验中动手能力的培养。

【实验原理】

1. 激光的传播、扩束和准直

激光是在一定条件下，光与粒子（原子、分子或是离子等）系统相互作用而产生的受激辐射，它与普通光源产生光的自发辐射是不同的。与普通光源相比，激光的优点有：单色

性好，方向性好，远场发散角小，亮度高，相干性好，其传播过程中能量衰减小，具有远距离传播的能力等，被广泛应用于工业生产和日常生活中。

由于激光发出的光传播截面小，在实际应用中常常需要对其进行扩束和准直等变换。一般说来，常采用较短焦距的透镜对其进行扩束，使一个激光光斑由点向较大截面放大，如图 3-14-1a、b 所示。

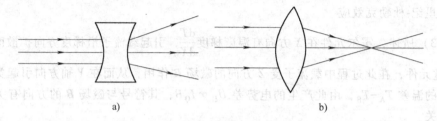

图 3-14-1 透镜扩束示意图

a）凹透镜扩束示意图 b）凸透镜扩束示意图

在光束的实际使用中需要将点光源变换为输出光束是平行光的面光源，在这一过程中，可以利用凸透镜本身的性质，即透镜焦点处发出的光经过透镜后变为平行光束，而在实际使用过程中这是很难做到的，常常采用多个透镜组合来产生平行光的面光束，如图 3-14-2 所示。

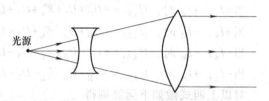

图 3-14-2 凸凹组合透镜光束准直示意图

2. 分振幅干涉

采用振幅分割法获得相干光，并使满足相干条件的两光束发生干涉，其原理如图 3-14-3 所示。He-Ne 激光器发出一束光，经半反镜一部分反射，一部分透射，两部分光经一系列的反射后，在屏上叠加形成干涉条纹。

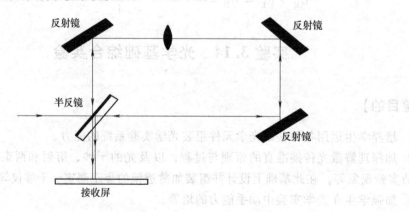

图 3-14-3 分振幅干涉原理图

3. 两束不同波长激光的合成

He-Ne 激光器发出的光束与经一系列反射后的固体激光被合光镜合成，合成后的复色光经过光阑和反射镜后，光的传播情况发生变化，如图 3-14-4 所示。

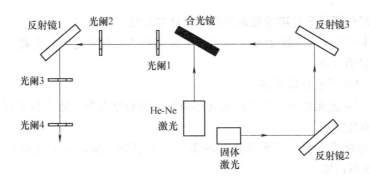

图 3-14-4　两束不同波长光束的合成

【实验仪器】

He-Ne 激光器、固体激光器、He-Ne 激光器支架、固体激光器支架、平面反射镜、合光镜、可变光阑、薄透镜及支架（两个凸透镜、两个凹透镜）、光学底板、光学铝板、半反镜、可变狭缝、光学支架、白屏。

【实验内容与步骤】

1. 激光的传播、扩束和准直

1）调节激光器发出水平光线。首先将 He-Ne 激光与白屏按合适的位置（调节光学支架的螺钉，使激光的位置目视水平，白屏的中心与激光输出中心等高共轴），并用螺钉将激光固定于光学铝板上。打开 He-Ne 激光的电源，仔细观察白屏中心的激光光斑大小、形状。然后，在激光的传播方向上前后移动白屏（中心有"＋"），观察激光光斑中心位置的变化。若是光斑中心的位置偏离白屏"十"字中心，此时说明激光与白屏未达到等高共轴，应调节激光支架的螺钉，并保持光斑与白屏"十"字中心重合，重复上面的步骤，前后移动白屏，直到光斑与白屏"十"字中心重合为止。

2）前后移动白屏，并观察光斑截面的变化，记录实验数据，解释激光的远场发散特性。

3）按图 3-14-1a、b 中凹透镜、凸透镜扩束原理组成光路，观察凹透镜、凸透镜的发散特性。

4）按图 3-14-2 所示组成光路，固定白屏，调节光源、凹透镜、凸透镜三者之间的关系，使得由组合透镜输出的光线是平行光，并检验所得的结果（利用平行光束的光斑在光的传播方向上大小不变的性质检验）。

2. 分振幅干涉实验观察

1）由前面实验的基础，按图 3-14-3 所示搭建光路。

2）打开 He-Ne 激光电源，以光斑和光传播方向为观察对象，逐个校正每一个光学元件，并微调它们的相对位置。

3）在接收屏上观察光斑的变化。

4）以光的干涉原理为基础，利用上述实验装置结构设计一测量透明介质折射率的实验方案，并记录数据。

3. 一种实现分振幅干涉实验光路的自行设计与验证（可选做）

以迈克尔孙干涉仪、马赫-曾德干涉仪等光路结构为基础搭建实验光路，并验证它。

4. 两束激光的合成

1）按图 3-14-4 所示搭建光路。

2）打开 He-Ne 激光电源，以光斑和光传播方向为观察对象，逐个校正每一个光学元件，并微调它们的相对位置。

3）打开固体激光电源，以光斑和光传播方向为观察对象，逐个校正每一个光学元件，并微调它们的相对位置。

4）微调光阑，观察实验现象，并给出解释。

5）轻轻地将图 3-14-4 中的反射镜微调一小角度，观察实验现象，并给出合理的解释。

5. 观察圆孔衍射、单缝衍射

1）以可变光阑作为小孔，并适当地调节光源、小孔、白屏三者之间的距离，在屏上观察圆孔衍射现象，并分析条纹特点。

2）改变小孔直径，重复步骤 1），观察小孔直径与衍射条纹之间的关系。

3）将小孔换成单缝重复上面的实验。

【数据处理】

以上述实验为基础，并在理论上分析实验现象。

【思考题】

1. 在激光扩束和准直的光路中，为什么要采用较大直径的凸透镜、较小直径的凹透镜？

2. 可否用两个凸透镜实现激光准直？如果可以，请设计实现光路和透镜参数；如果不可以，请说明理由。

3. 在分振幅干涉实验中，为什么要逐个校正每一个元件与光线之间的关系？能否一次就能调整好？

4. 波长为 632.8nm 的 He-Ne 激光与波长为 532nm 的固体激光合成以后是什么颜色的光？

5. 单缝衍射和圆孔衍射有何异同点？

【注意事项】

1. 在实验过程中，要防止眼睛直接正对激光，同时，防止激光照射到周围同学身上。

2. 各种光学镜片要轻拿轻放，不要用手直接触摸镜片的表面。

【补充说明】

常用光源：钠灯和汞灯

钠灯（见图 3-14-5）和汞灯是分别在灯泡内充有钠蒸气和汞蒸气的放电光源。这类光源所发出的光具有一定的波长，使用它们时，在电路中必须串联一定规格的镇流器，以限制流过灯泡的电流，起保护作用。钠灯是个较好的单色光源，它发出两条波长非常接近的光谱线，一条是 589.0nm，另一条是 589.6nm。在一般情况下此两条谱线不易分开，可取其平均值 589.3nm。汞灯发出的光波在可见光区域有数条不同波长的光谱线，可供许多光学仪器作为基准波长（如单色仪、分光光度计等）。若需从汞灯光谱中获得某单色光波长，需配以适当的滤光装置，滤去不需要的谱线，得到所需的单色光谱线；亦可配以适当的分光装置来获得所需的单色光谱线。本实验中，用钠灯作为反射法测量三棱镜顶角的光源。

名　称	钠 灯	汞 灯
型号	GP20Na	GP20Hg
电源电压	220V	220V
管端工作电压	（15±5）V	20V
工作电流	1~1.3A	1.3A
功率	20W	20W
光谱特性	589.0nm	404.7nm
	589.6nm	435.8nm
		546.1nm
		577.0nm
		579.0nm

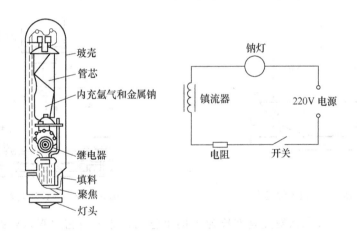

图 3-14-5　钠光灯及其电路

实验 3.15　牛顿环

【引言】

在日常生活中常见到的，如肥皂泡所呈现的五颜六色和雨后路面上油膜的多彩图样等，都是光的干涉现象。当两束光满足频率相同、振动方向相同、相位差恒定这三个条件时，它们在空间相遇就会发生干涉。光的干涉现象常被用于科研和生产中，例如用于光波波长的测定、微小长度和微小角度的测定以及液体折射率的测定等，利用标准面与待测面之间产生的干涉条纹（即光圈）还可检验待测面的加工精度。总之，干涉计量技术在生产实践和科学研究中发挥着越来越重要的作用。

【实验目的】

1. 观察和研究等厚干涉（牛顿环）的现象及特点。
2. 学会用干涉法测量透镜的曲率半径和微小直径。
3. 掌握读数显微镜的使用方法。
4. 学习用逐差法处理实验数据。

【实验原理】

1. 牛顿环的形成

如图 3-15-1 所示，将一个曲率半径很大的平凸透镜 AB 放在一个平面玻璃 DE 上，在透镜的凸面 ACB 和玻璃平面 DCE 之间就形成一个以中心 C 为圆心向四周逐渐加厚的一层空气薄膜层，当以平行单色光垂直入射时，入射光将在薄膜的上、下两表面形成反射的光束 1 和光束 2，当反射光相遇时，具有一定光程差的两束相干光就会相互干涉。用读数显微镜去观察可以发现（图 3-15-2，图中的 T 表示读数显微镜），它们的干涉图样是以 C 为圆心的一系列明暗相间，且间隔逐渐减小的同心圆环，称为牛顿环，如图 3-15-3 所示，而在同一厚度处形成的同一级干涉条纹称为等厚干涉条纹。

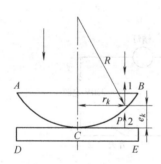

图 3-15-1　牛顿环的光程

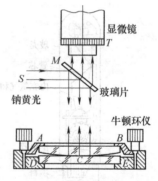

图 3-15-2　牛顿环装置示意图

在图 3-15-1 中，如果入射光是波长为 λ 的单色光，那么当它垂直入射到达空气薄膜的上表面时，一部分光将反射，另一部分光将透射。如图 3-15-4 所示，光束 1 为反射光，这部分光没有附加光程差。光束 2 为透射光，这部分光将继续前进到达下表面，并在下表面再次发生反射和折射，从而产生半波损失，有附加光程差 $\lambda/2$。由于 1、2 两束光是从同一束光分离出来的，因而它们具有相干性。光束 2 在空气薄膜内多走了 $2e_k$ 的路程（e_k 为薄膜厚度），所以当 1、2 两束光相遇时，它们之间就有了一个光程差，光程差 δ_k 为

$$\delta_k = 2e_k + \frac{\lambda}{2}\ (e_k\ \text{为空气薄膜厚度}) \tag{1}$$

根据光的干涉条件，当光程差为半波长的偶数倍时相互加强，出现亮纹；而当光程差为半波长的奇数倍时相互减弱，出现暗纹。因此有

$$\delta_k = \begin{cases} 2k\dfrac{\lambda}{2}\ (k = 1,\ 2,\ 3,\ \cdots) & \text{明环} \\[2mm] (2k + 1)\dfrac{\lambda}{2}\ (k = 0,\ 1,\ 2,\ 3,\ \cdots) & \text{暗环} \end{cases} \tag{2}$$

光程差仅与产生反射光的薄膜厚度 e_k 有关，即厚度相同的地方产生同一条纹。

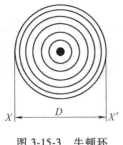

图 3-15-3 牛顿环

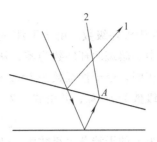

图 3-15-4 干涉光路

由式（2）可知，$k=0$（零级）时，$e_k=0$，因此在图 3-15-1 中，平凸透镜 AB 和光学平玻璃片 DE 的接触点 C 处的条纹为暗斑。

在图 3-15-1 中，设平凸透镜的曲率半径为 R，P 点处的空气薄膜厚度为 e_k，与 P 点对应的牛顿环的半径为 r_k，则由图 3-15-1 所示的几何关系可知

$$r_k{}^2 = R^2 - (R - e_k)^2 = 2e_k R - e_k{}^2$$

因 $e_k \ll R$，故可略去二阶小量 $e_k{}^2$，于是有

$$e_k = \frac{r_k{}^2}{2R} \tag{3}$$

将式（3）代入式（1），得

$$\delta_k = \frac{r_k{}^2}{R} + \frac{\lambda}{2} \tag{4}$$

上式表明光程差 δ_k 与半径 r_k 的平方成正比，因此，离中心 C 越远，光程差增加得越快，牛顿环也越来越密。

2. 平凸透镜曲率半径的测量

由干涉条件可知，干涉条纹为暗环的条件为

$$\delta_k = \frac{r_k{}^2}{R} + \frac{\lambda}{2} = (2k + 1)\frac{\lambda}{2}$$

由上式可得

$$r_k{}^2 = kR\lambda \tag{5}$$

由此可得平凸透镜的曲率半径为

$$R = \frac{r_k{}^2}{k\lambda} \tag{6}$$

若已知入射光的波长 λ，并测得第 k 级暗环的半径 r_k，则由上式可算出平凸透镜的曲率半径。

在观察牛顿环时将会发现，牛顿环的中心并不是确定的一点，而是一个不甚清晰的或暗或亮的圆斑，这是由于平凸透镜与平板玻璃接触时，接触压力将引起玻璃发生形变，使接触点扩大成一个接触面。另外，两镜面的接触点之间难免存在细微的尘埃，从而产生附加的光程差，这给干涉级数带来某种程度的不确定性。

在测量中，通常取两个暗环半径的平方差来消除附加光程差带来的误差。设附加厚度为 a，由式（2）可得与第 k 级暗条纹对应的两相干光的光程差为

$$\delta_k = 2(e_k + a) + \frac{\lambda}{2} = \frac{(2k+1)\lambda}{2}$$

将式（3）代入上式，可解得

$$r_k^2 = kR\lambda - 2Ra \tag{7}$$

式中，k 为干涉环级数。由于干涉级数不易确定，实验中常以干涉环的环序数代替干涉级数，并以中心暗斑的环序数为零，从里向外暗环的环序数依次增加。另外，环序数不一定和干涉级数相同。令干涉级数为 $k = k' + k_0$（其中 k' 为环序数，k_0 为一常数），则环序数为 m 的干涉条纹级数为 $m + k_0$，并由式（7）可得

$$r_m^2 = (m + k_0)R\lambda - 2Ra$$

而环序数为 n 的干涉条纹级数为 $n + k_0$，故也有

$$r_n^2 = (n + k_0)R\lambda - 2Ra$$

于是，$m + k_0$ 级干涉条纹与 $n + k_0$ 级干涉条纹的半径的平方差为

$$r_m^2 - r_n^2 = (m - n)R\lambda \tag{8}$$

由上可知，用环序数代替干涉级数是可行的。由式（8）可知，暗环半径的平方差与附加厚度 a 无关，这种消去误差的方法称为消去法。

由于中心是一暗斑，圆心不易确定，以至于暗环的半径不能准确测定，因此，用暗环直径来代替暗环半径。由式（8）得

$$D_m^2 - D_n^2 = 4(m - n)R\lambda$$

式中，D_m 和 D_n 分别为环序数为 m、n 的干涉暗环的直径。由此可得

$$R = \frac{D_m^2 - D_n^2}{4(m - n)\lambda} \tag{9}$$

于是只要知道入射单色光的波长 λ，并准确测得环序数为 m、n 的干涉暗环的直径 D_m 和 D_n，由式（9）即可计算出平凸透镜的曲率半径 R。

【实验仪器】

一般显微镜只有放大的作用，不能测量物体的大小，而读数显微镜可以测量物体的大小。如图 3-15-5 所示，读数显微镜装在一个由丝杆带动的滑动台上，滑动台连同显微镜可以上下、左右移动，整个滑动台安装在一个大底座上。常见的一种读数显微镜的机械部分是根据螺旋测微原理制造的。一个与螺距为 1mm 的丝杆联动的刻度盘上有 100 个等分格，分度值为 0.01mm，其读数原理与外径千分尺相同。

使用读数显微镜时应注意：

1）将读数显微镜适当安装，对准待测物。

2）调节显微镜的目镜 2，直到清楚地看到叉丝。

3）调节显微镜调焦手轮 4，使待测物成像清楚，并消除视差（即眼睛左右移动时，看到叉丝与待测物的像之间无相对移动）。

4）松开目镜筒锁紧螺钉 3，旋转镜筒，使十字叉

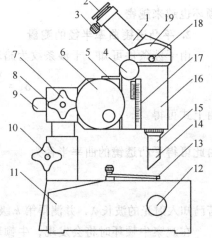

图 3-15-5　读数显微镜

1—目镜筒　2—目镜　3—目镜筒锁紧螺钉　4—调焦手轮　5—标尺　6—读数鼓轮　7—前后移动锁紧螺钉　8—前后移动支架　9—前后移动杆　10—上下移动锁紧螺钉　11—底座　12—反光镜调节螺母　13—压片　14—45°玻璃片　15—物镜　16—镜筒　17—镜筒移动支架　18—目镜组转动锁紧螺钉　19—反射棱镜

丝的一条丝与尺身的位置平行，另一条丝对准待测物上的一点（或一条线），记下读数；转动读数鼓轮6，对准另一点（或另一条线），再记下读数，两次读数之差为两者间的距离。两次读数时丝杆必须朝一个方向移动，以避免螺旋回程差。

5）当眼睛注视目镜时，只准使镜筒移离待测物体，以防止碰破显微镜物镜。

【实验内容与步骤】

1. 调节读数显微镜装置

1）先调节目镜直到清晰地看到十字叉丝，且叉丝分别与 x、y 轴大致平行，然后固定目镜。将被测工件放在载物台上，点燃钠光灯（钠黄光波长为 589.3nm）。待灯正常发光工作后，调节反光镜，避免光线直射镜筒。调节45°玻璃片的倾角，使从目镜中观察到视场最亮的黄光（但要防止45°玻璃片方位放反而直接把钠光反射到显微镜筒中的现象发生）。

2）调节显微镜的调焦手轮使镜筒缓慢下降（注意：只能从显微镜外面看，而不能从目镜中看），在靠近牛顿环时，再自下而上地缓慢上升，直到看清干涉条纹，且与叉丝无视差。如果牛顿环的中心圆斑不在十字叉丝的交点上，可轻轻移动牛顿环仪，使中心圆斑落在十字叉丝交点上。

2. 测量牛顿环的直径，求平凸透镜的曲率半径

1）旋转读数鼓轮，使十字叉丝从中心圆斑向左移动并超过第30条暗环，然后再反转鼓轮使十字叉丝退回到第30条暗环，并使竖直丝依次与第 30～25 环、第 20～15 环的外侧相切。记下与各环对应的读数 X。

2）继续按步骤1）的方向旋转鼓轮使十字叉丝超过中心圆斑，并依次与中心圆斑右侧的第 15～20 环、第 25～30 环的内侧相切。记下与各环对应的读数 X'。

3）根据各环的读数 X 和 X'，计算各环的直径 D。

注意：为消除空程差，从开始测量起，读数鼓轮只能沿一个方向旋转，中途不可倒转。另外，有些读数显微镜的叉丝与上述的十字叉丝不同，其竖直丝下部改用双丝，上部仍是单丝。此时可用上部单丝压住暗纹中心，下部双丝卡住暗纹读数。

【数据处理】

把实验内容及步骤2测得的数据逐一填入表3-15-1中，用逐差法进行处理，求出平凸透镜的曲率半径 R。

注意：环直径是读数 X 与 X' 之差的绝对值。另外，不考虑 λ 的误差，m、n 的目视误差为 0.1 条干涉条纹。

表 3-15-1 测量牛顿环的直径，求平凸透镜的曲率半径

环序数 m		30	29	28	27	26	25
环的位置	X/mm						
	X'/mm						
环的直径 D_m/mm							
环序数 n		20	19	18	17	16	15
环的位置	X/mm						
	X'/mm						

（续）

环的直径 D_n/mm					
$D_m{}^2$/mm²					
$D_n{}^2$/mm²					
$y = D_m{}^2 - D_n{}^2$/mm²					
$\bar{y}$/mm²		S_y/mm²			

【注意事项】

1. 在旋转鼓轮手柄时，只能使指针在水平标尺刻度线范围内移动，不得超过此范围。

2. 调节读数显微镜时，先将镜筒调到离牛顿环仪很近的位置，然后自下而上升高镜筒，以免损坏物镜镜头、牛顿环仪和45°玻璃片。

3. 在实验中不要随意开、关钠光灯，实验结束后要及时关闭钠光灯，以延长其寿命。

【思考题】

1. 若牛顿环仪的平板玻璃上有微小凸起，干涉条纹将发生怎样的变化？

2. 在测量中能否用对牛顿环弦长的测量代替对牛顿环直径的测量？为什么？

3. 从牛顿环仪透射过来的光能不能形成干涉条纹？如果能的话，则与反射光形成的干涉条纹有何不同？

实验 3.16　单缝衍射

【引言】

光波的波振面受到阻碍时，光绕过障碍物偏离直线而进入几何阴影区，并在屏幕上出现光强不均匀分布的现象叫作光的衍射。研究光的衍射不仅有助于进一步加深对光的波动性的理解，同时还有助于进一步学习近代光学实验技术，如光谱分析、晶体结构分析、全息照相、光信息处理等。衍射使光强在空间重新分布，利用硅光电池等光电器件测量光强的相对分布是一种常用的光强分布测量方法。

【实验目的】

1. 观察单缝夫琅禾费衍射现象。

2. 掌握单缝衍射相对光强的测量方法，并求出单缝宽度。

【实验原理】

1. 夫琅禾费衍射

衍射是波动光学的重要特征之一。衍射通常分为两类：一类是满足衍射屏离光源或接收屏的距离为有限远的衍射，称为菲涅耳衍射；另一类是满足衍射屏与光源和接收屏的距离都是无限远的衍射，也就是照射到衍射屏上的入射光和离开衍射屏的衍射光都是平行光的衍射，称为夫琅禾费衍射。菲涅耳衍射解决具体问题时，计算较为复杂。而夫琅禾费衍射的特点是：只用简单的计算就可以得出准确的结果。在实验中，夫琅禾费衍射用两个会聚透镜就可以实现。本实验用激光器作为光源，由于激光器发散角小，可以认为是近似平行光照射在单缝上；其次，单缝宽度为 0.1mm，单缝距接收屏如果大于 1m，则缝宽相对于缝到接收屏的距离足够小，大致满足衍射光是平行光的要求，也基本满足了夫琅禾费衍射的条件：

$$I = I_0 \frac{\sin^2 u}{u^2}$$

2. 菲涅耳假设和光强

菲涅耳假设：波在传播的过程中，从同一波阵面上的各点发出的次波是相干波，经传播而在空间某点相遇时，产生相干叠加，这就是著名的惠更斯-菲涅耳原理。如图 3-16-1 所示，从单缝 AB 所在处的波阵面上各点发出的子波，在空间某点 P 所引起光振动振幅的大小与面元面积成正比，与面元到空间某点的距离成反比，并且随单缝平面法线与衍射光的夹角（衍射角）增大而减小，计算单缝所在处波阵面上各点发出的子波在 P 点引起光振动的总和，就可以得到 P 点的光强。可见，空间某点的光强，本质上是光波在该点振动的总光强。

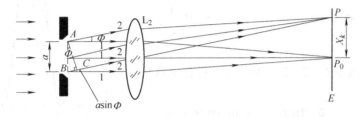

图 3-16-1 单缝衍射示意图

设单缝的宽度 $AB = a$，单缝到接收屏之间的距离是 L，衍射角为 Φ 的光线会聚到屏上 P 点，并设 P 点到中央明纹中心的距离为 X_k。由图 3-16-1 可知，从 A、B 出射的光线到 P 点的光程差为

$$BC = a\sin\Phi \tag{1}$$

式中，Φ 为光轴与衍射光线之间的夹角，叫作衍射角。

如果子波在 P 点引起的光振动完全相互抵消，光程差是半波长的偶数倍，在 P 点处将出现暗纹。所以，暗纹形成的条件是

$$a\sin\Phi = 2k\frac{\lambda}{2}, \quad k = \pm 1, \quad \pm 2, \cdots \tag{2}$$

在两个第 1 级（$k = \pm 1$）暗纹之间的区域（$-\lambda < a\sin\Phi < \lambda$）为中央明纹。由式（2）可以看出，当光波的波长一定时，缝宽 a 愈小，衍射角 Φ 愈大，出现在屏上相邻条纹的间隔也愈大，衍射效果愈显著。反之，a 愈大，各级条纹衍射角 Φ 愈小，条纹向中央明纹靠拢。a 无限大，衍射现象消失。

3. 单缝衍射的光强分布

根据惠更斯-菲涅耳原理可以推出，当入射光波长为 λ，单缝宽度为 a 时，单缝夫琅禾费衍射的光强分布为

$$I_\Phi = I_0 \frac{\sin u}{u^2}, \quad u = \frac{\pi a\sin\Phi}{\lambda} \tag{3}$$

式中，I_0 为中央明纹中心处的光强；u 为单缝边缘光线与中心光线的相位差。

根据上面的光强公式，可得单缝衍射的特征如下：

1）中央明纹：在 $\Phi = 0$ 处，$u = 0$，$\dfrac{\sin^2 u}{u^2} = 1$，$I = I_0$，对应最大光强，称为中央主极大，中央明纹宽度由 $k = \pm 1$ 的两个暗条纹的衍射角所确定，即中央亮条纹的角宽度为

$$\Delta\Phi = \frac{2\lambda}{a}$$

2）暗纹：当 $u = \pm k\pi$，$k = 1,2,3,\cdots$，即 $\pi a\sin\Phi/\lambda = \pm k\pi$ 或 $a\sin\Phi = \pm k\lambda$ 时，有 $I = 0$，且任何两相邻暗条纹间的衍射角的差值 $\Delta\Phi = \pm\dfrac{\lambda}{a}$，即暗条纹是以 P_0 点为中心等间隔左右对称分布的。

3）次级明纹：在两相邻暗纹间存在次级明纹，它们的宽度是中央亮条纹宽度的一半。这些亮条纹的光强最大值称为次极大。其角位置依次是

$$\Phi = \pm 1.43\frac{\lambda}{a}, \quad \Phi = \pm 2.46\frac{\lambda}{a}, \quad \Phi = \pm 3.47\frac{\lambda}{a}, \quad \cdots$$

$$(4)$$

把上述的值代入光强公式（3）中，可求得各级次明纹中心的光强为

$$I = 0.047I_0, \quad I = 0.016I_0, \quad I = 0.008I_0, \quad \cdots$$

$$(5)$$

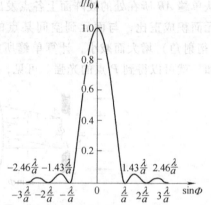

图 3-16-2　单缝衍射相对
光强分布曲线

从上面的特征可以看出，各级明纹的光强随着级次 k 的增大而迅速减小，而暗纹的光强亦分布其间，单缝衍射图样的相对光强分布如图 3-16-2 所示。

【实验仪器】

发光强度分布测试仪、WJF 型数字式检流计。

HG-WGZ-Ⅱ型发光强度分布测试仪是供观察、研究光的衍射、干涉现象及光强分布的基本光学实验仪器，应用硅光电池作为光电转换元件，数字式检流计测量光电流值能定量测定光强分布及变化。

仪器含半导体激光器连座、导轨、二维调节架、一维光强测试装置、分划板 、可调狭缝、平行光管、偏振装置、光电探头 、小孔屏、数字式检流计（全套）、专用测量线等。按测量一维光强分布和测量偏振光光强变化两种方式可构成两种装置，分别如图 3-16-3 和图 3-16-4 所示。

WJF 型数字式检流计用于微电流的测量，其正面如图 3-16-5 所示。
检流计的测量范围为 $1\times10^{-10} \sim 1.999\times10^{-4}$A，分为四挡：
第 1 挡　$0.001 \sim 1.999\times10^{-7}$A　内阻 $<10\Omega$
第 2 挡　$0.01 \sim 19.99\times10^{-7}$A　内阻 $<1\Omega$
第 3 挡　$0.1 \sim 199.9\times10^{-7}$A　内阻 $<0.1\Omega$
第 4 挡　$1 \sim 1999\times10^{-7}$A　内阻 $<0.01\Omega$

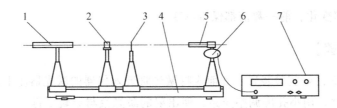

图 3-16-3　测量衍射、干涉等一维光强分布

1—激光器　2—分划板及二维调节架　3—小孔屏　4—导轨　5—光电探头
6——维光强测量装置　7—WJF 型数字式检流计

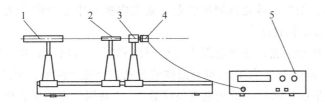

图 3-16-4　测量偏振光光强变化

1—激光器　2—平行光管　3—偏振装置　4—光电探头　5—WJF 型数字式检流计

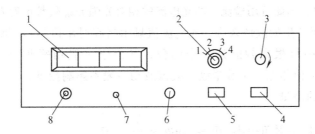

图 3-16-5　WJF 型数字式检流计

1—数字显示窗　2—量程选择　3—衰减旋钮　4—电源开关　5—保持开关
6—调零旋钮　7—模拟输出孔　8—被测信号输入口

使用时：

1）接上电源（要求交流稳压（220±11）V，频率 50Hz 输出），开机预热 15min。

2）量程选择开关置于"1"挡，衰减旋钮置于校准位置（即顺时针转到头，置于灵敏度最高位置），调节调零旋钮，使数据显示为 -.000（负号闪烁）。

3）选择适当量程，接上测量线（线芯接负端，屏蔽层接正端，如若接反，会显示"—"），即可测量微电流。

4）如果被测信号大于该挡量程，仪器会有超量程指示，即数码管显示"]"或"E"，其他三位均显示"9"，此时可调高一挡量程（当信号大于最高量程，即 2×10^{-4} A 时，应换用其他仪表测量）。

5）当数字显示小于 190，且小数点不在第一位时，一般应将量程减小一挡，以充分利用仪器的分辨率。

6）衰减旋钮用于测量相对值，只有在旋钮置于校准位置（顺时针到底）时，数字显示窗才会指示标准电流值。

注意：测量过程中，需要将某数值保留下来时，可打开保持开关（指示灯亮），此时，无论被测信号如何变化，前一数值都保持不变。

【实验内容与步骤】

1. 按图 3-16-3 搭好实验装置。此前应将激光管装入仪器的激光器座上，并接好电源。

2. 打开激光器，用小孔屏调整光路，使出射的激光束与导轨平行。

3. 打开检流计电源，预热及调零，并将测量线连接其输入孔与光电探头。

4. 调节二维调节架，选择所需要的单缝、双缝、可调狭缝等，对准激光束中心，使之在小孔屏上形成良好的衍射光斑。

5. 移去小孔屏，调整一维光强测量装置，使光电探头中心与激光束高低一致，移动方向与激光束垂直，起始位置适当。

6. 开始测量，转动手轮，使光电探头沿衍射图样展开方向（x 轴）单向平移，以等间隔的位移（如 0.5mm 或 1mm 等）对衍射图样的光强进行逐点测量，记录位置坐标 x 和对应的检流计（置适当量程）所指示的光电流值读数 I，要特别注意衍射光强的极大值和极小值所对应的坐标的测量。

7. 绘制衍射光的相对光强 I/I_0 与位置坐标 x 的关系曲线。由于光的光强与检流计所指示的电流读数成正比，因此可用检流计的光电流的相对光强 i/i_0 代替衍射光的相对光强 I/I_0。

由于激光衍射所产生的散斑效应，光电流值显示将在时示值的约 10% 范围内上下波动，属正常现象，实验中可根据判断选一中间值，又由于一般相邻两个测量点（如间隔为0.5mm 时）的光电流值相差一个数量级，故该波动一般不影响测量。

8. 单缝宽度 a 的测量

由于 $L>1\text{m}$，所以衍射角很小，$\Phi \approx \sin\Phi \approx \dfrac{X_k}{L}$，有

暗纹生成条件：
$$a\sin\Phi = 2k\frac{\lambda}{2} \tag{6}$$

$$a\sin\Phi = k\lambda$$

则
$$a = \frac{k\lambda}{\Phi} = \frac{Lk\lambda}{X_k} \tag{7}$$

式中，L 是单缝到硅光电池之间的距离；X_k 为不同级次暗条纹相对中央主极大之间的距离；a 是单缝的宽度。要求求出单缝宽度 a，并表示成标准形式。

【数据处理】

1. 自己设计表格，记录数据。

2. 将所得到的 I 值做归一化处理，即将所测的数据对中央主极大取相对比值 I/I_0（称为相对光强），在直角坐标纸上描出 I/I_0-x 曲线。

3. 由图中找出各次极大的位置与相对光强，分别与理论值进行比较。

4. 单缝宽度的测量，从所描出的分布曲线上，确定 $k = \pm1$，±2，±3 时的暗纹位置 X_k，将 X_k 值与 L 值代入式（7）中，计算单缝宽度 a，测三次并求出算术平均值，并与给定值比较。

【注意事项】

1. 光传感器对光非常敏感，不允许用激光器或其他强光照射。

2. 激光束光强极高，切勿用眼睛对视，防止视网膜遭受永久性损伤。

3. 测量过程中要防止回程误差。即测量开始时，应将百分鼓轮按原方向转几圈才开始读数测量；测量过程中百分鼓轮只能沿一个方向旋转，一旦反转，数据无效，须重新调整再开始读数。

4. 保护光学元件的光学表面，不得触摸光学元件的光学表面。

【思考题】

1. 激光器输出的光强如有变动，对单缝衍射图样和光强分布曲线有无影响？具体说明有什么影响？

2. 如以矩形孔代替单缝，其衍射图样在长边方向展开得宽些，还是在短边方向上展开得宽些？为什么？

第4章

综合性实验

实验4.1 导热系数的测量

【引言】

导热系数(热导率)是反映材料热性能的物理量，导热是热交换的三种(导热、对流和辐射)基本形式之一，是工程热物理、材料科学、固体物理及能源、环保等各个研究领域的课题之一，要认识导热的本质和特征，就需要了解粒子物理，而目前对导热机理的理解大多数来自于固体物理的实验。材料的导热机理在很大程度上取决于它的微观结构，热量的传递依靠原子、分子围绕平衡位置的振动以及自由电子的迁移，在金属中电子流起支配作用，在绝缘体和大部分半导体中则以晶格振动起主导作用。因此，材料的导热系数不仅与构成材料的物质种类密切相关，而且与它的微观结构、温度、压力及杂质含量相联系。在科学实验和工程设计中所用材料的导热系数都需要用实验的方法测定。(粗略地估计，可从热学参数手册或教科书的数据和图表中查寻)

1882年法国科学家 J. 傅里叶奠定了热传导理论，目前各种测量导热系数的方法都是建立在傅里叶热传导定律基础之上的，从测量方法来说，可分为两大类：稳态法和动态法，本实验采用的是稳态平板法测量材料的导热系数。

【实验目的】

1. 了解热传导现象的物理过程。
2. 学习用稳态平板法测量材料的导热系数。
3. 学习用作图法求冷却速率。
4. 掌握一种用热电转换方式进行温度测量的方法。

【实验仪器】

YBF-3导热系数测试仪、冰点补偿装置、测试样品(硬铝、硅橡胶等)、塞尺。

【实验原理】

为了测定材料的导热系数，首先从导热系数的定义和它的物理意义入手。热传导定律指出：如果热量是沿着 z 方向传导，那么在 z 轴上任一位置 z_0 处取一个垂直截面积 dS(见图4-1-1)。

以 $\dfrac{dT}{dz}$ 表示在 z_0 处的温度梯度，以 $\dfrac{dQ}{dt}$ 表示在该处的传热速率

（单位时间内通过截面积 dS 的热量），那么热传导定律可表示成

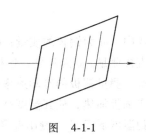

$$dQ = -\lambda \left(\frac{dT}{dz}\right)_{z_0} dS \cdot dt \qquad (1)$$

式中，负号表示热量从高温区向低温区传导（即热传导的方向与温度梯度的方向相反）；比例系数 λ 即为导热系数，可见它的物理意义为：在温度梯度为一个单位的情况下，单位时间内垂直通过单位面积截面的热量。

图 4-1-1

利用式（1）测量材料的导热系数 λ，需解决的关键问题有两个：一个是在材料内形成一个温度梯度 $\dfrac{dT}{dz}$，并确定其数值；另一个是测量材料内由高温区向低温区的传热速率 $\dfrac{dQ}{dt}$。

1. 关于温度梯度 $\dfrac{dT}{dz}$

为了在样品内形成一个温度的梯度分布，可以把样品加工成平板状，并把它夹在两块良导体——铜板之间（见图 4-1-2），使两块铜板分别保持在恒定温度 T_1 和 T_2，就可以在垂直于样品表面的方向上形成温度的梯度分布。样品厚度可做成 $h \leqslant D$（样品直径）。这样，由于样品侧面积比平板

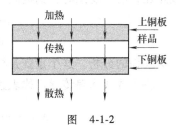

图 4-1-2

面积小得多，由侧面散去的热量可以忽略不计，可以认为热量是沿垂直于样品平面的方向上传导，即只在此方向上有温度梯度。由于铜是热的良导体，在达到平衡时，可以认为同一铜板各处的温度相同，样品内同一平行平面上各处的温度也相同。这样只要测出样品的厚度 h 和两块铜板的温度 T_1、T_2，就可以确定样品内的温度梯度 $\dfrac{(T_1-T_2)}{h}$。

当然，这需要铜板与样品表面的紧密接触，无缝隙，否则中间的空气层将产生热阻，使得温度梯度测量不准确。

为了保证样品中温度场的分布具有良好的对称性，把样品及两块铜板都加工成等大的圆形。

2. 关于传热速率 $\dfrac{dQ}{dt}$

单位时间内通过一截面积的热量 $\dfrac{dQ}{dt}$ 是一个无法直接测定的量，我们设法将这个量转化为较为容易测量的量，为了维持一个恒定的温度梯度分布，必须不断地给高温侧铜板加热，使热量通过样品传到低温侧铜板，低温侧铜板则要将热量不断地向周围环境散出。当加热速率、传热速率与散热速率三者相等时，系统就达到一个动态平衡状态，称之为稳态。此时低温侧铜板的散热速率就是样品内的传热速率。这样，只要测量低温侧铜板在稳态温度 T_2 下散热的速率，也就间接测量出了样品内的传热速率。但是，铜板的散热速率也不易测量，还需要做进一步的参量转换，我们已经知道，铜板的散热速率与其冷却速率（温度变化率 $\dfrac{dT}{dt}$）有关，其表达式为

$$\left.\frac{dQ}{dt}\right|_{T_2} = - mc\left.\frac{dT}{dt}\right|_{T_2} \tag{2}$$

式中，m 为铜板的质量；c 为铜板的比热容，负号表示热量向低温方向传递。因为质量容易直接测量，c 为常量，这样对铜板的散热速率的测量又转化为对低温侧铜板冷却速率的测量。测量铜板的冷却速率可以这样测量：在达到稳态后，移去样品，用加热铜板直接对下金属铜板加热，使其温度高于稳定温度 T_2（大约高出 10℃ 左右）再让其在环境中自然冷却，直到温度低于 T_2，测出温度在大于 T_2 到小于 T_2 区间中随时间的变化关系，描绘出 T-t 曲线，曲线在 T_2 处的斜率就是铜板在稳态温度 T_2 下的冷却速率。

应该注意的是，这样得出的 dT/dt 是在铜板全部表面暴露于空气中的冷却速率，其散热面积为 $2\pi R_P^2 + 2\pi R_P h_P$（其中 R_P 和 h_P 分别是下铜板的半径和厚度），然而在实验中稳态传热时，铜板的上表面（面积为 πR_P^2）是被样品覆盖的，由于物体的散热速率与它们的面积成正比，所以稳态时，铜板散热速率的表达式应修正为

$$\frac{dQ}{dt} = - mc\frac{dT}{dt}\cdot\frac{\pi R_P^2 + 2\pi R_P h_P}{2\pi R_P^2 + 2\pi R_P h_P} \tag{3}$$

根据前面的分析，这个量就是样品的传热速率。

将上式代入热传导定律表达式，并考虑到 $dS = \pi R^2$ 可以得到导热系数

$$\lambda = - mc\frac{2h_P + R_P}{2h_P + 2R_P}\cdot\frac{1}{\pi R^2}\cdot\frac{h}{T_1 - T_2}\cdot\left.\frac{dT}{dt}\right|_{T = T_2} \tag{4}$$

式中，R 为样品的半径；h 为样品的高度；m 为下铜板的质量；c 为铜块的比热容；R_P 和 h_P 分别是下铜板的半径和厚度。右式中的各项均为常量或直接易测量。

【实验内容与步骤】

1. 用自定量具测量样品、下铜板的几何尺寸和质量等必要的物理量，多次测量然后取平均值。其中铜板的比热容 $c = 0.385 \text{kJ/}（\text{kg·K}）$。

2. 加热温度的设定：

1）按一下温控器面板上的设定键（S），此时设定值（SV）后一位数码管开始闪烁。

2）根据实验所需温度的大小，再按设定键（S）左右移动到所需设定的位置，然后通过加数键（▲）、减数键（▼）来设定好所需的加热温度。

3）设定好加热温度后，等待 8s 后返回至正常显示状态。

3. 圆筒发热盘的侧面和散热盘 P 的侧面都有供安插热电偶的小孔，安放时这两个小孔都应与冰点补偿器在同一侧，以免线路错乱。热电偶插入小孔时，要抹上些硅脂，并插到洞孔底部，保证接触良好，热电偶冷端接到冰点补偿器信号输入端。

根据稳态法，必须得到稳定的温度分布，这就需要较长的时间等待。

手动控温测量导热系数时，将控制方式开关打到"手动"。将手动选择开关打到"高"挡，根据目标温度的高低，加热约 20min 后再打至"低"挡。然后，每隔 5min 读一下温度示值，如在一段时间内样品上、下表面的温度 T_1、T_2 示值都不变，即可认为已达到稳定状态。

自动 PID 控温测量时，将控制方式开关打到"自动"，手动选择开关打到中间一挡，PID 控温表将会使发热盘的温度自动达到设定值。每隔 5min 读一下温度示值，如果在一段

时间内样品上、下表面的温度 T_1、T_2 示值都不变，即可认为已达到稳定状态。

4. 记录稳态时 T_1、T_2 值后，移去样品，继续对下铜板加热，当下铜板温度比 T_2 高出 10℃左右时，移去圆筒，让下铜板的所有表面均暴露于空气中，使下铜板自然冷却。每隔 30s 读一次下铜板的温度示值并记录，直至温度下降到 T_2 以下一定值。绘制铜板的 T-t 冷却速率曲线。（选取邻近的 T_2 测量数据来求出冷却速率）

5. 根据式（4）计算样品的导热系数 λ

6. 本实验选用铜-康铜热电偶测温度，温差为 100℃时，其温差电动势约为 4.0mV，故应配用量程 0~20mV，且能读到 0.01mV 的数字电压表（数字电压表前端采用自稳零放大器，故无须调零）。由于热电偶冷端温度为 0℃，对一定材料的热电偶而言，当温度变化范围不大时，其温差电动势（单位为 mV）与待测温度（℃）的比值是一个常数。由此，在用式（4）计算时，可以直接以电动势值代表温度值。

【注意事项】

1. 稳态法测量时，要使温度稳定 40min 左右。手动测量时，为缩短时间，可先将热板电源电压打在高挡，一定时间后，毫伏表读数接近目标温度对应的热电偶读数，即可将开关拨至低挡，通过调节手动开关的高挡、低挡及断电挡，使上铜板的热电偶输出的毫伏值在 ±0.03mV 范围内。同时每隔 30s 记录上、下圆盘 A 和 P 所对应的毫伏读数，待下圆盘的毫伏读数在 3min 内不变即可认为已达到稳定状态，记下此时的 V_{T1} 和 V_{T2} 值。

2. 测金属的导热系数时，T_1、T_2 值为稳态时金属样品上、下两个面的温度，此时散热盘 P 的温度为 T_3。因此，测量 P 盘的冷却速率应为 $\dfrac{\Delta T}{\Delta t}\bigg|_{T=T_3}$，所以

$$\lambda = mc\frac{\Delta T}{\Delta t}\bigg|_{T=T_3} \cdot \frac{h}{T_1 - T_2} \cdot \frac{1}{\pi R^2}$$

测 T_3 值时要在 T_1 和 T_2 达到稳态时，将上面测 T_1 或 T_2 的热电偶移下来插到金属两端的小孔中进行测量。高度 h 按小孔的中心距离计算。

3. 圆筒发热体盘侧面和散热盘 P 的侧面都有供安插热电偶的小孔，安放时这两个小孔都应与杜瓦瓶在同一侧，以免线路错乱，热电偶插入小孔时，要抹上些硅脂，并插到洞孔底部，保证接触良好，热电偶冷端接到冰点补偿器信号输入端。

4. 样品圆盘 B 和散热盘 P 的几何尺寸可用游标卡尺多次测量取平均值。散热盘的质量 m 约为 0.8kg，可用药物天平称量。

5. 本实验选用铜-康铜热电偶，温差为 100℃时，温差电动势约为 4.0mV，故配用了量程为 0~20mV 的数字电压表，并能测到 0.01mV 的电压。

实验 4.2　用落球法测定液体的黏度

【实验目的】

1. 学习和掌握一些基本物理量的测量。

2. 学习激光光电门的校准方法。

3. 掌握落球法测定液体的黏度的方法。

【预习要求】

1. 弄清本实验黏度测定的方法（落球法）及黏度计算公式。
2. 熟悉液体黏度测定仪及整个装置的使用方法。

【实验仪器】

DH4606 落球法液体黏度测定仪、卷尺、外径千分尺、电子天平、游标卡尺、钢球。

【实验原理】

当液体流动时，平行于流动方向的各层流体速度都不相同，即存在着相对滑动，于是在各层之间就有摩擦力产生，这一摩擦力称为黏滞力，它的方向平行于两层液体的接触面，其大小与速度梯度及接触面积成正比，比例系数 η 称为黏度，它是表征液体黏滞性强弱的重要参数。液体的黏滞性的测量是非常重要的，例如，现代医学发现，许多心血管疾病都与血液黏度的变化有关，血液黏度的增大会使流入人体器官和组织的血流量减少，血液流速减缓，使人体处于供血和供氧不足的状态，这可能引起多种心脑血管疾病和其他许多身体不适症状。因此，测量血液黏度的大小是检查人体血液健康的重要标志之一。又如，石油在封闭管道中长距离输送时，其输运特性与黏滞性密切相关，因而在设计管道前必须测量被输石油的黏度。

各种实际液体具有不同程度的黏滞性。测量液体黏度有多种方法，本实验所采用的落球法是一种绝对法测量液体的黏度。如果一小球在黏滞液体中铅直下落，由于附着于球面的液层与周围其他液层之间存在着相对运动，因此小球受到黏滞阻力，它的大小与小球下落的速度有关。当小球做匀速运动时，测出小球下落的速度，就可以计算出液体的黏度。

处在液体中的小球受到铅直方向的三个力的作用：小球的重力 mg（m 为小球的质量）、液体作用于小球的浮力 $\rho g V$（V 为小球的体积，ρ 为液体密度）和黏滞阻力 F（其方向与小球运动方向相反）。如果液体无限深广，在小球下落速度 v 较小的情况下，有

$$F = 6\pi\eta r v \tag{1}$$

上式称为斯托克斯公式，其中 r 是小球的半径；η 称为液体的黏度，其单位是 Pa·s。

小球开始下落时，由于速度尚小，所以阻力也不大；但随着下落速度的增大，阻力也随之增大，最后三个力达到平衡，即

$$mg = \rho g V + 6\pi\eta v r \tag{2}$$

此时，小球将做匀速直线运动，由式（2）可得

$$\eta = \frac{(m - V\rho)g}{6\pi v r} \tag{3}$$

令小球的直径为 d，并用 $m = \frac{\pi}{6}d^3\rho'$，$v = \frac{l}{t}$，$r = \frac{d}{2}$ 代入上式得

$$\eta = \frac{(\rho' - \rho)gd^2t}{18l} \tag{4}$$

式中，ρ' 为小球材料的密度；l 为小球匀速下落的距离；t 为小球下落 l 距离所用的时间。

但在实验时，待测液体必须盛于容器中，故不能满足无限深广的条件，实验证明，若小球沿筒的中心轴线下降，式（4）必须进行如下修正方能符合实际情况：

$$\eta = \frac{(\rho' - \rho)gd^2t}{18l} \cdot \frac{1}{\left(1 + 2.4\dfrac{d}{D}\right)\left(1 + 1.6\dfrac{d}{H}\right)} \tag{5}$$

式中，D 为容器内径；H 为液柱高度。

液体各层间相对运动速度较小时，呈现稳定的运动状态，如果给不同层内的液体添加不同色素，就可以看到一层层颜色不同的液体各不相扰地流动，这种运动状态叫作层流。若各层间相对运动较快，就会破坏这种层流，逐渐过渡到湍流，甚至出现漩涡。实验时小球下落速度若较大，例如气温及油温较高，钢珠从油中下落时，可能出现湍流情况，使式（1）不再成立，此时要做另一个修正。我们定义一个无量纲的参数——雷诺数 Re 来表征液体的运动状态的稳定性。

$$Re = \frac{\rho d v}{\eta} \tag{6}$$

奥西恩-果尔斯公式反映了液体运动状态对斯托克斯公式的影响：

$$F = 6\pi\eta vr\left(1 + \frac{3}{16}Re - \frac{19}{1080}Re^2 + \cdots\right) \tag{7}$$

当 $Re < 0.1$ 时，可以认为式（5）成立，即液体黏度

$$\eta = \frac{(\rho' - \rho)gd^2t}{18l} \cdot \frac{1}{\left(1 + 2.4\dfrac{d}{D}\right)\left(1 + 1.6\dfrac{d}{H}\right)}$$

当 $0.1 < Re < 1$ 时，在考虑式（7）中的一级修正项的影响及玻璃管的影响后，黏度 η 可表示为

$$\eta_1 = \frac{(\rho' - \rho)gd^2}{18l\left(1 + \dfrac{2.4d}{D}\right)\left(1 + \dfrac{3Re}{16}\right)} = \eta\frac{1}{1 + \dfrac{3Re}{16}} \tag{8}$$

由于 $3Re/16$ 是远远小于 1 的数，将 $1/(1 + 3Re/16)$ 按幂级数展开后近似为 $1 - 3Re/16$，式（8）又可以表示为

$$\eta_1 = \eta - \frac{3}{16}vd\rho \tag{9}$$

已知或测得 ρ'，ρ，D，d，v 等参数后，由式（5）计算黏度 η，再由式（6）计算 Re，若需计算 Re 的一级修正项，则由式（9）计算经修正后的黏度 η_1。当 Re 大于 1 时，还要考虑高次修正项。

【仪器介绍】

1. 整体部件

DH4606 落球法液体黏度测定仪主要包括两部分：测试架和测试仪。图 4-2-1 所示为测试架结构图。

2. 测试仪使用说明

DH4606 落球法液体黏度测定仪中的测试仪面板如图 4-2-2 所示，使用时测试架上端装上光电门Ⅰ，下端装光电门Ⅱ，且两发射端装在一侧，两接收端装在一侧。将测试架上的两

光电门"发射端Ⅰ" "发射端Ⅱ" 和 "接收端Ⅰ"
"接收端Ⅱ"分别对应地接到测试仪前面板的"发射端
Ⅰ""发射端Ⅱ"和"接收端Ⅰ""接收端Ⅱ"上。检查
无误后，按下测试仪后面板上的电源开关，此时数码管将
循环显示两光电门的状态：

"L-1-0"表示光电门Ⅰ处于未对准状态；

"L-1-1"表示光电门Ⅰ处于对准状态；

"L-2-0"表示光电门Ⅱ处于未对准状态；

"L-2-1"表示光电门Ⅱ处于对准状态。

当两光电门都处于对准状态时，按下测试仪前面板上
的"起动"键，此时，数码管将显示"HHHHH"，表示
起动状态；当下落小球经过上面的光电门（光电门Ⅰ）
而未经过下面的光电门（光电门Ⅱ）将显示"-"，表示
正在测量状态；若测量时间超过 99.999s，则显示超量程
状态"88888"；当小球经过光电门Ⅱ后将显示小球在两光

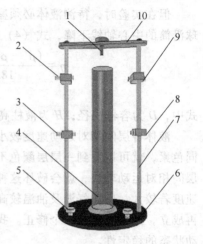

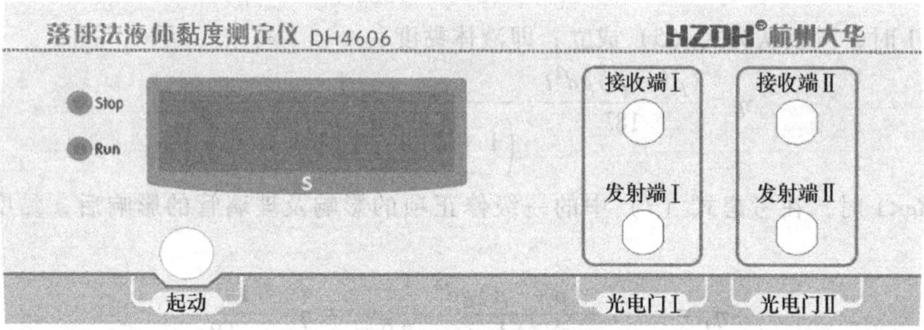

图 4-2-1

1—落球导管　2—发射端Ⅰ　3—发射端Ⅱ
4—量筒　5—水平调节螺钉　6—底盘
7—支撑柱　8—接收端Ⅱ　9—接收
端Ⅰ　10—横梁

图 4-2-2　测试仪面板图

电门之间的运行时间。重新按下"起动"键后放入第二个小球，经过两光电门后，将显示
第二个小球的下落时间，以此类推。若在实验过程中，不慎碰到光电门，使光电门偏离，将
重新循环显示两光电门状态，此时需要重新校准光电门。

【实验内容与步骤】

1. 调整测试架

1）将线锤装在支撑横梁中间部位，调整黏度测定仪测试架上的三个水平调节螺钉，使
线锤对准底盘中心圆点。

2）将光电门按仪器使用说明上的方法连接。接通测试仪电源，此时可以看到两光电门的发
射端发出红光线束。调节上、下两个光电门的发射端，使两激光束刚好照在线锤的线上。

3）收回线锤，将装有测试液体的量筒放置于底盘上，并移动量筒使其处于底盘中央位
置；将落球导管安放于横梁中心，两光电门接收端调整至正对发射光（可参照上述测试仪
使用说明校准两光电门）。待液体静止后，用镊子将小球放入导管中，观察能否挡住两光电
门光束（挡住两光束时会有时间值显示），若不能，适当调整光电门的位置。

2. 用温度计测量待测液体温度 T_0，当全部小球投下后再测一次液体温度 T_1，求其平均温度 $\bar{T}$。

3. 用卷尺测量光电门的距离 L；测量 6 次小球下落的时间，并求其平均值 $\bar{t}$。

4. 用电子天平测量多个小球的质量，求其平均质量 $\bar{m}$。

5. 用外径千分尺测量多个小球的直径，求其平均值 $\bar{d}$，计算小球的密度 ρ。

6. 用密度计测量待测液体密度 ρ（精确测量时进行该步骤，密度计自备）。

7. 用游标卡尺测量量筒内径 D，所有数据记录表格自拟。

【数据处理】

1. 根据已测得的数据，应用式（5）计算出 η。

2. 计算雷诺数 Re，并根据雷诺数的大小，进行一级或二级修正。

3. 把测得的液体黏度与标准值进行比较，求出其相对误差，标准值可以通过查补充说明中的图 4-2-3 获得。

【注意事项】

1. 测量时，将小球用酒精擦拭干净。

2. 等被测液体稳定后再投放小球。

3. 全部实验完毕后，将量筒轻轻移出底盘中心位置后用磁钢将钢球吸出，将钢球擦拭干净放置于酒精溶液中，以备下次实验用。

【思考与讨论】

1. 为何要对式（4）进行修正？

2. 如何判断小球在液体中已处于匀速运动状态？

3. 影响测量精度的因素有哪些？

【补充说明】

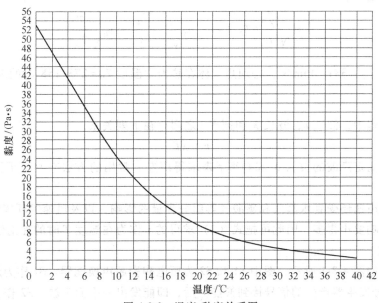

图 4-2-3　温度-黏度关系图

实验 4.3 声速的测定

【引言】

声波是一种在弹性介质中传播的机械波，频率低于 20Hz 的声波称为次声波；频率在 20Hz~20kHz 的声波可以被人听到，称为可闻声波；频率在 20kHz 以上的声波称为超声波。超声波在介质中的传播速度与介质的特性及状态等因素有关，因而通过对介质中声速的测定，可以了解介质特性或状态变化。本实验用压电陶瓷超声换能器来测定超声波在空气中的传播速度，所采用的声波频率一般都在 20~60kHz，在此频率范围内，采用压电陶瓷换能器作为声波的发射器和接收器效果最佳，它是非电量电测方法应用的一个例子。

【实验目的】

1. 了解压电陶瓷电声和声电转换的原理，加深对驻波及振动合成等理论知识的理解。
2. 进一步熟悉示波器和信号发生器的操作使用。
3. 学习用共振干涉法和相位比较法测定超声波在空气中的传播速度。
4. 用逐差法处理实验数据。

【实验仪器】

SV-DH 型超声声速测定仪、SVX-5 型综合声速测定信号仪、YB4328 型双踪示波器。

【实验原理】

当把空气作为理想气体近似时，声波在空气中的传播过程可以认为是绝热过程，影响声速的主要因素是温度。

$$v = \sqrt{\frac{\gamma R}{\mu}(T_0 + t)} = v_0\sqrt{1 + \frac{t}{T_0}} = v_0\sqrt{\frac{T}{T_0}} \tag{1}$$

式中，$v = \sqrt{\frac{\gamma R}{\mu}T_0} = 331.45\text{m/s}$，是理想气体在热力学温度 $T_0 = 273.15\text{K}$ 时的声速；t 为摄氏温度。

在波动过程中，波速 v、波长 λ 和频率 f 之间存在下列关系

$$v = \lambda f \tag{2}$$

实验中要通过测定声波的波长 λ 和频率 f 来求得声速。常用的方法有共振干涉法与相位比较法。

空气中的声速还受到水蒸气和碳酸气等组分含量的影响，以及风速等环境影响，这些影响比温度的影响要小得多，因此可把式（2）求得的 v 作为在温度 T 时的理论值。

1. 驻波法

实验装置如图 4-3-1 所示，图中 S1 和 S2 为压电陶瓷超声换能器。S1 作为超声源（发射头），低频信号发生器产生的信号接到换能器后，即能发出一平面声波。S2 作为超声波的接收头，将接收到的声压转换成电信号后输入示波器观察。S2 在接收超声波的同时还反射一

部分超声波。它们的波动方程分别是

$$y_1 = A_1 \cos\left(\omega t - \frac{2\pi x}{\lambda}\right)$$

$$y_2 = A_2 \cos\left(\omega t + \frac{2\pi x}{\lambda}\right)$$

叠加后合成波为

$$y = y_1 + y_2$$

$$= A_1 \cos\left(\omega t - \frac{2\pi x}{\lambda}\right) + A_2 \cos\left(\omega t + \frac{2\pi x}{\lambda}\right)$$

$$= 2A \cos 2\pi \frac{x}{\lambda} \cos \omega t$$

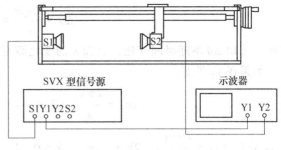

图 4-3-1 驻波法、相位法连线图

这样，由 S1 发出的超声波和由 S2 反射的超声波在 S1 与 S2 之间的区域干涉而形成驻波。我们知道，对应于 $\left|\cos 2\pi \dfrac{x}{\lambda}\right| = 1$ 的各点振幅最大，称为波腹；对应于 $\left|\cos 2\pi \dfrac{x}{\lambda}\right| = 0$ 的各点振幅最小，称为波节。要使 $\left|\cos 2\pi \dfrac{x}{\lambda}\right| = 1$，应有

$$2\pi \frac{x}{\lambda} = \pm n\pi \qquad (n = 0,\ 1,\ 2,\ 3,\ \cdots)$$

因此，在 $x = \pm n \dfrac{\lambda}{2}$ （$n = 0,\ 1,\ 2,\ 3,\ \cdots$）处就是波腹的位置，相邻两波腹之间的距离为 $\lambda/2$（半波长）。

同理，可求出波节的位置是

$$x = \pm (2n + 1) \frac{\lambda}{4} \qquad (n = 0,\ 1,\ 2,\ 3,\ \cdots)$$

相邻两波节之间的距离也是 $\lambda/2$，因此只要测得相邻两波腹（或两波节）的位置 x_n、x_{n+1}，即可得

$$\lambda = 2\,|\,x_{n+1} - x_n\,| \tag{3}$$

改变 S1 与 S2 之间的距离，在一系列特定的位置上，接收面 S2 上的声压达到极大值，且相邻两极大值之间的距离为半波长 $\lambda/2$。为了测出驻波相邻波腹之间的半波长距离，可改变 S1 和 S2 之间的距离。此时，可以看到示波器上显示的信号幅度发生周期性的大小变化，即由一个极大变到极小，再变到极大，而幅度每一次周期性的变化，就相当于 S1 与 S2 之间的距离改变了 $\lambda/2$。S1 与 S2 之间距离的改变由游标卡尺测得，读出超声源的频率 f_0，由式（2）可计算出声速。

2. 相位法

设声源振动方程为

$$y_1 = y_0 \cos(2\pi f t + \theta) \tag{4}$$

式中，y_0 为振幅；f 为振动频率；θ 为初相位。

距声源 x 处的任一质点的振动方程为

$$y = y_0 \cos\left[\left(2\pi f\left(t - \frac{x}{v}\right) + \theta\right)\right] \tag{5}$$

式中，v 为波速，它与声源振动之间的相位差为

$$\Delta\theta = \frac{2\pi f x}{v} = \frac{2\pi x}{\lambda} \tag{6}$$

因此，可知 $\Delta\theta$ 不随时间变化，只随 x 的变化而变化。

如果在 x_1 处有

$$\Delta\theta_1 = \frac{2\pi x_1}{\lambda} = 2k\pi \quad (k = 0, 1, 2, \cdots)$$

在 x_2 处有 $\Delta\theta_2 = \dfrac{2\pi x_2}{\lambda} = (2k+1)\pi \quad (k = 0, 1, 2, \cdots)$

则

$$\Delta\theta_2 - \Delta\theta_1 = \frac{2\pi x_2}{\lambda} - \frac{2\pi x_1}{\lambda} = \pi$$

即

$$\Delta x = x_2 - x_1 = \frac{\lambda}{2}\pi \tag{7}$$

若测得 Δx，即可求得 λ。

实验装置连接如图 4-3-1 所示。信号发生器发出的正弦交流电信号一端接入换能器发射头 S1，另一端接入示波器的 Y1（CH1）轴输入端，从 S1 发出的超声波通过介质到达接收头 S2，被接收转变为电信号后输入示波器的 Y2（CH2）轴输入端。对示波器而言，这时两个相互垂直的、频率相同（为什么？）的正弦交流电信号将合成为李萨如图形（见图 4-3-2）。

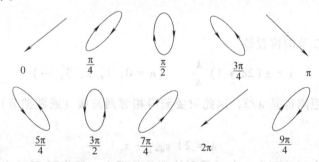

图 4-3-2　李萨如图形的周期性变化

【实验内容与步骤】

仪器在使用之前，加电开机预热 15min。在接通电源后，自动工作在连续波方式，这时脉冲波强度选择按钮不起作用。

1. 驻波法测量波长

（1）测量装置的连接

动手实验前应先认识、熟悉示波器仪器面板上各控制件及其作用（请参见"实验3.10　示波器的使用"中的【补充说明】）。

实验装置连接如图 4-3-1 所示，声速测定仪信号源面板上的发射端换能器接口（S1）用于输出一定频率的功率信号，连接至测试架的发射换能器（S1）；信号源面板上发射端处"波形"端口用 Q9 连接线连接至双踪示波器的 CH1 ［Y1（X）］端上，用于观察发射波

形；测试架上的接收换能器（S2）的输出端连接至示波器的 CH2［Y2（Y）］端口上。

（2）测量前的调节

1）将示波器面板上各电位器旋钮调到居中（带开关的电位器旋钮把开关关上），所有按键开关先弹出，扫描速率选择开关（SEC/DIV）⑭拨到"10μs"挡，Y1［CH1（X）］和 Y2［CH2（Y）］轴灵敏度开关⑧、⑯拨到"0.1V"挡。再将"垂直方式"中的"CH1"键和"水平方式"中的"自动"键按下。

2）顺时针方向调节声速测定仪信号源上的"连续波强度"和"接收增益"旋钮，使其获得发射、接收信号强度和增益最大；调节"频率调节"旋钮，使示波器屏幕上显示出平稳的正弦波形（若波形不稳定可调节示波器上"电平"旋钮）。

3）调节声速测定仪，转动测定仪上的鼓轮使其显示值在 5～10mm 位置处。

（3）测量调节与步骤

1）弹起示波器"垂直方式"上的"CH1"，按下"CH2"，调节声速测定仪信号源上的"频率调节"旋钮，使示波器屏幕上显示出振幅较大的正弦波波形；再细调声速测定仪的鼓轮，使示波器屏幕上显示出振幅最大的正弦波波形，同时记录声速测定仪信号源上的频率 f 和测试架上的数值（x）值。

2）沿同一方向转动测试架上的鼓轮，移动 S2，此时波形的幅度会发生变化，记录两波形幅度最大时的距离值 x_i，连续调节鼓轮，即可求得声波波长 $\lambda_i = 2 \mid x_i - x_{i-1} \mid$，经连续调节、移动 S2 得到 10 组数据记录到表 4-3-1 中。

2. 相位法（李萨如图形）测量波长

按下"垂直方式"中"CH1"和"CH2"按钮，按驻波法测量步骤调节，从示波器屏幕上调节显示出一组正弦波，再将示波器上扫描速率选择开关（SEC/DIV）⑭拨到"X-Y"挡，此时示波器屏幕上将显示李萨如图形；调节 Y1 和 Y2 轴灵敏度开关，使其屏幕上显示出大小合适的李萨如图形，转动测试架鼓轮，移动 S2，使李萨如图形显示的椭圆变为有一定角度的一条斜线，同时记录声速测定仪信号源上的频率 f 和测试架上的数值（x）值。再沿同一方向转动鼓轮，移动 S2 的距离，使观察到的波形又回到前面所说的特定角度的斜线，这时接收波的相位变化为 2π，记录下此时的距离 x_i。即可求得声波波长 $\lambda_i = \mid x_i - x_{i-1} \mid$。经连续调节、移动 S2 得到 10 组数据记录到表 4-3-2 中。

【数据处理】

仪器误差：SV-DH 型超声声速测定仪的仪器误差为 0.001cm。

SVX-5 型综合声速测定信号仪的仪器误差为

$$\Delta f = f \times 2\% + 1$$

按公式 $v_s = v_0 \sqrt{\dfrac{T}{T_0}}$ 计算声波传播速度的理论值，式中，$v_0 = 331.45\text{m/s}$ 为 $T_0 = 273.15\text{K}$ 时的声速，$T = (t + 273.15)$ K。

用逐差法处理表 4-3-1 和表 4-3-2 中的数据，求出波长 λ 的最佳值，由公式 $v = \lambda f$ 计算出声波传播速度，并计算出不确定度 u_v，写出结果表达式 $v \pm u_v$。

将实验值与理论值进行比较，说明产生误差的原因。

表 4-3-1　用驻波法测声速的数据表

谐振频率 $f_0 = \underline{\quad\quad}$ Hz　　　　　　　　　　　　　　　　　　　　介质温度 $t = \underline{\quad\quad}$ ℃

次　数	1	2	3	4	5	6	7	8	9	10
驻波极大位置/mm										
$\Delta x = x_{n+1} - x_n$/mm										
$\overline{\Delta x}$/mm										
$\overline{\lambda} = 2\,\overline{\Delta x}$/mm										
$v = \overline{\lambda} f_0$										

表 4-3-2　用相位法测声速的数据表

谐振频率 $f_0 = \underline{\quad\quad}$ Hz　　　　　　　　　　　　　　　　　　　　介质温度 $t = \underline{\quad\quad}$ ℃

次　数	1	2	3	4	5	6	7	8	9	10
同斜（2π）直线位置/mm										
$\Delta x = x_{n+1} - x_n$/mm										
$\overline{\Delta x}$/mm										
$\overline{\lambda} = \overline{\Delta x}$/mm										
$v = \overline{\lambda} f_0$										

【思考与讨论】

1. 声波的传播速度与温度等条件有关，当空气的温度变化时，声速将怎样变化？

2. 可否测量声波在水中的传播速度？若能测量，实验装置应如何改进？

实验 4.4　电位差计的应用

【引言】

　　电位差计是一种高准确度的测量仪器，准确度等级可达到 0.0001 级，它利用补偿原理测量电动势（或电压），在测量时不影响被测电路的参数，所以在计量工作和高精度测量中被广泛利用。电位差计所能测量的电学量很广，它不但可以测量电动势、电流、电阻、校正电表等，而且在非电量（如温度、压力等）的测量中也占有极其重要的地位。

【实验目的】

1. 掌握电位差计的结构、构造原理和使用方法。

2. 学会用电位差计补偿原理测量干电池的电动势。

3. 用 UJ25 型电位差计测量干电池的电动势。

4. 用 UJ25 型电位差计精确测量电阻。

5. 学习用 UJ31 型电位差计校正电表。

6. 掌握校正曲线的绘制。

【实验仪器】

UJ25 型电位差计、UJ31 型电位差计、携带式饱和标准电池、AC5-X 型直流指针式检流计、电源、电流表、电阻箱、滑线变阻器、待测电动势、待测电阻、开关、导线若干。

【实验原理】

1. 电位差计测电动势原理

我们知道，电压表不能准确测量电动势。因为将电压表并联到电池两端后，如图 4-4-1 所示，就有电流 I 通过电源的内部。由于电源有内阻 r，所以在电源内部不可避免地存在电位降 Ir，因而电压表的指示值只是电源端电压（$U = \mathscr{E} - Ir$）的大小，它小于电动势。显然，只有当 $I = 0$ 时，电源的端电压 U 才等于电动势 $\mathscr{E}$。

为了能够精确测量电池的电动势，必须使待测电池中没有电流通过。为此，可设想一个测量电路，如图 4-4-2 所示，$\mathscr{E}_0$ 为可调的标准电动势，$\mathscr{E}_x$ 为待测电动势，通过检流计判断电路是否处于补偿状态。一旦处于补偿状态，回路中没有电流通过，检流计指示为零，它们的电动势就大小相等、方向相反，即 $\mathscr{E}_x = \mathscr{E}_0$。这种测量电动势的方法利用的就是补偿原理。显然利用补偿原理测量电动势必须满足两个条件：①$\mathscr{E}_0$ 大小可以调节；②$\mathscr{E}_0$ 要求很稳定，并能准确读数。在实际中，不易找到各种与被测电动势刚好相互抵消的标准电动势，因此，常采用如图 4-4-3 所示的电路，它由三个重要回路构成：①工作电流调节回路（由电源 $\mathscr{E}$、限流电阻 R_n、精密电阻 R_{AB} 组成）；②校准工作电流回路（由标准电池 $\mathscr{E}_S$ 和高灵敏度检流计 P、电阻 R_{CD} 组成）；③测量回路（由待测电池 $\mathscr{E}_x$ 和高灵敏度检流计 P、电阻 $R_{C'D'}$ 组成）。

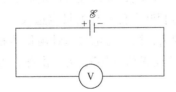

图 4-4-1　用电压表测电源电动势

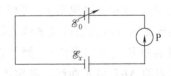

图 4-4-2　补偿原理

当工作电流 I_0 流过电阻 R_{AB} 时，电位从 A 到 B 逐渐降落。从与电阻 R_{AB} 相接触的滑动头 C、D 之间引出一电位差 U_{CD}，其大小随滑动头 C、D 的位置而变，它相当于可调电动势 $\mathscr{E}_0$。为了能准确得出电位差 U_{CD}，必须先对工作电流 I_0 进行校准。改变滑动头 C、D 的位置，使它们之间的电阻值等于根据标准电池电动势 $\mathscr{E}_S$ 选定的电阻值 R_S。调节限流电阻 R_n，使检流计 P 的指示为零，即回路达到

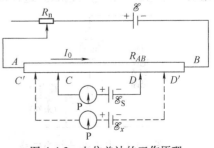

图 4-4-3　电位差计的工作原理

补偿。此时有

$$\mathcal{E}_S = I_0 R_S \tag{1}$$

这一过程称为工作电流的校准。

将标准电池换成待测电动势（或电压），保持工作电流 I_0 不变。改变滑动头在 R_{AB} 上的位置，只要 $\mathcal{E}_x < I_0 R_{AB}$，总可以找到使检流计指针不偏转的位置 C'、D'，电路又达到补偿。设此时 C'、D' 间的电阻值为 R_x，则有

$$\mathcal{E}_x = I_0 R_x \tag{2}$$

这一过程称为测量。

从式（1）和式（2）两式消去 I_0，得到

$$\mathcal{E}_x = \frac{R_x}{R_S} \mathcal{E}_S \tag{3}$$

这样，经过两次异时补偿，实现了将待测电动势 $\mathcal{E}_x$ 与已知标准电动势 $\mathcal{E}_S$ 的间接比较。因 $\mathcal{E}_S$ 为已知，只要测得电阻值 R_S 和 R_x，即可准确测出待测电动势 $\mathcal{E}_x$ 的大小。

根据上述电位差计的工作原理，可以得出以下结论：

1）用电位差计测量电动势（或电压），因达到补偿状态时，补偿回路的电流为零，不会影响被测电路原有状态，可测出电源的"真正"电动势（或电路中的"真正"电压）。

2）在电位差计中，$\mathcal{E}_S$ 采用高稳定度、高精度的标准电池，R_S 和 R_x（即 R_{AB}）也采用高稳定度、高精度的电阻，加上使用高灵敏度的检流计，因此测量出的 R_x 可有很高的精度。

2. 用电位差计校正电流表的原理

用电位差计校正电流表，是将流过电流表的电流转换成电压后进行测量（见图 4-4-4）。用电位差计精确测定与电流表串联的标准电阻 R_0 上的电压 U_0，则流经待测电流表的电流值为 $I_S = U_0/R_0$，其中标准电阻 R_0 可根据待校电流表的量程和电位差计的量限选取。

利用电流调节电路使待校电流表指示一系列电流值 I_r，同时将电位差计测得的相应电流值 I_S 作为标准值（相对真值），则待校电流表指示值的校正值 $\Delta I = I_S - I_r$。由此，可绘制出待校电流表的 ΔI-I_r 校正曲线，并定出其精度等级。

为了准确调节流经电流表的电流，并使其调节范围能从零到电流表的满量程，可采用如图 4-4-5 所示的分压-限流电流调节电路。变阻器 R_1、R_2 的阻值可根据待校电流表的量程和内阻及工作电源 $\mathcal{E}$ 的电压选取。这样来看，图 4-4-5 是给图 4-4-4 提供电流的。

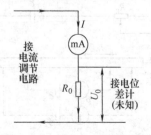

图 4-4-4　电流-电压转换电路

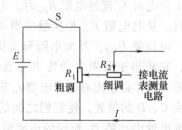

图 4-4-5　分压-限流电流调节电路

【仪器介绍】

1. UJ25 型电位差计

UJ25 型电位差计面板如图 4-4-6 所示。"电计"键接检流计;"标准"键接标准电池;"未知 1""未知 2"键接待测量;"A""B"键为室温时标准电池的电动势修正值;"粗""中""细""微"键是工作电流标准化调节键;"1"～"6"均为电动势的读数盘;最下面左边旋钮为检流计调节键;右边旋钮为"标准"和"未知 1、未知 2"的切换开关。

技术参数:

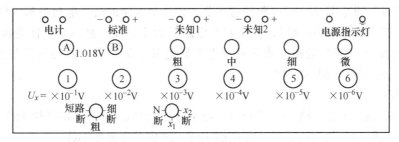

图 4-4-6 UJ25 型电位差计

工作电流为 0.1mA。

测量范围:电位差计直接测量上限值为 1.911110V,最小分度值为 1μV。

准确度等级:0.01 级。

电位差计的基本允许误差极限:$Elim = \pm(10^{-4}X + 10^{-5})$V,其中 X 是标度盘值。

2. UJ31 型电位差计

UJ31 型电位差计面板如图 4-4-7 所示。

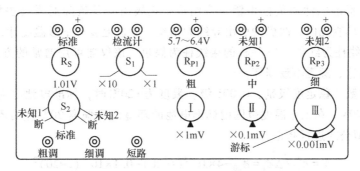

图 4-4-7 UJ31 型电位差计面板图

1)当量程选择开关 S_1 指向"×1"挡时,量程为 17mV,指向"×10"挡时,量程为 170mV。工作电源为 5.7～6.4V。

2)R_S 是校准补偿回路电阻的微调旋钮。标准电池的电动势随温度的变化略有变化,这

时电阻 R_S 需做出相应变化。

3）仪器的左下侧有排在一起的 3 个按钮，分别为"粗调""细调""短路"，它们都是用来保护检流计的。按下"粗调"按钮时，保护电阻与检流计相串联；按下"细调"按钮时，保护电阻被短路；按下"短路"按钮时，检流计被短路，可以使检流计的指针很快停下来。

4）校准工作电流。开关 S_2 旋转到"标准"挡时，接通校正工作电流回路。先按下"粗调"按钮（按下的时间必须短），通过依次调节电阻 R_P 的"粗""中""细"三个电阻转盘，使检流计的指针不偏转或偏转很小，然后再按下"细"按钮，依次调节"中""细"两个电阻转盘，使检流计的指针不偏转，即校准工作电流完毕。

5）测量。将开关 S_2 旋转到所接的待测电动势"未知"位置，估计待测电动势的大小，按估计值预置 I、II、III 这 3 个电阻转盘的值，使补偿电路的两个电动势基本相等。先按下"粗"按钮（按下的时间必须短），依次调节电阻转盘 I、II、III 的值，使检流计不偏转或偏转很小，再按下"细"按钮，依次调节电阻转盘 II、III 的值，使检流计的指针不偏转，读出数据，即为待测电动势的大小。

技术参数：

测量范围：在"×10"挡，0~171mV，最小分度值 $10\mu V$，游标示度值 $1\mu V$。

在"×1"挡，0~17.1mV，最小分度值 $1\mu V$，游标示度值 $0.1\mu V$。

准确度等级：0.05 级。

电位差计的基本允许极限按下式计算：

$$\text{Elim} = \pm \frac{0.05}{100}\left(\frac{U_u}{10} + X\right)$$

式中，Elim 为误差的允许极限值；U_u 为基准值；X 为标度盘值。

3. BC9 型携带式饱和标准电池

（1）用途 适用于工矿、学校、研究单位等的电学计量室，在实验室里常把它作为电动势量具。

（2）结构 标准电池的负极由镉汞齐组成，正极由汞及硫酸亚汞（去极化剂）组成，各组分密封在玻璃躯壳内，两极的引出导线为铂丝。面板上装有 ⌐ 形温度计，并且面板上标明"+"极的接线柱为红色，"-"极的接线柱为黑色。该仪器可用通常的方法携带、运输，能经受倾斜、倒置、颠震不致损坏。

（3）技术参数 稳定度级别：0.005 级。温度为 +20℃时，标准电池电动势的实际值为 1.01850~1.01870V。在工作温度范围内标准电池的环境温度偏离 20℃左右不太大时，其电动势可用 $\mathscr{E}_t$ 近似公式进行修正：

$$\mathscr{E}_t = \mathscr{E}_{20} + \Delta\mathscr{E}_t = \mathscr{E}_{20} - 4\times10^{-5}(t-20) - 0.1\times10^{-5}(t-20)^2$$

式中，$\mathscr{E}_{20}$ 为温度在 20℃时标准电池的电动势值，$\mathscr{E}_{20} = 1.01860V$；$\mathscr{E}_t$ 为温度在 t（℃）时标准电池的电动势值。

【实验内容与步骤】

1. 用 UJ25 型电位差计（详见面板图 4-4-6）**测量干电池电动势**

（1）工作电流标准化调节

1）对标准电池电动势进行修正：记下室温，根据仪器技术参数查出 $\mathscr{E}_t$ 的近似公式进行修正。按计算值的最后两位调节温度补偿旋钮，使其指在修正值位置上。

2）将转换开关置于"N"，按下"粗"按钮，调节"粗""中""细""微"工作电流调节旋钮，使电流计大致指零，然后再按下"细"调节按钮，再调节工作电流调节旋钮使检流计指零。调节好后工作电流旋钮不得再调。

（2）测量电动势

1）将转换开关置于"X_1"或"X_2"（视接"未知1"或"未知2"接线柱而定，若要测两个电动势值，则可同时使用两对接线柱）。

2）根据被测电动势的大小，预置测量盘的指示值。

3）按下"粗"旋钮，调节测量盘，使检流计最接近零，再按"细"旋钮，调节测量盘，使检流计指零。

2. 用 UJ25 型电位差计测量电阻

测量电阻的电路如图 4-4-8 所示，其中 R_S

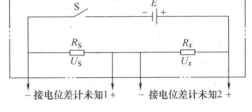

图 4-4-8

为标准电阻，$\mathscr{E}$ 为电源，R_x 为未知电阻，分别测出 R_S 和 R_x 两端的电势差 U_S、U_x，即可由 R_S 的大小和 U_S、U_x 求得 R_x。自己设计操作步骤，并将所测数据填入表 4-4-1。

3. 用 UJ31 型电位差计（详见面板图 4-4-7）**校准 5mA 量程电流表**

1）根据图 4-4-4 和图 4-4-5 连接完整的实验电路图。

2）取标准电阻 R_0 上的最大电压为 150mV，计算 R_0 的取值。

3）根据实验原理画出完整电路图，并正确连接测量电路和电位差计。

4）调节 R_1、R_2，使电流表的指示值每隔 1mA 从零增大到满刻度，用电位差计测出相应的电压值 U_0（称 U_0 的上行值）；然后从满刻度减小到零，用电位差计测出相应电压值 U_0（U_0 的下行值）。在测量电压时，需由电流值预置电压值。由上行值和下行值可得 $\overline{U_0}$。

【数据处理】

1. 用 UJ25 型电位差计测量干电池电动势

对电动势只进行一次测量，求出不确定度并写出结果表达式。

2. 用 UJ25 型电位差计测量电阻

电源电动势 $\mathscr{E} = 1.5\text{V}$，待测电阻 $R_x =$ ____ Ω，标准电阻 $R_S =$ ____ Ω。

注意：为了减小测量误差，R_S 值应尽量选择接近 R_x 的标称值。

表 4-4-1 用 UJ25 型电位差计测量电阻的数据记录表

测量次数	1	2	3	平均值
U_S/V				
U_x/V				

由式 $\overline{R}_x = \dfrac{\overline{U}_x}{\overline{U}_S} \times R_S$，求出 $\overline{R}_x$ 的值。

已知 B 类不确定度 $u_{u_S} = u_{u_x}$，分别求出 A、B 两类不确定度，并写出结果表达式。

3. 用 UJ31 型电位差计校准 5mA 量程电流表

1）计算电流的标准值 I_S 和校正值 ΔI，分别填入表 4-4-2 中。

2）以指示值为横坐标、校正值为纵坐标绘制 ΔI-I_r 校正曲线。要求图线反映数据的有效数字。

3）确定被校电流表的精确度级别。

表 4-4-2　校正电流表的数据表格

I_r/mA	0.00	1.00	2.00	3.00	4.00	5.00
$U_{S上}$/mV						
$U_{S下}$/mV						
$\overline{U}_S$/mV						
$I_S = \dfrac{\overline{U}_S}{R_0}$/mA						
$\Delta I = I_S - I_r$/mA						

【注意事项】

1. 标准电池应防止短接和受到强日光照射。标准电池允许通过的电流不得超过 $1\mu A$，否则会影响标准电池精度甚至造成永久性的电动势衰落。绝不允许使用伏安表或万用电表测量标准电池。

2. 标准电池和待测电池的正、负极不要接错，否则补偿回路不可能调到补偿状态。

3. 在测量过程中，由于电源 E 不稳定等影响，使工作电流会发生改变，为了保证辅助回路中电流保持不变，每次测量时都要经过校准和测量这两个步骤，且两个步骤之间的间隔不要太长。

4. 检流计必须待机械校零后，才能接入电路里使用。不允许接通检流计调整电路，而应在断开检流计的状态下进行调整。使用检流计时，应先"粗"调找到范围，然后"细"调找到指针指向零位（即电路达到补偿）。这样可保护检流计及标准电池不受过大电流流过的影响。

【思考与讨论】

1. 为什么电位差计能够准确测量电池的电动势？

2. 如果实验中所用仪器都是良好的，却发现检流计总是偏向一边，无法调整到补偿。试分析可能有哪些原因？

实验 4.5　电表的扩程与校准

【引言】

电表是用来测量电流、电压的仪器，未经改装的电表，灵敏度高，但只能测量微小的电流、电压，若要用它来测量较大的电流和电压，必须对它进行改装以扩大量程，各种多量程电表（包括多用途的万用电表）就是用这种方法制作的。

【实验目的】

1. 掌握将微安表改装成较大量限电流表和电压表的原理和方法。
2. 学习校正电流表和电压表的方法。

【实验仪器】

磁电式电表头、直流稳压电源、万用电表、电阻箱、滑线变阻器、单掷开关、双掷开关、导线。

【实验原理】

1. 改装微安表为电流表

因表头的满偏电流很小，若要测量较大的电流，就必须扩大其量程，扩大量程的方法是在表头两端并联一个分流电阻 R_p，如图 4-5-1 所示，使超过表头能承受的那部分电流从 R_p 流过。表头和并联的 R_p 组成了一个新的电流表。

设改装后电流表的量程为 I，则按欧姆定律有

$$I_g R_g = (I - I_g) R_p$$

即

$$R_p = \frac{I_g R_g}{I - I_g} \tag{1}$$

表头的规格 I_g 和 R_g 由实验室给出，利用上式即可算出 R_p。

若将表头的量程扩大 n 倍（$n = I/I_g$ 为电流扩程倍数），则分流电阻为

$$R_p = \frac{R_g}{n-1}$$

其推导过程如下：

因

$$R_p = \frac{I_g R_g}{I - I_g} = \frac{1}{(I/I_g) - 1} R_g$$

令 $n = I/I_g$，则

$$R_p = \frac{R_g}{n-1}$$

由此可见，在同一表头下并联不同大小的分流电阻 R_p，就可以得到不同量程的电流表。

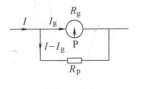

图 4-5-1

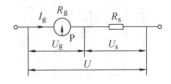

图 4-5-2

2. 改装微安表为电压表

因表头的满度电压也很小，一般为零点几伏，若要测量较大的电压，就必须扩大其量程，扩大量程的方法是在表头上串联一个分压电阻 R_s，如图 4-5-2 所示，使被测电压大部分降落在串联的分压电阻上，而微安表上的电压降很小，仍保持原来的量值 $I_g R_g$。表头和串联的 R_s 组成了一个新的电压表。

设改装后电压表的量程为 U，则按欧姆定律有

$$U = I_g (R_s + R_g)$$

即

$$R_s = \frac{U}{I_g} - R_g \tag{2}$$

同上已知 I_g 和 R_g 后，利用上式即可算出 R_s。

若将表头的量程扩大 n 倍（$n = U/U_g$ 为电压扩程倍数），则分压电阻为

$$R_s = (n - 1) R_g$$

其推导过程如下：

因

$$R_s = \frac{U}{I_g} - R_g = \frac{U R_g}{I_g R_g} - R_g$$

令 $n = U/U_g$，则

$$R_s = (n - 1) R_g$$

由此可见，在同一表头下串联不同大小的分压电阻 R_s，就可以得到不同量程的电压表。

3. 改装后的电表校正及标称误差

电表扩程后必须经过校准才能使用，所谓校准就是将改装后的电表与标准表，同时对同一个对象（如电流或电压）进行测量和比较。

（1）量程的校准　电流表的校准按图 4-5-3 接线，标准表的量程应等于或大于改装表的量程。调节 A、B 两端电压，使校准表读数 I 为被校表的量程，而被校表指针应指在满偏位置上，否则，可调节 R_p，使改装表指针指在满刻度处。电压表的校准按图 4-5-4 接线，其方法同上。

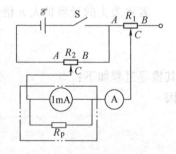

图 4-5-3　电流表校准图

（2）刻度的校准　如图 4-5-3（或图 4-5-4）所示，在校准量程的基础上，改变 A、B 两端电压，使被校电表的读数从大到小，然后再从小到大地逐渐变化，每隔一定间隔，分别记下标准表和改装表的读数 I_S 和 I_x 值，填入表 4-5-2 里。

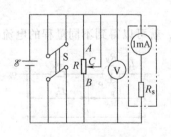

图 4-5-4　电压表校准图

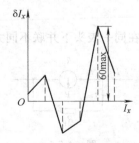

图 4-5-5　校准曲线示例

通过校准，读出电表各个指示值 I_x 和标准电表对应的指示值 I_s，得到该刻度的修正值，$\delta I_x(\delta I_x = I_s - I_x)$，从而画出电表校准曲线（以 I_x 为横坐标、δI_x 为纵坐标绘制曲线图），两个校准点之间用直线连接，整个图形是折线状，如图 4-5-5 所示。

将 δI_x 中绝对值最大的作为最大绝对误差，则被校电表的标称误差为

$$标称误差 = \frac{最大绝对误差}{量程} \times 100\%$$

根据标称误差的大小，电表分为不同的等级，电表的等级常用规定符号标在电表的面板上。在以后使用这个电表时，根据校准曲线可以修正电表的读数，得到较为准确的结果。当然，电表的等级毕竟标志着电表结构的好坏，等级低的电表其稳定性、重复性等性能都要差些。所以，校准亦不能大幅度地减少误差，一般只能约减少半个数量级，而且如果电表使用的环境和校准环境不同或校准日期过久，校准的数据亦会失败。

【实验内容与步骤】

1. 将量程为 1mA 的表头扩至 10mA

1）由式（1）算出分流电阻 R_p 的数值，表头内阻 R_g 由实验室给出。

2）校准扩程后的电表：先调准零点，然后校准量程，最后校准刻度，刻度的校准可均匀地取 5~10 个校准点，为此，校准的电路如图 4-5-3 所示。分流电阻 R_p 用电阻箱充当，R_1、R_2 是滑线变阻器，$\mathscr{E}$ 是接入电源电压。

3）严格按规程接线，接好之后先自己检查，经教师复查后再接电源。

4）校准量程，接通直流电源，调节电源电压 $E = 12\text{V}$，接入实验电路，闭合开关 S，调节 R_1、R_2、R_p 使两表同时达到满程，若两表不能同时达到满程，调节电阻 R_p 值，直到两表同时达到满程的要求，再记下实际电阻值 R_p' 于表 4-5-1 中。

5）校准刻度，使电流从小到大（0~10mA）校准 6 个刻度值，然后电流从大到小（10~0mA）重复一遍，以调节待校表的刻度值为准，读出各点标准表的数据记录到表 4-5-2 中。

6）根据表 4-5-2 的数值，计算出 δI_x 的平均值，再计算出此表的标称误差并绘制出 δI_x-I_x 图。

2. 将 1mA 的表头改为 0~10V 的伏特计

1）由式（2）计算出扩程电阻 R_s。

2）校准伏特计电路如图 4-5-4 所示。

3）按实验内容与步骤 1 的第 3）、4）、5）步骤测出数据，并记录到自拟表（两表可参照表 4-5-1 和表 4-5-2 格式）中。

4）根据记录的实验数值，计算出 δV_x 的平均值，再计算出此表的标称误差并绘制出 δV_x-V_x 图。

【数据处理】

表 4-5-1 将表头改为 10mA 的电流表

满偏电流 I_g/mA	扩程后量程 I_x/mA	内阻 R_g/Ω	扩程电阻 R_p/Ω	
			计算值 R_p/Ω	实验值 R_p'/Ω

表 4-5-2　电流表校准数据

被校表读数 I_x/mA	0.00	2.00	4.00	6.00	8.00	10.00
I_x 由大到小标准读数 I_{s1}/mA						
I_x 由小到大标准读数 I_{s2}/mA						
$\delta I_{x1} = I_{s1} - I_x$/mA						
$\delta I_{x2} = I_{s2} - I_x$/mA						
$[\delta I_x = (\delta I_{x1} + \delta I_{x2})/2]$/mA						

【思考与讨论】

1. 能否把本实验的表头改装成 100mA 的电流表和 50V 的电压表？

2. 为什么校准电表时要使电流或电压从小到大、从大到小，各测量一遍？如果两者一致说明什么？不一致又说明什么？

实验 4.6　混沌现象的实验研究

【引言】

混沌理论、量子力学和相对论一起被称为 20 世纪物理学的三大科学改革。对混沌现象的实验研究最先起源于 1963 年，美国气象学家洛伦兹（E. N. Lorenz）研究天气预报时所用到的三个动力学方程，后来又从数学和实验上得到证实。混沌来自非线性，是非线性系统中存在的一种普遍现象。无论是复杂系统，如气象系统、太阳系，还是简单系统，如钟摆、滴水龙头等，皆因存在着内在随机性而出现类似无规则、但实际上是非周期的有序运动，即混沌现象。其中产生混沌现象最经典的非线性电路是美国加州大学伯克利分校的蔡少棠教授于 1985 年提出的著名的蔡氏电路，蔡氏电路是能产生混沌行为的最简单的自治电路，也是至今所知唯一的实际物理混沌现象。

【实验目的】

1. 学习有源非线性负（电）阻元件，测量非线性电阻的伏安特性。

2. 借助蔡氏电路掌握非线性动力学系统运动的一般规律。

3. 了解混沌同步的基本概念。

【实验原理】

1. 有源非线性负阻元件

一般的电阻器件在其两端的电压升高时，电阻内的电流也会随之增加，I-U 曲线呈线性变化，斜率为正。相对地，有源非线性负阻表现为当电阻两端的电压增大时，电流减小，且不是线性变化。通常实现负阻是利用正阻和运算放大器构成负阻抗变换器电路。因为放大运算器工作需要一定的工作电压，所以也称为有源负阻。本实验的有源非线性负阻（NR）的实现电路如图 4-6-1 所示。

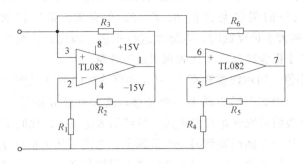

图 4-6-1 有源非线性负阻（NR）的等效电路

图 4-6-2 是有源非线性负阻的 $I\text{-}U$ 曲线，分为五段折线，其中中间的三段对应非线性负阻。

2. 非线性蔡氏电路

本实验以蔡氏电路为基础，蔡氏电路是能产生混沌现象的最简单的非线性电路，如图 4-6-3 所示，它由一个非线性负阻 R_{NR}、电感 L、可调电阻 R 以及电容 C_1 与 C_2 组成，其中非线性负阻是核心。

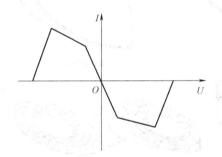

图 4-6-2 有源非线性负阻（NR）的伏安特性

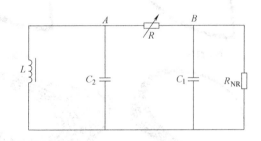

图 4-6-3 非线性蔡氏电路原理图

该电路的非线性动力学方程为

$$C_1 \frac{\mathrm{d}U_{C_1}}{\mathrm{d}t} = G(U_{C_2} - U_{C_1}) - gU_{C_1}$$

$$C_2 \frac{\mathrm{d}U_{C_2}}{\mathrm{d}t} = G(U_{C_1} - U_{C_2}) - i_L$$

$$L \frac{\mathrm{d}i_1}{\mathrm{d}t} = -U_{C_2}$$

其中，$G = 1/R$ 为电导，它是一个常数；$g = 1/R_{NR}$ 为非线性负阻的电导，它的 $I\text{-}U$ 曲线和图 4-6-2 一致，也是非线性的分段函数。以上方程没有解析解，一般通过计算机数值求解可以得到系统的运动规律。

我们通过实验来研究该非线性系统。在蔡氏电路图 4-6-3 中，L、C_1 和 C_2 并联形成振荡电路，电阻 R 的作用是使两个电容 C_1、C_2 的信号产生相位差。实验中在 A、B 两处通过示波器提取 C_1、C_2 的电压信号 U_{C_1} 和 U_{C_2}，在示波器的 "X-Y" 模式下显示 $U_{C_1}\text{-}U_{C_2}$ 的李萨如图形。结合图 4-6-1 和图 4-6-3，实验时非线性负阻（R_{NR}）双运放的前级和后级正、负反馈同时存在，其中正反馈的强弱与比值 R_3/R、R_6/R 有关，负反馈的强弱与比值 R_2/R_1、R_5/R_4 有关。当正反馈大于负反馈时，电路才进行振荡。因此，若合理调节 R，正反馈就将发生变化，运放将处于振荡状态，从而表现出混沌现象。

将电导 G 取最小值，用示波器观察 U_{C_1}-U_{C_2} 的李萨如图形（见图 4-6-4）。一开始系统存在短暂的稳定状态，李萨如图形表现为一个光点。随着电导 G 的增大，李萨如图形表现为接近倾斜的椭圆，这表明系统开始自激振荡。继续增大电导 G，此时示波器上将出现两个相交的椭圆，运动轨迹从一个椭圆跑到另一个椭圆上，它说明从 1 倍周期变为 2 倍周期，这在非线性理论中称为**倍周期分岔**，由此揭开系统进入混沌的序幕。再次增大电导 G，将依次出现 4 倍周期、8 倍周期、16 倍周期……阵发性混沌。

持续增大电导 G，系统将进入混沌区域，相点貌似无规则地游荡且不重复已走过的路。但这些轨道的集合有明确的边界，定义上称这种解集为**吸引子**。这个边界保证了整体上的稳定，在边界内部具有无穷嵌套的自相似结构，运动是混合和随机且对初始条件敏感的。

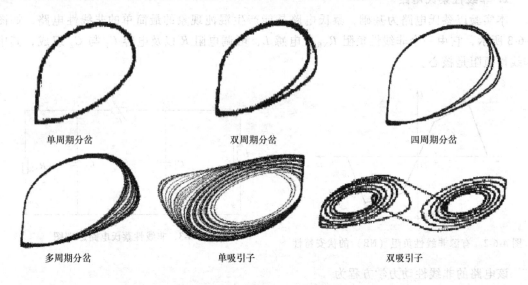

图 4-6-4　李萨如图形及混沌的产生

3. 混沌同步

1990 年，Pecora 和 Carroll 首次提出了**混沌同步**的概念，从此研究混沌系统的完全同步以及广义同步、相同步、部分同步等问题成为混沌领域中非常活跃的课题，利用混沌同步进行保密通信也成为混沌理论研究的一个大有希望的应用方向。

我们可以对混沌同步进行如下描述：两个或多个混沌动力学系统，如果除了自身随时间的演化外，还有相互耦合作用，这种作用既可以是单向的，也可以是双向的，当满足一定条件时，在耦合作用的影响下，这些系统的状态输出就会逐渐趋于相近，进而完全相等，这一过程就称为混沌同步。实现混沌同步的方法有很多，本实验介绍利用驱动-响应方法实现混沌同步。

混沌同步实验的电路如图 4-6-5 所示。电路由三部分组成，第 I 部分为驱动系统（蔡氏电路 1），第 II 部分为响应系统（蔡氏电路 2），第 III 部分为单向耦合电路，由运算放大器组成的隔离器和耦合电阻能够实现单向耦合以及对耦合强度的控制。当耦合电阻无穷大（即电路1和电路2断开）时，驱动系统和响应系统为两个独立的蔡氏电路，用示波器分别观察由电容 $C_1^{(i)}$ 和电容 $C_2^{(i)}$（其中 $i = 1$，2）上的电压信号组成的相图 $U_{C_1^{(i)}} \text{-} U_{C_2^{(i)}}$，调节电阻 $R^{(i)}$，使两个系统处于混沌态。调节耦合电阻 R_c，当实现混沌同步，即 $U_{C_1^{(i)}} = U_{C_2^{(i)}}$ 时，两者组成的相图为一条通过原点的45°直线。影响这两个混沌系统同步的主要因素是两个混沌电路中元件的选择和耦合电阻的大小。在实验中，当两个系统的各元件参数基本相同时（相同标称值的元件也有±10%的误差），同步态较容易实现。

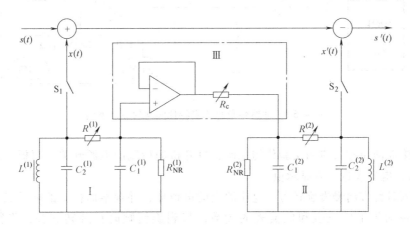

图 4-6-5　用蔡氏电路实现混沌同步和加密通信实验的参考图

【实验仪器】

ZKY-HD_ 混沌原理及应用实验仪、双踪示波器。

ZKY-HD_ 混沌原理及应用实验仪主要由测试机箱和各个独立模块组成，实验中只需要将相应的模块按照实验要求插在测试机箱上即可，在保证学生线路搭建的自主性和动手操作基础的同时，各个模块的连接也十分方便。该仪器所包含模块如表 4-6-1 所示。

表 4-6-1　ZKY-HD_ 混沌原理及应用实验仪所包含模块

模块名称	数量	编号
加法器	1	
减法器	1	
信道一	1	
信道二	1	
键控器	1	
处理器	1	
非线性负阻	3	分别为 $R_{NR}^{(1)}, R_{NR}^{(2)}, R_{NR}^{(3)}$
电位器	4	分别为 W_1, W_2, W_3, W_4
电感器	3	分别为 L_1, L_2, L_3
电容器	6	分别为 $C_1, C_2, C_3, C_4, C_5, C_6$
跳线器	2	分别为 J_1, J_2

【实验内容与步骤】

1. 非线性负阻的伏安特性实验

1）非线性负阻的伏安特性实验的原理框图如图 4-6-6 所示。在混沌原理及应用实验仪面板上插上跳线器 J_1、J_2，并将可调电压源处的电位器旋钮逆时针旋转到头，在混沌单元 1 中插上非线性负阻 $R_{NR}^{(1)}$。

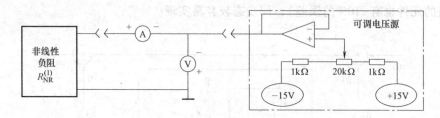

图 4-6-6　非线性负阻伏安特性实验的原理框图

2）连接混沌原理及应用实验仪的电源，打开机箱后侧的电源开关。面板上的电流表应有电流显示，电压表也应有显示值。

3）按顺时针方向慢慢旋转可调电压源上的电位器，并观察面板上的电压表的读数，每隔 0.2V 记录面板上电压表和电流表的读数，直到旋钮顺时针旋转到头，将数据记录到表 4-6-2 中。

4）以电压为横坐标、电流为纵坐标，用步骤 3）所记录的数据绘制非线性负阻的伏安特性曲线。

5）找出曲线拐点，分别计算 5 个区间的等效电阻值。

2. 混沌波形发生实验

1）混沌波形发生实验的原理框图如图 4-6-7 所示。拔除跳线器 J_1、J_2（本次和接下来的实验内容均不需要用跳线器 J_1、J_2），在混沌原理及应用实验仪面板的混沌单元 1 中插上电位器 W_1、电感器 L_1、电容器 C_1、电容器 C_2、非线性负阻 $R_{NR}^{(1)}$，并将电位器 W_1 上的旋钮顺时针旋转到头。

2）用两根 Q9 线分别连接示波器的 CH1 端口和 CH2 端口到混沌原理及应用实验仪的面板上标号 Q8 和 Q7 处。打开机箱后侧的电源开关。

3）把示波器的时基挡切换到 X-Y。调节示波器通道 CH1 和 CH2 上的电压挡位使示波器显示屏上能显示整个波形，逆时针旋转电位器 W_1 直到示波器上的混沌波形变为一个点，然后慢慢地沿顺时针旋转电

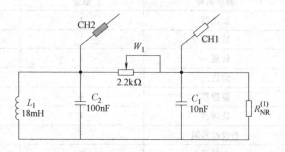

图 4-6-7　混沌波形发生实验原理框图

位器 W_1 并观察示波器，示波器上应该逐次出现单周期分岔、双周期分岔、四周期分岔……多周期分岔、单吸引子、双吸引子现象。

3. 混沌电路的同步实验

混沌电路的同步实验的原理框图如图4-6-8所示。

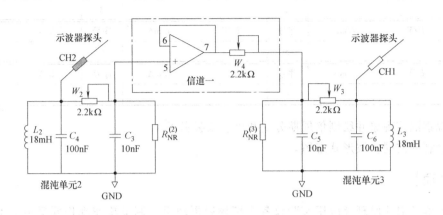

图 4-6-8　混沌电路同步实验原理框图

实验方法：

1）向面板上插入混沌单元1、混沌单元2和混沌单元3的所有电路模块，即在混沌原理及应用实验仪面板的3个混沌单元中对应插上电位器 W_1、W_2、W_3，电感器 L_1、L_2、L_3，电容器 C_1、C_2、C_3、C_4、C_5、C_6，非线性负阻 $R_{NR}^{(1)}$、$R_{NR}^{(2)}$、$R_{NR}^{(3)}$。按照混沌波形实验的方法将混沌单元1、混沌单元2和混沌单元3分别调节到混沌状态，即双吸引子状态。将电位器调节到保持双吸引子状态的中点。

2）在调试混沌单元2时将示波器接到Q5、Q6座处。调试混沌单元3时将示波器接到Q3、Q4座处。

3）插上信道一和键控器，键控器上的开关置"1"。用电缆线连接面板上的Q3和Q5到示波器上的CH1和CH2，调节示波器CH1和CH2的电压挡位到0.5V。

4）细心微调混沌单元2的电位器 W_2 和混沌单元3的电位器 W_3，直到示波器上显示的波形成为过中点约45°的细斜线。

5）用电缆线将示波器的CH1和CH2分别连接Q6和Q5，观察示波器上是否存在混沌波形，如不存在混沌波形，调节电位器 W_2 使混沌单元2处于混沌状态。再用同样的方法检查混沌单元3，确保混沌单元3也处于混沌状态，显示出双吸引子。

6）用电缆线将面板上的Q3和Q5连接到示波器上的CH1和CH2，检查示波器上显示的波形为过中点约45°的细斜线。将示波器的CH1和CH2分别连接Q3和Q6时，也应显示混沌状态的双吸引子。

7）在使电位器 W_4 尽可能大的情况下调节电位器 W_2、W_3，使示波器上显示的斜线尽可能最细。

【数据处理】

1. 测量有源非线性负阻的伏安特性填入表4-6-2中，根据上述数据绘制非线性负阻的伏安特性曲线并找出曲线的拐点，分别计算几个区间的等效电阻值。

表 4-6-2　非线性负阻的伏安特性测量

序号	U/V	I/mA	序号	U/V	I/mA	序号	U/V	I/mA
1			2			3		
序号	U/V	I/mA	序号	U/V	I/mA	序号	U/V	I/mA
4			5			6		
序号	U/V	I/mA	序号	U/V	I/mA	序号	U/V	I/mA
...			...			...		

2. 观察混沌现象并绘制倍周期分岔和单、双吸引子。

3. 绘制混沌同步波形状态图。

【注意事项】

1. 了解了混沌原理及应用实验仪各个模块后再动手。调节旋钮动作要适度，不得猛拧乱拨，以免损坏仪器。

2. 在调试出双吸引子图形时，注意感受调节电位器的可变范围，即在某一范围内变化，双吸引子都会存在。最终应该将电位器调节到这一范围的中间点，这时双吸引子最为稳定，并易于观察清楚。

【思考题】

1. 什么叫混沌？混沌与混乱有什么区别？

2. 为什么要将电位器 W_4 尽可能调大呢？如果电位器 W_4 很小，或者为零，代表什么意思？会出现什么现象？

实验 4.7　利用玻尔共振研究受迫振动

【引言】

物体在周期性外力持续作用下发生的振动称为受迫振动。受迫振动是一种在自然界普遍存在的物理现象，在声学、光学、电学、原子核物理及各种工程技术领域中都会遇到。它虽然有破坏作用，但也有许多实用价值。众多电声器件是运用共振原理设计制作的。此外，在微观科学研究中，共振也是一种重要研究手段，例如利用核磁共振和顺磁共振研究物质结构等。

表征受迫振动的性质包括受迫振动的振幅频率特性和相位频率特性（简称幅频特性和相频特性）。

在本实验中，采用玻尔共振仪定量测定机械受迫振动的幅频特性和相频特性，并利用频闪方法来测定动态物理量——相位差。

【实验目的】

1. 研究玻尔共振仪中弹性摆轮受迫振动的幅频特性和相频特性。

2. 研究不同阻尼力矩对受迫振动的影响，观察共振现象。

3. 学习用频闪法测定运动物体的某些量，如相位差。

4. 学习系统误差的修正。

【实验原理】

产生受迫振动的周期性外力称为强迫力。如果外力是按简谐振动规律变化的，那么稳定状态时的受迫振动也是简谐振动，此时，振幅保持恒定，振幅的大小与强迫力的频率和原振动系统无阻尼时的固有振动频率以及阻尼系数有关。在受迫振动状态下，系统除了受到强迫力的作用外，同时还受到回复力和阻尼力的作用。因此，在稳定状态时物体的位移、速度变化与强迫力变化不是同相位的，而是存在一个相位差。当强迫力的频率与系统的固有频率相同时便会产生共振，此时振幅最大，相位差为90°。

本实验采用摆轮在弹性力矩作用下自由摆动，在电磁阻尼力矩作用下做受迫振动来研究受迫振动的特性，可直观地显示机械振动中的一些物理现象。

当摆轮受到周期性强迫外力矩 $M = M_0 \cos\omega t$ 的作用，并在有空气阻尼和电磁阻尼的介质中运动时（阻尼力矩为 $-b\dfrac{\mathrm{d}\theta}{\mathrm{d}t}$），其运动方程为

$$J\frac{\mathrm{d}^2\theta}{\mathrm{d}t^2} = -k\theta - b\frac{\mathrm{d}\theta}{\mathrm{d}t} + M_0\cos\omega t \tag{1}$$

式中，J 为摆轮的转动惯量；$-k\theta$ 为弹性力矩；M_0 为强迫力矩的幅值；ω 为强迫力的圆频率。

令 $\omega_0^2 = \dfrac{k}{J}$，$2\beta = \dfrac{b}{J}$，$m = \dfrac{m_0}{J}$，则式（1）变为

$$\frac{\mathrm{d}^2\theta}{\mathrm{d}t^2} + 2\beta\frac{\mathrm{d}\theta}{\mathrm{d}t} + \omega_0^2\theta = m\cos\omega t \tag{2}$$

当 $m\cos\omega t = 0$ 时，式（2）即为阻尼振动方程。

当 $\beta = 0$，即在无阻尼情况时，式（2）变为简谐振动方程，系统的固有频率为 ω_0。式（2）的通解为

$$\theta = \theta_1 \mathrm{e}^{-\beta t}\cos(\omega_f t + \alpha) + \theta_2\cos(\omega t + \varphi_0) \tag{3}$$

由式（3）可见，受迫振动可分成两部分：

第一部分，$\theta_1 \mathrm{e}^{-\beta t}\cos(\omega_f t + \alpha)$，它和初始条件有关，经过一定时间后衰减消失。

第二部分，$\theta_2\cos(\omega t + \varphi_0)$，说明强迫力矩对摆轮做功，向振动体传送能量，最后达到一个稳定的振动状态。振幅为

$$\theta_2 = \frac{m}{\sqrt{(\omega_0^2 - \omega^2)^2 + 4\beta^2\omega^2}} \tag{4}$$

它与强迫力矩之间的相位差为

$$\varphi = \arctan\frac{2\beta\omega}{\omega_0^2 - \omega^2} = \arctan\frac{\beta T_0^2 T}{\pi(T^2 - T_0^2)} \tag{5}$$

由式（4）和式（5）可以看出，振幅 θ_2 与相位差 φ 的数值取决于强迫力矩 m、频率 ω、系统的固有频率 ω_0 和阻尼系数 β 这四个因素，而与振动初始状态无关。

由 $\frac{\partial}{\partial\omega}[(\omega_0^2-\omega^2)^2+4\beta^2\omega^2]=0$ 的极值条件可知,当强迫力的圆频率 $\omega=\sqrt{\omega_0^2-2\beta^2}$ 时,产生共振,θ 有极大值。若共振时圆频率和振幅分别用 ω_r、θ_r 表示,则

$$\omega_r=\sqrt{\omega_0^2-2\beta^2} \tag{6}$$

$$\theta_r=\frac{m}{2\beta\sqrt{\omega_0^2-2\beta^2}} \tag{7}$$

式(6)和式(7)表明,阻尼系数 β 越小,共振时的圆频率越接近于系统固有频率,振幅 θ_r 也越大。图 4-7-1 和图 4-7-2 表示出在不同 β 时受迫振动的幅频特性和相频特性。

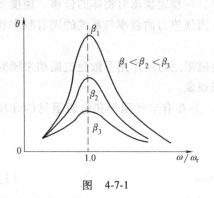

图   4-7-1

图   4-7-2

【仪器介绍】

玻尔共振仪由振动仪与电器控制箱两部分组成。

1. 振动仪

振动仪部分如图 4-7-3 所示,铜质圆形摆轮 A 安装在机架上,蜗卷弹簧 B 的一端与摆轮 A 的轴相连,另一端可固定在机架支柱上,在弹簧弹性力的作用下,摆轮可绕轴自由往复摆动。在摆轮的外围有一槽型缺口,其中一个长型凹槽 C 比其他凹槽长出许多。机架上对准长型缺口处有一个光电门 H,它与电器控制箱相连接,用来测量摆轮的振幅角度值和摆轮的振动周期。在机架下方有一对带有铁芯的线圈 K,摆轮 A 恰巧嵌在铁芯的空隙,当线圈中通过直流电流后,摆轮受到一个电磁阻尼力的作用。改变电流的大小即可使阻尼大小相应变化。为使摆轮 A 做受迫振动,在电动机的转轴上装有偏心轮,通过连杆机构 E 带动摆轮,在电动机的转轴上装有带刻线的有机玻璃转盘 F,它随电动机一起转动,由它可以从角度读数盘 G 读出相位差 φ。调节控制箱上的电动机转速调节旋钮,可以精确改变加于电动机上的电压,使电动机的转速在实验范围(30~45r/min)内连续可调,由于电路中采用特殊稳速装置、电动机采用惯性很小的带有测速发电机的特种电动机,所以转速极为稳定。电动机的有机玻璃转盘 F 上装有两个挡光片。在角度读数盘 G 的中央上方 90°处也有光电门 I(强迫力矩信号),并与控制箱相连,以测量强迫力矩的周期。

受迫振动时摆轮与外力矩的相位差是利用小型闪光灯来测量的。闪光灯受摆轮信号光电门控制,每当摆轮上的长型凹槽 C 通过平衡位置时,光电门 H 便会接受光,引起闪光,这一现象称为频闪现象。在情况稳定时,在闪光灯照射下可以看到有机玻璃转盘 F 上的指针好像一直"停在"某一刻度处,所以此数值可方便地直接读出,误差不大于 2°。闪光灯放

置的位置如图 4-7-3 所示，搁置在底座上，切勿拿在手中直接照射刻度盘。

摆轮振幅是利用光电门 H 测出摆轮 A 上的凹型缺口个数，并在控制箱的液晶显示器上直接显示出此值，精度为 1°。

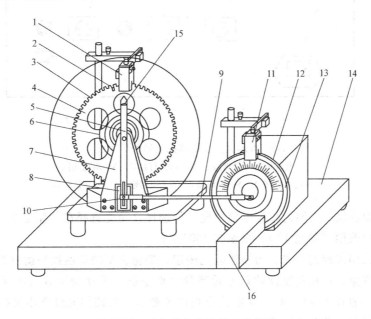

图 4-7-3 玻尔共振仪的振动仪部分

1—光电门 H 2—长型凹槽 C 3—短凹槽 D 4—铜质摆轮 A 5—摇杆 M 6—蜗卷弹簧 B
7—支承架 8—阻尼线圈 K 9—连杆 E 10—摇杆调节螺钉 11—光电门 I
12—角度读数盘 G 13—有机玻璃转盘 F 14—底座 15—弹簧夹持螺钉 L 16—闪光灯

2. 电器控制箱

玻尔共振仪的电器控制箱的前面板和后面板分别如图 4-7-4 和图 4-7-5 所示。

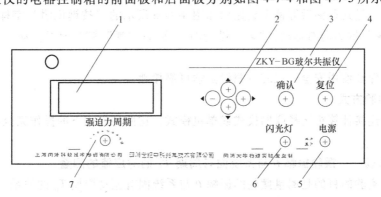

图 4-7-4 玻尔共振仪电器控制箱的前面板示意图

1—液晶显示屏幕 2—方向控制键 3—确认按键 4—复位按键
5—电源开关 6—闪光灯开关 7—强迫力周期调节电位器

电动机转速调节旋钮可改变强迫力矩的周期。

可以通过软件来控制阻尼线圈内直流电流的大小，达到改变摆轮系统的阻尼系数的目的。阻尼挡位的选择通过软件控制，共分 3 挡，分别是"阻尼1""阻尼2""阻尼3"。阻

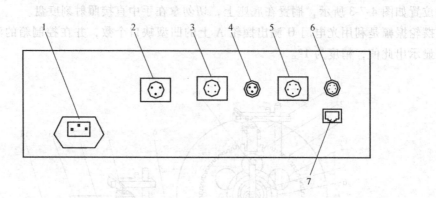

图 4-7-5　玻尔共振仪电器控制箱的后面板示意图
1—电源插座（带保险）　2—闪光灯接口　3—阻尼线圈
4—电动机接口　5—振幅输入　6—周期输入　7—通信接口

尼电流由恒流源提供，实验时根据不同情况进行选择（可先选择在"阻尼 2"处，若共振时振幅太小，则可改用"阻尼 1"），振幅在 150°左右。

闪光灯开关用来控制闪光，当按住闪光按钮、摆轮长型缺口通过平衡位置时，便产生闪光，由于频闪现象，可从角度读数盘上看到刻线似乎静止不动的读数（实际上有机玻璃转盘 F 上的刻线一直在匀速转动），从而读出相位差数值。为使闪光灯管不易损坏，采用按钮开关，仅在测量相位差时才按下按钮。

电器控制箱与闪光灯和玻尔共振仪之间通过各种专业电缆相连接，不会产生接线错误。

【实验内容与步骤】

1. 实验准备

按下电源开关后，屏幕上出现欢迎界面，其中"NO.0000X"为电器控制箱与计算机主机相连的编号。过几秒钟后屏幕上会显示如图 4-7-6a 所示的"按键说明"字样。"◀"键为向左移动；"▶"键为向右移动；"▲"键为向上移动；"▼"键为向下移动。下文中不再重复介绍。

注意：为保证使用安全，三芯电源线必须可靠接地。

2. 选择实验方式

根据是否连接计算机选择联网模式或单机模式。这两种方式下的操作完全相同，故不再重复介绍。

3. 自由振荡——摆轮振幅 θ 与系统固有周期 T_0 的对应值的测量

自由振荡实验的目的是测量摆轮的振幅 θ 与系统固有振动周期 T_0 的关系。

在图 4-7-6a 所示的状态下按确定键，显示图 4-7-6b 所示的实验类型，默认选中项为自由振荡（字体反白为选中）。再按确定键，显示如图 4-7-6c 所示。

用手转动摆轮 160°左右，放开手后按"▲"或"▼"键，测量状态由"关"变为"开"，电器控制箱开始记录实验数据，振幅的有效数值范围为 160°~50°（振幅小于 160°测量开，小于 50°测量自动关闭）。当测量显示关时，此时数据已保存并发送主机。

查询实验数据可按"◀"或"▶"键，选中回查，再按确定键如图 4-7-6d 所示，表示

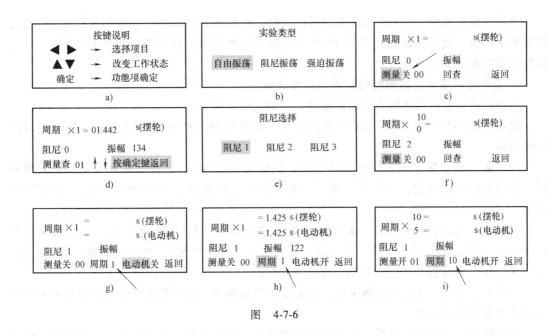

图 4-7-6

第一次记录的振幅 $\theta_0 = 134°$，对应的周期 $T = 1.442s$，然后按 "▲" 或 "▼" 键查看所有记录的数据，该数据为每次测量振幅所对应的周期数值，回查完毕，按确定键，返回到图 4-7-6c 的状态。此法可作出振幅 θ 与 T_0 的对应表。该对应表将在稍后的 "幅频特性和相频特性" 数据处理中使用。

若进行多次测量，则可重复操作，自由振荡完成后，选中返回，按确定键回到前面图 4-7-6b 进行其他实验。

因电器控制箱只记录每次摆轮周期变化时所对应的振幅值，故有时转盘转过光电门几次，测量才记录一次（其间能看到振幅变化）。当回查数据时，有的振幅数值被自动剔除了（当摆轮周期的第 5 位有效数字发生变化时，控制箱记录对应的振幅值。但由于控制箱上只显示 4 位有效数字，故学生无法看到第 5 位有效数字的变化情况，在计算机的主机上则可以清楚地看到）。

4. 测定阻尼系数 β

在图 4-7-6b 状态下，根据实验要求，按 "▶" 键，选中阻尼振荡，按确定键显示阻尼选择：如图 4-7-6e 所示。阻尼分三个挡，阻尼 1 最小，根据实验要求选择阻尼挡，例如选择阻尼 2 挡，按确定键，显示如图 4-7-6f 所示。

首先，将有机玻璃转盘 F 的指针放在 0° 位置，用手转动摆轮 160° 左右，选取 θ_0 在 150° 左右，按 "▲" 或 "▼" 键，测量状态由 "关" 变为 "开"，并记录数据，仪器记录 10 组数据后，测量自动关闭，此时振幅大小还在变化，但仪器已经停止计数。

阻尼振荡的回查同自由振荡类似，请参照上面操作。若改变阻尼挡测量，重复阻尼 1 的操作步骤即可。

从液显窗口读出摆轮做阻尼振动时的振幅数值 θ_1，θ_2，θ_3，…，θ_n，利用公式

$$\ln \frac{\theta_0 \mathrm{e}^{-\beta t}}{\theta_0 \mathrm{e}^{-\beta(t+n\overline{T})}} = n\beta \overline{T} = \ln \frac{\theta_0}{\theta_n} \tag{8}$$

求出 β 值。式中，n 为阻尼振动的周期次数；θ_n 为第 n 次振动时的振幅；$\overline{T}$ 为阻尼振动周期的平均值（此值可以通过测出 10 个摆轮振动的周期值，然后取其平均值得到）。一般阻尼系数需测量 2~3 次。

5. 测定受迫振动的幅频特性和相频特性曲线

在进行强迫振荡前必须先做阻尼振荡，否则无法实验。

仪器在图 4-7-6b 状态下，选中**强迫振荡**，按确定键，显示如图 4-7-6g，默认状态选中电动机。

按"▲"或"▼"键，让电动机起动。此时保持周期为 1，待摆轮和电动机的周期相同，特别是振幅已稳定，变化不大于 1，表明两者已经稳定了（见图 4-7-6h），方可开始测量。

测量前应先选中周期，按"▲"或"▼"键把周期由 1（见图 4-7-6g）改为 10（见图 4-7-6i）（目的是减少误差，若不改周期，则无法进入测量界面）。再选中**测量**，按下"▲"或"▼"键，测量打开并记录数据（见图 4-7-6i）。

一次测量完成，在显示**测量关**后，读取摆轮的振幅值，并利用闪光灯测定受迫振动位移与强迫力之间的相位差。

调节强迫力矩周期电位器，改变电动机的转速，即改变强迫力矩频率 ω，从而改变电动机转动周期。电动机转速的改变可按照 $\Delta\varphi$ 控制在 10°左右来定，可进行多次这样的测量。

每次改变了强迫力矩的周期，都需要等待系统稳定，约需 2min，即返回到图 4-7-6g 状态，等待摆轮和电动机的周期相同，然后再进行测量。

在共振点附近由于曲线变化较大，所以测量数据相对密集些，此时电动机转速的极小变化会引起 $\Delta\varphi$ 的很大改变。电动机转速旋钮上的读数是一参考数值，建议在不同 ω 时都记下此值，以便实验中快速寻找或重新测量时参考。

当测量相位时，应把闪光灯放在电动机转盘前下方，按下闪光灯按钮，根据频闪现象来测量，仔细观察相位位置。

强迫振荡测量完毕，按"◄"或"►"键，选中**返回**，按确定键，重新回到图 4-7-6b 的状态。

6. 关机

在图 4-7-6b 的状态下，按住复位按钮保持不动，几秒钟后仪器自动复位，此时所做实验数据全部清除，然后按下电源按钮，结束实验。

【数据记录和处理】

1. 摆轮振幅 θ 与系统固有周期 T_0 的关系（表 4-7-1）

表 4-7-1　振幅 θ 与固有周期 T_0 的关系

序号	振幅 θ	固有周期 T_0/s	序号	振幅 θ	固有周期 T_0/s	序号	振幅 θ	固有周期 T_0/s
1			31			61		
2			32			62		
3			33			63		
⋮			⋮			⋮		
28			58			88		
29			59			89		
30			60			90		

2. 阻尼系数 β 的计算

利用式（9）对所测数据（见表4-7-2）按逐差法处理，并求出 β 值：

$$5\beta\,\overline{T} = \ln\frac{\theta_i}{\theta_{i+5}} \tag{9}$$

式中，i 为阻尼振动的周期次数；θ_i 为第 i 次振动时的振幅。

表 4-7-2 用逐差法计算阻尼系数 β 　　　阻尼挡位_____

序号	振幅 θ（°）	序号	振幅 θ（°）	$\ln\dfrac{\theta_i}{\theta_{i+5}}$
θ_1		θ_6		
θ_2		θ_7		
θ_3		θ_8		
θ_4		θ_9		
θ_5		θ_{10}		
$\ln\dfrac{\theta_i}{\theta_{i+5}}$ 平均值				
$10T=$_____ s		$\overline{T}=$_____ s		

3. 幅频特性和相频特性

1）将记录的实验数据填入表4-7-1，并查询振幅 θ 与固有周期 T_0 的对应表，获取对应的 T_0 值，也填入表4-7-1。

表 4-7-3 幅频特性和相频特性测量数据记录表 　　　阻尼挡位_____

强迫力矩周期/s	相位差 φ（°）读取值	振幅 θ（°）测量值	查表4-7-1得出的与振幅 θ 对应的固有周期 T_0

2）利用表4-7-3记录的计算数据，将结果填入表4-7-4。

表 4-7-4 幅频特性和相频特性测量数据记录表

强迫力矩周期/s	相位差 φ（°）读取值	相位差 θ（°）测量值	$\dfrac{\omega}{\omega_r}$	$\left(\dfrac{\theta}{\theta_r}\right)^2$	$\varphi = \arctan\dfrac{\beta T_0^2 T}{\pi(T^2 - T_0^2)}$

以 ω 为横轴，$(\theta/\theta_r)^2$ 为纵轴，画出幅频特性 $(\theta/\theta_r)^2$-ω 曲线；以 ω/ω_r 为横轴，相位差 φ 为纵轴，绘制相频特性曲线。

在阻尼系数较小（满足 $\beta^2 \leqslant \omega_0^2$）和共振位置附近（$\omega = \omega_0$），由于 $\omega_0 + \omega = 2\omega_0$，由式（4）和式（7）可得

$$\left(\frac{\theta}{\theta_r}\right)^2 = \frac{4\beta^2\omega_0^2}{4\omega_0^2(\omega-\omega_0)^2+4\beta^2\omega_0^2} = \frac{\beta^2}{(\omega-\omega_0)^2+\beta^2}$$

据此可由幅频特性曲线求 β 值。

当 $\theta = \frac{1}{\sqrt{2}}\theta_r$，即 $\left(\frac{\theta}{\theta_r}\right)^2 = \frac{1}{2}$ 时，由上式可得

$$\omega-\omega_0 = \pm\beta$$

此 ω 对应于图 $\left(\frac{\theta}{\theta_r}\right)^2 = \frac{1}{2}$ 处的两个值 ω_1 和 ω_2，由此得

$$\beta = \frac{\omega_2-\omega_1}{2}（此内容一般不做要求）$$

将此法与逐差法求得之 β 值做一比较并讨论，本实验重点应放在相频特性曲线的测量上。

【注意事项】

1. 在进行强迫振荡实验时，调节仪器面板"强迫力周期"旋钮，从而改变电动机的转动周期，该实验必须做 10 次以上，其中必须包括电动机转动周期与自由振荡实验时的自由振荡周期相同的数值。

2. 在进行强迫振荡实验时，必须等电动机与摆轮的周期相同（末位数差异不大于 2）即系统稳定后，方可记录实验数据，且每次改变了强迫力矩的周期，都需要重新等待系统稳定。

3. 因为闪光灯的高压电路及强光会干扰光电门采集数据，所以须待一次测量完成，显示测量关后（参看"玻尔共振电器控制箱使用方法"中图 4-7-6h），才可使用闪光灯读取相位差。

【思考与讨论】

1. 共振峰对应的自变量 ω/ω_0 是否为 1？为什么？

2. 什么条件下强迫力的周期与摆轮的周期相同？

3. 频闪法测相位差的原理是什么？两次频闪如稍有差异，是什么原因造成的？

实验 4.8 交流电桥

【引言】

阻抗 Z 是交流电路中电压和电流有效值之比。其数值主要取决于电路的电磁性质，可表示为元件两端的正弦电压 U 与通过它的电流 I 之比，即 $Z = \frac{U}{I}$。实际的电路元件，如电阻器、电容器、电感器等，并不是理想的，常常含有寄生电容、寄生电感和损耗电阻等，虽然寄生量是次要的，但随着工作频率的增高，在测量时必须考虑它们的影响。

　　实际上，直流情况下能测出电阻器的直流损耗，即直流电阻；交流情况下，测量的是所用交流频率下电阻器的损耗及可能存在的寄生电感和寄生电容。只有当低频时，这些寄生量才可忽略不计。本实验主要讨论两端阻抗元件电容和电感的测量。测量条件不同时，测量的阻抗数值也不同。例如，过大的电压或电流，将使阻抗表现出非线性；不同的温度或湿度会使阻抗变化；不同的频率下，阻抗的电阻分量和电抗分量都会有变化。因此，最好能在接近实际工作的条件下进行阻抗测量。

【实验目的】

　　1. 学习用交流电桥测电容和电感的方法。
　　2. 掌握交流电路的特点和平衡的调节方法。

【实验仪器】

　　DH4518 型交流电桥实验仪、导线。

【实验原理】

1. 交流桥路及平衡条件

　　图 4-8-1 所示是交流电桥的原理线路。它与直流单电桥原理相似。在交流电桥中，四个桥臂一般是由交流电路元件如电阻器、电感器、电容器组成；电桥的电源通常是正弦交流电源；交流平衡指示仪的种类很多，适用于不同频率范围。本实验采用高灵敏度的电子放大式指零仪，有足够的灵敏度。指示器指零时，电桥达到平衡。

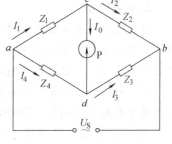

图 4-8-1　交流电桥

　　我们在正弦稳态的条件下讨论交流电桥的基本原理。在交流电桥中，四个桥臂由阻抗元件组成，在电桥的一个对角线 cd 上接入交流指零仪，另一对角线 ab 上接入交流电源。

　　当调节电桥参数，使交流指零仪中无电流通过时（即 $I_0 = 0$），c、d 两点的电位相等，电桥达到平衡，这时有

$$U_{ac} = U_{ad}$$
$$U_{cb} = U_{db}$$

即

$$I_1 Z_1 = I_4 Z_4$$
$$I_2 Z_2 = I_3 Z_3$$

两式相除有

$$\frac{I_1 Z_1}{I_2 Z_2} = \frac{I_4 Z_4}{I_3 Z_3}$$

当电桥平衡时，$I_0 = 0$，由此可得

$$I_1 = I_2，\quad I_3 = I_4$$

所以

$$Z_1 Z_3 = Z_2 Z_4 \tag{1}$$

上式就是交流电桥的平衡条件，它说明：当交流电桥达到平衡时，相对桥臂的阻抗的乘积相等。

由图 4-8-1 可知，若第一桥臂由被测阻抗 Z_x 构成，则

$$Z_x = \frac{Z_2}{Z_3} Z_4$$

当其他桥臂的参数已知时，就可确定被测阻抗 Z_x 的值。

在正弦交流情况下，桥臂阻抗可以写成复数的形式

$$Z = R + jX = Ze^{j\varphi}$$

若将电桥的平衡条件用复数的指数形式表示，则可得

$$Z_1 e^{j\varphi_1} \cdot Z_3 e^{j\varphi_3} = Z_2 e^{j\varphi_2} \cdot Z_4 e^{j\varphi_4}$$

即

$$Z_1 \cdot Z_3 e^{j(\varphi_1 + \varphi_3)} = Z_2 \cdot Z_4 e^{j(\varphi_2 + \varphi_4)}$$

根据复数相等的条件，等式两端的辐模和辐角必须分别相等，故有

$$\begin{cases} Z_1 Z_3 = Z_2 Z_4 \\ \varphi_1 + \varphi_3 = \varphi_2 + \varphi_4 \end{cases} \tag{2}$$

上面就是交流电桥平衡条件的另一种表现形式，可见交流电桥的平衡必须满足两个条件：一是相对桥臂上阻抗辐模的乘积相等；二是相对桥臂上阻抗辐角之和相等。

为了满足上述两个条件，必须调节两个桥臂的参数，才能使电桥完全达到平衡，而且往往需要对这两个参数进行反复地调节，所以交流电桥的平衡调节要比直流电桥的调节困难一些。

2. 电容电桥

电容电桥主要用来测量电容器的电容及损耗角。实际电容器并非理想元件，它存在着介质损耗，理想电容表示实际电容器的等效电容，而串联等效电阻则表示实际电容器的发热损耗。

图 4-8-2 所示为适合用来测量损耗小的被测电容的电容桥，被测电容 C_x 接到电桥的第一臂，等效为电容 C_x' 和串联电阻 R_x'，其中 R_x' 表示它的损耗；与被测电容相比较的标准电容 C_n 接入相邻的第四臂，同时与 C_n 串联一个可变电阻 R_n，桥的另外两臂为纯电阻 R_b 及 R_a，当电桥调到平衡时，有

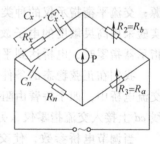

图 4-8-2　串联电阻式电容电桥

$$\left(R_x + \frac{1}{j\omega C_x} \right) R_a = \left(R_n + \frac{1}{j\omega C_n} \right) R_b$$

令上式实数部分和虚数部分分别相等，有

$$\begin{cases} R_x R_a = R_n R_b \\ \dfrac{R_a}{C_x} = \dfrac{R_b}{C_n} \end{cases}$$

或

$$\begin{cases} R_x = \dfrac{R_b}{R_a} R_n \tag{3} \\ \\ C_x = \dfrac{R_a}{R_b} C_n \tag{4} \end{cases}$$

由此可知，要使电桥达到平衡，必须同时满足上面两个条件，因此至少调节两个参数。如果改变 R_n 和 C_n，便可以单独调节，从而互不影响地使电容电桥达到平衡。通常标准电容都是做成固定的，因此 C_n 不能连续可变，这时我们可以调节 R_a/R_b 比值使式（4）得到满足，但调节 R_a/R_b 的比值时又影响到式（3）的平衡。因此要使电桥同时满足两个平衡条件，必须对 R_n 和 R_a/R_b 等参数反复调节才能实现，电桥达到平衡后，R_x 和 C_x 值可以分别按式（3）和式（4）计算，其被测电容的损耗因数 D 为

$$D = \tan\delta = \omega C_x R_x = \omega C_n R_n \tag{5}$$

3. 电感电桥

电感电桥是用来测量电感的，一般实际的电感线圈都不是纯电感，除了电抗 $X_L = \omega L$ 外，还有有效电阻 R，两者之比称为电感线圈的品质因数 Q。即

$$Q = \frac{\omega L}{R}$$

电感电桥分两种：高 Q 值的电感元件和低 Q 值的电感元件，下面我们仅介绍测低 Q 值的电感电桥，原理线路如图4-8-3所示。该电桥线路又称为麦克斯韦电桥。标准电容的桥臂中的 C_n 和可变电阻 R_n 是并联的。

在电桥平衡时，有

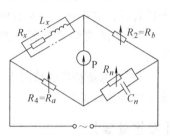

图 4-8-3　测量低 Q 值的电感电桥原理

$$(R_x + j\omega L_x)\left(\frac{1}{\frac{1}{R_n} + j\omega C_n}\right) = R_b R_a$$

相应的测量结果为

$$\begin{cases} L_x = R_b R_a C_n & (6) \\[2mm] R_x = \dfrac{R_b}{R_n} R_a & (7) \end{cases}$$

被测对象的品质因数 Q 为

$$Q = \frac{\omega L_x}{R_x} = \omega R_n C_n \tag{8}$$

麦克斯韦电桥的平衡条件式（7）表明，它的平衡是与频率无关的，即在电源为任何频率或非正弦的情况下，电桥都能平衡。但是实际上，由于电桥内各元件间的相互影响，交流电桥的测量频率对测量精度仍有一定的影响。

【实验内容与步骤】

交流电桥采用的是交流指零仪，所以电桥平衡时指针位于左侧零位。

实验时，指零仪的灵敏度应先调到适当位置，以指针位置处于满刻度的 30%～80% 为好，待基本平衡时再调高灵敏度，重新调节桥路，直至最终平衡。

1. 用串联电阻式测量电容

按图 4-8-2 连线，选择 C_x 为 0.01μF，根据式（3）、式（4），选择 R_a 为 1kΩ，选 C_n 为 0.01μF，调节 R_b 和 R_n 使检流计指示最小，这时 R_b 也该在 1kΩ 左右。注意：应先将灵敏度调小使指针在表头的刻度的 60% 范围内，再调节 R_b 和 R_n 使检流计指示最小，直至灵敏度

最高，而指针指示最小，这时电桥已平衡。计算电容值 C_x 和其损耗电阻 R_x。

2. 用并联电阻式测量电感

按图 4-8-3 连线，选择 L_x 为 1mH，根据式（6）、式（7）选择 R_a 为 100Ω，选 C_n 为 $0.01\mu F$，调节 R_b 和 R_n 使检流计指示最小，这时 R_b 也该在 $1k\Omega$ 左右。调节平衡的过程与串联电阻式测量电容时相同，计算 L_x、R_x。

说明：在电桥的平衡过程中，有时指针不能完全回到零位，这对于交流电桥是完全可能的，一般来说有以下原因：

1）测量电容和电感时，损耗平衡（R_n）的调节细度受到限制，尤其是低 Q 值的电感或高损耗的电容测量时更为明显。另外，电感线圈极易感应外界的干扰，也会影响电桥的平衡，这时可以试着变换电感的位置来减小这种影响。

2）用不合适的桥路形式测量，也可能使指针不能完全回到零位。

3）由于桥臂元件并非理想的电抗元件，也存在损耗，如果被测元件的损耗很小甚至小于桥臂元件的损耗，也会造成电桥难以完全平衡。

4）选择的测量量程不当，以及被测元件的电抗值太小或太大，也会造成电桥难以平衡。

5）在保证精度的情况下，灵敏度不要调得太高，灵敏度太高也会引入一定的干扰，形成一定的指针偏转。

【数据处理】

1. 自拟数据记录表格。
2. 根据式（3）、式（4）计算电容值 C_x 和其损耗电阻 R_x。
3. 根据式（6）、式（7）计算 L_x、R_x。

【注意事项】

1. 由于采用模块化的设计，所以实验的连线较多。注意接线的正确性，这样可以缩短实验时间。

2. 文明使用仪器，正确使用专用连接线，不要拽拉引线部位，不能平衡时不要猛打各个元件，而应查找原因。这样可以提高仪器的使用寿命。

【思考题】

1. 交流电桥的桥臂是否可以任意选择不同性质的阻抗元件组成？应如何选择？
2. 为什么在交流电桥中至少需要选择两个可调参数？怎样调节才能使电桥趋于平衡？
3. 交流电桥对使用的电源有何要求？交流电源对测量结果有无影响？

实验 4.9　利用非平衡电桥研究热敏电阻特性

【引言】

热敏电阻是利用半导体的电阻温度特性制成的一种热敏元件，它通常是由某些金属氧化物按不同的配比烧结而成。由于热敏电阻具有体积小、灵敏度高、稳定性好、结构简单等特点，因而被广泛用于测温、控制、温度补偿、遥控报警等领域。

【实验目的】

1. 了解热敏电阻特性。
2. 学会使用非平衡电桥测量热敏电阻的参数与温度的关系。

【实验仪器】

DHW 型温度传感装置、DHQJ-3 型非平衡电桥、加热炉、电阻箱。

【实验原理】

1. 热敏电阻原理

（1）热敏电阻的类型和特点

热敏电阻是一种对热敏感的电阻元件，一般用半导体材料做成。而半导体热敏电阻的基本特性是它的温度特性，因此热敏电阻由温度特性可分为三种类型：

1）NTC 型——称负温度系数热敏电阻；

2）PTC 型——称正温度系数热敏电阻；

3）CTR 型——称临界温度系数热敏电阻。

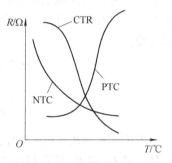

图 4-9-1　三种类型热敏电阻的电阻-温度特性曲线

以上三种类型热敏电阻的电阻-温度特性曲线如图 4-9-1 所示。

热敏电阻典型特点是它对温度变化特别敏感，在不同的温度下表现出不同的电阻值。从图 4-9-1 中可见，正温度的（PTC）在温度越高时电阻值越大；负温度的（NTC）在温度越高时电阻值越小；临界温度的（CTR）在某一温度下，电阻急剧降低，因此可作为开关元件。温度测量中使用较多的是 NTC 型电阻，本实验主要研究 NTC 型电阻特性。

（2）NTC 型电阻特性

NTC 型电阻是具有负温度系数的热敏电阻，即随着温度升高其阻值下降，其电阻-温度特性符合负指数规律，并且特别适合于 $-100 \sim 300\text{℃}$ 的温度测量。由于半导体中的载流子数目随着温度升高而按指数规律迅速增加。温度越高，载流子的数目越多，导电能力越强，电阻率就越小。因此热敏电阻随着温度升高，它的电阻将按指数规律迅速越小。

实验表明，在一定温度范围内（即小于 450℃），半导体材料的电阻 R_T 和热力学温度 T 的关系，可表示为

$$R_T = a\mathrm{e}^{\frac{b}{T}} \tag{1}$$

式中，R_T 为在温度 T 时的电阻值；T 为热力学温度；a、b 为常数，仅与材料的性质有关，可通过实验方法测得。

将式（1）两边取对数，并变换成直线方程

$$\ln R_T = \ln a + \frac{b}{T} \tag{2}$$

或写成

$$Y = A + BX \qquad (3)$$

式中，$Y = \ln R_T$；$A = \ln a$；$B = b$；$X = \dfrac{1}{T}$。分别取 X、Y 为横、纵坐标，对不同的温度 T 测得对应的 R_T 值，绘制出 X-Y 的曲线图，它应该是一条截距为 A、斜率为 B 的直线。由斜率求得 b，再由截距可求得 $a = e^A$。

热敏电阻的温度系数 α_T 可定义为

$$\alpha_T = \frac{1}{R_T} \frac{\mathrm{d}R_T}{\mathrm{d}T} = -\frac{b}{T^2} \times 100\% \qquad (4)$$

2. 非平衡电桥原理

非平衡电桥的原理如图 4-9-2 所示。非平衡电桥在结构形式上与平衡电桥相似，但测量方法上有很大差别。平衡电桥与非平衡电桥不同的是把检流计换成小量程、高内阻的直流毫伏表。当电桥的四个桥臂电阻 R_1，R_2，R_3，R_x 发生变化，不满足平衡条件时电桥称为非平衡电桥，毫伏表便显示出相应电压 U 值。若 A、B 端接工作电压，C、D 端为电桥的电压输出 U_{CD}。当电桥采用稳压电源时，输出电压只随桥臂电阻变化。根据基尔霍夫第一、第二定律可得到

$$U_{CD} = U_{CB} - U_{DB} = I_1 R_x - I_2 R_3$$

$$= \frac{E R_x}{R_1 + R_x} - \frac{E R_3}{R_2 + R_3} = \frac{(R_2 R_x - R_1 R_3) E}{(R_1 + R_x)(R_2 + R_3)} \qquad (5)$$

若 $R_1 = R_2 = R_3 = R_x = R$ 时，电桥平衡毫伏表电压为零（即 $U_{CD} = 0$）。当电阻发生变化，并使桥臂 R_2 和 R_x 具有相同的增量 ΔR；R_1 和 R_3 有相同的负增量（$-\Delta R$），此时电桥失去平衡，其非平衡输出电压为

$$U_{CD} = \frac{(R + \Delta R)^2 - (R - \Delta R)^2}{4R^2} \times E = \frac{\Delta R}{R} \times E \qquad (6)$$

可见，非平衡电桥的输出电压 U_{CD} 与待测桥臂电阻的相对变化 $\dfrac{\Delta R}{R}$ 成正比关系，即

$$U_{CD} \propto \frac{\Delta R}{R}$$

非平衡电桥的测量方法是使 R_1、R_2、R_3 保持不变，R_x 变化时电桥失去平衡，则毫伏表显示出相应的电压 U 值，再根据 U 与 R 的函数关系，通过测量 U 从而测得 R，由于可以检测连续变化的 U，从而可以检测连续变化的 R，进而检测连续变化的非变量。

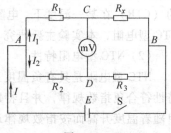

图 4-9-2

用非平衡电桥测量电阻，反应迅速，读数方便。但事先要有定标过程，定标过程就是把电阻的变化量转换为电压值来量度的。

【仪器介绍】

1. 温度传感器

DHW 型温度传感器面板如图 4-9-3 所示

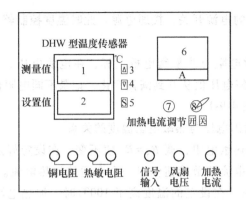

图　4-9-3

1—测量值显示器　2—设置值显示器　3—加数键：在参数设定状态下，
作加数键　4—减数键：在参数设定状态下，作减数键　5—设定键（S）：
按一下此键显示器移动一位数码闪烁，表示可以修改。再按两下此键显示器移
动两位数码闪烁，表示可以修改。当不按此键8s后自动停止并返回至正常
显示状态　6—加热电流显示屏　7—加热电流调节电位器　8—加热电流输出控制开关

2. 非平衡电桥

非平衡电桥面板图如图4-9-4所示。

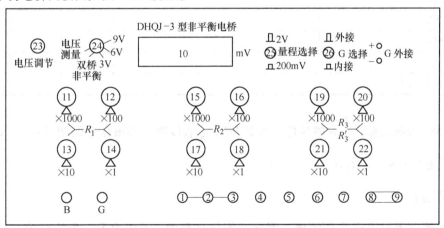

图 4-9-4　非平衡电桥面板图

1—电源负端　2—R_1电阻端　3—R_2电阻端　4、5—双桥电流端　6—R_3'电阻端

7—单桥被测端　8—R_3电阻端　9—工作电源正端　10—数显直流毫伏表　11、12、13、14—R_1电

阻调节盘　15、16、17、18—R_2电阻调节盘　19、20、21、22—R_3和R_3'电阻调节盘

23—电压调节旋钮　24—电源选择开关，分别可选双桥非平衡、3V、6V、9V四种工作

电源　25—量程选择开关（弹起为2V；下压为200mV）　26—G选择开关（下压为

内接，弹起为外接）；仪器右上角为电桥输出"外接"端；仪器左下角为B、G

按钮即工作电源和电桥输出通断按钮

【实验内容与步骤】

1. 用平衡电桥测定室温下热敏电阻值，并记录室温 t（℃）及电阻值 R_0。

打开传感器后面板上的电源开关，接通电源。此时温度控制器的测量值显示屏显示的温度为环境温度。

2. 用电阻箱代替热敏电阻对非平衡电桥定标，在电源电压、电桥比率及 R_3 都不改变时，调节电阻箱阻值 R，使电压值从 0 到满偏变化，记录不同电阻值及相对应的电压值（记录取 1~8 组数据）填入表 4-9-1 中。

3. 测量非平衡电桥输出电压与热敏电阻温度的关系

将电阻箱换下，接上热敏电阻，调 $R_3 = R_0$ 值不变。在设定好加热温度后，将面板上的加热电流开关打开，调节电流调节旋钮输出一个合适的加热电流。在设定的温度低于 60℃ 时，加热电流最好小于 1A；在设定的温度高于 100℃ 时，加热电流最好调到最大。加热电流的大小通过温度传感器面板（见图 4-9-3）上标注的加热电流显示屏 6 显示。记录控温仪温度 t 及相应的电压值 U 填入表 4-9-1 中。

【数据处理】

表 4-9-1　热敏电阻随温度变化的数据表格

测量次数	1	2	3	4	5	6	7	8
R/Ω								
U/mV								
$t/℃$								
$\ln R_T/\Omega$								
T/K								
$1/T/\times 10^{-3} K^{-1}$								

以 $\ln R_T$ 为纵坐标、$\dfrac{1}{T}$ 为横坐标，绘制 $\ln R_T$-$\dfrac{1}{T}$ 直线图，再根据直线图求得 a、b 值，并计算热敏电阻的温度系数 α_T。

【注意事项】

1. 热敏电阻对温度非常敏感。因此在测量过程中，升温容易，但降温难，不要随意升温。

2. 在测量和定标时，电桥的工作状态（R_1，R_2，R_3 及电源电压）决不能改变，否则它们之间不存在确定的对应关系。

3. 实验做完后，将传感器温度设置为 000.0，同时将面板上的加热电流开关关闭，打开风扇使加热炉内的温度快速下降。

【思考与讨论】

1. 非平衡电桥与平衡电桥有何异同？

2. 热敏电阻有什么特性？用热敏电阻为什么可以测量温度？

3. 利用半导体热敏电阻的温度特性，能否做一支温度计？

实验 4.10　三棱镜顶角的测定

【实验目的】

1. 学习调整和使用分光计的方法及技巧。
2. 用自准直法或反射法测量三棱镜的顶角。

【实验原理】

　　三棱镜是一种用玻璃材料制成的简便的分光元件，其结构如图 4-10-1 所示，其中 AB 面与 AC 面均为透光的光学面，又称折射面，两面之间的夹角 α 称为三棱镜顶角，上、下底面和 BC 面为毛玻璃面。

1. 自准直法测量三棱镜顶角

　　自准直法测量三棱镜顶角，就是保持在三棱镜相对固定的条件下，让自准直望远镜光轴分别调至垂直于三棱镜的两光学面 AB、AC，如图 4-10-2 所示。先使光线垂直入射于 AB 面并沿原路反射回来，记下此时光线入射方位角坐标 θ_1，然后使光线垂直入射于 AC 面，记下此时光线入射方位角坐标 θ_2。两方位角的夹角 φ 与顶角 α 满足如下关系：

$$\alpha = 180° - \varphi$$

而

$$\varphi = |\theta_1 - \theta_2|$$

所以

$$\alpha = 180° - |\theta_1 - \theta_2|$$

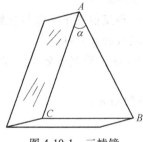

图 4-10-1　三棱镜

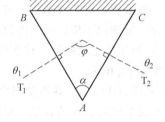

图 4-10-2　自准直法测三棱镜顶角

2. 反射法测三棱镜顶角

　　如图 4-10-3 所示，使平行光管射出的平行光束照射于棱镜的顶尖处，从而被棱镜的两光学面所反射，分成两束夹角为 θ 的反射平行光束 T_3、T_4，由几何关系可得

$$\theta = 2\alpha$$

即

$$\alpha = \frac{\theta}{2}$$

而平行光束 T_3、T_4 各自的方位角可由自准直望远镜测得。设从分光计得到的两个读数分别为 θ_3、θ_4，则

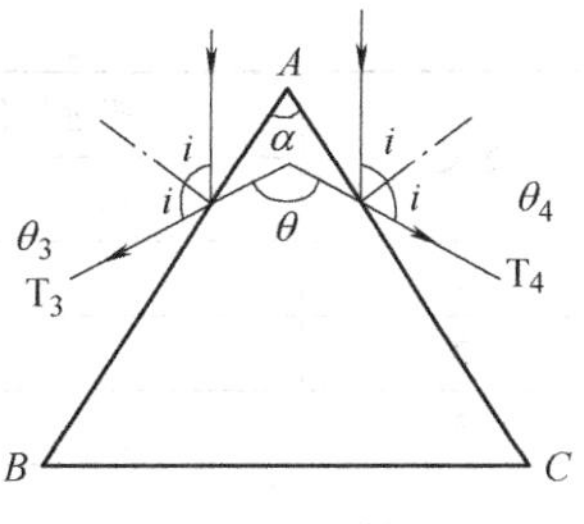

图 4-10-3　反射法测
三棱镜顶角

$$\theta = |\theta_3 - \theta_4|$$

所以

$$\alpha = \frac{|\theta_3 - \theta_4|}{2}$$

【实验仪器】

JJY 分光计。

【实验内容与步骤】

1. 调整分光计

分光计的调节请阅读实验 2.5 分光计的基本操作。

2. 测三棱镜顶角

（1）调节三棱镜主截面与仪器中心轴垂直

三棱镜两光学面之间夹角 α 称为三棱镜顶角，要测准顶角，除要对分光计进行上述调节外，还必须调节三棱镜的两光学面的法线与分光计中心轴垂直（即调节三棱镜的主截面与刻度盘平行）。将三棱镜平放在载物台上，如图 4-10-4 所示，轻轻地放下弹簧片夹，夹住三棱镜。转动载物台使光学面 AB 正对望远镜时找反射亮十字，调节载物台水平调节螺钉 c，使反射像与分划板上部十字重合，再旋转载物台使光学面 AC 正对望远镜，调节载物台水平调节螺钉 b，使反射亮十字像与分划板上半部十字重合，如此反复调节，直到两光学面反射的亮十字像都与分划板上半部十字线重合为止。

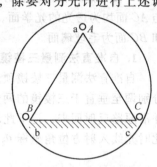

图 4-10-4　三棱镜在载物台上的位置

（2）用自准法测三棱镜顶角

1）锁紧刻度盘止动螺钉，移动望远镜使其对准三棱镜 AB 反射面后，拧紧望远镜止动螺钉，转动望远镜微调螺钉，使得反射亮十字像与分划板上半部十字线重合，分别记下望远镜的方位角坐标 θ_{11} 和 θ_{12}，并填入表 4-10-1。

2）松开望远镜止动螺钉，移动望远镜对准三棱镜的 AC 面，重复步骤 1），测出望远镜的方位角坐标 θ_{21} 和 θ_{22}。

3）重复步骤 1）、2）共测量三次。由 $\alpha = 180° - \varphi$ 计算顶角 α。

（3）用反射法测三棱镜顶角，步骤自拟。

【数据处理】

表 4-10-1　记录表格（分光计仪器误差 1′）

次数	望远镜位置1的角坐标		望远镜位置2的角坐标		顶角 α
	θ_{11}	θ_{12}	θ_{21}	θ_{22}	
1					
2					
3					
平　均　值					

测量结果表示为 $\alpha = \bar{\alpha} \pm \sigma_\alpha$

【思考题】

1. 分光计的主要组成部分有哪些？各部分的功能是什么？

2. 分光计调整的主要内容是什么？每一要求如何实现？

3. 转动游标盘连同载物台及其上面的三棱镜时，望远镜中看不到由光学面反射的亮十字像，应怎样调节？

4. 有哪两种方法测量三棱镜的顶角？本实验用的是哪一种？

5. 为什么使用分光计时要调整望远镜光轴与仪器中心轴线垂直？否则将对测量结果带来怎样的影响？

实验 4.11　光栅衍射

衍射光栅是根据光的衍射原理使光波产生衍射和色散的光学元件。它由一系列等宽等距且互相平行的狭缝组成，能产生谱线间距较宽的匀排光谱，所得光谱线的亮度比用棱镜分光时要小些，但光栅分辨本领比棱镜大。光栅不仅适用于可见光，还能用于红外和紫外线，许多摄谱仪和单色仪都用它作为色散元件。

光的衍射现象是光的波动性的一种表现，它说明光的直线传播是衍射现象不显著时的近似结果。研究光的衍射现象有助于加深对光的波动性的理解。

常见的光栅有透射光栅和反射光栅两种。本实验采用平面透射光栅。

【实验目的】

1. 观察光波通过光栅的衍射现象。
2. 进一步熟悉分光计的调整方法。
3. 用衍射法测量光波波长和光栅常数。

【实验仪器】

分光计、汞光源、平行平面反射镜、光栅。

【实验原理】

1. 衍射光栅、光栅常数

光栅的示意图如图 4-11-1 所示。设光栅的刻痕宽度为 a，刻痕间距为 b，则 $d=a+b$ 称为光栅常数，它是光栅的基本参数。

2. 光栅方程、光栅光谱

依据光栅的衍射理论，单色平行光垂直入射在光栅平面时，光波发生衍射。由夫琅禾费衍射理论可知，当衍射角 φ 满足如下关系时，将形成亮条纹，即

$$d\sin\varphi = \pm k\lambda \qquad (k=0,~1,~2,~3,~\cdots) \tag{1}$$

上式称为光栅方程，式中 λ 是单色光波长；k 是亮条纹级数。若使衍射光波通过会聚透镜，则在透镜的焦平面上可以看到一系列平行且对称分布的亮条纹，如图 4-11-2 所示。

由光栅方程可知，如果入射光不是单色光，由于光波的波长不同，衍射角 φ 也各不相同，于是复色光将被分解，在中央 $k=0$，$\varphi=0$，各种波长的光都满足式（1），因此重叠形成极强的零级光谱（结果仍为复色光，称为中央明条纹）。在中央明条纹两侧对称分布着 $k=1，2，3，\cdots$级光谱，各级光谱线都按波长大小顺序依次排列成一组彩色谱线。由此可见，

光栅同三棱镜一样也是按波长分光的光学元件。图 4-11-3 所示是低压汞灯的第 1 级衍射光谱。汞光源有 4 条特征谱线：紫色一条（435.8nm），绿色一条（546.1nm），黄色两条（577.0nm，579.1nm）。

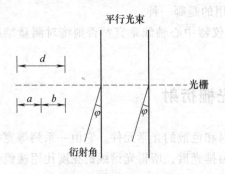

图 4-11-1　衍射光栅示意图

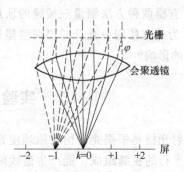

图 4-11-2　光栅衍射

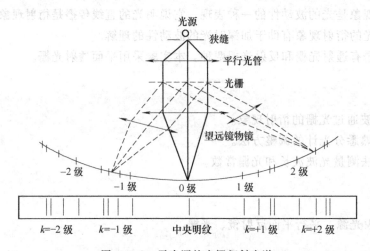

图 4-11-3　汞光源的光栅衍射光谱

3. 光栅常数与光谱线波长的测定

由光栅方程可知，当光栅常数 k 已知时，只要测得波长为 λ 的衍射光波中 k 级亮条纹的衍射角 φ，就可按下式求得波长 λ，即

$$\lambda = \frac{d\sin\varphi}{k} \tag{2}$$

反之，若衍射光波的波长已知时，只要测得该波长衍射光谱第 k 级亮条纹的衍射角 φ，就可以按下式求得光栅常数 d，即

$$d = \frac{k\lambda}{\sin\varphi} \tag{3}$$

式（2）与式（3）是光栅常数与光谱波长间的互测关系。显而易见，在互测过程中，直接而关键的物理量是衍射角 φ，这可以利用分光计进行测量。为了准确测定光线通过光栅的衍射角，仪器装置必须满足下述要求：

1）入射光是平行光且垂直于光栅平面。

2）平行光管的狭缝应与光栅的刻痕平行。

【实验内容与步骤】

1. 调节分光计

1）调节望远镜适合观察平行光并垂直于仪器转轴。

2）调节平行光管产生平行光并垂直于仪器转轴。

2. 已知绿谱线波长 $\lambda = 546.1$ nm，测光栅常数 d

（1）调节光栅平面垂直于平行光管 将光栅如图 4-11-4 所示放置在载物台上，光栅平面垂直于载物台的水平调节螺钉 a、b 的连线。转动已调节好的望远镜正对平行光管，使之同轴后转动载物台使光栅的一面正对望远镜，用自准法调节光栅平面与望远镜光轴垂直。（注意望远镜已经调好，它的水平倾斜度调节螺钉不能调动）调节载物台水平调节螺钉 a、b，使反射亮十字像与分划板上半部十字重合，中央明条纹的中线与分划板十字线的竖线重合（三线重合），此时光栅平面就垂直于平行光管了。

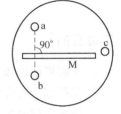

图 4-11-4 光栅在载物台上的位置

（2）调节光栅刻痕与平行光管狭缝平行

转动望远镜，观察衍射光谱的分布情况，注意中央明条纹两侧的衍射光谱是否在同一水平高度。如果观察到光谱线有高低变化，说明平行光管狭缝与光栅刻痕不平行，可调节载物台水平调节螺钉 c。这一调节过程很可能会影响光栅平面与平行光管的垂直状态，一般需要反复进行步骤（1）和（2），直至两者均达到要求。

（3）由于不能绝对保证入射光与光栅平面严格垂直，这将导致衍射角的测量误差。为了减小这一误差，实验中采用读取 $\pm k$ 级谱线之间衍射角的方法。转动望远镜测出 $k = +1$ 级绿谱线方位角 T_1 的角坐标 θ_{11} 和 θ_{12}，$k = -1$ 级绿谱线方位角 T_2 的角坐标 θ_{21} 和 θ_{22}，则第 1 级光谱衍射角为（$\theta_{11}\theta_{21}$ 及 $\theta_{12}\theta_{22}$ 之间不夹 0°时）

$$\varphi_1 = \frac{1}{4}(|\theta_{11} - \theta_{21}| + |\theta_{12} - \theta_{22}|) \tag{4}$$

将 φ_1 和波长之值代入式（3）计算光栅常数 d，一次测量。

3. 测汞光谱中的两条黄谱线的波长

测量步骤自拟，进行一次测量。

【数据处理】

自拟数据记录表格并推导 λ 和 d 的不确定度传递公式，算出不确定度，最后将测量结果表示出来（分光计仪器误差为 $1'$）。

【注意事项】

1. 光栅是精密的光学器件，严禁用手触摸刻痕，要轻拿轻放，以免弄脏或损坏。

2. 高压汞灯是高强度的弧光放电灯，为了保护眼睛，不要直接注视汞光源。

3. 实验中由于各种原因中途断电，不能马上接通汞灯电源开关，须等待灯泡逐渐冷却，汞蒸气气压降到适当程度后再接通电源开关。

【思考与讨论】

1. 当用钠光（波长 $\lambda = 589.3\text{nm}$）垂直入射到 1mm 内有 500 条刻痕的平面透射光栅时，试问最多能看到第几级光谱？并说明理由。

2. 如果光栅平面和转轴平行，但光栅刻痕与转轴不平行，则所观察的光谱分布有什么变化？对测量结果有什么影响？

实验 4.12 利用分光计测介质折射率和色散曲线

【实验目的】

1. 了解极限法和最小偏向角法测介质折射率的原理。
2. 掌握用分光计实现极限法测固体和液体折射率的方法。
3. 用最小偏向角法测量三棱镜的折射率并绘制色散曲线并求出柯西方程中的系数。

【实验仪器】

分光计、三棱镜、毛玻璃、待测液体、钠光灯、平面反射镜、白炽灯、高压汞灯。

【实验原理】

物质的折射率与通过物质的光的波长有关。一般所指的固体和液体的折射率是对钠黄光而言的（$\lambda = 5893\text{Å}$），众所周知，当光从空气中折射到折射率为 n 的介质分界面时要发生偏折（图 4-12-1），入射角 i 和出射角 φ 之间的关系遵从折射定律

$$n = \frac{\sin i}{\sin \varphi} \tag{1}$$

因此，我们只要测出角度 i 和 φ，就可以确定物体的折射率 n，这样就把测量折射率的问题变为测量角度的问题了。

如果待测物是固体，可以事先将它制成三棱镜（见图 4-12-2），其中顶角是 A，三个面中 BC 面是非光学面（粗糙面），入射光经过 AB 面和 AC 面两次折射，出射后改变了方向，由折射定律得

$$\sin i = n \sin r$$

$$n \sin r' = \sin \varphi$$

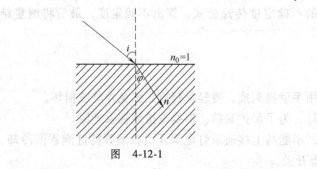

图 4-12-1

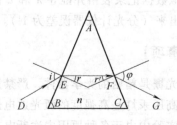

图 4-12-2

由几何关系有

$$r+r'=A$$

由以上三式消去 r 和 r'，就有

$$n=\frac{1}{\sin A}\sqrt{\sin^2 i\sin^2 A+(\sin i\cos A+\sin\varphi)^2}\tag{2}$$

该式表明，只要用分光计测出 i、φ、A 即可算出折射率 n。

但这种方法要测的量很多，不仅费时而且容易引起较大的误差，且式（2）的计算也麻烦，常用的改进测量办法有以下两种。

1. 方法一

折射极限法：用平行光以 $90°$ 角掠入射，以省去 i 角的测量，但是要使平行光准确以 $90°$ 角入射并不好做，所以还要变通一下，把平行光束改为扩展光束，一般是在光源之前加一块毛玻璃，使光源成为漫反射的扩展光源，只要调节扩展光源的位置使它大致在棱镜 AB 面的延长线上，如图 4-12-3 所示，那么，总可以得到以 $90°$ 角掠射的光线，这光线的出射角最小，称为极限角 φ；大于 $90°$ 的光线不能进入棱镜，而小于 $90°$ 的光线其出射角必大于极限角 φ，这样，从 AC 面一侧向出射光望去我们将看到由 $i>90°$ 的光因不能经棱镜折射而成了暗视场；明暗视场的分界线就是 $i=90°$ 的掠入射引起的极限角方向，利用分光计测出分界线的方向以及棱镜 AC 面的法线方向，求出这两方向之间的夹角，便求得了折射极限角 φ，这种方法就称为折射极限法。以 $i=90°$ 代入式（2），得

$$n=\sqrt{1+\left(\frac{\cos A+\sin\varphi}{\sin A}\right)^2}\tag{3}$$

可见，只要测出极限角 φ 和顶角 A，就可以求出三棱镜材料的折射率 n。

液体的折射率同样可以根据折射极限法原理测得，如图 4-12-4 所示。取一块顶角 A、折射率 n 都已知的三棱镜，在 AB 面上涂一薄层待测液体，上面加盖一块毛玻璃将液体夹住，扩展光源发出的光通过毛玻璃折射后进入液体，再经过液体进入棱镜，适当调整扩展光源的方位，总可以使其中一部分光线在通过液体时的传播方向平行于液体与棱镜的交界面，设待测液体的折射率为 n_x，则

$$n_x\sin 90°=n\sin r$$

得

$$n_x=n\sin r$$

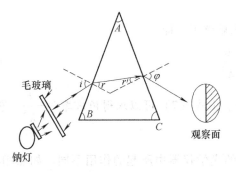

图 4-12-3

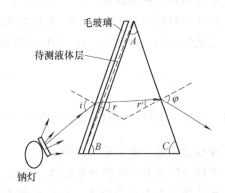

图 4-12-4

因为
$$n\sin r' = \sin\varphi, \quad r+r' = A$$
所以

$$n_x = \sin A \sqrt{n^2 - \sin^2\varphi} \pm \cos A\sin\varphi \tag{4}$$

n 和 A 为已知，所以只要测出 φ 就可算出 n_x 来，公式中正负号的选择取决于出射光是在法线的哪一边，若在左边（图 4-12-4）就取负号，若在右边则取正号。

2. 方法二

最小偏向角法：用如图 4-12-5 所示光线 DE 经 AB 面折射后进入三棱镜，再经 AC 面折射沿 FG 方向出射。

入射光 DE 与出射光 FG 之间的夹角 θ 称为偏向角，θ 的大小随入射角 i 而改变，可以证明当 $i=\varphi$ 时，偏向角 θ 具有极小值，用 θ_0 表示此值，光线 OR 与三棱镜底边 BC 平行，入射光与出射光的光路对称，棱镜的折射率 n、棱镜顶角 A 和最小偏向角 θ_0 有如下关系：

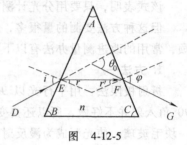

图　4-12-5

$$n = \frac{\sin\dfrac{A + \theta_0}{2}}{\sin\dfrac{A}{2}} \tag{5}$$

用分光计测出 A 和 θ_0 的值，就可由式（5）求得棱镜材料的折射率。

由于物质的折射率 n 是波长 λ 的函数，即 $n=f(\lambda)$。由式（5）可看出，当含有不同波长 λ 的复色光经三棱镜后具有不同的折射率，因而具有不同的最小偏向角，在出射光方向将看到不同颜色的彩带，即色散现象。折射率 n 与 λ 之间的关系曲线称为色散曲线。$dn/d\lambda$ 称为色散率，用以描述介质的色散特性。当波长增加时，折射率和色散率都减少的色散称为正常色散，正常色散的描述由柯西于 1836 年首先提出，称为柯西方程，即

$$n = A + \frac{B}{\lambda^2} + \frac{C}{\lambda^4} \tag{6}$$

这是一个经验公式，式中，A、B、C 为常数，决定于所研究的介质特性。对于每一种物质，这些常数都必须由实验来确定，方法是：测出至少三个已知波长的 n 值，代入式（6），由多元线性回归的方法求解 A、B、C 的数值。

当波长间隔不太大时，式（6）只需取前两项就够了，即

$$n = A + \frac{B}{\lambda^2} \tag{7}$$

此时，可用一元线性回归法就可求出 A 和 B 的值。由式（7）可以求得色散率为 $-\dfrac{b}{\lambda^3}$，它反映了棱镜的色散光谱是非均匀的。

不同介质具有不同的色散曲线。色散在不同的光学仪器中所起的作用不同。如照相机、显微镜等的镜头要求色散小，以减小色差；而摄谱仪、单色仪等仪器则要求棱镜的色散要大，以使各种波长的光分得较开，以提高仪器的分辨本领。

【实验步骤】

1. 调节分光计

1）点亮分光计小灯，通过目镜观察望远镜坐标是否清晰，若不清晰就旋动目镜以改变目镜与坐标面的距离，直到坐标清晰可见。

2）在分光计的载物小平台上放置三棱镜，调节小平台的水平调节螺钉以及望远镜的水平调节螺钉，让三棱镜 AC 面反射回来的十字叉丝像与坐标原点重合。然后前后伸缩望远镜的镜筒，使十字叉丝像清晰可见，此时表明分光计的望远镜已聚焦于无穷远，载物平台的转轴与望远镜的光轴已基本垂直，经指导教师检查以后，可进行后面的测量。

2. 测固体（三棱镜）的折射率

点亮钠光灯并将它放置在棱镜 AB 面的延长线方向上（见图 4-12-3）。然后用一块毛玻璃横加在棱镜角 B 处使之形成扩展光源，这时，把眼睛靠近 AC 面观察出射光即可发现半明半暗的视场，转动望远镜至此方向，使明暗分界线对准坐标，记下游标读数。然后转动望远镜至 AC 面法线方向，让 AC 面反射回来的十字叉丝像对准坐标，再记下游标读数，重复三次取平均值算出极限角 φ，连同 $A = 60°$ 一并代入式（3）求出棱镜材料的折射率。

3. 测液体（蒸馏水）的折射率

将待测液体滴一两滴在棱镜的 AB 面上，用毛玻璃轻轻夹住（注意应使粗糙面朝向液体），使之成为一均匀薄膜，如图 4-12-4 所示。适当调节钠光源在 AB 面的延长线方向，并用望远镜在棱镜的 AC 面范围内寻找明暗视场的分界线，找到明暗分界线后，按前述的方法记录数据并算出极限角 φ，然后连同 $A = 60°$ 以及上一步求出的棱镜折射率 n 一并代入式（4）求出液体折射率 n_x（注意式中正负号的选取）。

4. 测棱镜材料的色散曲线

用高压汞灯作为光源，测量 10 条（至少 3 条）谱线的最小偏向角 θ_0，操作光路如图 4-12-6 所示。

1）棱镜的放置位置如图 4-12-6 所示。注意应使入射平行光尽可能多地照射到棱镜的折射面上。转动望远镜和棱镜台，直至望远镜和平行光管两光轴对称于棱镜的底边，如位置 I（见图 4-12-6）。此时可从望远镜中看到汞灯的光谱线，即不同颜色的狭缝像。

2）固定主尺，转动棱镜台，使待测谱线往入射光方向移动，此时偏向角减小。转动望远镜跟踪谱线，直至当棱镜台转到某一位置时，谱线开始向相反方向回转，即偏向角开始增大，这个转折点即为该谱线的最小偏向角位置。

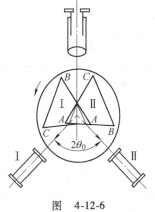

图 4-12-6

3）反复转动棱镜台和望远镜，找到待测谱线开始反向回转的确切位置。固定望远镜并微调望远镜，使分划板竖直线对准待测谱线的中间且无视差，记下两个窗口的读数 α_I 和 β_I。

4）旋转棱镜台和望远镜至位置 II（见图 4-12-6）。用相同方法找到该谱线的最小偏向角位置，记下两窗口读数 α_{II} 和 β_{II}。此时，望远镜所转过的角度即为最小偏向角的 2 倍。

【数据处理】

1. 测固体（三棱镜）的折射率

将所测数据记录于表 4-12-1 中，并计算钠光黄色谱线下棱镜材料的折射率。

表 4-12-1　　　　　　　　　　　　　　　　　　$A =$

谱线/nm	次数	α_I	β_I	α_{II}	β_{II}	φ	$\bar{\varphi}$	n
589.3 黄色	1							
	2							
	3							

2. 测液体（蒸馏水）的折射率

将所测数据记录于表 4-12-2 中，并计算钠光黄色谱线下蒸馏水的折射率。

表 4-12-2　　　　　　　　　　　　　　　　　　$A =$

谱线/nm	次数	α_I	β_I	α_{II}	β_{II}	φ	$\bar{\varphi}$	n_x
589.3 黄色	1							
	2							
	3							

3. 测棱镜材料的色散曲线

将所测数据记录于表 4-12-3 中，绘制出 n-λ 曲线（可用 Origin 软件处理数据，也可用坐标纸画出），采用多元回归算法，算出柯西方程中的 A、B、C。

表 4-12-3　　　　　　　　　　　　　　　　　　$A =$

谱线/nm	次数	α_I	β_I	α_{II}	β_{II}	θ_0	$\bar{\theta}_0$	n
435.8（强）蓝紫	1							
	2							
	3							
491.6（中）蓝绿	1							
	2							
	3							
496.0（中）蓝绿	1							
	2							
	3							
546.1（强）绿	1							
	2							
	3							

（续）

谱线/nm	次数	α_{I}	β_{I}	α_{II}	β_{II}	θ_0	$\overline{\theta_0}$	n		
577.0（强）黄	1									
	2									
	3									
607.3（弱）红	1									
	2									
	3									
612.3（弱）红	1									
	2									
	3									
623.4（中）红	1									
	2									
	3									
690.7（弱）深红	1									
	2									
	3									

【思考与讨论】

1. 用极限法测固体和液体的折射率时，为什么一定要用扩展光源？

2. 如果待测液体的折射率大于棱镜的折射率，能否用极限法测定该液体的折射率？为什么？

3. 调节分光计时，望远镜调焦至无穷远是什么含义？为什么当在望远镜视场中能看到清晰且无视差的绿十字像时，望远镜已调焦至无穷远？

4. 放置玻璃三棱镜时，小平台的高度要合适，"合适"指什么？要达到什么目的？

5. 根据实验测量得到的实验数据，试求 $\lambda = 577.0\mathrm{nm}$ 时的群速度。

实验 4.13　迈克耳孙干涉仪及其应用

【实验目的】

1. 掌握迈克耳孙干涉仪的调节和使用方法。

2. 调节和观察迈克耳孙干涉仪产生的干涉图，以加深对干涉条纹特点的理解。

3. 应用迈克耳孙干涉仪测定氦氖激光和单色光的波长。

4. 学习用白光干涉法测定透明薄片的折射率。

【实验仪器】

迈克耳孙干涉仪、激光源、钠光光源、白炽灯、透镜、玻璃片等。

【实验原理】

1. 仪器结构及光路原理

迈克耳孙干涉仪的光路图如图 4-13-1 所示，从光源 S 发出的一束光经分光板 G_1，被分为互相垂直的两束光（1）和（2），这两束光分别射向互相垂直的全反射镜 M_1 和 M_2，经 M_1 和 M_2 反射后又会于分光板 G_1。这两束光再次被 G_1 分束，它们各有一束按原路向光源方向返回，同时各有一束光朝 E 方向射出。由于光线（1）和光线（2）为相干光束，因此，在 E 方向上观察得到干涉条纹。

图中 M_1' 是 M_1 被 G_1 反射形成的虚像。从 E 处看，两束相干光是从 M_2 和 M_1' 反射而来。因此，干涉仪中产生的干涉与 M_2 和 M_1' 间空气膜产生的干涉是等效的。

设置补偿板 G_2，它能起到补偿 G_1 的色散作用。当使用宽带光源时，也可分辨干涉条纹。

如图 4-13-2 所示，仪器各组件都固定在坚实稳固的平台 2 上。平台由三只底脚调平螺钉 1 支撑。固定在平台上的粗微动机构可以使移动镜 M_1 5 往复移动；粗动测微手轮 3 的分度值为 0.01mm，粗调范围为 25mm。转动微动测微手轮 4 带动齿条做前后平动，与齿条啮合的齿轮带动螺距为 1mm 的螺杆转动，推动移动镜 M_1 移动，这些都是在一组高精度的十字导轨上进行的。齿轮模数为 0.4，齿数 40。微动测微手轮分度值为 0.0002mm，微调范围为 0.5mm。固定镜 M_2 6、分光板 G_1 8、补偿板 G_2 7 被分别安装在平台上。它们与移动镜 M_1 一起，构成了迈克耳孙干涉系统。M_1 和 M_2 的倾角可分别用各自镜架后的调节螺钉调整；调整 G_2 镜架后的调节螺钉，达到 G_1 与 G_2 互相平行。在平台上设置了激光器固定架、可调扩束透镜和光屏。

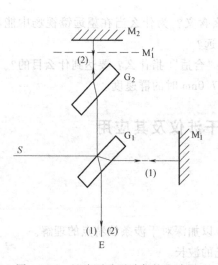

图 4-13-1 迈克耳孙干涉仪的光路图

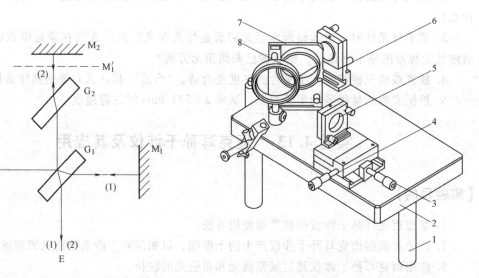

图 4-13-2 迈克耳孙干涉仪的结构图

1—底脚调平螺钉 2—平台 3—粗动测微手轮

4—微动测微手轮 5—移动镜 M_1

6—固定镜 M_2 7—补偿板 G_2 8—分光板 G_1

2. 干涉条纹的图样

在迈克耳孙干涉仪中，由 M_1、M_2 反射出来的光是两束相干光，M_1 和 M_2 可看作是两个相干光源，因此在迈克耳孙干涉仪中可观察到以下几种干涉条纹。

（1）点光源产生的非定域干涉条纹 点光源产生的非定域干涉条纹是这样形成的：用凸透镜会聚的激光束是一个线度小、光强足够大的点光源。点光源经 M_1、M_2 反射后，相当于由两个虚光源 S_1'、S_2 发出的相干光束（见图 4-13-3），但 S_1' 和 S_2 间的距离为 M_2 和 M_1' 间距离的两倍，即 $S_1'S_2 = 2d$。如图 4-13-3 所示的虚光源 S_1'、S_2 发出的球面波在它们相遇的空间中处处相干。因此，这种干涉形成非定域的干涉花样。

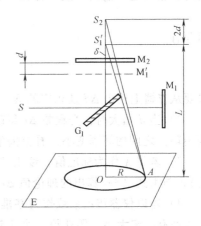

图 4-13-3 点光源的非定域干涉

若用平面屏观察干涉花样，屏在不同的位置可以观察到圆、椭圆、双曲线、直线状的条纹（在迈克耳孙干涉仪的实际情况下，放置屏的空间是有限的，只有圆和椭圆容易出现）。通常，把屏 E 放在垂直于 S_1'、S_2 连线的 OA 处，对应的干涉花样是一组组同心圆，圆心在 S_1'、S_2 的延长线和屏的交点 O 上。

由 S_1'、S_2 到屏上任一点 A，两光线的光程差 Δr 为

$$\Delta r = S_2A - S_1'A = \sqrt{(L+2d)^2 + R^2} - \sqrt{L^2 + R^2}$$
$$= \sqrt{L^2 + R^2}\left(\sqrt{1 + \frac{4Ld + 4d^2}{L^2 + R^2}} - 1\right) \tag{1}$$

通常 $L \gg d$，$\dfrac{4Ld + 4d^2}{L^2 + R^2} \ll 1$，利用展开式 $\sqrt{1+x} = 1 + \dfrac{1}{2}x - \dfrac{1}{2 \cdot 4}x^2 + \cdots$ 取一级近似，可将式（1）改写成

$$\Delta r = \frac{2Ld}{\sqrt{L^2 + R^2}}$$

由图 4-13-3 的三角关系，上式可改写成

$$\Delta r = 2d\cos\delta$$

因此有

$$\Delta r = 2d\cos\delta = \begin{cases} k\lambda & (k=0,1,2,3,\cdots) \quad \text{明条纹} \\ (2k+1)\dfrac{\lambda}{2} & (k=0,1,2,3,\cdots) \quad \text{暗条纹} \end{cases} \tag{2}$$

这种由点光源产生的圆环状干涉条纹，无论将观察屏 E 沿 S_1'、S_2 方向移动到什么位置都可以看到。

由式（2）可知：

1）当 $\delta = 0$ 时的光程差 Δr 最大，即圆心点所对应的干涉级别最高，此时光程差 $\Delta r = 2d$。摇动蜗杆移动 M_2，当增加 d 时，k 也增大，低级别的条纹依次外移，可以看到圆环一个个从中心"涌出"而后往外扩张；若减小 d，圆环逐渐缩小，最后"淹没"在中心处。每"涌出"或"淹没"一个圆环，相当于 S_1'、S_2 的光程差改变了一个波长 λ。设 M_2 移动了 Δd

距离，相应地"涌出"或"淹没"的圆环数为 N，则

$$2\Delta d = N\lambda$$

因此有

$$\Delta d = \frac{1}{2}N\lambda \tag{3}$$

只要从仪器上读出 Δd 及相应的 N，就可以测出光波的波长 λ。

2）当 d 增大时，光程差 Δr 每改变一个波长 λ 所需的 δ 的变化值减小，即两亮环（或两暗环）之间的间隔变小，看上去条纹变细变密。反之，条纹变粗变疏。

3）若将 λ 作为标准值，读出"涌出"（或"淹没"）N 个圆环时的 $\Delta r_{实}$（M_2 移动的距离），与由式（3）算出的理论值 $\Delta r_{理}$ 做比较，可以校准仪器传动系统的误差。

4）若以仪器传动系统作为基准，则由 N 和 $\Delta r_{实}$ 可以测定单色光源的波长 λ。实验时，光源都有一定大小，要获得一个比较理想的点光源，实验中往往用光阑和透镜将光束改变成理想的发散光束。

（2）等倾干涉　若 M_1 严格垂直于 M_2，则 M_1 必平行于 M_2'。如图 4-13-4 所示，设 M_1 与 M_2' 间的距离为 d，当入射角为 i 时，入射光线经过 M_1、M_2' 反射后形成相互平行的光线（1）和光线（2），它们相遇时可发生干涉。光线（1）和光线（2）的光程差为

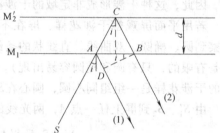

图 4-13-4　等倾干涉光路

$$\begin{aligned}
\Delta &= \overline{AC} + \overline{CB} - \overline{AD} \\
&= \frac{d}{\cos i} + \frac{d}{\cos i} - 2d\tan i \cdot \sin i \\
&= 2d\left(\frac{1}{\cos i} - \frac{\sin^2 i}{\cos i}\right) \\
&= 2d\cos i
\end{aligned} \tag{4}$$

当光程差满足下列条件时，形成干涉亮条纹和暗条纹，即

$$\begin{cases}
\Delta = 2d\cos i = k\lambda \\
\Delta = 2d\cos i = (2k+1)\dfrac{\lambda}{2}
\end{cases} \quad (k = 0, 1, 2, 3, \cdots) \tag{5}$$

从式（5）可以看出干涉图像的特点：

1）当 d 一定时，i 角相同的入射光线具有相同的光程差。而光源可提供以中心光线为对称轴的不同倾角 i 的入射光束。因此，干涉图像是一组明暗相间的同心圆环。圆心是由于中心光束的干涉所形成的。因同一干涉圆环是倾角相同的光，是由相同的光程差形成的，所以这类干涉称为等倾干涉。

2）当 d 一定时，若 i 越大，经 M_1 和 M_2' 的反射光所形成的干涉环半径就越大。因 $\cos i$ 随 i 的增大而减小的速度加快，所以离中心愈远的等倾干涉环越细密。

3）d 越大，光程差 Δ 每改变一个波长所需要的 i 角的改变量越小。因此，d 越大时等倾干涉环越细密。反之，d 越小时，干涉环越稀疏。

4）当 $i = 0$ 时，干涉圆环中心处的光程差 $\Delta = 2d$，光程差为最大，因波长 λ 不变，所以干涉级数 k 最高。在这种情况下，d 增大，圆环中心的干涉级次升高。这意味着一个接一个的高一级圆环自中心生成并向外"冒出"。当 d 减小时，圆环的级次降低，圆环一个接一个地向中心处缩而"陷入"。圆环中心处 $i = 0$，则有 $2d = k\lambda$。对该式求导数可得 $2\Delta d = \lambda \Delta k$。当 $\Delta k = 1$ 时，相应的 $\Delta d = \lambda/2$，即每当 M_1 移动 $\lambda/2$ 时，干涉图像中便"冒出"或"陷入"一个圆环。Δk 为圆环纹的变化数，若用 N 表示 Δk，在实验中，"冒出"或"陷入"了 N 个圆环纹，则相当于 d 改变了 $\Delta d = N\lambda/2$。因此

$$\lambda = \frac{2\Delta d}{N} \tag{6}$$

若移动 M_1 镜，记下"冒出"或"陷入"的圆环数 N，读出 M_1 相应移动的距离 Δd，代入式（6），就可计算出所用光波的波长 λ。

【实验内容与步骤】

1. 测量 He-Ne 激光波长 λ

1）使光纤激光源的激光束大致垂直 M_1，即调节光纤的高低、左右位置，使反射光束按原路返回（见图 4-13-1）。

2）从观察屏的位置可看到分别由 M_1 和 M_2 反射至屏上的两排光点，每排四个光点，中间两个较亮，旁边两个较暗。调节 M_1 背面的两个螺钉，使两排光点一一重合，这时 M_1 与 M_2 大致相互垂直。

3）装上观察屏，此时一般在屏上会出现干涉条纹，再调节细调拉簧微调螺钉，直到能看到位置适中、清晰的圆环状非定域干涉条纹。

4）观察条纹变化，转动粗动手轮，可看到条纹的"涌出"或"淹没"。判别 M_1'、M_2 之间的距离 d 是变大还是变小，观察条纹粗细、密度大小和 d 的关系。

5）读数刻度基准线的调整：调节粗动手轮使读数基准线与刻度鼓轮上某一刻度线对准。

6）慢慢转动微动手轮，可以清晰地看到圆环一个一个地"涌出"或"淹没"，待操作熟练后再开始测量。记录微调鼓轮的初读数 d_0。每当"涌出"或"淹没" $N = 50$ 个圆环时记下 d_i 值，连续测量 9 次，记下 9 个 d_i 值。每测一次算出相应的 $\Delta d_i = |d_{i+50} - d_i|$，并随时核对 N 是否数错。列表记录 d_0，d_{50}，$\cdots$，d_{450} 将数据分为两组，用逐差法处理求出 $\overline{\Delta d}$。按 $\overline{\Delta d} = \frac{1}{2} N \overline{\lambda}$，算出 $\overline{\lambda}$ 并与标准值相比较，求出其相对误差。

7）数据记录和数据处理（见表 4-13-1）。

表 4-13-1

次数	d_0	d_{50}	d_{100}	d_{150}	d_{200}
mm					
次数	d_{250}	d_{300}	d_{350}	d_{400}	d_{450}
mm					
Δd_{250}					
$\overline{\Delta d_{250}}$					

$$\overline{\lambda} = 2\,\overline{\Delta d_{250}}/250$$

$$\lambda' = 6.328 \times 10^{-7}\,\text{m}$$

$$E_r = \frac{\overline{\lambda} - \lambda'}{\lambda'} \times 100\%$$

2. 测量钠光波长 λ

（1）调节仪器

1）光源的调节：为了得到较强的均匀入射光，在钠光灯和干涉仪之间加一凸透镜，凸透镜应靠近干涉仪，使钠光灯窗口的中心、凸透镜中心、分束镜 G_1 的中心及 M_2 镜的中心大致等高，且前三者的连线大致垂直于 M_2 镜（目测即可）。此时，从 O 处能看到分别由 M_1、M_2 镜反射的两个圆形均匀亮光斑（此亮光斑实际上是凸透镜经 M_1、M_2 反射的虚像）。

2）转动手轮，尽量使 M_1、M_2 两镜距分束镜上反射膜的距离相等。

3）粗调 M_2 镜，使 M_2 镜垂直于 M_1 镜。实验室已将 M_1 镜面的法线调至与丝杠平行，不要动 M_1 镜后面的三个调节螺钉，只能调节 M_2 镜。先从 O 处观察，看到 M_1、M_2 镜反射的圆形亮光斑后（视场中还有较暗的光斑，它们与调整无关，可不管它），再调节 M_2 镜后的螺钉，使两个圆形亮斑完全重合，一般情况下此时即可看到干涉条纹。继续调整这三个螺钉使条纹变粗变圆，随后得到圆形花纹。这时 M_1 和 M_2 已大致垂直。

4）细调 M_2 镜使 M_1、M_2 两镜严格相互垂直。看到干涉圆环后，如果眼睛上下或左右移动时看到有圆环从中心冒出或缩入中心，表明 M_1、M_2' 还不是完全平行。这时只能利用 M_2 镜台下的水平与垂直拉簧螺钉对 M_2 镜进行细微的调节，一边调节，一边移动眼睛检查，直到移动眼睛后不能再看到有圆环冒出或缩入为止。这时 M_1、M_2 两镜就完全垂直了。

（2）定性观察，选定测量区　钠黄光实际上是由 $\lambda_1 = 589.6\text{nm}$ 和 $\lambda_2 = 589.0\text{nm}$ 两种波长相差很小的光组成的，因此，我们所看到的圆形干涉条纹实际上是两种波长分别形成的两套圆环叠加在一起的。当 M_1、M_2' 的间距 d 为一定值时，λ_1 和 λ_2 的干涉环的级次 k_1 和 k_2 是不同的，即

$$\delta = 2d = k_1\lambda_1, \quad \delta = 2d = k_2\lambda_2$$

当光程差 $\delta = 2d = k_1\lambda_1 = (k_1+1)\lambda_2$（其中 k_1 为一正整数）时，波长为 λ_1 和 λ_2 的光在同一点所形成的干涉条纹虽然级次各不相同，但都能形成明条纹，故叠加结果使得视场中条纹对比度（所谓条纹对比度是指明条纹处的光强与暗条纹处的光强之比）增加。这时，实验者能看到明显的明暗相间的干涉条纹。当光程差 $\delta' = k_1'\lambda_1 = \left(k_1' + \dfrac{1}{2}\right)\lambda_2$（$k_1'$ 为一正整数）时，两种波长的光在同一点形成的干涉条纹一个是明条纹，另一个是暗条纹，叠加的结果使条纹对比度减小，视场中将看不出明显的干涉条纹。改变光程差，将循环出现这种对比度的变化。慢慢转动手轮，观察对比度变化的情况，选定对比度较高而且干涉圆环疏密合适的区域作为测量区，准备进行测量。

（3）测量　仔细转动微调鼓轮，使条纹的变化处于"淹没"状态，当圆形条纹中间的一条缩为一暗点时，记录读数 d；再沿同一方向转动微调鼓轮，同时读取条纹变化的数目，每次数到 50 就记录一次读数，共测量 10 组数据。每次测量时，也都使中间的一条暗条纹刚好缩为一暗点，再记录读数。求出每冒出 Δk 条条纹时所对应的 Δd 的平均值，计算 λ，并

与钠黄光波长的标准值 $\lambda = 589.3$nm 进行比较。

（4）数据记录和数据处理

次数 i	0	1	2	3	4	5	6	7	8	9
干涉环的变化次数 k_i	0	50	100	150	200	250	300	350	400	450
M 镜的位置 d_i/mm										
$\Delta k = k_{i+5} - k_i$										
$\Delta d = d_{i+5} - d_i$/mm										

3. 测定透明薄片的折射率

（1）**干涉条纹的可见度** 在实验过程中，当以钠光作为光源时我们可以发现：在调节 M_1 和 M_2 之间的距离 d 时，干涉条纹有时很清晰，有时很模糊，有时较模糊，甚至看不清楚。下面就讨论干涉条纹的清晰度问题，条纹的清晰度通常用条纹的可见度（或标对比度） K 来量度：

$$K = \frac{I_{\max} - I_{\min}}{I_{\max} + I_{\min}}$$

式中，$I_{\max}$ 和 $I_{\min}$ 分别为考察点附近光强的极大值和极小值。显然，当 $I_{\min} = 0$ 时 $K = 1$ 为最大，干涉条纹最清晰；$I_{\max} = I_{\min}$ 时，$K = 0$ 为最小，干涉条纹可见度为零，干涉条纹消失。

从理论知道，如果是单色光，干涉条纹不论是圆形还是线形都很清晰，但若是复色光干涉，条纹就相对比较模糊。因为干涉条纹光强的极大和极小由光程差来决定，而光程差又取决于所用光波的波长。当一个波长的光因干涉而产生极小（或极大）光强时，其他波长的光因干涉会产生不同的结果，即每一波长产生的光强极大或极小的位置不一定完全重合，集体叠加的效应就可能使合成的条纹模糊。

图 4-13-5 是由两个波长为 λ_1 和 λ_2 的单色光组成的合成光束，干涉条纹的光强随位相变化和叠加情况而变。两个波长 λ_1 和 λ_2 干涉光强的变化，在 λ_1 形成的干涉光强为最大，λ_1 也为最大处，则合成结果仍为最大；在 λ_1 形成的干涉光强为最大，λ_2 为最小（如 a 处），则合成结果是对比度最小。注意在对比度最小区域中看不见（或者很模糊分辨不清）条纹时，每一单色光的干涉仍然发生，只是综合叠加效果使对比度降低而已。

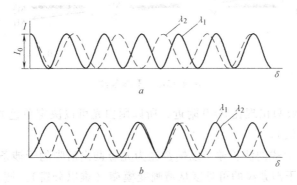

图 4-13-5 单色光组成的合成光束

由理论分析可知：当单色光 λ_1 的光程差 $k_1\lambda_1$ 和单色光 λ_2 的光程差 $(k_2-1/2)\lambda_2$ 相等，即 $\delta=k_1\lambda_1=(k_2-1/2)\lambda_2$（$k_1$ 和 k_2 都为正整数，设 $\lambda_1>\lambda_2$）时，恰是 λ_1 的亮条纹和 λ_2 的暗纹重叠，即图 4-13-5 上 a 处的情况。若 $I_{max}=I_{min}$，则 $K\approx0$，条纹消失。如果可见度从某次 $K=0$ 的位置，变到相邻的另一次 $K=0$ 的位置，其光程差从 δ 变到 $\delta+\Delta\delta$，即

$$\begin{cases} \delta=k_1\lambda_1=(k_2-1/2)\lambda_2 \\ \delta+\Delta\delta=(k_1+k)\lambda_1=[k_2-1/2+(k-1)]\lambda_2 \end{cases}$$

两式整理，得

$$\Delta\lambda=\frac{\lambda_1\lambda_2}{\Delta\delta}\approx\frac{\lambda^2}{\Delta\delta}$$

式中，$\lambda=(\lambda_1+\lambda_2)/2$；$\Delta\delta=(\lambda_1-\lambda_2)k$。

实验中的光源为钠光，其黄色光谱是双光线，即 $\lambda_1=589.0\text{nm}$ 和 $\lambda_2=589.6\text{nm}$。因此，实验中可以看到当 d 变化时，条纹可见度随着变化，由干涉仪调节装置可将两相邻可见度为零的位置变化 Δd 测出。相对应的光程差改变量 $\Delta\delta$ 可写成

$$\Delta\delta=2\Delta d$$

将上式代入 $\Delta\lambda$ 的式子，得

$$\Delta\lambda=\frac{\lambda^2}{2\Delta d}$$

（2）白光干涉　若用白光作为光源，只有在两相干光束的光程差为几个波长时，才可以观察到干涉条纹，即当 M_1 与 M_2 成微小角度时，且只有 $d=0$ 附近几个波长范围内才出现彩色条纹。调节 M_1 与 M_2 镜位置，当调节到使 M_1 与 M_2 相交成图 4-13-6h 的位置时，则视场将出现中央直线黑纹（$d=0$ 位置），两旁各有彩色条纹。如果使 d 稍变大，条纹很快就消失。

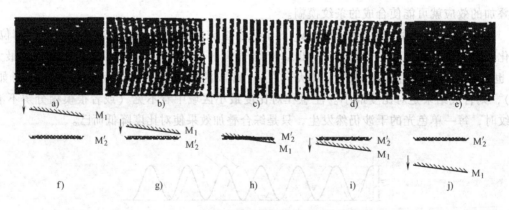

图 4-13-6　干涉条纹

由于白光干涉条纹只出现在 $d=0$ 附近，所以用白光可以决定单色光明暗条纹中 $d=0$ 的条纹（即零级中央条纹）。

（3）测定钠黄光双线的波长差　以钠黄光为光源调出清晰的干涉条纹，当改变 M_1 与 M_2 间的距离 d 时，发现干涉条纹的可见度从清晰变模糊（难以分辨）。测出相邻的二次干涉条纹最模糊时动镜 M_1 所移动的距离（要求多测几个间隔取平均），据公式计算

$$\Delta\lambda = \frac{\lambda^2}{2\Delta d}$$

式中，$\lambda = 589.3\text{nm}$。

（4）白光现象的观察及测定透明薄片的折射率

1）先用单色光（He-Ne 激光）调出等厚干涉条纹，使等厚干涉条纹的中心呈直线。

2）转动粗调手轮及微调鼓轮，使 M_1 镜移动，观察干涉条纹从弯曲、变直，再（向相反方向）变弯曲的变化。

3）在干涉条纹将变直的时候换上白炽灯光源，缓慢地移动 M_1 镜（用微调鼓轮），即可调出彩色直条纹。

4）将透明玻璃片（厚度为 t、折射率为 n 的均匀薄玻璃片）插入 M_1 和 G_1 之间的光路中，使其表面与 M_1 镜平行，此时白光干涉条纹立即消失，当移动动镜 M_1 经过 Δd 距离（光程减小）后，彩色条纹再次出现，此时有

$$\Delta d = t\ (n-1)$$

$$n = \frac{\Delta d}{t} + 1$$

测出厚度 t 及两次出现白光干涉条纹的间隔 Δd，按上式计算折射率 n。

【注意事项】

1. 迈克耳孙干涉仪是精密光学仪器，绝不能用手触摸各光学元件。
2. 调节 M_1 背面螺钉及拉簧微动螺钉时均应缓缓旋转。
3. 不能用眼睛直视激光，以免灼伤眼睛。
4. 测量时应防止引入空程差，即微调鼓轮的转动方向应与零点调整时的转动方向一致。

【思考与讨论】

1. 什么是非定域干涉条纹？怎样在迈克耳孙干涉仪上调出非定域干涉条纹？
2. 用非定域干涉测量单色光波长，He-Ne 激光的波长为 632.8nm，当 $N = 100$ 时，Δd 应为多大？
3. 在观察白光干涉条纹时为什么要先调到等厚干涉条纹？
4. 通过这次实验，你对激光、钠光和白光的相干性有什么认识？

实验 4.14　激光调腔实验

【实验目的】

1. 了解光学谐振腔的结构及激光产生原理。
2. 掌握谐振腔的模式稳定原则，并能设计简单稳定的光学谐振腔。
3. 学会激光调腔的实验方法。

【实验仪器】

He-Ne 激光放电管［主要由同轴结构放电管（包括放电管、阳极、阴极）、玻璃壳和两

端布氏窗片封闭而成]、激光电源、光学导轨、光学反射镜、光学输出镜、He-Ne 激光放电管固定底座、十字屏、其他辅助光学支架。

【实验原理】

1. 激光原理与光学谐振腔

激光实际上是一种在受激辐射过程中产生并被放大的光。由爱因斯坦关系式

$$\begin{cases} B_{12}f_1 = B_{21}f_2 \\ \dfrac{A_{21}}{B_{21}} = \dfrac{8\pi h\nu^3}{c^3} = n_\nu h\nu \end{cases} \tag{1}$$

及黑体辐射普朗克公式

$$E = \frac{h\nu}{e^{\frac{h\nu}{KT}} - 1} \tag{2}$$

可得光子简并度 $\bar{n}$ 为

$$\bar{n} = \frac{\rho_\nu}{\dfrac{8\pi h\nu^3}{c^3}} = \frac{B_{21}\rho_\nu}{A_{21}} = \frac{W_{21}}{A_{21}} \tag{3}$$

式中，ρ_ν 为单色能量密度。

从上式我们在物理上很容易理解，因为受激辐射产生相干光子，而自发辐射产生非相干光子。从式（3）出发，如果我们能创造一种情况，使腔内某一特定模式（或少数几个模式）的 ρ_ν 大大增加，而其他所有模式的 ρ_ν 很小，就能在这一特定（或少数几个）模式内形成很高的光子简并度 $\bar{n}$。也就是说，使相干的受激辐射光子集中在某一特定（或几个）模式内，而不是均匀分配在所有模式内。这种情况可以用以下的方法实现（见图 4-14-1）：

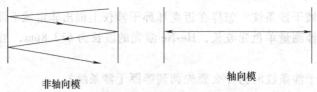

非轴向模　　　　　　　　　　　　轴向模

图 4-14-1　光谐振腔的选模作用

将一个充满物质原子的长方体空腔去掉侧壁，只保留两个端面腔壁。如果端面腔壁对光有很高的反射系数，则沿垂直端面的腔轴方向传播的光（相当于少数几个模式）将会在腔内多次反射而不逸出腔外，而所有其他方向的光则很容易逸出腔外。此外，如果沿腔轴传播的光在每次通过腔内物质时不是被原子吸收（受激吸收），而是由于原子的受激辐射而得到放大，那么腔内轴向模式的 ρ_ν 就能不断地增强，从而在轴向模内获得极高的光子简并度。这就是激光器的基本思想。

我们通常所说的激光器都是指激光自激振荡器。由激光增益系数 g 和损耗系数 α 的定义可知

$$g(z) = \frac{dI(z)}{dz}\frac{1}{I(z)}, \quad \alpha(z) = -\frac{dI(z)}{dz}\frac{1}{I(z)}$$

若同时考虑增益和损耗，则有

$$dI(z) = \left[g(I) - \alpha \right] I(z) \, dz$$

假如有微弱光（光强为 I_0）进入一无限长放大器。起初光强 $I(z)$ 按小信号放大规律增长，但是随着 $I(z)$ 的增加，增益系数由于饱和效应而减小，所以 $I(z)$ 的增长会逐渐减缓。最后当 $g(I) = \alpha$ 时，$I(z)$ 不再增加并达到一个稳定的极限值 I_m，由前述条件可知 $I_m = (g^0 - \alpha) \dfrac{I_s}{\alpha}$，其中 g^0 为小信号增益系数。

可见，I_m 只与放大器本身的参数有关，而与初始光强无关。特别是，不管初始光强多么微弱，只要放大器足够长，就总是能形成确定大小的光强 I_m，这实际上就是自激振荡的概念，它表明，当激光放大器的长度足够长时，它可能成为一个自激振荡器。

实际上，我们不可能也没必要把激活物质的长度无限增加，只要在具有一定长度的光放大器两端放置如上所述的光谐振腔，就可以使轴向光波模在反射镜间往返传播，这就等效于增加了放大器长度。

综上所述，一个激光器应包括光放大器和光谐振腔两部分，对于光谐振腔的作用，至少应该归结为两点：模式选择和提供轴向光波模的反馈。本实验中的光放大器为氦-氖激光管，光谐振腔要求用已提供的各种参数的镜片来设计完成。

2. 模式稳定原则

在激活物质两端恰当地放置两个反射镜片，就构成一个最简单的光学谐振腔。光学谐振腔的分类大致如下：

$$\text{光学谐振腔} \begin{cases} \text{闭腔} \\ \text{开腔} \begin{cases} \text{稳定腔} \\ \text{非稳腔} \\ \text{临界腔} \end{cases} \\ \text{气体波导腔} \end{cases}$$

由于稳定腔的几何偏折损耗很低，在绝大多数小功率的器件中都采用稳定腔。稳定腔的模式理论也是腔模式理论中比较成熟的部分，具有最广泛、最重要的实践意义。

本实验中采用的是一种开放式的共轴球面稳定腔，由两块具有公共轴线的球面镜构成。

由已经学习过的腔内光线往返传播的矩阵表示方法（参看周炳琨等人编著的《激光原理》相关内容）可知道，在满足下列条件时，傍轴光线能在腔内往返多次而不至于横向逸出腔外，从而达到提供光波模反馈的目的：

$$\left[\frac{1}{2} (A + D) \right]^2 < 1$$

式中，$A = 1 - \dfrac{2L}{R_2}$

$$D = - \left[\frac{2L}{R_1} - \left(1 - \frac{2L}{R_1} \right) \left(1 - \frac{2L}{R_2} \right) \right]$$

其中，R_1 和 R_2 为腔两个曲面的曲率半径。

将含有 A、D 的相关式子代入上式可得出

$$0 < \left(1 - \frac{L}{R_1}\right)\left(1 - \frac{L}{R_2}\right) < 1$$

引入所谓 g 参数可将上式写成

$$0 < g_1 g_2 < 1$$

其中，$g_i = 1 - \dfrac{L}{R_i}$（$i = 1$，2）。

上式即为共轴球面腔的模式稳定原则。式中，当凹面镜向着腔内时，R 取正值；而当凸面镜向着腔内时，R 取负值。

通常来说，$g_1 g_2$ 的值越接近 1 表示介质的利用率越高，越接近 0 表示越难以调整出光，在设计选择时应注意综合考虑。

【实验内容及步骤】

1. 平凹双稳腔的调节

1）调节 He-Ne 激光放电管、光学反射镜、光学输出镜、十字屏等高共轴，其中心在一条直线上。

2）调整各个元件的相对位置，使平面镜作为输出镜（透过率约为 1.6%），凹面镜作为全反射镜（反射率约为 99.8%），He-Ne 激光放电管位于全反镜和输出镜的中间，观测屏位于输出镜的前方。

3）检查各个光学元件位置的正确摆放情况，等没有安全隐患后，按下 He-Ne 激光放电管的电源，点亮激光管，并按如下步骤调节：

如图 4-14-2 所示，十字屏中心有一小孔，用照明光源照亮十字屏。通过小孔沿光轴观察放电管，移动十字屏位置，在放电管端头找到放电管中心的光点，如图 4-14-3a 所示。然

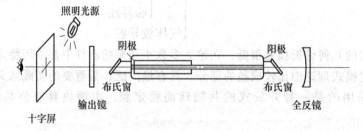

图 4-14-2

后调节腔镜，并观察十字线的像，使其交点与放电管中心光点重合，调节到如图 4-14-3c 所示状态后（标志着腔镜已经与放电管轴线垂直），将十字屏、照明光源换到激光腔另外一端，按照以上调节方法，同样调节到如图 4-14-3c 所示状态，即可能有激光输出。否则，

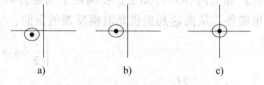

图 4-14-3　十字成像调腔过程示意图
a）初始状态　b）中间状态　c）最佳状态

可重复以上步骤，反复调节，直至输出红色激光，微调两腔镜（平面输出镜、凹面全反镜）背面的螺钉，以达到最佳输出光强。

4）首先，选择适当的全反射镜、平面输出镜的相对位置，并记录谐振腔的腔长 L_0，同

时记录观察屏的位置 x_0，然后改变全反射镜、平面输出镜的位置，并记录此时的谐振腔的腔长 L_1，L_2，L_3，…，同时记录观察屏的位置 x_1，x_2，x_3，…的位置。

5）分析改变谐振腔的腔长后，在屏上接收到的光斑焦点是如何变化的？

2. 模式稳定原则的验证

改变谐振腔的腔长 L，验证满足公式 $0<\left(1-\dfrac{L}{R_1}\right)\left(1-\dfrac{L}{R_2}\right)<1$ 的光学谐振腔是光学双稳腔，并自己独立设计实验方案。

【注意事项】

因本实验带有一定的危险性、复杂性，希望同学们仔细阅读以下注意事项并严格遵守，在实验中听从实验指导老师的安排，小心、细心、耐心地完成实验。

1. 勿用手指或其他粗糙纸制品擦拭激光管的布氏窗面、腔镜面，如果有污迹确实需要去除，请报请实验指导老师处理。

2. 在连接激光管电源时切记看清正负极，并且看清是否连接良好（金属连接部分不要外露），正负极接反会导致激光管迅速损坏，由于激光电源输出电压很高，连接部分外露会导致触电情况发生。

3. 调腔使激光输出后不要用眼睛直视激光束，以免灼伤眼睛。事先选择好合适的激光管放置位置，使其出光后避免激光照射到其他实验同学的眼睛或面部，在实验区域附近不要乱放置不必要的反光物。

4. 在调节出光的过程中，不要将电源电流调得太大，以免瞬间出光时灼伤眼睛；调节过程中应有意识地使自己的瞳孔稍小，减少激光射入到视网膜的能量，一旦看到有红光出现，就不要再直视激光管内，而应改成使用白屏接收并细微调节，直至输出稳定的激光。

5. 实验结束后，若需要将电源连接线从激光管上拆下时，应先将电源关闭 1min，然后方可将连在激光管上的连接线取下，并请小心操作，不要左右晃动，以免使电极折断。

【思考题】

1. 试分别求出平凹、双凹、凹凸共轴球面腔的稳定条件。
2. 综合整个实验过程中遇到的问题，试考虑什么样的腔最适合实际使用。

实验 4.15　声光衍射与液体中声速的测定

【引言】

声光衍射是指光通过某一受到超声波扰动介质时发生的衍射现象，这种现象是光波与介质中声波相互作用的结果。早在 20 世纪 30 年代人们就开始了声光衍射实验的研究。20 世纪 60 年代激光的问世为声光现象的研究提供了理想的光源，促进了声光效应理论和应用研究的迅速发展。它将在激光技术、光信号处理和集成光通信技术等方面有着重要的应用。

【实验目的】

1. 了解声光相互作用原理，观察声光衍射现象。
2. 利用超声光栅测定液体中的声速。

【实验仪器】

汞光源、WSG-1型超声光栅声速仪、超声池、锆钛酸铅压电陶瓷片换能器、高频信号连接线、测微目镜、分光仪、望远镜、平行光管、狭缝、轨道支架等。

【实验原理】

1. 声光衍射

声波是一种纵向机械应力波，它在介质中传播时会引起介质密度发生疏密交替的周期性变化，这就使得介质折射也发生相应的变化。当一束光射入这种介质时，就会因这种折射率的周期性变化而发生衍射，衍射光的强度、频率、方向等都随超声波变化，这就是声光衍射。声光衍射可分为：喇曼-奈斯衍射和布拉格衍射两种类型。

喇曼-奈斯衍射条件是：当光波方向垂直于声波方向，且在介质中传播的距离 L 很小，声波频率较低时，介质起到"平面光栅"的作用，这种衍射相似于平面光栅衍射，可得如下式（1）的光栅方程。

布拉格衍射条件是：当光波方向与声波方向不垂直，而且在介质中传播的距离 L 较大，声波频率较高时，声波在介质中要穿过多个声波面，故介质起到"体光栅"的作用，就会产生布拉格衍射。

本实验采用喇曼-奈斯衍射。如图 4-15-1 所示，平行光垂直入射光栅时，将产生多级衍射光，且各级衍射光强为最大位置，并对称分布在零级光谱的两侧。

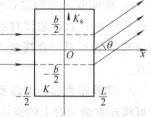

图 4-15-1　喇曼-奈斯衍射

2. 液体中的声速测定

超声波在液体中以纵波形式传播，在波前进路径上，声音的压强（声压）使液体被周期性压缩与膨胀，从而使液体折射率也相应地做周期性的变化，形成疏密波。如果有一列波沿 x 方向传播，在 A 处遇到反射器后，超声波被反射面沿反方向传播，在一定条件下，前进波与反射波叠加而形成稳定的纵驻波。此时，超声装置中的待测透明液体就成为"超声光栅"。若有一束平行光沿垂直于超声波传播方向，通过这疏密相间的液体时，就会被"超声光栅"衍射。而所对应的光栅常数即为两个相邻疏密部分之间的距离，就是超声波的波长 A。

由于驻波的振幅可以达到原单一行波的两倍（即波腹处两波振幅同向而加强，波节处两波振幅反向而减弱），这样就加剧了波源与反射面之间的液体疏密化程度。仔细研究发现：在某时刻，纵驻波任意波节两边的质点都涌向这个节点，使该节点附近成为质点的密集区，而相邻的波节处变为质点的稀疏区。经过半个周期后，这个波节附近的质点向两边散开变为稀疏区，相邻波节处则变为质点的密集区。在这一驻波中，稀疏作用使液体折射率减小，而压缩作用使液体折射率增大。在距离等于波长 A 的两点，质点的密度相同，折射率也相同，如图 4-15-2 所示。因为超声波的波长很短，只要盛装液体的液体槽的宽度能够维持平面波（宽度为 l），槽中的液体就相当于一个衍射光栅。图中行波的波长 A 相当于光栅常数。由超声波在液体中产生的光栅作用称作超声光栅。

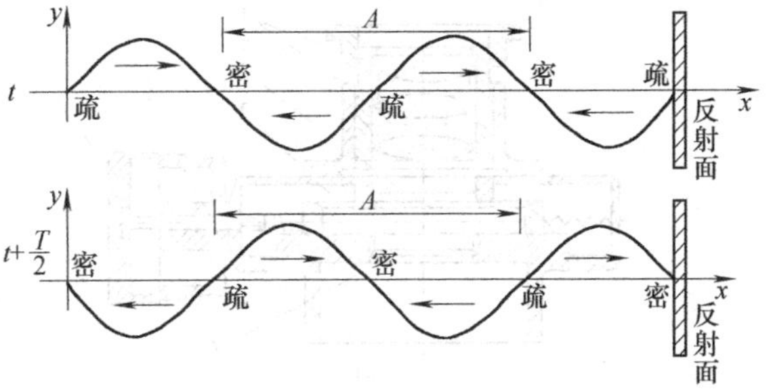

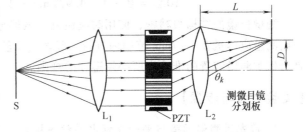

图 4-15-2　液体中的超声波振幅周期疏密分布图

由图 4-15-3 及光学理论可知，一波长为 λ 的平面光垂直通过光栅常数为 d 的光栅，其第 k 级亮条纹的衍射角 θ_k 满足关系式

$$d\sin\theta_k = \pm k\lambda \qquad (1)$$

式中，$k = 0$，±1，±2，±3，$\cdots$ 为衍射级次；θ_k 为对应的衍射角；λ 为波长；d 为光栅常数。

对于"超声光栅"，由于光栅常数等于超声波的波长 A。因此衍射方程可写成

$$A\sin\theta_k = \pm k\lambda \quad (k = 0,\ 1,\ 2,\ 3,\ \cdots)$$
$$\qquad (2)$$

由于衍射角 θ_k 很小，按照几何关系有

$$\sin\theta_k = \frac{D}{L} \qquad (3)$$

图 4-15-3　液体中的超声波衍射光路图

式中，D 为中央零级光点和第 k 级衍射光点之间的距离；L 为望远镜物镜焦距（仪器数据）。将式（3）代入式（2），得

$$A = k\lambda\frac{L}{D} \qquad (4)$$

从而得到超声波在液体中的传播速度为

$$v = Af = k\lambda f\frac{L}{D} \qquad (5)$$

式中，v 为超声波在液体中的传播速度；λ 为光波波长；f 为声波与光波共振频率。

【仪器介绍】

测微目镜简介

测微目镜是带测微装置的目镜，可作为测微显微镜和测微望远镜等仪器的部件，在光学实验中有时也作为一个测长仪器独立使用（例如测量非定域干涉条纹的间距）。图 4-15-4a 所示是一种常见的丝杠式测微目镜的结构剖面图。鼓轮转动时通过传动螺旋推动叉丝玻片移动；鼓轮反转时，叉丝玻片因受弹簧恢复力作用而反向移动。有 100 个分格的鼓轮每转一周，叉丝移动 1mm，所以鼓轮上的最小刻度为 0.01mm。图 4-15-4b 表示通过目镜看到的固定分划板上的毫米尺、可移动分划板上的叉丝与竖丝以及被观测的几条干涉条纹。

例如，为了测量干涉条纹中的 10 个明（或暗）条纹距离，可以使叉丝和竖丝对准第 n 个明（或暗）条纹，先读毫米标尺上的整数，再加上鼓轮上的小数，即为该条纹的位置 A。再慢慢移动叉丝和竖丝，对准第 $n+10$ 个明（或暗）条纹，得到位置 B。若 $A = 2.735\text{mm}$，$B = 4.972\text{mm}$，则 11 个条纹间的 10 个距离就是

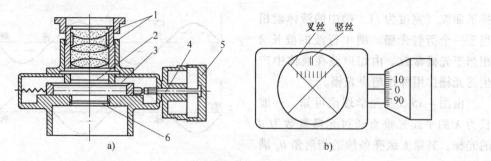

图　4-15-4
1—复合目镜　2—固定的毫米刻度玻片　3—可移动的叉丝玻片
4—传动螺旋　5—鼓轮　6—防尘玻璃

$$10\Delta x = B - A = 4.972\text{mm} - 2.735\text{mm} = 2.237\text{mm}$$

测微目镜的结构很精密，使用时应注意：虽然分划板刻度尺的测量范围是 0~8mm，但一般测量应尽量在 1~7mm 范围内进行，竖丝或叉丝交点不允许越出毫米尺刻度线之外，这是为保护测微装置的准确度所必须遵守的规则。

【实验内容与步骤】

1. 首先目测望远镜与平行光管水平对齐并与光源在一条直线上。

2. 打开低压汞灯光源。

3. 将液体槽座卡在分光计载物台上，液体槽座的缺口对准并卡住载物台侧面的锁紧螺钉，放置平衡，并用锁紧螺钉锁紧，使较大的液侧面与望远镜和平行光管保持相互垂直状态。转动望远镜测微目镜调焦使分划板十字叉丝清晰，前后拉动测微目镜使零级光谱线像清晰可见并锁紧目镜。

4. 将平行光管狭缝宽度与所处位置调整好，要求狭缝像宽度适中（约在 0.5~1mm 范围内），并竖直调整到测微目镜中部叉丝中心处，同时与目镜中心刻度线重合。

5. 再将待测液体注入液体槽中，并按 3 步骤放置于载物台上，用导线连接好高频信号源与液体槽压电换能器插口，打开信号源，从测微目镜中观察衍射条纹，调节信号频率输出大小，使电振荡频率与压电换能器固有频率一致而发生共振。此时衍射光谱线级数显著增加且更为明亮，并在找到最佳状态时，开始测量。

6. 为了消除回程差，测量时必须将测微目镜鼓轮向左或向右转动到无谱线后继续转动鼓轮一周（即1mm）时，再反向转动鼓轮到左或右时的第一条谱线处开始测量，并沿同一方向逐级测量各级谱线位置。

7. 重复步骤6，测量三次，记录各谱线所处位置填入表 4-15-1 中。

【数据处理】

表 4-15-1　各谱线相对位置测量数据表

测量次数	-2级谱线位置			-1级谱线位置			0级谱线位置	+1级谱线位置			+2级谱线位置			频率
	黄	绿	紫	黄	绿	紫	白	紫	绿	黄	紫	绿	黄	/MHz
1														
2														
3														
平均														

根据所测数据，选择求解 D 值的正确方法。选项：①利用逐差法求 D 值；②利用简单的算术平均法求 D 值。写出判断①或②的理由？并求液体中的声速及百分误差。

参考数值：当 $t = 20℃$ 时，水中标准声速 $v = 1482.9\mathrm{m/s}$。

当 $t = 20℃$ 时，酒精（乙醇）中标准声速 $v = 1168\mathrm{m/s}$。

汞紫谱波长 $\lambda = 435.8\mathrm{nm}$；汞绿谱波长 $\lambda = 546.1\mathrm{nm}$；汞黄谱波长 $\lambda = 578.0\mathrm{nm}$。

【注意事项】

1. 当液面高度低于正常液面处时要补充液体，此时必须关闭超声仪，拆下液槽后再补充液体。拿液槽时，手不要触摸液槽两侧通光面，以免污染，影响测量值。

2. 超声仪不宜长时间通电，也不宜长时间调在 12MHz 以上，使用时间不宜超过 1h，以免仪器振荡电路过热损坏仪器。

3. 不要将锆钛酸铅陶瓷片长时间浸泡在液槽内，也不能在未放入有介质的液体槽内开启信号源使用。

4. 双竖叉丝只能在分划板水平标尺刻度线范围内移动，不得超过此范围。

【思考题】

1. 光学平面光栅和超声光栅有何异同？

2. 当光波垂直通过声波液体时，相当于通过一个光栅并产生生光的衍射现象，请问此现象称为什么衍射？

3. 为什么紫光谱会晃动？

实验 4.16　金属电子逸出功的测定

【实验目的】

1. 了解有关热电子发射的基本规律。

2. 用里查逊直线法测定钨丝的电子逸出功 $e\varphi$。

3. 学习直线测量法、外延测量法等基本实验方法。

【实验原理】

1. 电子的逸出功及热电子发射

在通常温度下，由于金属表面和外界之间存在着势垒，所以从能量角度看，金属中的电子是在一个势阱中运动，势阱的深度为 E_b。在热力学温度为 0K 时，电子所具有的最大能量为 E_F，E_F 称为费密能级，这时电子逸出金属表面至少需要从外界得到的能量为 $E_0 = E_b - E_F = e\varphi$，$E_0$ 称为金属电子的逸出功，也称功函数，常用电子伏特（eV）作为单位，其中，e 是电子电荷量，φ 称为逸出电位。

电子从被加热金属中逸出的现象称为热电子发射，热电子发射是通过提高金属温度的方法，改变电子的能量分布，使其中一部分电子的能量大于 E_0，这些电子就可以从金属中发射出来。不同的金属材料具有不同的逸出功，因此，逸出功的大小对热电子发射的强弱，起决定性作用。

若真空二极管的阴极（用被测金属钨丝做成）通以电流加热，并在阳极上加以正向电压（阳极为高电位）时，在连接这两个电极的外电路中将有阳极电流 I_a 通过，如图 4-16-1 所示。电流的大小主要与灯丝温度及金属逸出功的大小有关，灯丝温度越高或者金属逸出功越小，电流就越大，二极管的电流曲线如图 4-16-2 所示。因此，热电子发射既与发射电子的材料的温度有关，也与阴极材料有关。本实验是测定金属钨的电子逸出功。

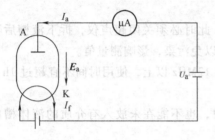 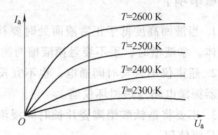

图 4-16-1 真空二极管外电路图   图 4-16-2 二极管电子电流曲线

根据费密-狄拉克分布可以导出热电子发射遵循的里查逊-杜西曼（Richardson-Dushman）公式（无外电场时的热电子发射公式）

$$I_0 = AST^2 \exp\left(-\frac{e\varphi}{kT}\right) \tag{1}$$

其推导过程可参阅有关物理学金属的电子理论。

式中，$\exp\left[-e\varphi/(kT)\right]$ 表示 $e^{-e\varphi/(kT)}$；I_0 为热电子发射的电流，单位为 A；A 是与阴极表面化学纯度有关的系数，单位为 $A \cdot m^{-2} \cdot K^{-2}$；$S$ 为阴极的有效发射面积，单位为 m^2；k 为玻耳兹曼常数（$k = 1.38 \times 10^{-23} J/K$）；$T$ 为热阴极的热力学温度，单位为 K。

原则上，我们只要测定 I_0、A、S 和 T，就可以根据式（1）计算出阴极材料的逸出功 $e\varphi$。但困难在于 A 和 S 这两个量是难以直接测定的，所以在实际测量中常用下述的理查逊直线法，以设法避开 A 和 S 的测量，这是一种数据处理的巧妙方法，非常有用。

2. 里查逊直线法

将式（1）两边除以 T^2，再取对数得到

$$\lg(I_0/T^2) = \lg(AS) - \frac{e\varphi}{2.30kT}$$

$$= \lg(AS) - 5.04 \times 10^3 \varphi/T \tag{2}$$

因为 A 和 S 是结构常数，对每一个二极管都各有一个与温度无关的定值。从式（2）中可以看出，$\lg(I_0/T^2)$ 与 $1/T$ 呈线性关系。如果以 $\lg(I_0/T^2)$ 为纵坐标，以 $1/T$ 为横坐标作图，由所得直线的斜率求出电子的逸出电位 φ，从而求出电子的逸出功 $e\varphi$，这个方法叫作里查逊直线法。它的好处是可以不必求出 A 和 S 的具体值，直接从 I 和 T 得出 φ 的值，A 和 S 的影响只是使 $\lg(I_0/T^2)$-$1/T$ 平行移动。类似的这种处理方法在实验、科研和生产上都有应用。

3. 从加速场外延求零场电流

为了维持阴极发射的热电子能连续不断地飞向阳极，必须在阴极和阳极间外加一个加速

电场 E_a，当灯丝阴极通以加热电流 I_f 时，若灯丝已发射热电子，则电子在加速电场下趋向阳极，形成阳极电流 I_a。然而，由于 E_a 的存在会使阴极表面的势垒 E_b 降低，因而逸出功减小，发射电流增大，这一现象称为肖特基效应。可以证明，在阴极表面加速电场 E_a 的作用下，阴极发射电流 I_a 与 E_a 有如下的关系：

$$I_a = I_0 \exp\left(\frac{0.439\sqrt{E_a}}{T}\right) \tag{3}$$

式中，I_a 和 I_0 分别是加速电场为 E_a 和零时的发射电流。对式（3）取对数得

$$\lg I_a = \lg I_0 + \frac{0.439}{2.30}\frac{\sqrt{E_a}}{T} \tag{4}$$

如果把阴极和阳极做成共轴圆柱体，并忽略接触电位差和其他影响，则加速电场可表示为

$$E_a = \frac{U_a}{r_1 \ln\dfrac{r_2}{r_1}} \tag{5}$$

式中，r_1 和 r_2 分别为阴极和阳极的半径；U_a 为加速电压，将式（5）代入式（4），得

$$\lg I_a = \lg I_0 + \frac{0.439}{2.30}\frac{1}{\sqrt{r_1 \ln\dfrac{r_2}{r_1}}}\frac{\sqrt{U_a}}{T} \tag{6}$$

由式（6）可见，对于一定尺寸直热式真空二极管，r_1、r_2 一定，当阴极的温度 T 一定时，$\lg I_a$ 和 $\sqrt{U_a}$ 呈线性关系。

如果以 $\lg I_a$ 为纵坐标，以 $\sqrt{U_a}$ 为横坐标作图，如图 4-16-3 所示，此直线的延长线与纵坐标的交点，即截距为 $\lg I_a$。由此即可求出在一定温度下，加速电场为零时的热发射电流 I_0。

综上所述，要测定金属材料的逸出功，首先应该把被测材料做成二极管的阴极。当测定了阴极温度 T、阳极电压 U_a 和发射电流 I_a 后，通过上述的数据处理，得到零场电流 I_0，即可求出逸出功 $e\varphi$（或逸出电位 φ）。

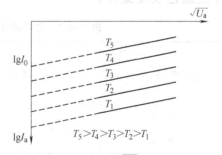

图 4-16-3 由 $\lg I_a$ - $\sqrt{U_a}$ 直线确定 $\lg I_a$

（I_a 以 μA 为单位）

【实验内容与步骤】

1. 熟悉仪器装置，将仪器面板上的电位器旋钮逆时针旋到底。

2. 将仪器面板上的插孔和理想二极管实验盒的插孔用连接线按线色和图 4-16-4 中编号一一对应接好（仔细检查，不可接错），接通电源预热 10min。

3. 调节理想二极管的灯丝电流，使灯丝电流显示 0.550A。

4. 调节理想二极管的阳极电压，使阳极电压分别为 25.0V，36.0V，49.0V，

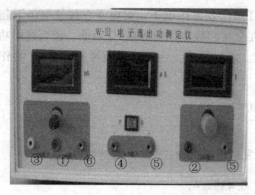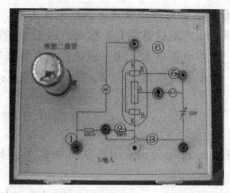

图 4-16-4　逸出功测定仪面板及理想二极管实验电路图

64.0V，…，144.0V，并分别测出对应的阳极电流 I_a，记录相应的数据。

　　5. 二极管的灯丝电流，每次增加 0.050A，重复上述测量，直至灯丝电流增加到 0.750A。每改变一次灯丝电流都要预热 1min。

　　6. 将测得的数据填入表 4-16-2，进行数据处理。

【参考数据】

表 4-16-1　在不同灯丝电流时灯丝的温度值

灯丝电流 I_f/A	0.550	0.600	0.650	0.700	0.750	0.800
灯丝温度 $T/10^3K$	1.80	1.88	1.96	2.04	2.12	2.20

【数据记录及处理】

表 4-16-2　在不同灯丝电流和阳极电压时测得的阳极电流值

$I_a/10^{-6}A$ ＼ U_a/V ／ I_f/A	25.0	36.0	49.0	64.0	81.0	100.0	121.0	144.0
0.550								
0.600								
0.650								
0.700								
0.750								

表 4-16-3　表 4-16-2 数据的换算值

$\lg I_a$ ＼ $\sqrt{U_a}$ ／ $T/10^3K$	5.0	6.0	7.0	8.0	9.0	10.0	11.0	12.0
1.80								
1.88								
1.96								

（续）

$\sqrt{U_a}$	5.0	6.0	7.0	8.0	9.0	10.0	11.0	12.0
$\lg I_a$								
$T/10^3\mathrm{K}$								
2.04								
2.12								
2.20								

根据表 4-16-3 数据绘制出 $\lg I_a$-$\sqrt{U_a}$ 图线，将从图线上求出的零场电流的对数值 $\lg I_0$ 记录于表 4-16-4 中。

表 4-16-4　在不同灯丝温度时的零场电流及其换算值

$T/10^3\mathrm{K}$	1.80	1.88	1.96	2.04	2.12	2.20
$\lg I_0$						
$\lg \dfrac{I_0}{T^2}$						
$\dfrac{1}{T}/\times 10^{-4}\mathrm{K}^{-1}$						

根据表 4-16-4 中的数据绘制出 $\lg \dfrac{I_0}{T^2}$-$\dfrac{1}{T}$ 图线，从图线上求出的直线斜率 $K = $ _____，求得金属钨的电子逸出功 $e\varphi = $ _____ eV。

金属钨的电子逸出功的公认值为 $e\varphi = 4.54\mathrm{eV}$，计算相对误差：$E = $ _____%。

【注意事项】

1. 理想二极管的灯丝性脆，使用时应轻拿轻放，加温与降温以缓慢为宜，灯丝炽热后尤其应避免强烈振动。

2. 实验过程中灯丝电流应严格控制在给出的 0.55~0.75A 范围内进行，不得超过，以免烧毁灯丝或缩短理想二极管的寿命。

3. 测量时每改变一次灯丝电流 I_f 值后要等 1min 再测数据，在实验过程中应使 I_f 稳定在所需的数值上，并随时注意调整。

由于理想二极管工艺制作上的差异，本仪器内装有理想二极管限流保护电路，请不要将灯丝电流超过 0.80A。

4. 实验完成后将仪器面板上的电位器逆时针旋转到底再关闭电源。

【思考题】

1. 影响本实验结果的误差有哪些因素？

2. 什么是逸出功？改变阴极温度是否也会改变阴极材料的逸出功？

3. 里查逊直线法有何优点？

4. 灯丝电流为何要保持稳定？测量中，每次改变 I_f 值时为何要预热几分钟后才能测量？

实验 4.17　塞曼效应

【引言】

电磁场与光的相互作用一直是物理学家研究的重要课题。1845 年法拉第（Michael Faraday，1791—1867）发现了磁场能改变偏振光的偏振方向，即磁致旋光效应。1875 年克尔（J. Kerr，1824—1907）发现，各向同性的介质（如玻璃等）在强电场作用下会表现出各向异性的光学性质，出现双折射现象，即电光效应。1896 年荷兰物理学家塞曼（Pieter Zeeman，1865—1943）研究电磁场对光的影响，他把钠光源置于强磁场中，发现钠的谱线出现了加宽现象，即谱线发生了分裂，后称为正常塞曼效应。著名物理学家洛伦兹（Hendrik Antoon Lorentz，1853—1928）用经典电子论对这种现象进行了解释。他认为电子存在轨道磁矩，并且磁矩在空间的取向是量子化的，因此在磁场作用下能级发生分裂，谱线分裂成间隔相等的 3 条谱线。用正常塞曼效应测出电子荷质比，与 1897 年汤姆孙（Joseph John Thomson，1856—1940）测量阴极射线的结果相同。由于塞曼效应的发现，塞曼和洛伦兹分享了 1902 年的诺贝尔物理学奖。

德国的龙格（Runge，1902）、英国的普雷斯顿（Preston，1897）、美国的迈克耳孙（Michelson，1897）和德国的帕邢（Friedrich Paschen，1912）都曾先后观察到光谱线有时分裂多于 3 条，称为反常塞曼效应。反常塞曼效应在很长时间里一直没能得到很好的解释。1921 年，德国的朗德（Landé）发表了一篇名为《论反常塞曼效应》的论文，引进朗德因子 g，表示原子能级在磁场作用下的能量改变比值，这一因子只与能级的量子数有关。

1925 年，荷兰物理学家乌伦贝克（G. E. Uhlenbeck，1900—1974）和古德斯米特（S. A. Goudsmit，1902—1978）提出了电子自旋假设，很好地解释了反常塞曼效应。

塞曼效应证实了原子具有磁矩和空间取向量子化。根据光谱线分裂的数目可知总角动量量子数 J，根据光谱线分裂的间隔可以测量 g 因子，近而确定原子总轨道角动量量子数 L 和总自旋量子数 S 的数值，因此，塞曼效应是研究原子结构的重要方法之一。另外，由塞曼效应可分析物质的元素组成，在科研和生产中都有重要应用。

【实验目的】

1. 理解塞曼效应原理和仪器的工作原理。
2. 观察汞原子 546.1nm 谱线在磁场中分裂的情况。
3. 用 F-P 标准具测量塞曼分裂线（π 分量）的波数差。
4. 测量电子的荷质比。

【实验仪器】

塞曼效应仪、F-P 标准具、测微目镜、CCD、监视器。

【实验原理】

1. 原子磁矩

塞曼效应是原子磁矩和外加磁场相互作用引起原子能级分裂进而产生光谱线分裂的现

象。原子总磁矩包括电子磁矩和核磁矩，由于核磁矩比电子磁矩小三个数量级，所以只考虑电子磁矩。原子中电子既有轨道磁矩也有自旋磁矩。原子的总轨道角动量 P_L 和总自旋角动量 P_S 合成为原子的总角动量 P_J，原子的轨道磁矩 μ_L 和自旋磁矩 μ_S 合成为原子的总磁矩 μ（见图 4-17-1）。轨道磁矩 μ_L 与总轨道角动量 P_L 的关系为

$$\mu_L = \frac{e}{2m}P_L, \quad \mu_L = \frac{e}{2m}P_L, \quad P_L = \sqrt{L(L+1)}\,\hbar$$

总自旋磁矩 μ_S 与总自旋角动量 P_S 的关系为

$$\mu_S = \frac{e}{m}P_S, \quad \mu_S = \frac{e}{m}P_S, \quad P_S = \sqrt{S(S+1)}\,\hbar$$

因总磁矩 μ 与总角动量 P_J 不共线，把 μ 分解为与 P_J 平行的分量 $\mu_{/\!/} \equiv \mu_J$ 和垂直的分量 $\mu_\perp$，在总磁矩 μ 绕总角动量 P_J 旋进时 $\mu_\perp$ 平均为零，因此，原子的有效磁矩是 μ_J，它与 P_J 的数值关系为

$$\mu_J = g\frac{e}{2m}P_J, \quad P_J = \sqrt{J(J+1)}\,\hbar$$

式中，J 为总角动量量子数；L 为总轨道角动量量子数；S 为总自旋量子数；$\hbar$ 为普克常量；m 为电子质量；g 为朗德因子，对于 L-S 耦合，

$$g = 1 + \frac{J(J+1)-L(L+1)+S(S+1)}{2J(J+1)}$$

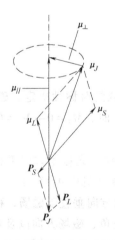
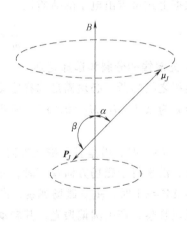

图 4-17-1　原子磁矩与角动量的矢量模型　　　　图 4-17-2　μ_J 和 P_J 的进动

2. 外磁场对原子能级的影响

当原子处在外磁场 B 中的时候，在力矩 $L = \mu_J \times B$ 的作用下，原子总角动量 P_J 和磁矩 μ_J 绕磁场方向进动（见图 4-17-2）。原子在磁场中的附加能量 ΔE 为

$$\Delta E = -\boldsymbol{\mu}_J \cdot \boldsymbol{B} = -\mu_J B\cos\alpha = g\frac{e}{2m}P_J B\cos\beta$$

角动量 P_J 在磁场中的取向（投影）是量子化的，即

$$P_J\cos\beta = M\hbar \quad (M = J, J-1, \cdots, -J)$$

其中，M 为磁量子数。因此，

$$\Delta E = Mg\frac{e\hbar}{2m}B$$

可见，附加能量不仅与外磁场 B 有关系，还与朗德因子 g 有关。磁量子数 M 共有 $2J+1$ 个值，因此原子在外磁场中，原来的一个能级将分裂成 $2J+1$ 个子能级。

在未加磁场时，能级 E_2 和 E_1 之间的跃迁产生的光谱线频率 ν 为

$$\nu = \frac{E_2 - E_1}{h} \tag{1}$$

在外加磁场时，分裂后的谱线频率 ν' 为

$$\nu' = \frac{(E_2 + \Delta E_2) - (E_1 + \Delta E_1)}{h} \tag{2}$$

分裂后的谱线与原来谱线的频率差 $\Delta\nu'$ 为

$$\Delta\nu' = (\Delta E_2 - \Delta E_1)/h = (M_2 g_2 - M_1 g_1)\frac{eB}{4\pi mc} \tag{3}$$

定义上式中的 $L_0 = \dfrac{eB}{4\pi mc}$ 为洛伦兹单位（$L_0 = 0.467 B m^{-1} T^{-1}$）。

用波数差 $\Delta\tilde{\nu}'$ 表示为

$$\Delta\tilde{\nu}' = (M_2 g_2 - M_1 g_1)L_0 = (M_2 g_2 - M_1 g_1)\frac{eB}{4\pi mc} \tag{4}$$

根据上式可求出电子的荷质比

$$\frac{e}{m} = \frac{4\pi c}{(M_2 g_2 - M_1 g_1)B}\Delta\tilde{\nu}' \tag{5}$$

3. 光谱线的分裂和选择定则

能级之间的跃迁必须满足选择定则，它由两能态波函数的对称性决定。磁量子数 M 的选择定则为 $\Delta M = M_2 - M_1 = 0, \pm 1$；而且 $\Delta J = 0$，即当 $J_2 = J_1$ 时，$M_2 = 0 \to M_1 = 0$ 的跃迁是禁戒的。

当 $\Delta M = 0$ 时，沿垂直于磁场方向观察，产生 π 线，π 线为光振动方向平行于磁场的线偏振光，沿平行于磁场方向观察时，光强为零，不产生 π 线（见图 4-17-3）。

当 $\Delta M = \pm 1$ 时，垂直磁场观察，产生线偏振光，其振动方向垂直于磁场，称为 σ 线。平行于磁场观察，产生圆偏振光，其转动方向取决于 ΔM 的正负、磁场方向以及观察者相对于磁场的方向：迎着磁场方向观察时，σ 线为圆偏振光，$\Delta M = +1$ 时为左旋圆偏振光，$\Delta M = -1$ 时为右旋圆偏振光。沿垂直于磁场方向观察时，σ 线为线偏振光，其电矢量与磁场垂直（见图 4-17-3）。

图 4-17-3　π 线和 σ 线

4. 汞绿线在外磁场中的分裂

汞绿线（546.1nm）是汞原子的 $6s7s^3S_1$ 能级到 $6s6p^3P_2$ 能级跃迁产生的谱线。这两个能级的分裂情况及对应的量子数 M 和 g 如图 4-17-4 所示。上能级 $6s7s^3S_1$ 分裂为 3 个子能级，下能级 $6s6p^3P_2$ 分裂为 5 个能级。选择定则允许的跃迁共有 9 种，即原来的 546.1nm 的谱线将分裂成 9 条谱线。分裂后的 9 条谱线等距，间距为 $L_0/2$，9 条谱线的光谱范围是 $4L_0$。

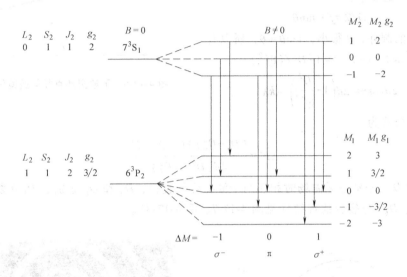

图 4-17-4　汞绿线的塞曼效应

在观察塞曼分裂时，一般光谱线最大的塞曼分裂仅有几个洛伦兹单位，塞曼效应分裂的波长差的数值是很小的，以汞的 546.1nm 谱线为例，当 $B=1T$ 时，$\Delta\lambda\approx10^{-11}$ m，欲观察如此小的波长差，普通棱镜摄谱仪是不能胜任的，必须使用高分辨本领的光谱仪器。因此，我们在实验中采用高分辨率仪器，即法布里-珀罗标准具（简称 F-P 标准具）。

5. 用 F-P 标准具测量塞曼分裂谱线的波数差 $\Delta\tilde{\nu}'$（见图 4-17-5）

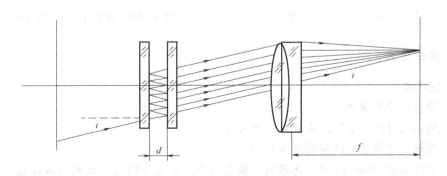

图 4-17-5　F-P 标准具原理

图中，f 是物镜的焦距；n 和 d 分别为间隔层的折射率和厚度，在实验中 $n=1$、$d=2$mm。

第 k 级干涉亮条纹的公式为

$$2nd\cos\theta = k\lambda \qquad (6)$$

应用 F-P 标准具测量各分裂谱线的波长或波长差，是通过测量干涉环的直径来实现的，如图 4-17-6 所示，用透镜把 F-P 标准具的干涉圆环成像在焦平面上，出射角为 θ 的圆环直径 D 与透镜焦距 f 之间满足关系：

$$D/2 = f \cdot \tan\theta$$

对于近中心的圆环，θ 很小，$\tan\theta \approx \theta$，所以有

$$\cos\theta \approx 1 - \theta^2/2 = 1 - D^2/(8f^2)$$

$$2d\cos\theta = 2d\left(1 - \frac{D^2}{8f^2}\right) = k\lambda$$

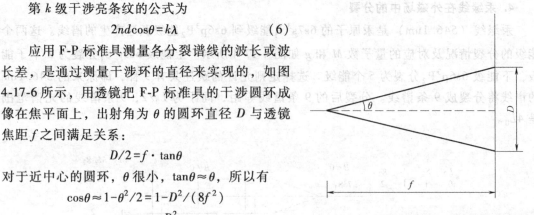

图 4-17-6　干涉圆环直径与透镜焦距关系图

波数差公式为

$$\Delta\tilde{\nu}' = \frac{(D_b^2 - D_a^2) + (D_b'^2 - D_a'^2)}{4d(D_{k-1}^2 - D_k^2)} \qquad (7)$$

式中，D_k 和 D_{k-1} 分别是无磁场时相邻两干涉亮环的直径；D_a 和 D_b 分别是 D_k 分裂后的直径；而 D_a' 和 D_b' 是 D_{k-1} 分裂后的直径（见图 4-17-7、图 4-17-8）。

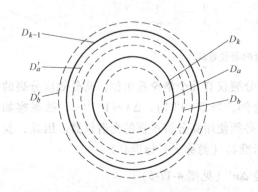

图 4-17-7　分裂后 π 成分示意图

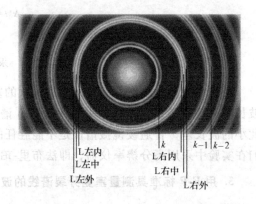

图 4-17-8　分裂后 π 成分实拍图

【实验内容与步骤】

1. 定性观察

1）使导轨成水平状态。

2）把笔形汞灯放在磁铁磁极外，点燃汞灯。

3）放置聚光透镜使它的照明光斑均匀。

4）放置法希里-珀罗（F-P）标准具，要求与干涉滤光片同轴，调整微调螺钉，使两镜片严格平行。

5）放置物镜调整高度与标准具镜片同轴。

6）放置测微目镜，调整高度与物镜同轴，并观察未加磁场时清晰的干涉图像（见图 4-17-9a）。

7）将汞灯移入磁极间，从测微目镜中可观察到细锐的干涉环逐渐变粗，然后发生分裂，可看到清晰的塞曼分裂谱线9条（见图4-17-9b）。

8）在聚光镜片上安装偏振片，当偏振片旋转到不同位置时，可观察到偏振性质不同的π分量和σ分量（见图4-17-9c、d）。

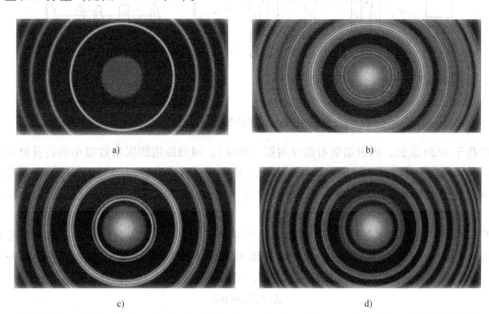

图 4-17-9　图谱分析
a）未加磁场的谱线　b）加磁场的塞曼分裂谱线　c）塞曼 π 分量　d）塞曼 σ 分量

2. 定量测量

1）当无磁场时，读出对应两干涉环两级间的直径 D_k 和 D_{k-1}。

2）当加磁场后，转动偏振片使视场出现 π 分裂，分别测量 D_a 和 D_b 的直径、D_a' 和 D_b' 的直径。

3）用式（7）求出塞曼分裂的波数差 $\Delta\tilde{\nu}'$。

4）用式（5）求电子荷质比（理论值 $e/m = 1.75881962\times10^{11}\,\mathrm{C/kg}$）。

【注意事项】

1. 不要折断汞灯及电线。

2. 不要用手接触 F-P 标准具的表面。

【仪器说明】

1. 塞曼效应仪

塞曼效应实验装置是由永磁铁、F-P 标准具（$d = 2\mathrm{mm}$）、干涉滤光片、会聚透镜、偏振片、测微目镜、导轨、笔形汞灯、CCD 及监视器构成的（见图4-17-10）。

2. F-P 标准具

（1）F-P 标准具的结构

F-P 标准具是由两块平面玻璃板及其中间夹着的间隔圈组成的。平面玻璃板内表面加工精

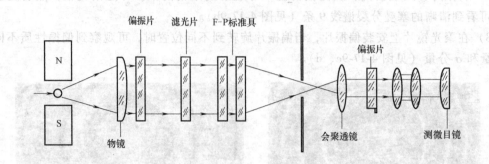

图 4-17-10　实验装置示意图

度要求高于 1/30 波长，内表面镀有高反射膜（90%）。间隔圈用膨胀系数很小的石英材料加工而成，其厚度为 d，以保证两块平面玻璃板之间精确的平行度和稳定的间距。该装置是具有高分辨本领的多光束干涉光谱仪器，其干涉条纹为一组明暗相间、条纹清晰、细锐的同心圆环。

（2）原理及性能

F-P 标准具的光路图如图 4-17-11 所示，当单色平行光束 S_0 以小角度 θ 入射到标准具的 M 平面时，入射光束 S_0 经过 M 表面及 M′表面多次反射和透射，形成一系列相互平行的反射光束，这些相邻光束之间有一定的光程差 Δl，而且有

$$\Delta l = 2nd\cos\theta$$

式中，d 为两平板之间的间距；n 为两平板之间介质的折射率（标准具在空气中使用，$n = 1$）；θ 为光束入射角。这一系列互相平行并有一定光程差的光束在无穷远处须用透镜会聚在透镜的焦平面上发生干涉，光程差为波长整数倍，即 $2d\cos\theta = k\lambda$ 时产生干涉极大值，这里 k 为整数，称为干涉序。由于标准具的间距是固定的，在波长不变的条件下，不同的干涉序 k 对应不同的入射角 θ。在扩展光源照明下，F-P 标准具产生等倾干涉，故它的干涉条纹是一组同心圆环。

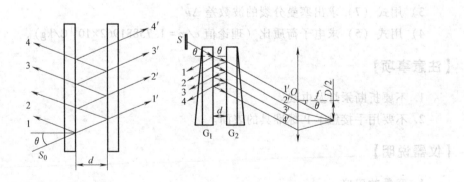

图 4-17-11　F-P 标准具光路图

（3）F-P 标准具的调整

1）将标准具置于汞灯照明之下，用眼睛观察即能看到一组同心圆的干涉图像。

2）观察者眼睛从标准具镜片中心向三个微调螺钉方向移动，此时干涉图像不仅移动而且大小也发生变化，则说明标准具两个镜片还未严格平行，若干涉图像是向外冒出，则该微

调螺钉压力太小，应增加压力，即顺时针方向旋微调螺钉；若干涉图像向内吞进，说明该微调螺钉压力太小，应减小压力，即逆时针旋微调螺钉。按此方法反复调整压力，直至干涉图像不动为止，则 F-P 标准具已严格平行。

实验 4.18 电子顺磁共振

电子顺磁共振谱仪是根据电子自旋磁矩在磁场中的运动与外部高频电磁场相互作用，对电磁波共振吸收的原理而设计的。因为电子本身运动受物质微观结构的影响，所以电子自旋共振成为观察物质结构及其运动状态的一种手段。又因为电子顺磁共振谱仪具有极高的灵敏度，并且观测时对样品没有破坏作用，所以电子顺磁共振谱仪被广泛应用于物理、化学、生物和医学生命等领域。

【实验目的】

1. 学习电子顺磁共振的概念及实验观察方法。
2. 了解微波系统的主要部分及调节方法。
3. 测定 DPPH 中电子的 g 因子。

【实验仪器】

电子顺磁共振谱仪主机、磁铁、示波器、微波系统（包括微波源、隔离器、阻抗调配器、扭波导、直波导、可变短路器及检波器）。

【实验原理】

1. 电子的轨道磁矩与自旋磁矩

由原子物理可知，对于原子中电子的轨道运动，与它相对应的轨道磁矩为

$$\mu_L = -\frac{e}{2m}P_L \tag{1}$$

式中，P_L 为电子轨道运动的角动量；e 为电子电荷量；m 为电子质量；负号表示由于电子带负电，其轨道磁矩方向与轨道角动量的方向相反。因为 $P_L = \sqrt{L(L+1)}\,\hbar$，故有

$$\mu_L = \sqrt{L(L+1)}\frac{e\hbar}{2m} \tag{2}$$

原子中电子除轨道运动外还存在自旋运动。根据狄拉克提出的电子的相对论性波动方程，电子自旋运动的量子数 $s = \frac{1}{2}$，自旋运动角动量 P_s 与自旋磁矩 μ_s 的关系为

$$\mu_s = -\frac{e}{m}P_s \tag{3}$$

其中，$P_s = \sqrt{s(s+1)}\,\hbar$，所以

$$\mu_s = \sqrt{s(s+1)}\frac{e\hbar}{m} \tag{4}$$

比较式（2）和式（4）可知，自旋运动电子磁矩与角动量之间的比值是轨道运动磁矩与角

动量之间的比值的二倍。

原子中电子的轨道磁矩与自旋磁矩合成原子的总磁矩。对于单电子的原子，总磁矩μ_J与角动量P_J之间有

$$\mu_J = -g\frac{e}{2m}P_J \tag{5}$$

式中，$g = 1 + \dfrac{J(J+1) - L(L+1) + S(S+1)}{2J(J+1)}$称为朗德$g$因子，对于单纯轨道运动，$g$因子等于1；对于单纯自旋运动，$g$因子等于2。

引入磁旋比γ，有

$$\mu_J = \gamma P_J \tag{6}$$

其中，

$$\gamma = -g\frac{e}{2m} \tag{7}$$

在外磁场中，总磁矩μ_J与角动量P_J的空间取向都是量子化的。它们在外磁场方向上的投影分别为$P_z = m_z\hbar$，$\mu_z = \gamma m_z\hbar = -m_z\dfrac{e\hbar}{2m} = -m_z g\mu_B$（$m_z = J$，$J-1$，…，$-J$），其中

$\mu_B = \dfrac{e\hbar}{2m}$称为玻尔磁子，电子的磁矩通常都用玻尔磁子为单位来量度。

2. 电子顺磁共振（电子自旋共振）

由于总磁矩的空间取向是量子化的，所以磁矩与外磁场$\boldsymbol{B}$的相互作用能也是不连续的，其相应的能量为

$$E = -\mu_z \cdot B = -\gamma m_z\hbar B = -m_z g\mu_B B \tag{8}$$

不同磁量子数m_z所对应状态上的电子具有不同的能量。各磁能级是等距分裂的，两相邻磁能级之间的能量差为

$$\Delta E = \gamma\hbar B \tag{9}$$

当垂直于恒定磁场$\boldsymbol{B}$的平面上同时存在一个交变的电磁场$\boldsymbol{B}_1$，且其角频率ω满足条件$\hbar\omega = \Delta E = \gamma\hbar B$，即

$$\omega = \gamma B \tag{10}$$

时，电子在相邻的磁能级之间将发生磁偶极共振跃迁。从上述分析可知，这种共振跃迁现象只能发生在原子的固有磁矩不为零的顺磁材料中，因此称为电子顺磁共振。

3. 电子顺磁共振研究的对象

对于许多原子来说，其基态$J \neq 0$，有固有磁矩，能观察到顺磁共振现象。但是当原子结合成分子和固体时，却很难找到$J \neq 0$的电子状态，这是因为具有惰性气体结构的离子晶体以及靠电子配对偶合而成的共价键晶体都形成了饱和的满壳结构而没有固有磁矩。另外在分子和固体中，电子轨道运动的角动量通常是猝灭的，即做一级近似时P_L为0，这是因为受到原子外部电荷的作用，电子轨道平面发生进动，L的平均值为0，因此，分子和固体中的磁矩主要是自旋磁矩的贡献，故电子顺磁共振又称电子自旋共振。根据泡利（Pauli）原理，一个电子轨道至多只能容纳两个自旋相反的电子，所以如果所有的电子轨道都已成对地填满了电子，那么它们的自旋磁矩将会完全抵消，这时没有固有的磁矩，我们通常所见的化

合物大多属于这种情形。电子自旋共振只能研究具有未成对的电子的特殊化合物，如化学上的自由基（即分子中具有一个未成对的电子的化合物）、过渡金属离子和稀土元素离子及它们的化合物、固体中的杂质和缺陷等。

在实际的顺磁物质中，由于四周晶体场的影响、电子自旋与轨道运动之间的耦合、电子自旋与核磁矩之间的相互作用，使得 g 因子的数值有一个大的变化范围，并使电子自旋共振的图谱出现复杂的结构。对于自由电子，它只具有自旋角动量而没有轨道角动量，或者说它的轨道完全猝灭了，自由电子的 g 值为 2.0023。本试验用的顺磁物质为 DPPH（二苯基苦酸基联氨），它的一个氮原子上有一个未成对的电子，构成有机自由基。实验表明，化学上的自由基其 g 值十分接近自由电子的 g 值。

4. 电子自旋共振与核磁共振的比较

由于电子磁矩比核磁矩要大三个数量级（核磁子是波尔磁子的 1/1848）。在同样的磁场强度下，电子塞曼能级之间的间距比核塞曼能级之间的间距要大得多，根据玻耳兹曼分布律，上、下能级间粒子数的差额也大得多，所以电子自旋共振的信号比核磁共振的信号也要大得多。当磁感应强度为 0.1~1T 时，核磁共振发生在射频范围，电子自旋共振则发生在微波频率范围。由于电子磁矩比核磁矩要大得多，自旋—晶格和自旋—自旋耦合所造成的弛豫作用比核磁共振中也要大得多，所以一般谱线较宽。

5. 电子自旋共振信号的观察

由图 4-18-1，样品处于磁铁的恒定磁场 B_0 中，使电子基态能级发生塞曼分裂。微波传输部件把 X 波段体效应二极管信号源的微波功率馈给谐振腔内的样品，其磁场 B_1 的方向与恒定磁场垂直，从而提供了产生自旋共振所需的交变电场。磁铁上有线圈，用 50Hz 交流电对磁场提供扫场，当满足共振条件时输出共振信号，信号由示波器直接检测。

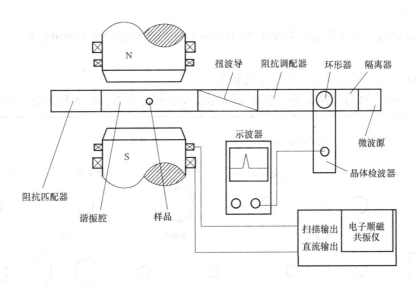

图 4-18-1　电子顺磁共振实验原理图

【仪器介绍】

（1）各个微波部件的原理、性能及使用方法

1）微波源：由体效应管、变容二极管、频率调节、电源输入端组成，微波源供电电压为 12V，其发射频率为 9.37GHz。

2）隔离器：起单向传输作用，对于向谐振腔方向传播的微波，基本无衰减；而对于反射微波，则有极大的衰减。

3）环形器：起定向传输作用。

4）晶体检波器：用于检测微波信号，由前置的三个螺钉调配器、晶体管座和末端的短路活塞三部分组成。其核心部分是跨接于矩形波导宽壁中心线上的点接触微波二极管（也叫晶体管检波器），其管轴沿 TE10 波的最大电场方向，它将拾取到的微波信号整流（检波）。当微波信号是连续波时，整流后的输出为直流。输出信号由与二极管相连的同轴线中心导体引出，再接到示波器。测量时要反复调节波导终端的短路活塞的位置以及输入前端三个螺钉的穿伸度，使检波电流达到最大值，以获得较高的测量灵敏度。

5）扭波导：改变波导中电磁波的偏振方向（对电磁波无衰减），主要作用是便于机械安装。

6）短路活塞：它是接在传输系统终端的单臂微波元件，接在终端对入射微波功率几乎全部反射而不吸收，从而在传输系统中形成纯驻波状态。它是一个可移动金属短路面的矩形波导，也可称可变短路器。其短路面的位置可通过螺旋来调节并可直接读数。

7）阻抗调配器：双轨臂波导元件，调节 E 面、H 面的短路活塞可以改变波导元件的参数，它的主要作用是改变微波系统的负载状态。它可以系统调节至匹配状态、容性负载、感性负载等不同状态。在微波顺磁共振中的主要作用是观察吸收信号和色散信号。

（2）电子顺磁共振谱仪主机（见图 4-18-2）

1）直流输出：此输出端将会输出 0~600mA 的电流，并通过直流调节电位器来改变输出电流的大小。

2）扫描输出：此输出端将会输出 0~1000mA 的交流电流，其大小由扫描调节电位器来改变。

3）扫频开关：用来改变扫描信号的频率。

4）in 与 out：这两个接头是一组放大器的输入端和输出端，放大倍数为 10 倍，in 端为

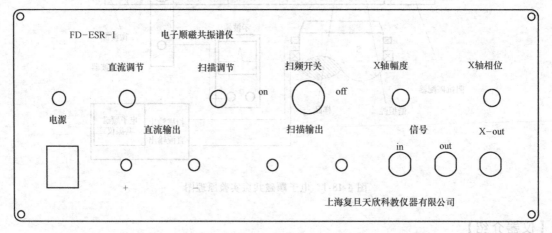

图 4-18-2　电子顺磁共振谱仪主机面板图

放大器的输入端，out 端为放大器的输出端。

5）X-out：此输出端为一组正弦波的输出端，X 轴幅度为正弦波的幅度调节电位器，X 轴相位为正弦波的相位调节电位器。

6）仪器后面板上的五芯航空头为微波源的输入端。

【实验内容与步骤】

1. 电子顺磁共振图形的观察及调节

1）先把三个支架放到适当的位置，再将微波系统放到支架上，调节支架的高低，使得微波系统水平放置，最后把装有 DPPH 样品的试管放在微波系统的样品插孔中。

2）将微波源的输出与主机后部微波源的电源接头相连，再将电子顺磁共振仪面板上的直流输出与磁铁上的一组线圈的输入相连，扫描输出与磁铁面板上的另一组线圈相连，最后将检波输出与示波器的输入端相连。

3）打开电源开关，将示波器调至直流挡；将检波器的输出调至直流最大，再调节短路活塞，使直流输出最小。

4）将示波器调至交流挡，仔细调节直流调节电位器，使示波器上出现等间距的吸收信号。

5）用 Q9 接线一端接电子顺磁共振谱仪主机面板右下方的 X-out，另一端接示波器的CH1 通道，调节短路活塞，观察李萨如图形。

6）在环形器和扭波导之间加装阻抗调配器，然后调节检波器和阻抗调配器上的旋钮，观察色散波形。

2. 计算 DPPH 中未偶电子的 g 因子

用特斯拉计测定磁铁磁感应强度 B，测量微波频率 f，根据 $\omega = 2\pi f = \gamma B$ 可以计算出磁旋比：$\gamma = \dfrac{2\pi f}{B}$，再由 $\gamma = -g \dfrac{e}{2m}$ 计算 g 因子。

【注意事项】

1. 磁极间隙的大小由教师调整，学生不要调整，以免损坏样品腔。
2. 保护特斯拉计的探头防止挤压磕碰，用后不要拔下探头。
3. 励磁电流要缓慢调整，同时仔细注意波形变化，才能辨认出共振吸收峰。

【思考题】

1. 电子自旋在外磁场中分裂为几个能级？能级间隔由什么因素决定？
2. 微波波导磁场的方向是怎样的？它的作用是什么？
3. 查阅资料，分析实验中的共振吸收信号、色散信号和注意它们所代表的物理意义。

实验 4.19 核磁共振实验

【引言】

核磁共振，是指具有磁矩的原子核在恒定磁场中由电磁波引起共振跃迁的现象。它广泛应用于许多科学领域，是物理、化学、生物和医学研究中的一项重要实验技术。它是测定原子的核磁矩和研究核结构的直接而又准确的方法，也是精确测量磁场的重要方法之一。

【实验目的】

1. 了解核磁共振的基本原理及核磁共振现象的观察方法。
2. 测量氢核和氟核的 γ 因子和 g 因子。

【实验仪器】

FD-CNMR-I 型核磁共振仪：磁铁、磁场扫描电源、边限振荡器（其上装有探头，探头内装样品）、频率计和示波器。

【实验原理】

1. 核自旋和核磁共振

通常将原子核的总磁矩在其角动量 P 方向上的投影 μ 称为核磁矩，它们之间的关系通常写成

$$\mu = \gamma P$$

或

$$\mu = g\frac{e}{2m_p}P \tag{1}$$

式中，$\gamma = g\dfrac{e}{2m_p}$ 称为磁旋比；e 为电子电荷量；m_p 为质子质量；g 为朗德因子。对氢核来说，$g = 5.5851$。

按照量子力学，原子核角动量的大小由下式决定：

$$P = \sqrt{I(I+1)}\,\hbar \tag{2}$$

式中，$\hbar = \dfrac{h}{2\pi}$，h 为普朗克常量；I 为核的自旋量子数，可以取 $I = 0$，$\dfrac{1}{2}$，1，$\dfrac{3}{2}$，…对氢核来说，$I = \dfrac{1}{2}$。

把氢核放入外磁场 B 中，可以取坐标轴的 z 方向为 B 的方向。核的角动量在 B 方向上的投影值由下式决定：

$$P_B = m\hbar \tag{3}$$

式中，m 称为磁量子数，可以取 $m = I$，$I-1$，…，$-(I-1)$，$-I$。核磁矩在 B 方向上的投影值为

$$\mu_B = g\frac{e}{2m_p}P_B = g\left(\frac{eh}{2m_p}\right)m$$

将它写为

$$\mu_B = g\mu_N m \tag{4}$$

式中，$\mu_N = 5.050787 \times 10^{-27}\,\mathrm{A \cdot m^2}$ 称为核磁子，它是核磁矩的单位。

磁矩为 μ 的原子核在恒定磁场 B 中具有的势能为

$$E = -\boldsymbol{\mu} \cdot \boldsymbol{B} = -\mu_B B = -g\mu_N m B$$

任何两个能级之间的能量差为

$$\Delta E = E_{m1} - E_{m2} = -g\mu_N B(m_1 - m_2) \tag{5}$$

考虑最简单的情况，对氢核而言，自旋量子数 $I = \dfrac{1}{2}$，所以磁量子数 m 只能取两个值，即

$m = \dfrac{1}{2}$ 和 $m = -\dfrac{1}{2}$。磁矩在外场方向上的投影也只能取两个值，如图 4-19-1a 所示，与此相对

应的能级如图 4-19-1b 所示。

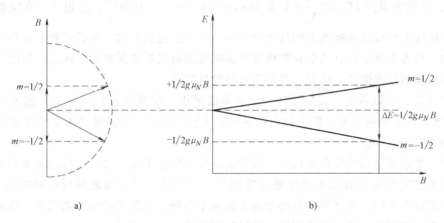

图 4-19-1 氢核能级在磁场中的分裂

跃迁能级之间的能量差为

$$\Delta E = g\mu_N B \tag{6}$$

由这个公式可知：相邻两个能级之间的能量差 ΔE 与外磁场 $\boldsymbol{B}$ 的大小成正比，磁场越强，则两个能级分裂也越大。

假设实验时外磁场为 $\boldsymbol{B}_0$，在该稳恒磁场区域又叠加一个电磁波作用于氢核，如果电磁波的能量 $h\nu_0$ 恰好等于这时氢核两能级的能量差 $g\mu_N B_0$，即

$$h\nu_0 = g\mu_N B_0 \tag{7}$$

则氢核就会吸收电磁波的能量，由 $m = \dfrac{1}{2}$ 的能级跃迁到 $m = -\dfrac{1}{2}$ 的能级，这就是核磁共振吸收现象。式（7）就是核磁共振条件。为了应用上的方便，常写成

$$\nu_0 = \left(\frac{g\mu_N}{h}\right) B_0，即 \omega_0 = \gamma B_0 \tag{8}$$

2. 核磁共振信号的强度

以上讨论的是将单个的核放在外磁场中的核磁共振理论。但实验中所用的样品是大量同类核的集合。如果处于高能级上的核数目与处于低能级上的核数目没有差别，则在电磁波的激发下，上下能级上的核都要发生跃迁，并且跃迁概率是相等的，吸收能量等于辐射能量，我们就观察不到任何核磁共振信号。只有当低能级上的原子核数目大于高能级上的核数目时，吸收的能量才会比辐射的能量多，这样才能观察到核磁共振信号。在热平衡状态下，核数目在两个能级上的相对分布由玻耳兹曼因子决定：

$$\frac{N_1}{N_2} = \exp\left(-\frac{\Delta E}{kT}\right) = \exp\left(-\frac{g\mu_N B_0}{kT}\right) \tag{9}$$

式中，N_1 为低能级上的核数目；N_2 为高能级上的核数目；ΔE 为上下能级间的能量差；k 为玻耳兹曼常数；T 为热力学温度。当 $g\mu_N B_0 \ll kT$ 时，上式可以近似写成

$$\frac{N_1}{N_2} = 1 - \frac{g\mu_N B_0}{kT} \tag{10}$$

上式说明，低能级上的核数目比高能级上的核数目略微多一点。对氢核来说，如果实验温度 $T = 300\text{K}$，外磁场 $B_0 = 1\text{T}$，则 $\frac{N_2}{N_1} = 1 - 6.75 \times 10^{-6}$ 或 $\frac{N_1 - N_2}{N_1} \approx 7 \times 10^{-6}$。这说明，在室温下，每百万个低能级上的核比高能级上的核大约只多出 7 个。这就是说，在低能级上参与核磁共振吸收的每一百万个核中只有 7 个核的核磁共振吸收未被共振辐射抵消。因此，核磁共振信号非常微弱，检测如此微弱的信号，需要高质量的接收器。

由式（10）可以看出，温度越高，粒子差数越小，对观察核磁共振信号越不利。外磁场 B_0 越强，粒子差数越大，越有利于观察核磁共振信号。一般核磁共振实验要求磁场强一些，其原因就在这里。

另外，要想观察到核磁共振信号，仅仅磁场强一些还不够，磁场在样品范围内还应高度均匀，否则磁场多强也观察不到核磁共振信号。原因之一是，核磁共振信号由式（7）决定，如果磁场不均匀，则样品内各部分的共振频率不同。对某个频率的电磁波，将只有少数核参与共振，结果信号被噪声所淹没，难以观察到核磁共振信号。

3. 核磁共振信号的观察

观察核磁共振信号的实验装置示意图如图 4-19-2 所示。

磁铁的作用是产生稳恒磁场 B_0，它是核磁共振实验装置的核心，要求磁铁能够产生尽量强的、非常稳定、非常均匀的磁场。首先，强磁场有利于更好的观察核磁共振信号；其次，磁场空间分布均匀性和稳定性越好，则核磁共振实验仪的分辨率越高。核磁共振实验装置中的磁铁有三类：永久磁铁、电磁铁和超导磁铁。永久磁铁的优点是，不需要磁铁电源和冷却装置，运行费用低，而且稳定度度高。电磁铁的优点是，通过改变励磁电流可以在较大范围内改变磁场的大小。为了产生所需要的磁场，电磁铁需要很稳定的大功率直流电源和冷却系统，另外还要保持电磁铁的温度恒定。超导磁铁最大的优点是能够产生高达十几特斯拉的强磁场，这对大幅度提高核磁共振谱仪的灵敏度和分辨率极为有益，同时磁场的均匀性和稳定性也很好，是现代谱仪较理想的磁铁，但仪器使用液氮或液氦给实验带来了不便。本实验所使用的 FD-CNMR-I 型核磁共振教学仪采用永磁铁，磁场均匀度高于 5×10^{-6}。

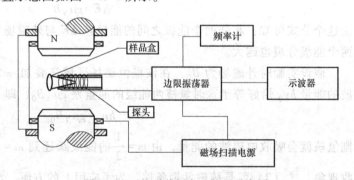

图 4-19-2　核磁共振实验装置示意图

边限振荡器具有与一般振荡器不同的输出特性，其输出幅度随外界吸收能量的轻微增加

而明显下降，当吸收能量大于某一阈值时即停振，因此，通常被调整在振荡和不振荡的边缘状态，故称为边限振荡器。

如图 4-19-2 所示，样品被放在边限振荡器的振荡线圈中，振荡线圈放在固定磁场 B_0 中，由于边限振荡器是处于振荡与不振荡的边缘，当样品吸收的能量不同（即线圈的 Q 值发生变化）时，振荡器的振幅将有较大的变化。当发生共振时，样品吸收增强，振荡变弱，经过二极管的倍压检波后，就可以把反映振荡器振幅变化大小的共振吸收信号检测出来，进而用示波器显示。由于采用边限振荡器，所以射频场 B_1 很弱，饱和的影响很小。但如果电路调节得不好，偏离边限振荡器状态很远，一方面射频场 B_1 很强，出现饱和效应，另一方面，样品中少量的能量吸收对振幅的影响很小，这时就有可能观察不到共振吸收信号。这种把发射线圈兼做接收线圈的探测方法称为单线圈法。

观察核磁共振信号最好的手段是使用示波器，但是示波器只能观察交变信号，因此必须想办法使核磁共振信号交替出现。有两种方法可以达到这一目的。一种方法是扫频法，即让磁场 B_0 固定，使射频场 B_1 的频率 ω 连续变化，当通过共振区域，且 $\omega = \omega_0 = \gamma B_0$ 时，出现共振峰。另一种方法是扫场法，即把射频场 B_1 的频率 ω 固定，而让磁场 B_0 连续变化，通过共振区域。这两种方法是完全等效的，显示的都是共振吸收信号 ν 与频率差（$\omega - \omega_0$）之间的关系曲线。

由于扫场法简单易行，确定共振频率比较准确，所以现在通常采用大调制场技术。在稳恒磁场 B_0 上叠加一个低频调制磁场 $B_m \sin \omega' t$，这个低频调制磁场就是由扫场单元（实际上是一对亥姆霍兹线圈）产生的。那么此时样品所在区域的实际磁场为 $B_0 + B_m \sin \omega' t$。由于调制场的幅度 B_m 很小，总磁场的方向保持不变，只是磁场的幅值按调制频率发生周期性变化（其最大值为 $B_0 + B_m$，最小值 $B_0 - B_m$），相应的拉摩尔进动频率 ω_0 也相应地发生周期性变化，即

$$\omega_0 = \gamma (B_0 + B_m \sin \omega' t) \tag{11}$$

这时，只要射频场的角频率 ω 调制在 ω_0 变化范围之内，同时调制磁场扫过共振区域，即 $B_0 - B_m \leqslant B_0 \leqslant B_0 + B_m$，则共振条件在调制场的一个周期内被满足两次，因此，在示波器上能观察到如图 4-19-3b 所示的共振吸收信号。此时若调节射频场的频率，则吸收曲线上的吸收峰将左右移动。当这些吸收峰间距相等时（见图 4-19-3a），则说明在这个频率下的共振磁场为 B_0。

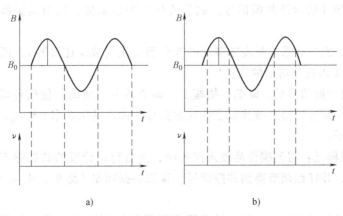

a) b)

图 4-19-3 扫场法检测共振吸收信号

需要指出的是，如果扫场速度很快，也就是通过共振点的时间比弛豫时间小得多，这时共振吸收信号的形状会发生很大的变化。在通过共振点之后，会出现衰减振荡。这个衰减的振荡称为"尾波"，这种尾波非常有用，因为磁场越均匀，尾波越大，所以应调节匀场线圈使尾波达到最大。

【实验内容与步骤】

1. 熟悉各仪器的性能并用相关线连接

在实验中，FD-CNMR-I 型核磁共振仪主要应用五部分：磁铁、磁场扫描电源、边限振荡器（其上装有探头，探头内装样品）、频率计和示波器。

1）首先将探头旋进边限振荡器后面板的指定位置，并将测量样品插入探头内。

2）将磁场扫描电源上"扫描输出"的两个输出端接磁铁面板中的一组接线柱（磁铁面板上共有四组，它们都是等同的，实验中可以任选一组），并将磁场扫描电源机箱后面板上的接头与边限振荡器后面板上的接头用相关线连接。

3）将边限振荡器的"共振信号输出"用 Q9 线连接到示波器的"CH1 通道"或者"CH2 通道"，"频率输出"用 Q9 线连接到频率计的 A 通道（频率计的通道选择：A 通道，即 1Hz~100MHz；FUNCTION 选择：FA；GATE TIME 选择：1s）。

4）移动边限振荡器将探头连同样品放入磁场中，并调节边限振荡器机箱底部四个调节螺钉，探头放置的位置应能保证使内部线圈产生的射频磁场方向与稳恒磁场方向垂直。

5）打开磁场扫描电源、边限振荡器、频率计和示波器的电源，准备后面的仪器调试。

2. 观察氢核和氟碳的共振信号

FD-CNMR-I 型核磁共振仪配备了 6 种样品：1#——硫酸铜，2#——三氯化铁，3#——氟碳，4#——丙三醇（甘油），5#——纯水，6#——硫酸锰。在实验中，因为硫酸铜的共振信号比较明显，所以开始时应该用 1#样品，熟悉了实验操作之后，再选用其他样品调节。

1）将磁场扫描电源的"扫描输出"旋钮顺时针调节至接近最大（旋至最大后，再往回旋半圈，因为最大时电位器电阻为零，输出短路，因而对仪器有一定的损伤），这样可以加大捕捉信号的范围。

2）调节边限振荡器的频率"粗调"电位器，将频率调节至磁铁标志的 H 共振频率附近，然后旋动频率调节"细调"旋钮，在此附近捕捉信号，当满足共振条件 $\omega = \gamma B_0$ 时，可以观察到如图 4-19-4 所示的共振信号。调节旋钮时要尽量慢，因为共振范围非常小，很容易跳过。

注意：因为磁铁的磁感应强度随温度的变化而变化（成反比关系），所以应在标志频率附近±1MHz 的范围内进行信号的捕捉！

3）调出大致共振信号后，降低扫描幅度，调节频率"微调"使信号等宽，同时调节样品在磁铁中的空间位置以得到微波最多的共振信号。读取共振频率 f 及 B_0，由 $\omega_0 = \gamma B_0$ 计算氢核的 γ 和 g 因子。

4）测量氟碳样品：将氟碳样品放入探头中，先自行估计氟的共振频率，将频率调节至氟的共振频率值，并仔细调节得到共振信号。读取共振频率 f 及 B_0，由 $\omega_0 = \gamma B_0$ 计算氟核的 γ 和 g 因子。

由于氟的共振信号比较小，故此时应适当降低扫描幅度（一般不大于 3V），这是因为

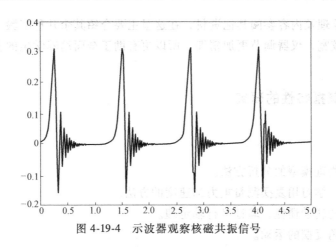

图 4-19-4 示波器观察核磁共振信号

样品的弛豫时间过长会导致饱和现象而引起信号变小。射频幅度随样品而异。表 4-19-1 列举了部分样品的最佳射频幅度，在初次调试时应注意，否则信号太小不容易观测。

表 4-19-1 部分样品的弛豫时间及最佳射频幅度范围

样品	弛豫时间(T_1)	最佳射频幅度范围
硫酸铜	约 0.1ms	3~4V
丙三醇（甘油）	约 25ms	0.5~2V
纯水	约 2s	0.1~1V
三氯化铁	约 0.1ms	3~4V
氟碳	约 0.1ms	0.5~3V

5）李萨如图形的观测：在前面共振信号调节的基础上，将磁场扫描电源前面板上的"X 轴输出"经 Q9 叉片连接线接至示波器的"CH1 通道"，将边限振荡器前面板上的"共振信号输出"用 Q9 线接至示波器的"CH2 通道"，按下示波器上的"X-Y"按钮，观测李萨如图形，调节磁场扫描电源上的"X 轴幅度"及"X 轴相位"旋钮，可以观察到信号有一定的变化。

【注意事项】

安装样品时要仔细调节好边限振荡器的水平，并放置于永久磁铁的中央位置。

【思考题】

1. 氢核的自旋量子数是多少？在外磁场中分裂为几个能级？

2. 处于能量较高的氢核数占总数的百分比通常是多少？要提高这一比值，有哪些方法？

3. 本实验用"扫场法"观察核磁共振信号，实验中为什么要说"调节边限振荡器的频率"来捕捉共振信号？

实验 4.20 动力学综合设计性实验

【引言】

动力学综合实验装置包含了复摆、扭摆、双线摆、三线摆、惯性秤及单摆等实验装置。

其中单摆的实验原理及内容参阅其他资料，在这里主要介绍其余几种实验，由于其涉及的物理基础知识范围较宽，仪器调节更加精细，所以更有助于全面培养学生的实验动手能力和创新能力。

实验 4.20.1　复摆特性的研究

【实验目的】

1. 掌握复摆物理模型的分析方法。
2. 通过实验，学习用复摆测量重力加速度的方法。
3. 测量物体的转动惯性，验证平行轴定理。
4. 研究任意角复摆的运动。

【实验仪器】

复摆装置、多功能微秒计 DHTC-1A、水准仪。

实验 4.20.1（Ⅰ）　复摆的基础性实验

【实验原理】

复摆是一刚体绕固定的水平轴在重力的作用下做微小摆动的动力运动体系。如图 4-20-1 所示，刚体绕固定轴 O 在竖直平面内做左右摆动，G 是该物体的质心，与轴 O 的距离为 h，θ 为其摆动角度。若规定右转角为正，此时刚体所受力矩与角位移方向相反，即有

$$M = -mgh\sin\theta \tag{1}$$

又根据转动定律 $M = I\ddot{\theta}$，若 θ 很小（θ 在 5° 以内），则近似有

$$\ddot{\theta} = -\omega^2\theta \tag{2}$$

其中，$\omega^2 = \dfrac{mgh}{I}$。此方程说明，该复摆在小角度下做简谐振动，该复摆的振动周期为

$$T = 2\pi\sqrt{\frac{I}{mgh}} \tag{3}$$

设 I_G 为转轴过质心且与 O 轴平行时的转动惯量，那么根据平行轴定律 $I = I_G + mh^2$ 可知

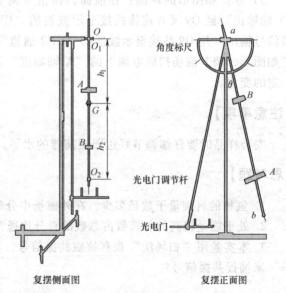

复摆侧面图　　　　　复摆正面图

图 4-20-1　复摆

$$T = 2\pi\sqrt{\frac{I_G + mh^2}{mgh}} \tag{4}$$

根据式（4），可测量重力加速度 g，其实验方案有多种，选择其中的两种加以介绍。

1. 实验方案一

对于固定的刚体而言，I_C 是固定的，因而在实验时，只需要改变质心到转轴的距离 h_1、h_2，则刚体周期分别为

$$T_1 = 2\pi \sqrt{\frac{I_C + mh_1^2}{mgh_1}} \tag{5}$$

$$T_2 = 2\pi \sqrt{\frac{I_C + mh_2^2}{mgh_2}} \tag{6}$$

为了使计算公式简化，故取 $h_2 = 2h_1$，合并两式，得：

$$g = \frac{12\pi^2 h_1}{(2T_2^2 - T_1^2)} \tag{7}$$

为了方便确定质心位置 G，实验时可取下摆锤 A 和 B。自己设计实验测量方案和数据处理方案。

2. 实验方案二

设 $I_C = mk^2$，代入式（4），得

$$T = 2\pi \sqrt{\frac{mk^2 + mh^2}{mgh}} = 2\pi \sqrt{\frac{k^2 + h^2}{gh}} \tag{8}$$

式中，k 为复摆对 G 轴的回转半径；h 为质心到转轴的距离。对式（8）两边平方，并改写成

$$T^2 h = \frac{4\pi^2}{g} k^2 + \frac{4\pi^2}{g} h^2 \tag{9}$$

实验时取下摆锤 A 和 B，测出 n 组（h^2，$T^2 h$）值，用作图法或最小二乘法求直线的截距 A 和斜率 B，可求得重力加速度 g 和回转半径 k。自己设计实验测量方案和数据处理方案。

实验 4.20.1（Ⅱ） 利用复摆测量物体的转动惯量和验证平行轴定理

【实验原理】

1. 测量物体的转动惯量

当复摆做小角度（$\theta < 5°$）摆动，且忽略阻尼的影响时，复摆绕固定轴 O 转动时的转动惯量为 I_0，质心到转轴的距离为 h_0，对应的周期为 T_0，则由式（3）得

$$I_0 = \frac{mgh_0 T_0^2}{4\pi^2} \tag{10}$$

设待测物体的质量为 m_x，回转半径为 k_x，绕自身质心的转动惯量为 $I_{x_0} = m_x k_x^2$，绕固定轴 O 转动时的转动惯量为 I_x，则 $I_x = I_{x_0} + m_x h_x^2$。当待测物体的质心与复摆质心重合时（$h_x = h_0$，$x = 0$），如图 4-20-2 所示，由式（3）可知，绕固定轴 O 转动时，有

$$T = 2\pi \sqrt{\frac{I_x + I_0}{m'gh_0}} \tag{11}$$

式中，$m' = m + m_x$，将上式两边平方，并改写成

$$I_x = \frac{m'gh_0T^2}{4\pi^2} - I_0 \tag{12}$$

将待测物体的质心调节到与复摆质心重合，测出周期 T，代入式（12），可求转动惯量为 I_x 和 I_{x_0}。

2. 验证平行轴定理

取质量和形状相同的两个摆锤 A 和 B，将它们对称地固定在复摆质心 G 的两边，设摆锤 A 和 B 的位置距复摆质心的距离为 x，如图 4-20-3 所示。由式（3）得

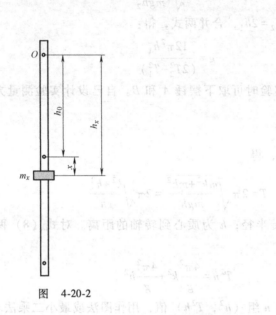

图 4-20-2   图 4-20-3

$$T = 2\pi\sqrt{\frac{I_A + I_B + I_0}{m'gh_0}} \tag{13}$$

式中，$m' = m_A + m_B + m = 2m_A + m$，$m_A$ 为摆锤 A 和 B 的质量，m 为复摆的质量。根据平行轴定理有

$$I_A = I_{A_0} + m_A(h_0 - x)^2, \quad I_B = I_{B_0} + m_B(h_0 + x)^2$$

两式相加，得

$$I_A + I_B = I_{A_0} + I_{B_0} + m_A[(h_0 - x)^2 + (h_0 + x)^2] = 2[I_{A_0} + m_A(h_0^2 + x^2)]$$

代入式（13），得

$$T^2 = \frac{8\pi^2}{m'gh_0}[I_{A_0} + m_A(h_0^2 + x^2) + I_0]$$

$$= \frac{8\pi^2 m_A}{m'gh_0}x^2 + \frac{8\pi^2}{m'gh_0}(I_{A_0} + I_0 + m_A h_0^2) \tag{14}$$

当以 x^2 为横轴，T^2 为纵轴时，绘制出的 $x^2\text{-}T^2$ 图像应是直线，直线的截距 a 和斜率 b 分别为

$$a = \frac{8\pi^2}{m'gh_0}(I_{A_0} + I_0 + m_A h_0^2) \tag{15}$$

$$b = \frac{8\pi^2 m_A}{m'gh_0} \tag{16}$$

如果实验测得的 a、b 值与由式（15）、式（16）计算的理论值相等，则由平行轴定理推导的式（14）成立，也就证明了平行轴定理成立。

在实验过程中，先测量式（15）中的 I_{A_0} 和 I_0。实验方案自己设计。

实验 4.20.1（Ⅲ） 无阻尼任意角复摆运动行为的探究

【实验原理】

对式（4）的两边同乘以 $\dfrac{\mathrm{d}\theta}{\mathrm{d}t}$，并对 t 积分，得

$$\left(\frac{\mathrm{d}\theta}{\mathrm{d}t}\right)^2 = E + 2\omega_0^2 \cos\theta \tag{17}$$

式中，E 为积分常数，设在最大角位移 $\theta = \theta_0$ 处，角速度 $\dfrac{\mathrm{d}\theta}{\mathrm{d}t} = 0$，因此求得积分常数 E 为 $E = -2\omega_0^2 \cos\theta_0$，将其代入式（17），得

$$\frac{\mathrm{d}\theta}{\mathrm{d}t} = \omega_0 \left[2(\cos\theta - \cos\theta_0)\right]^{\frac{1}{2}} \tag{18}$$

对上式积分一次，得

$$\omega_0 t = \int \frac{\mathrm{d}\theta}{\left[2(\cos\theta - \cos\theta_0)\right]^{\frac{1}{2}}} \tag{19}$$

设复摆过最低点时，$t=0$，$\theta=0$，并设振动周期为 T，则在 $t = \dfrac{T}{4}$ 时应有 $\theta = \theta_0$，再运用半角公式，得

$$\frac{1}{4}\omega_0 T = \int_0^{\theta_0} \frac{\mathrm{d}\theta}{2\left(\sin^2\dfrac{\theta_0}{2} - \sin^2\dfrac{\theta}{2}\right)^{\frac{1}{2}}} \tag{20}$$

将 θ 表示成 φ 的函数，设 $\sin\dfrac{\theta}{2} = \sin\dfrac{\theta_0}{2}\sin\varphi$，微分得

$$\frac{1}{2}\cos\frac{\theta}{2}\mathrm{d}\theta = \sin\frac{\theta_0}{2}\cos\varphi\mathrm{d}\varphi \tag{21}$$

代入式（20），得

$$\frac{\pi}{2} \cdot \frac{T}{T_0} = \int_0^{\frac{\pi}{2}} \frac{\mathrm{d}\varphi}{\left(1 - \sin^2\dfrac{\theta_0}{2}\sin^2\varphi\right)^{\frac{1}{2}}} \tag{22}$$

式中，$T_0 = \dfrac{2\pi}{\omega_0}$。最后，可求得任意摆角的周期为

$$T = T_0\left[1 + \left(\frac{1}{2}\right)^2\sin^2\frac{\theta_0}{2} + \left(\frac{1}{2}\cdot\frac{3}{4}\right)^2\sin^4\frac{\theta_0}{2} + \cdots\right] \tag{23}$$

设式（18）中的 $\dfrac{\mathrm{d}\theta}{\mathrm{d}t}=y$，$\theta=x$，则

$$y=\omega_0\left[2(\cos x-\cos\theta_0)\right]^{\frac{1}{2}} \tag{24}$$

根据式（24）可画出复摆在任意摆角时的 (x,y) 相图。

【实验内容】

利用复摆实验装置，自行设计实验测量方案来验证式（24），并画出 (x,y) 的相轨图。

实验 4.20.2　扭摆和双线摆

【实验目的】

1. 加深对转动惯量概念和平行轴定理等的理解。
2. 了解用扭摆和双线摆测转动惯量的原理和方法。
3. 掌握周期等物理量的测量方法。

【实验仪器】

扭摆、双线摆、游标卡尺、直尺、外径千分尺、多功能微秒计 DHTC-1A、水准仪。

【实验原理】

转动惯量是刚体转动惯性的量度，它与刚体的质量分布和转轴的位置有关。对于形状简单的均匀刚体，测出其外形尺寸和质量，就可以计算其转动惯量。对于形状复杂、质量分布不均匀的刚体，通常利用转动实验来测定其转动惯量。

1. 扭摆

将一金属丝上端固定，下端悬挂一刚体就构成扭摆（见图 4-20-4）。图中扭摆下方的悬挂物为圆盘。在圆盘上施加一外力矩，使之扭转一角度 θ，悬线因扭转而产生弹性恢复力矩。外力矩撤去后，在弹性恢复力矩作用下圆盘做往复扭动。忽略空气阻尼力矩的作用，根据刚体转动定理有 $M=I_0\ddot{\theta}$（其中，I_0 为刚体对悬线轴的转动惯量，$\ddot{\theta}$ 为角加速度）。弹性恢复力矩 M 与转角 θ 的关系 $M=-K\theta$（其中，K 为扭转模量，它与悬线长度 L、悬线直径 d 及悬线材料的切变模量 G 的关系为 $K=\dfrac{\pi Gd^4}{32L}$），则扭摆的运动微分方程为

$$\ddot{\theta}=-\frac{K}{I_0}\theta \tag{25}$$

可见，圆盘做简谐振动，其周期为

$$T_0=2\pi\sqrt{\frac{I_0}{K}} \tag{26}$$

图 4-20-4　扭摆

若悬线的扭摆模量 K 已知，则测出圆盘的摆动周期 T_0 后，由式（26）就可计算出圆盘的转动惯量 I_0。若 K 未知，可利用一个对其质心轴的转动惯量 I_1 为已知的物体，将它附加到圆盘上，并使其质心位于扭摆的悬线上，组成复合体。此复合体对以悬线为轴的转动惯量为 I_0+I_1，复合体的摆动周期为 $T=2\pi\sqrt{\dfrac{I_0+I_1}{K}}$，则有

$$I_0 = \frac{T_0^2}{T^2-T_0^2}I_1 \tag{27}$$

$$K = \frac{4\pi^2}{T^2-T_0^2}I_1 \tag{28}$$

测出 T_0 和 T 后就可以计算圆盘的转动惯量 I_0 和悬线的切变模量 G。

圆环对悬线轴的转动惯量计算公式为

$$I_1 = \frac{m_1}{8}(D_1^2+D_2^2) \tag{29}$$

式中，m_1 为圆环的质量；D_1 和 D_2 分别是圆环的内直径与外直径。

2. 双线摆

我们考虑双线摆的纯转动的理想物理模型。在这种情况下双线摆的双摆锤在一椭圆柱体的表面运动。该曲线运动可分解为两个分运动：一个是水平面上的转动，另一个是上下方向的往返振动。在水平面上的转动是绕通过横杆中心的竖直直线的轴的转动（轴的附加压力为零），在竖直方向上的运动则可视为一质点的往返运动。

（1）用双线摆测均匀细杆的转动惯量

设均匀细杆的质量为 m_0、长为 l、绕通过质心竖直轴转动的转动惯量为 I_0；两相同圆柱体的质量之和为 $2m_1$，之间距离为 $2c$；两绳之间的距离为 d，绳长为 L，如图 4-20-5 所示。

设双线摆绕竖直转动轴，转过一初始的角度 θ_0，双线摆将上升一定的高度，则由于绳的拉力和重力的作用，它将自由摆动，在无阻尼状态下，系统的动能和势能将相互转化，但总能量将保持一恒定值，可视为一无休止的循环运动。设双线摆摆锤运动至最低点时横杆的中心位置为直角坐标系的原点，并以此时原点所在的平面为零势能面。双线摆运动系统的几何关系图如图 4-20-6 所示。根据该图可得 $\alpha = \arccos\dfrac{s}{L}$，其中 s 为以 $d/2$ 为半径，圆心角 θ 所对应的弦。由

$$h = L-L\sin\alpha = L\left[1-\sin\arccos\left(\frac{d}{L}\sin\frac{\theta}{2}\right)\right] \tag{30}$$

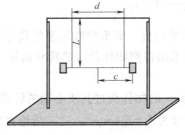

图 4-20-5 双线摆结构图

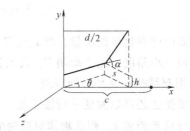

图 4-20-6 几何分析

如果我们取 $L=d$，则

$$h = L\left(1-\cos\frac{\theta}{2}\right) = 2L\sin^2\frac{\theta}{4} \tag{31}$$

当摆角 θ 很小时可近似认为 $\sin\theta \approx \theta$，则

$$h = L\left(1-\cos\frac{\theta}{2}\right) = \frac{1}{8}L\theta^2 \tag{32}$$

系统的势能为

$$E_p = m_0 g h = \frac{1}{8}m_0 g L\theta^2 \tag{33}$$

杆的转动动能为

$$E_k = \frac{1}{2}I_0\left(\frac{d\theta}{dt}\right)^2 \tag{34}$$

根据能量守恒定律有

$$\frac{1}{2}I_0\left(\frac{d\theta}{dt}\right)^2 + \frac{1}{8}m_0 g L\theta^2 = mgh_0 \tag{35}$$

式中，h_0 为初始摆的最大高度。两边对 t 求一阶导数，并除以 $\dfrac{d\theta}{dt}$，有

$$\frac{d^2\theta}{dt^2} + \frac{m_0 g L\theta}{4I_0} = 0 \tag{36}$$

上式为一简谐振动方程，其周期为

$$T_0 = 4\pi\sqrt{\frac{I_0}{m_0 g L}} \tag{37}$$

$$I_0 = \frac{m_0 g L}{16\pi^2}T_0^2 \tag{38}$$

根据式（38），实验时先调节摆线长度使其等于两线间的距离，即 $L=d$，并测出 L，旋转一小角度，测量周期 T_0，代入公式即可求出细杆的转动惯量。

（2）测量待测物体的转动惯量

将质量为 m_x 的待测物体固定在杆上，由式（38）可知，系统总的转动惯量为

$$I = \frac{(m_0+m_x)gL}{16\pi^2}T^2 \tag{39}$$

待测物体的转动惯量为

$$I_x = I - I_0 = \frac{(m_0+m_x)gL}{16\pi^2}T^2 - I_0 \tag{40}$$

实验时先测出待测物体的质量，将其固定在细杆的质心处，调节摆线长度使其等于两线间的距离，旋转一小角度，测出周期 T，代入公式即可求出待测物体此时的转动惯量。

（3）用双线摆验证平行轴定理

用双线摆法还可以验证平行轴定理。若质量为 m_1 的物体绕过其质心轴的转动惯量为 I_C，若转轴平行移动距离 x，则此物体对新轴的转动惯量为 $I_x = I_C + m_1 x^2$。这一结论称为转动惯量的平行轴定理。

实验时将质量均为 m_1、形状和质量分布完全相同的两个空心圆柱体对称地放置在均匀细杆上。按同样的方法，测出两小圆柱体和细杆的转动周期 T，则可求出每个柱体对中心转轴的转动惯量：

$$I_x = \frac{(m_0 + 2m_1)gL}{32\pi^2}T^2 - I_0 \tag{41}$$

如果测出小圆柱体中心与细杆质心之间的距离 x、小圆柱体的内直径 $D_{内}$、外直径 $D_{外}$ 和高 H，则由平行轴定理可求得

$$I'_x = m_1 x^2 + \left[\frac{m_1}{16}(D_{外}^2 + D_{内}^2) + \frac{m_1}{12}H^2\right] \tag{42}$$

比较 I_x 与 I'_x 是否相等，可验证平行轴定理。

【实验内容】

1. 用扭摆测圆盘的转动惯量和切变模量

用直尺测量悬线长度 L，用外径千分尺测量悬线直径 d，用天平测量圆环的质量 m_1，用游标卡尺测量圆环的内直径 D_1 与外直径 D_2，用计时器测量圆盘上不放圆环时的振动周期 T_0 与放圆环后的振动周期 T（实验时每项均要求测量三次，下同）。根据数据计算圆盘对悬线的转动惯量 I_0、扭摆的扭转模量 K 和悬线的切变模量 G。

2. 测量均匀细杆的转动惯量

对双线摆，先调节 $L = d$，并用直尺测量 L；旋转一小角度，让双线摆振动，测量其振动周期 T_0（用计时器测量 10 个周期的时间 t_0），测量均匀细杆的质量 m_0。最后根据各测量值计算均匀细杆的转动惯量 I_0。

3. 测量待测物体的转动惯量

将待测物体固定在均匀细杆的质心处，其质心必须与均匀细杆的质心重合，调节 $L = d$，并用直尺测量 L；旋转一小角度，让双线摆振动，测量其振动周期 T（用计时器测量 10 个周期的时间 t），测量待测物体的质量 m_x。根据测量值计算出待测物体的转动惯量 I_x。

4. 验证平行轴定理

【注意事项】

1. 计时器的使用请阅读实验室提供的使用说明书，并严格按照说明书使用。
2. 在实验过程中应保持安静，不要随意走动。
3. 所有仪器应轻拿轻放。

实验 4.20.3 三线摆

【实验目的】

1. 加深对转动惯量概念和平行轴定理等的理解。
2. 了解用三线摆和扭摆测转动惯量的原理和方法。
3. 掌握周期等物理量的测量方法。

【实验仪器】

扭摆、双线摆、游标卡尺、直尺、外径千分尺、多功能微秒计 DHTC-1A、水准仪。

【实验原理】

图 4-20-7 是三线摆示意图。上、下圆盘均处于水平并悬挂在横梁上。横梁由立柱和底座（图中未画出）支承着。三根对称分布的等长悬线将两圆盘相连。拨动转动杆就可以使上圆盘小幅度转动，从而带动下圆盘绕中心轴 OO' 做扭摆运动。当下圆盘的摆角 θ 很小，并且忽略空气摩擦阻力和悬线扭力的影响时，根据能量守恒定律或者刚体转动定律，都可以推出下圆盘绕中心轴 OO' 的转动惯量 I_0 为

$$I_0 = \frac{m_0 g R r}{4\pi^2 H_0} T_0^2 \tag{43}$$

式中，m_0 为下圆盘的质量；r 和 R 分别为上、下悬点离各自圆盘中心的距离；H_0 为平衡时上、下圆盘间的垂直距离；T_0 为下圆盘的摆动周期；g 为重力加速度。

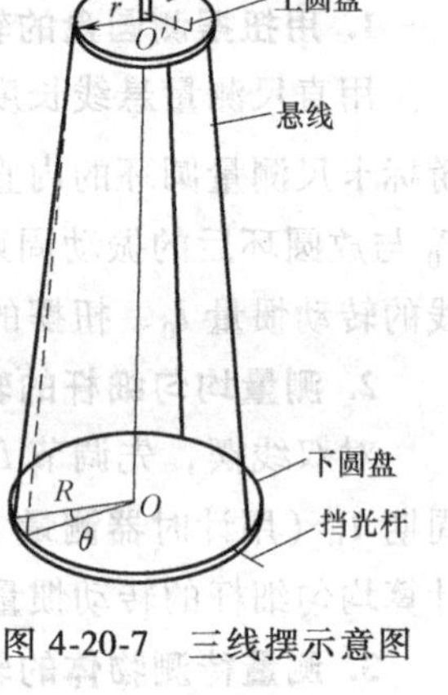

将质量为 m（此处 m 为图 4-20-8 中两个圆柱体的质量之和 $2m'$）的待测刚体放在下圆盘上，并使它的质心位于中心轴 OO' 上。测出此时的摆动周期 T 和上、下圆盘间的垂直距离 H，则待测刚体和下圆盘对中心轴的总转动惯量 I_1 为

$$I_1 = \frac{(m_0+m) g R r}{4\pi^2 H} T^2 = \frac{(m_0+2m') g R r}{4\pi^2 H} T^2 \tag{44}$$

待测刚体对中心轴的转动惯量 I 与 I_0 和 I_1 的关系为

$$I = I_1 - I_0 = 2I' \tag{45}$$

其中一个圆柱体对中心轴的转动惯量为

$$I' = \frac{I}{2} = \frac{I_1 - I_0}{2} \tag{46}$$

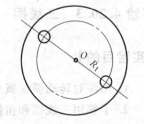

图 4-20-7　三线摆示意图

利用三线摆可以验证平行轴定理。平行轴定理指出：如果一刚体对通过质心的某一转轴的转动惯量为 I_C，则此刚体对平行于该轴且相距为 d 的另一转轴的转动惯量 I_x 为 $I_x = I_C + md^2$，所以有圆柱体对其质心轴的转动惯量为

$$I'_C = I' - m'd^2 \tag{47}$$

式中，I'_C 为圆柱体对其质心轴的转动惯量；m' 为圆柱体的质量；d 为圆柱体质心到圆盘中心的距离。

实验时，将两个同样大小的圆柱体放置在对称分布于半径为 R_1〔即式（47）中的 d〕的圆周的两个孔上，如图 4-20-8 所示。测出一个圆柱体对中心轴 OO' 的转动惯量 I'，再根据式（47）得到圆柱体对其质心轴的转动惯量 I'_C。将测得的 I'_C 值与理论值（计算公式 $I_{理论值} = \frac{1}{2} m' r_1^2$，其中 r_1 为圆柱体半径）计算出的结果进行比较，如果其相对误差在测量误差所允许的范围内

图 4-20-8　两个孔对称分布

（≤5%），则平行轴定理得到验证。

【实验内容】

1. 用三线摆测定下圆盘对中心轴 OO' 的转动惯量和圆柱体对其质心轴的转动惯量。

2. 用三线摆验证平行轴定理。要求测得的圆柱体的转动惯量值与理论计算值（$I_{理论值} = \frac{1}{2}m'r_1^2$，其中 r_1 为圆柱体半径）之间的相对误差不大于 5%。

实验 4.20.4 惯性秤

【实验目的】

1. 了解惯性秤的构造并掌握用它测量惯性质量的方法。
2. 研究物体的惯性质量与引力质量之间的关系。
3. 研究重力对惯性秤的影响。

【实验仪器】

惯性秤、砝码及砝码夹（其惯性质量等于一个砝码）、铁架台、多功能微秒计 DHTC-1A、水准仪。

【实验原理】

惯性质量和引力质量是两个不同的物理概念。万有引力方程中的质量称为引力质量，它是一物体与其他物体相互吸引性质的量度，用天平称衡的物体就是物体的引力质量。牛顿第二定律中的质量称为惯性质量，它是物体的惯性量度，用惯性秤称衡的物体质量就是物体的惯性质量。当惯性秤沿水平固定后，将秤台沿水平方向推开约 1cm，手松开后，秤台及其上面的负载将左右振动。它们虽同时受重力及秤臂的弹性恢复力的作用，但重力垂直于运动方向，对物体运动的加速度没有影响，而决定物体加速度的只有秤臂的弹性恢复力。在秤台上负载不大且秤台的位移较小的情况下，实验证明可以近似地认为弹性恢复力和秤台的位移成比例，即秤台是在水平方向做简谐振动。设弹性恢复力 $F = -kx$（k 为秤臂的劲度系数，x 为秤台质心偏离平衡位置的距离）。根据牛顿第二定律，可得

$$(m_0 + m_i)\frac{\mathrm{d}^2 x}{\mathrm{d}t^2} = -kx \tag{48}$$

式中，m_0 为秤台的惯性质量；m_i 为砝码或待测物的惯性质量。此微分方程的解为 $x = A\cos\omega t$（设初相位为零），其中 A 为振幅，ω 为圆频率，$\omega^2 = \dfrac{k}{m_0 + m_i}$，因为 $\omega = \dfrac{2\pi}{T}$，所以有

$$T = 2\pi\sqrt{\frac{m_0 + m_i}{k}} \tag{49}$$

设惯性秤空载时的周期为 T_0，加负载 m_1 时的周期为 T_1，加负载 m_2 时的周期为 T_2，由式（49）可得

$$T_0^2 = \frac{4\pi^2}{k} m_0, \quad T_1^2 = \frac{4\pi^2}{k}(m_0 + m_1), \quad T_2^2 = \frac{4\pi^2}{k}(m_0 + m_2)$$

消去 m_0 和 k，得

$$\frac{T_1^2 - T_0^2}{T_2^2 - T_0^2} = \frac{m_1}{m_2} \tag{50}$$

此式表明，若 m_1 已知，则在测得 T_0、T_1 和 T_2 之后，便可求出 m_2。实际上不必用上式去计算，可以用图解法通过 $T\text{-}m_i$ 曲线来求出未知的惯性质量。

先测出空秤（$m_i = 0$）的周期 T_0，其次，将具有相同惯性质量的砝码依次增加放在秤台上，测出相应的周期 T_1，T_2，…。用这些数据绘制 $T\text{-}m_i$ 曲线（见图 4-20-9）。在测某物体的惯性质量时，可将其置于砝码所在位置（砝码已取下）处，测出其周期为 T_j，再从曲线上查出 T_j 对应的质量 m_j，它就是被测物的惯性质量。

惯性秤必须严格水平放置，否则，重力将影响秤台的运动，所得 $T\text{-}m_i$ 曲线将不单纯是惯性质量与周期的关系。

为了研究重力对惯性秤运动的影响，还可从下面一种情况去考虑。

水平放置惯性秤，用细线将一圆柱体吊在铁架上，使圆柱体位于秤台圆孔中（见图 4-20-10）。当秤台振动时，带动圆柱体一起运动，圆柱体所受重力的水平分力将和秤臂的弹性恢复力一起作用于秤台。这时测得的周期要比该圆柱体直接搁在秤台圆孔上时的周期小，即振动快些。

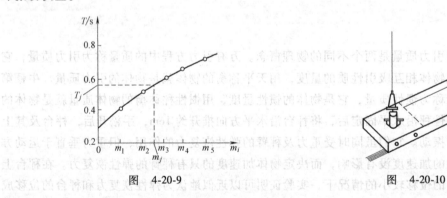

图 4-20-9   图 4-20-10

【实验内容】

1. 水平放置惯性秤，分别测量惯性秤上加载每个砝码时的周期（砝码夹作为秤台的一部分固定在台上）。若各个周期之间差异不超过 1%，则在此实验中可以认为它们具有相同的惯性质量。可以取一个砝码作为惯性质量单位。

周期的测量：使惯性秤前端的挡光片位于光电门的正中间，用手将惯性秤前端扳开约 1cm，松开惯性秤使之振动，用多功能微秒计测量其振动周期。每次测量都要将惯性秤扳开同样远。每个周期测 4~6 次。

2. 用测得的周期绘制 $T\text{-}m_i$ 曲线，横坐标取为砝码的质量，纵坐标取为测量的周期。

3. 将待测物（要做成和砝码同样的外形，加载后不会改变秤台质心的位置）夹在秤台上，测量其周期，从 $T\text{-}m_i$ 曲线上查出其惯性质量。

4. 用物理天平称衡各砝码及待测物的引力质量。在惯性秤的误差范围内（即对应在 $\pm 0.01T$ 的质量范围），对这些数据进行分析，你对惯性质量和引力质量会得出什么结论：（1）二者相等？（2）互成比例？（3）毫无关系？

5. 研究重力对惯性秤的影响。水平放置惯性秤，用 50cm 长的细线，通过吊桥上的挂钩将圆柱体铅直地吊在中央孔中（见图4-20-10），测量秤台的振动周期，它和直接将圆柱体放在圆孔上时所测得的周期相比，有何不同？

【注意事项】

1. 要严格水平放置惯性秤，以避免重力对振动的影响。

2. 必须使砝码和待测物的质心都位于通过秤台圆孔中心的垂直线上，以保证在测量时有一固定不变的臂长。

3. 当秤台振动时，摆角要尽量小些（5°以内），秤台的水平位移约在 $1 \sim 2$cm 即可，并且尽量使各次测量的秤台的水平位移都相同。

4. 由式（49）可得

$$\frac{\mathrm{d}T}{\mathrm{d}m_i} = \frac{\pi}{\sqrt{k(m_0 + m_i)}}$$

此即惯性秤的灵敏度，$\dfrac{\mathrm{d}T}{\mathrm{d}m_i}$ 越大，秤的灵敏度越高，分辨微小质量差异的能力也就越强。而 $\dfrac{\mathrm{d}T}{\mathrm{d}m_i}$ 为 $T\text{-}m_i$ 曲线上 m_i 点所对应的斜率。从此式可以看出，要提高灵敏度，需要减小 k 和 m_0，并且待测物的质量也不宜太大。

4. 用直流电桥测电阻及电压表和电流表的测量时应注意些什么问题？在使用恒温箱的基础上，如何测定 50 ℃时的电阻？（2）汇流长度？（3）线阻力？

5. 用直流双臂电桥测量时，水电阻有哪些。用 50 m 长的测量出...测量结果上的电阻...若与标准电阻比较时为什么几时，（见图 4-20-10），测量样件的测试范围...内测出各测得的差异不同？为图 4.1 问问测出的测量为何又 4.1 以 0.1%...

第 5 章

研究性实验

实验 5.1 密立根油滴实验

【引言】

由美国实验物理学家密立根首先设计并完成的密立根油滴实验，在近代物理学的发展史上是一个十分重要的实验。它证明了任何带电体所带的电荷都是某一最小电荷——基本电荷的整数倍；明确了电荷的不连续性；并精确地测定了基本电荷的数值，使从实验上测定其他一些基本物理量成为可能。由于密立根油滴实验设计巧妙、原理清楚、设备简单、结果准确，所以它历来都是一个著名而有启发性的物理实验。

【实验目的】

1. 学习一种测量电子电荷的方法并用油滴仪测定电子电荷。
2. 了解证明电荷量子化的实验数据分析方法。

【实验原理】

测量油滴所带的电荷量，从而确定电子的电荷量，可以用平衡测量方法，也可以用动态测量方法（平衡法实质上是动态法的一个特例），本实验采用平衡测量方法。

用喷雾器将油滴喷入两块相距为 d 的水平放置的平行极板之间，油滴由于喷射摩擦而带电。设油滴质量为 m，所带电荷量为 q，两极板间加的直流电压为 U，油滴在平行极板间同时受到大小为 mg 的重力和静电力 $qE = qU/d$ 的作用，如图 5-1-1 所示。

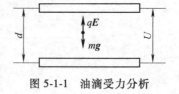

图 5-1-1　油滴受力分析

调节电压 U 可使此两力达到平衡，有

$$mg = \frac{qU}{d} \tag{1}$$

为了测出油滴所带电荷量 q，除了 U 和 d 外，还需要测出油滴的质量 m。因为实验所用的油滴非常小，需要用如下特殊方法来测定。

设空气浮力可忽略不计，当平行极板间未加电压时，油滴空气中向下运动时，要受到空气阻力的作用，当其所受阻力 F 与重力 mg 平衡时，油滴以速度 v 匀速下降。根据斯托克斯定律可得 $F = 6\pi r\eta v = mg$，这里 r 是油滴半径，η 是空气的黏度。设油滴密度为 ρ，则 $m =$

$4\pi r^3 \rho / 3$（设油滴表面呈球形），由此两式可得油滴半径

$$r = \sqrt{\frac{9\eta v}{2\rho g}} \tag{2}$$

由于油滴太小，半径约为 10^{-6}m，这时已不能将空气看作是连续介质，斯托克斯定律应修正为

$$F = \frac{6\pi r \eta v}{1 + \dfrac{b}{pr}} \tag{3}$$

式中，b 为修正系数；p 为大气压强，于是

$$r = \sqrt{\frac{9\eta v}{2\rho g} \cdot \frac{1}{1 + \dfrac{b}{pr}}} \tag{4}$$

上式根号中还含油滴半径 r，但因处于修正项中，不需要十分精确。修正项中的 r 可按式（2）计算。由式（4）得

$$m = \frac{4}{3}\pi \left(\frac{9\eta v}{2\rho g} \cdot \frac{1}{1 + \dfrac{b}{pr}} \right)^{\frac{3}{2}} \rho \tag{5}$$

有关油滴匀速下降速度 v 的测量为：当极板间不加电压时，若油滴匀速下降距离为 l，经过的时间为 t，则有 $v = \dfrac{l}{t}$。由式（1）及式（5）得

$$q = \frac{18\pi}{\sqrt{2\rho g}} \left[\frac{\eta l}{t \left(1 + \dfrac{b}{pr} \right)} \right]^{\frac{3}{2}} \cdot \frac{d}{U} \tag{6}$$

实验发现，对于某一颗油滴，如果改变它所带的电荷量，则能够使油滴受力达到平衡的电压必须是一些特定值 U_n，并满足下列方程

$$q = \frac{mgd}{U_n} = ne \tag{7}$$

式中，$n = 0,\ \pm 1,\ \pm 2,\ \cdots$；$e$ 是一个不变常量。由此可见，所有带电油滴所带的电荷量都是最小电荷量 e 的整数倍，这说明物体所带的电荷是量子化的，这个最小电荷量 e 就是电子的电荷值。

【实验仪器】

MOD-5 型油滴仪、钟表油、喷雾器。

油滴仪由油滴盒、防风罩、照明装置、显微镜、水准仪等组成，其俯视图如图 5-1-2 所示。

（1）油滴盒　其结构如图 5-1-3 所示，它由两块经过精磨的平行电极板等组成。两极板间距 $d = 0.500$cm，上电极板中央有一个直径为 0.4mm 的小孔，供油滴落下。整个油滴盒置于有机玻璃防风罩中，以防止空气流动而影响油滴的运动。防风罩的上部是油雾室，油滴由喷雾口喷入油雾室，进而落入油滴盒。油雾室底部有油雾孔开关，若不再需要油滴落下，可

关闭此开关。

（2）照明装置　油滴由高亮度发光二极管照明。

（3）显微镜　用于观测油滴运动过程，目镜中分划板共分6格，每格相当于视场中的0.050cm，6格相当于0.300cm。

（4）电源

1）500V直流电压：接平行极板，使两极板间产生电场。该电压可连续调节，电压值从数字电压表上读出，并受工作电压选择开关控制。开关分三挡："平衡"挡提供极板以平衡电压；"下落"挡除去平衡电压，使油滴自由下落；"提升"挡是在平衡电压上叠加了一个500V左右的提升电压，将油滴从视场的下端提升上来，进行下次测量。

2）200V左右的提升电压。

3）5V的数字电压表，用于数字计时器发光二极管等的电源电压。

4）5V的CCD电源电压。

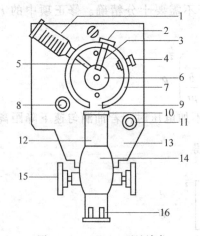

图 5-1-2　MOD-5 型油滴仪

1—照明灯室　2—上电极电源插孔　3—上电极
压簧　4—下电极电源插孔　5—导光杆　6—油
滴盒　7—防风罩　8—水准泡　9—观察孔
10—显微物镜　11—调平螺钉　12—显微镜筒
13—座架　14—显微镜座　15—调焦手轮
16—显微目镜

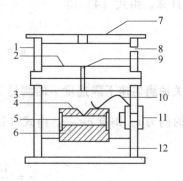

图 5-1-3　油滴盒结构示意图

1—油雾室　2—油雾孔开关　3—防风罩
4—上电极　5—油滴盒　6—下电极
7—上盖板　8—喷雾口　9—油雾孔
10—上电极压簧　11—上电极插孔
12—油滴盒基座

【实验内容及步骤】

1. 调整仪器

将仪器放平稳，调节仪器底部左、右两个调平螺钉，使水准泡指示水平，这时平行极板处于水平位置。预热10min，利用预热时间从测量显微镜中观察，如果分划板位置不正，则转动目镜头，将分划板放正，目镜头要插到底。调节目镜，使分划板刻线清晰。

将油从油雾室旁的喷雾口喷入（喷一次即可），微调测量显微镜的调焦手轮，这时视场中即出现大量清晰的油滴，如夜空繁星。

对CCD一体化的屏显密立根油滴仪，则从监视器荧光屏上观察油滴的运动。如油滴斜向运动，则可转动显微镜上的圆形CCD，使油滴沿垂直方向运动。

注意：调整仪器时，如要打开有机玻璃油雾室，应先将工作电压选择开关放在"下落"挡。

2. 练习测量

练习控制油滴。喷入油滴后在平行极板上加工作（平衡）电压200V左右，将工作电压选择开关置于"平衡"挡，驱走不需要的油滴，直到剩下几颗缓慢运动的为止。注视其中的某一颗，仔细调节平衡电压，使这颗油滴静止不动。然后去掉平衡电压，让它自由下降，下降一段距离后再加上"提升"电压，使油滴上升。如此反复多次地进行练习，以掌握控制油滴的方法。

练习测量油滴运动的时间。任意选择几颗运动速度快慢不同的油滴，用计时器测出它们下降一段距离所需要的时间。或者加上一定的电压，测出它们上升一段距离所需要的时间。如此反复多练几次，以掌握测量油滴运动时间的方法。

练习选择油滴。要做好本实验，很重要的一点是选择合适的油滴。选的油滴体积不能太大，太大的油滴虽然特别亮，但一般带的电荷量比较多，下降速度也比较快，时间不容易测准确。油滴也不能选得太小，太小则布朗运动明显，有的甚至悬浮不动。通常可以选择平衡电压在200V左右、时间在20s左右、匀速下降2mm的油滴，其大小和带电荷量都比较合适。总之，要做好油滴实验，选择好一颗油滴是十分重要的。

3. 正式测量

静态（平衡）测量法。用平衡测量法实验时要测量的有两个量。一个是平衡电压 U，另一个是油滴匀速下降一段距离 l 所需要的时间 t。平衡电压必须经过仔细的调节，并将油滴置于分划板上某条横线附近，以便准确判断出这颗油滴是否平衡了。

为了准确测量油滴匀速下降距离 l（一般取 $l=0.200$cm 比较合适）所需要的时间 t，必须排除油滴在下落之初的加速时间段，应先让油滴下降一段距离后再开始计时。

对同一颗油滴应进行 6~10 次测量，而且每次测量都要重新调整平衡电压。如果油滴逐渐变得模糊，则要微调测量显微镜跟踪油滴，勿使其丢失。

用同样方法分别对多颗油滴进行测量，求得电子电荷量 e。

【数据处理】

1. 如果不计 ρ 和 η 随温度的变化，并忽略 g 和 p 随实验地点和条件的变化（这样引起的误差约1%，但却使实验数据的运算大大简便），由实验室给出下列数据：

油的密度 $\rho=981$kg·m^{-3}，重力加速度 $g=9.80$m·s^{-2}，空气黏度 $\eta=1.83\times10^{-5}$Pa·s，平行极板距离 $d=5.00\times10^{-3}$m，油滴匀速下降距离 $l=2.00\times10^{-3}$m，修正系数 $b=8.226\times10^{-3}$ m·Pa，大气压强 $p=1.013\times10^{5}$Pa。

将这些数据代入式（6），整理可得

$$q=\frac{1.43\times10^{-14}}{\left[t(1+0.02\sqrt{t})\right]^{\frac{3}{2}}}\cdot\frac{1}{U} \tag{8}$$

将实验测得的各组 t、U 值代入式（8），计算出油滴所带电荷量 q。

2. 为了证明电荷的不连续性并求得基本电荷 e 值，我们应对实验测得的各个电荷量 q 求最大公约数，这个最大公约数即基本电荷 e 值。但由于操作者实验技术不熟，测量数据不多，误差可能较大。因此，为了简便起见，可采取"倒过来验证"的方法进行数据处理，即用公认的电子电荷值 $e = 1.602 \times 10^{-19}$ C 去除实验测得的电荷量 q，得到一个接近于某一整数的数值，这个整数就是油滴所带的基本电荷数 n，再用这个 n 去除实验测得的电荷量，即得电子的电荷值 e。

3. 将计算所得的电子电荷取平均值，并与公认值比较，求百分误差，写出实验结果表达式。

【注意事项】

1. 喷雾器中注油约 5mm 深，不能太多。喷雾时喷雾器要竖着拿，喷口对准油雾室的喷雾口，切勿伸入油雾室内。按一下橡皮球即可。

2. 使用监视器时，监视器的对比度要放到最大，背景亮度要很暗。

3. 调焦时平行极板切不可加电压，以免发生打火触电事故。

4. 目镜镜头要插到底，否则会带来测量误差。

5. 如果油滴逐渐变得模糊，要随时微调显微镜调焦手轮，跟踪油滴，勿使其丢失。

【思考与讨论】

1. 选择适当的油滴是做好本实验的关键，如果油滴太大、太小或者带电荷量太多，一般会有较大误差，试分析其原因。

2. 本实验测量的是油滴所带电荷量，为什么根据油滴所带电荷量能求出电子的电荷量？

3. 试考虑空气浮力对实验结果的影响。

4. 如果未调节水平螺钉，即平行极板未处于水平位置，则对实验结果有何影响？

实验 5.2　黑体实验研究

辐射测量学是研究光谱范围内辐射能测量的科学。这部分光谱范围包括：紫外、可见光和红外辐射。辐射测量技术是一门评价辐射源、传感器及其性能的技术。随着科学技术的发展，辐射度量的测量对于航空、航天、核能、材料、能源卫生及冶金等高科技部门的发展越来越重要。而黑体辐射源作为标准辐射源，广泛地用作红外设备绝对标准。

【实验目的】

1. 通过实验了解和掌握黑体辐射的光谱分布。

2. 测量、验证黑体辐射的普朗克（Planck）辐射定律、斯忒藩-玻耳兹曼定律、维恩（Wien）位移定律。

3. 研究黑体和一般发光体辐射强度的关系。

4. 学会一般发光源的辐射能量的测量，记录发光源的辐射能量曲线。

【实验仪器】

WHS-1 型黑体实验装置、电控箱、溴钨灯及电源、计算机等。

【实验原理】

1. 热辐射与基尔霍夫（Kirchhoff）定律

通常情况下任何物体都会向周围发射辐射，这种由于物体中的原子、分子受到热激发而发射电磁波的现象称为热辐射。同时，物体也会从外界吸收和反射热辐射的能量。实验表明，热辐射具有连续的辐射谱，波长自远红外区延伸到紫外区，辐射能量按波长的分布主要决定于物体的温度。

所谓黑体是指入射的电磁波全部被吸收，完全没有反射。显然自然界不存在真正的黑体，但许多的物体是较好的黑体近似。黑体是一种完全的温度辐射体，即任何非黑体所发射的辐射能通量都小于同温度下的黑体发射的辐射能通量；并且，非黑体的辐射能力不仅与温度有关，而且与表面的材料的性质有关，而黑体的辐射能力则仅与温度有关。

1859 年，德国物理学家基尔霍夫在总结当时实验发现的基础上，用理论方法得出一切物体热辐射所遵从的普遍规律：在热平衡状态的物体所辐射的能量与吸收的能量之比与物体本身物性无关，只与波长和温度有关。即在相同的温度下，各辐射源的单色辐出度（辐射本领）$M_i(\lambda, T)$ 与单色吸收率（吸收本领）$\alpha_i(\lambda, T)$ 的比值与物体的性质无关。其比值对所有辐射源都一样，是一个只取决于波长 λ 和温度 T 的普适函数 $f(\lambda, T)$。$M_i(\lambda, T)$ 与单色吸收率 $\alpha_i(\lambda, T)$ 两者中的每一个都随物体的不同而差别非常大。基尔霍夫定律可以表示为

$$\frac{M_1(\lambda, T)}{\alpha_1(\lambda, T)} = \frac{M_2(\lambda, T)}{\alpha_2(\lambda, T)} = \cdots = f(\lambda, T) \tag{1}$$

黑体对于所有波长完全没有反射，$\alpha_\lambda = 1$，由此得到

$$\frac{M_1(\lambda, T)}{\alpha_1(\lambda, T)} = \frac{M_2(\lambda, T)}{\alpha_2(\lambda, T)} = \cdots = M_{\lambda b}(T) \tag{2}$$

式中，$M_{\lambda b}(T)$ 为该温度下黑体对同一波长的单色辐射度。

由此可见，基尔霍夫的普适函数正是绝对黑体的光谱辐射度。而 $\alpha(\lambda, T) = 1$ 的辐射体就是绝对黑体，简称黑体（black body）。辐射能力小于黑体，$\alpha(\lambda, T) < 1$，并且对于所有波长，各种温度都是常数的辐射体，称为灰体（grey body）。灰体的辐射光谱分布与同一温度下黑体的辐射光谱分布相似。一般物体既不是黑体也不是灰体，称之为选择性辐射体，其吸收本领 $\alpha(\lambda, T) < 1$，且随波长及温度而变，同时也随光线偏振情况以及光线的入射角而变，这些物体的光谱分布曲线与普朗克曲线不同。

2. 黑体辐射规律

（1）斯忒藩-玻耳兹曼定律（Stefan-Boltzmann law）

物体热力学温度为 T 的黑体表面，在单位时间内单位面积上所辐射的各种波长能量总和（辐射功率或辐射能通量）$M(T)$ 为

$$M(T) = \int_0^\infty M(\lambda, T) d\lambda = \sigma T^4 \tag{3}$$

这就是斯忒藩-玻耳兹曼定律。$\sigma = 5.670 \times 10^{-8} J/(m^2 \cdot s \cdot K^4)$ 是斯忒藩-玻耳兹曼常数，是对所有物体均相同的常数。此式表明，绝对黑体的总辐出度与黑体温度的四次方成正比，即黑体的辐出度（即曲线下的面积）随温度的升高而急剧增大。

由于黑体辐射是各向同性的，所以其辐射亮度 L 与辐射度有关系，斯忒藩-玻耳兹曼定律也可以用辐射亮度表示为

$$L = \frac{\sigma}{\pi} T^4 \quad [W/(m^2 \cdot sr)] \tag{4}$$

（2）维恩（Wien）位移定律

对应一定温度 T 的 $M(\lambda,T)$ 曲线有一最高点，位于波长 λ_{max} 处。温度 T 越高，辐射最强的波长 λ 越短，即从红色向蓝紫色光移动。这就是高温物体的颜色由暗红逐渐转向蓝白色的事实。在研究工作中，可以从实验上测量不同温度下 $M(\lambda,T)$ 曲线峰值所对应的波长 λ_{max} 与温度 T 之间的定量关系，也可以利用经典热力学从理论上进行推导。历史上德国物理学家维恩于 1893 年找到了 λ_{max} 与 T 之间的关系，如果用数学形式描述这一实验规律，即为

$$\lambda_{max}T = A \tag{5}$$

即光谱亮度的最大值的波长 λ_{max} 与它的热力学温度 T 成反比，这就是维恩位移定律。其中，$A = 2.897 \times 10^{-3} \text{m} \cdot \text{K}$ 为一常数，即维恩常数。维恩也因热辐射定律的发现于 1911 年荣获诺贝尔物理学奖。

随着温度的升高，绝对黑体光谱亮度的最大值的波长向短波方向移动。由于辐射光谱的性质依赖于它的温度，我们可以用分析辐射光谱的办法来估计诸如恒星或炽热的钢水等一类炽热物体的温度。

图 5-2-1 所示为黑体的频谱亮度随波长的变化关系曲线图。每一条曲线上都标出黑体的热力学温度。与诸曲线的最大值相交的直线表示维恩位移线。

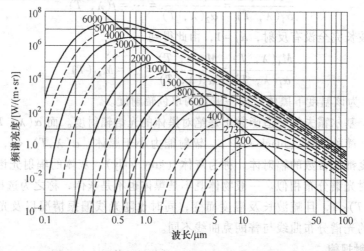

图 5-2-1　黑体的频谱亮度随波长的变化关系曲线图

（3）黑体辐射的光谱分布——普朗克辐射定律

为了获得绝对黑体单色辐射度的数学表达式，19 世纪末许多物理学家做出了巨大努力，他们从经典热力学、统计物理学和电磁学的基础上去寻求答案，但始终没有获得完全成功。

1896 年，维恩根据经典热力学理论导出黑体辐射公式，但它只是在短波波长部分与实验曲线相符。

1900—1905 年瑞利（Rayleigh）和金斯（Jeans）根据统计物理学和经典电磁学理论导出黑体辐射公式，它在长波部分与实验曲线吻合，在短波部分，辐射能量趋于无穷大，这显然是荒谬的结果。在物理学历史上，这一个难题被称为"紫外灾难"。"紫外灾难"表明经典物理学在解释黑体辐射的实验规律上遇到了极大的困难，是 19 世纪末经典物理学大厦上的两朵乌云之一。

1900 年，对热力学有长期研究的德国物理学家普朗克综合了维恩公式和瑞利-金斯公式，利用内插法，引入一个常数，结果得到一个公式，它的结论与实验结果精确相符，并且

由它可以导出斯忒藩-玻耳兹曼定律，它在短波和长波部分的极限正好就是维恩公式和瑞利-金斯公式，这就是普朗克公式

$$M_{\lambda b}(T) = \frac{2\pi hc^2}{\lambda^5(e^{\frac{hc}{\lambda kT}} - 1)} \qquad (6)$$

式中，h 为普朗克常量；c 为真空中的光速；k 为玻耳兹曼常数。令 $C_1 = 2\pi hc^2$，$C_2 = hc/k$，则式（6）可写为

$$M_{\lambda b}(T) = \frac{C_1}{\lambda^5(e^{\frac{c_2}{\lambda T}} - 1)} \qquad (7)$$

式中，第一辐射常数 $C_1 = 3.7415 \times 10^{-16} \text{W} \cdot \text{m}^2$；第二辐射常数 $C_2 = 1.43879 \times 10^{-2} \text{m} \cdot \text{K}$。

图 5-2-2 给出了不同温度条件下黑体的单色辐射度随波长的变化曲线。由图 5-2-2 可见：为了建立普朗克公式，普朗克假定物质辐射（或吸收）的能量不是连续地，而是一份一份地进行的，只能取某个最小数值的整数倍。这个最小数值就叫作能量子，辐射频率为 ν 的能量子的最小数值 $E = h\nu$。其中 $h = 6.6260 \times 10^{-34} \text{J} \cdot \text{s}$，普朗克当时把它叫作基本作用量子，现在叫作普朗克常量。

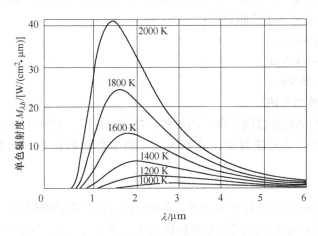

图 5-2-2 黑体的单色辐射度的波长分布

普朗克假说第一次提出了能量子的概念，宣告了量子物理学的诞生。由于这一概念的革命性和重要意义，普朗克获得了 1918 年的诺贝尔物理学奖。

【实验装置】

WHS-1 型黑体实验装置由光栅单色仪、接收单元、扫描系统、电子放大器、A/D 采集单元、电压可调的稳压溴钨灯光源、计算机及打印机组成。该设备集光学、精密机械、电子学、计算机技术于一体。其主机部分有以下几部分组成：单色仪、狭缝、接收单元、光学系统以及光栅驱动系统等。

1. 狭缝

狭缝为直狭缝，在宽度为 0~2.5mm 的范围内连续可调，顺时针旋转为狭缝宽度加大方向，反之为减小方向，每旋转一周狭缝宽度变化 0.5mm。为延长使用寿命，调节时注意最大不超过 2.5mm，平时不使用时，狭缝最好开到 0.1~0.5mm。

2. 光栅单色仪

光栅单色仪系统原理图如图 5-2-3 所示。

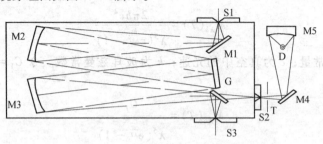

图 5-2-3　光栅单色仪光学原理图

M1—反射镜　M2—准光镜　M3—物镜　M4—反射镜　M5—深椭球镜　G—平面衍射光栅
S1—入射狭缝　S2、S3—出射狭缝　T—调制器　D—光电接收器

入射狭缝、出射狭缝均为直狭缝，在宽度为 0～2.5mm 的范围内连续可调，光源发出的光束进入入射狭缝 S1，S1 位于反射式准光镜 M2 的焦面上，通过 S1 射入的光束经 M2 反射成平行光束投向平面衍射光栅 G 上，衍射后的平行光束经物镜 M3 成像在 S2 上。经 M4、M5 会聚在光电接收器 D 上。M2、M3 的焦距均为 302.5mm，光栅 G 每毫米刻线 300 条，闪耀波长 1400nm。滤光片工作区间如下：

第一片　800～1000nm

第二片　1000～1600nm

第三片　1600～2500nm

3. 仪器的机械传动系统

仪器采用步进电动机通过同步带驱动丝杠，带动正弦杆，正弦杆与光栅台连接，并绕光栅台中心回转，从而带动光栅转动，使不同波长的单色光依次通过出射狭缝而完成"扫描"。

4. 溴钨灯光源

本实验装置采用稳压溴钨灯作为光源，溴钨灯的灯丝是用钨丝制成，钨是难熔金属，它的熔点为 3650K。其辐射近似于可见光波段的黑体光谱能量分布，可以用来模拟黑体。

钨丝灯是一种选择性的辐射体，它产生的光谱是连续的，它的总辐射本领 R_T 可由下式求出，即

$$R_T = \varepsilon_T \sigma T^4 \tag{8}$$

式中，ε_T 为温度 T 时的总辐射系数，它是给定温度钨丝的辐射强度与绝对黑体的辐射强度之比，因此

$$\varepsilon_T = \frac{R_T}{E_T} \quad \text{或} \quad \varepsilon_T = 1 - e^{-BT}$$

式中，B 为常数，其值为 1.47×10^{-4}。

钨丝灯的辐射光谱分布 $R_{\lambda T}$ 为

$$R_{\lambda T} = \frac{C_1 \varepsilon_{\lambda T}}{\lambda^5 (e^{\frac{c_2}{\lambda T}} - 1)}$$

上面谈到了黑体和钨丝灯辐射强度的关系，在钨丝灯出厂时由厂方给出一套标准的工作

电流与色温度对应关系的资料，见表 5-2-1。

表 5-2-1 溴钨灯的工作电流-色温对应表

电流/A	实测色温/K	相应的其他光源的色温
1.7	2999	500W 钨丝灯（复绕双螺旋灯丝）3000K
1.6	2889	100W 钨丝灯（复绕双螺旋灯丝）2890K
1.5	2674	铱熔点黑体 2716K
1.4	2548	
1.3	2455	乙炔灯 2350K
1.2	2303	钠蒸气灯（高压）2200K
1.1	2208	
1.0	2101	铂熔点黑体 2043K
0.9	2001	蜡烛的火焰 1925K

光源系统采用电压可调的稳压溴钨灯光源，其额定电压值为 12V，电压变化范围为 2~12V。通过调节工作电流改变溴钨灯色温。

5. 接收器

本实验装置的工作区间在 800~2500nm，所以选用硫化铅（PbS）为光信号接收器，从单色仪出射狭缝射出的单色光信号经调制器，调制成 50Hz 的频率信号被 PbS 接收，选用的 PbS 是晶体管外壳结构，该系列探测器是将硫化铅元件封装在晶体管壳内，充以干燥的氮气或其他惰性气体，并采用熔融或焊接工艺，以保证全密封。该器件可在高温、潮湿条件下工作且性能稳定可靠。

6. 电控箱

电控箱控制单色仪的光栅扫描、滤光片切换、调制器电动机的旋转以及对接收信号的处理等。

【实验内容与步骤】

黑体辐射实验的实验条件、参数设定、实验数据采集及处理都是通过计算机系统自动完成的，所以实验前请先仔细阅读实验仪器使用说明书。

该黑体实验装置可以进行以下实验：

1）验证黑体辐射定律；

2）测量其他发光体的能量曲线；

3）观察窗的演示实验；

4）其他实验。

1. 验证黑体辐射定律

1）连接计算机、打印机、单色仪、接收单元、电控箱、溴钨灯电源、溴钨灯。（各连接线接口一一对应，不会出现插错现象）

2）打开计算机、电控箱及溴钨灯电源，使机器预热 20min。

单击"黑体辐射实验"图标，进入实验主界面：

在进行实验前要先将仪器复位，以保证测量的准确度。单击"是"，仪器进入复位状态。复位完毕，进入"验证黑体辐射定律"界面。选择"工作"菜单，会出现"黑体扫描-

重新复位-修正黑体辐射系数-波长校正"四个选项。

3）修正传递函数和修正黑体

任何型号的光谱仪在记录以溴钨灯作为辐射光源的能量曲线和以高温黑体炉作为辐射光源的能量曲线时，是存在差异的。这是因为受仪器的结构、器件等因素的影响。这种差异或影响习惯称之为"传递函数"。仪器出厂时已做过传递函数，用户一般无须再做，这种情况下，可直接进入步骤4）。

如果实验环境、条件发生变化（如狭缝宽度变化），或者实验误差太大，确实需要做传递函数修正，则单击"是"，将溴钨灯电源控制箱上的电流值依次调到1.7A，1.6A，1.5A，1.4A，1.3A，1.2A，1.1A，1.0A，0.9A，绘制出相应色温的传递函数扫描曲线。系统将会自动记录下新的传递函数。

尽管对传递函数进行了修正，用该仪器中的光谱系统记录下来的光源能量的辐射曲线与黑体的理论辐射曲线还是有差距的。这是由于光谱仪中的各种光学元件、接收器件在不同波长处的响应系数，再加上滤光片等因素的影响造成的。为此必须排除这些影响，将其修正成黑体的理论辐射曲线，即所谓修正成黑体。

4）将溴钨灯电源的电流调节为1.7A（即色温在2999K）扫描一条从800~2500nm的曲线，即得到在色温2999K时的黑体辐射曲线。（可依次完成不同色温下的各条黑体辐射曲线，分别存入各寄存器，最多可以存9条曲线。）

5）分别验证普朗克定律、斯忒藩-玻耳兹曼定律、维恩位移定律。

2. 测量其他发光体的能量曲线

1）将待测发光体（光源）置于仪器的入射狭缝处。

2）按照计算机软件提示的步骤，可以测量其发光体的辐照度（工作距离为594mm处的辐照度）。

3）按照计算机软件提示的步骤，可以测量其辐射能曲线（辐射度的光谱能量分布）。

4）将实验数据及表格打印出来。

3. 观察窗的演示实验

单击该实验后，按照提示操作，可以实现如下两种演示。

（1）观察光栅的二级光谱

平面衍射光栅是由间距规则的许多同样的衍射元构成的，光栅上所有点的照明彼此间是相干的，从不同衍射元发出的子波是同相位的。因为所有的衍射元同相位，所以衍射光的相对能量除具有一个极大值即零级光谱外，还具有其他级次的光谱，如二级、三级光谱等。

本黑体测量实验装置的光谱扫描范围为800~2500nm，属于近红外波段，可见光谱带400~780nm的紫、蓝、青、绿、黄、红光谱在800~2500nm近红外波段是看不到的，但紫、蓝、青、绿、黄、红这些二级光谱会出现在800~1300nm区间，即在观察窗口的毛玻璃上可以看到从紫光到红光依次出现的彩色光谱带。

在1300~2500nm区间，同样可以观察到三级光谱的彩带。

（2）观察黑体的色温　黑体是假想的光源和辐射源，是一种理想化概念，它是一种用来和别的辐射源进行比较的理想的热辐射体。根据定义，我们就不可能做出一个黑体。现在市场上出售的黑体实际上是用于校准的"黑体模拟器"，但是现在所有从事红外领域的工作者都把这类校准辐射源称为"黑体"。

所谓色温就是表示光源颜色的温度。一个光源的色温就是辐射同一色光的黑体的温度。本黑体实验装置是通过改变溴钨灯电源控制箱的电流来实现改变色温的。

旋转黑体实验装置的电源控制箱前面板上的调节钮，例如使电流显示 1.7A，此时观察窗口毛玻璃的色温（毛玻璃的亮度）是 2999K，相当于 30W 荧光灯的色温（3000K）。然后再旋转调节钮，使电流显示 1.6A，此时观察窗口毛玻璃的色温（毛玻璃的亮度）是 2889K，相当于 100W 复绕双螺旋灯丝的色温（2890K）。其他光源色温见表 5-2-1。

【实验数据记录与处理】

1. 绘制不同色温下的黑体辐射能量曲线（三条以上）。

2. 在同一色温的曲线上取两点，列出数据表格，验证普朗克辐射定律，并计算相对误差。

3. 验证斯忒藩-玻耳兹曼定律，求出斯忒藩-玻耳兹曼系数，并计算相对误差。

4. 验证维恩定律，计算维恩常数，并计算相对误差。

5. 将以上所测辐射曲线与绝对黑体的理论曲线进行比较并分析之。

【注意事项】

1. 接通电源前，认真检查接线是否正确。

2. 狭缝的调整：狭缝为直狭缝，在宽度为 0~2.5mm 的范围内连续可调，顺时针旋转使狭缝宽度加大，反之减小。每旋转一周狭缝宽度变化 0.5mm。为了延长使用寿命，调节时应注意最大不超过 2.5mm，平时不使用时，狭缝最好开到 0.1~0.5mm 左右。

【思考题】

1. 实验为何能用溴钨灯进行黑体辐射测量并进行黑体辐射定律的验证？

2. 实验中使用的光谱分布辐射度与辐射能量密度有何关系？

实验 5.3 变温霍尔效应实验

【引言】

霍尔效应的测量是研究半导体性质的重要实验方法。利用霍尔系数和电导率的联合测量，可以用来确定半导体的导电类型和载流子浓度。通过测量霍尔系数与电导率随温度的变化，可以确定半导体的禁带宽度、杂质电离能及迁移率的温度系数等基本参数。本实验采用现代电子技术和计算机数据采集系统，对霍尔样品在弱场条件下进行变温霍尔系数和电导率的测量，来确定半导体材料的各种性质。

【实验装置】

HT-648 型变温霍尔效应实验仪

图 5-3-1 所示为测量仪器的结构框图。它由电磁铁、可自动换向稳流源、恒温器、测温

控温系统、数据采集及数据处理系统等组成。

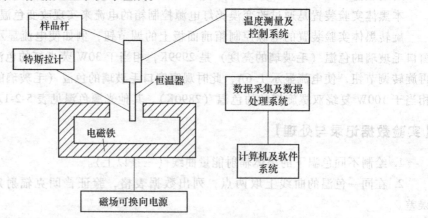

图 5-3-1 变温霍尔效应实验仪的结构框图

【操作步骤】

1. 在常温下测量霍尔系数 R_H 和电导率 σ

1）打开计算机、霍尔效应实验仪（Ⅰ）及磁场测量和控制系统（Ⅱ）的电源开关（以下简称Ⅰ或Ⅱ），如Ⅱ电流有输出，则按一下Ⅰ复位开关，电流输出为零）。

2）将Ⅰ的<样品电流方式>拨至"自动"，<测量方式>拨至"动态"，将Ⅱ的<换向转换开关>拨至"自动"。按一下Ⅰ的复位开关，电流有输出，调节Ⅱ电位器至电流为一定电流值，同时测量磁场强度（亦可将Ⅱ的开关拨至"手动"，调节电流将磁场固定在一定值，一般为 200mT，即 2000GS）。

3）将测量样品杆放入电磁铁磁场中（对好位置）。

4）进入数据采集状态，选择电压曲线。如果没有进入数据采集状态，则按一下Ⅰ的复位开关后进入数据采集状态。记录磁场电流正反向的霍尔电压 U_3，U_4，U_5，U_6，可在数据窗口得到具体数值。

5）将Ⅰ的<测量选择>拨至"σ"，记录电流正反向的电压 U_1、U_2。

6）计算霍尔系数 R_H、电导率 σ 等数据。

2. 变温测量霍尔系数 R_H 和电导率 σ

1）将Ⅰ的<测量选择>拨至"R_H"，将<温度设定>调至最小（往左旋到底，加热指示灯不亮）。

2）将测量样品杆放入杜瓦杯中冷却至液氮温度。

3）将测量样品杆放入电磁铁磁场中（对好位置）。

4）重新进入数据采集状态（电压曲线）。

5）系统自动记录随温度变化的霍尔电压，并自动进行电流和磁场换向。到了接近室温时调节<温度设定>至最大（向右旋到底）。也可一开始就加热测量。

6）直到加热指示灯灭，退出数据采集状态。保存霍尔系数 R_H 文件。

7）将Ⅰ的<测量选择>拨至"σ"。

8）将测量样品杆放入杜瓦杯中冷却至液氮温度。

9）将测量样品杆拿出杜瓦杯。

10）重新进入数据采集状态。

11）系统自动记录随温度变化的电压，到了接近室温时调节<温度设定>至最大。

12）当温度基本不变时，退出数据采集状态。保存电导率 σ 文件。

13）根据实验要求进行数据处理。

注：样品为 N 型锗，其长 $l=6\text{mm}$，宽 $a=4\text{mm}$。

实验 5.4 铁电体电滞回线测量

【引言】

某些晶体在一定温度范围内具有自发极化，并具有自发极化的方向，因外电场方向的反向而反向。晶体的这种性质称为铁电性，具有铁电性的晶体称为铁电体，铁电体的重要特性之一是具有电滞回线。电滞回线的存在是判定晶体为铁电体的重要依据，并且通过电滞回线的测量，可以测定铁电体的剩余极化强度 P_r、自发极化强度 P_s，以及矫顽电场强度 E_c 等参数。电滞回线表明铁电体的极化强度 P 与外加电场 E 之间呈非线性关系，并且自发极化可随外电场方向反向而反向，回线所包围的面积就是极化强度反转两次所需要的能量。

【实验目的】

1. 观测铁电材料的典型电滞回线。
2. 测定铁电体的剩余极化强度 P_r、自发极化强度 P_s，以及矫顽电场强度 E_c 等参数。

【实验原理】

图 5-4-1 所示是一个铁电材料的典型电滞回线，假定铁电体在外电场为零时，晶体中的各电畴互相补充，晶体对外的宏观极化强度为零，晶体的状态处在图上的 O 点。当外加电场于铁电体材料时，如认为所讨论的铁电材料只有彼此成 180°的电畴，则铁电材料中沿电场方向的电畴扩大，而逆电场方向的铁电体的电滞回线电畴减小，即逆电场方向的电畴偶极矩转向电场方向，因而使介质的极化强度随着电场强度的增加而迅速地增大（图中 A 至 B 段），图中 B 点相应于晶体中全部电畴偶极矩沿电场方向排列，达到了饱和。进一步增加电场，就只有电子的及离子的位移极化效应，$P\text{-}E$ 呈直线关系，如图中 B 至 C 段。如果减小外电场，晶体的极化强度从 C 点下降，由于自发极化偶极矩仍大多在原定电场方向，故 $P\text{-}E$ 曲线将沿 CD

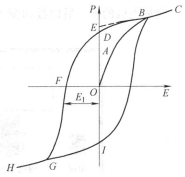

图 5-4-1 铁电体的电滞回线

曲线缓慢下降。当电场强度 E 降到零时，极化强度 P 并不下降为零而仍然保留极化，称 P_r（相应于图中 OD 线段）为剩余极化强度。这里 P_r 是对整个晶体而言的，而线性部分的延长线与极化轴的截距 P_s（相应图中 OE 线段）表示电畴的自发极化强度，相当于每个电畴的固有饱和极化强度。要把剩余极化去掉，必须再加反向电场，以达到晶体中沿电场方向和逆电场方向的电畴偶极矩相等、极化相消，使极化强度重新为零的电场 E_1（相应于图中 OF 线段）称为矫顽电场。如果反向电场继续增加，则所有电畴偶极矩将沿反向定向，达到饱和（相应图中 G 点）。反向电场强度进一步增加，曲线 G 至 H 段与 B 至 C 段相似。要是电场再返回正向，P-E 曲线便按 HGIC 返回，完成整个电滞回线。电场每变化一周，上述循环发生一次。描述电滞回线最重要的参数为自发极化强度 P_S 和矫顽电场强度 E_C。不过矫顽电场强度与温度和频率有关，通常温度增加，矫顽电场强度下降；频率增加，矫顽电场强度增大。

电滞回线的产生是由于铁电晶体中存在铁电畴。铁电体的自发极化强度并非整个晶体为同一方向，而是包括各个不同方向的自发极化区域。由许多晶胞组成的、具有相同自发极化方向的小区域叫作铁电畴，铁电体未加电场时，由于自发极化取向的任意性和热运动的影响，宏观上不呈现极化现象。当加上外电场时，沿电场方向的电畴由于新畴核的形成和畴壁的运动，其体积迅速扩大，而逆电场方向的电畴体积则减小或消失，即逆电场方向的电畴转化为顺电场方向。

铁电体中除了由于自发极化转向过程所产生的极化以外，还存在着线性感应极化；此外，铁电体的电导常常也很大。如果在样品两端加上正弦交变电压：$U = U_m \sin\omega t$，则样品两端的电荷将由以下三个部分组成：①自发极化转向过程所提供的电荷。②感应极化过程所提供的电荷。③漏、电导等损耗所提供的电荷。

研究电滞回线的目的主要在于考察与自发极化转向过程有关的各种现象。实验中所得到的回线形状与下列几个因素有关：如样品的尺寸、温度、湿度，晶体的质地，样品原先的热和电的经历，以及交变电场的频率等。实际的晶体不是非常完美的，因此很难得到比较理想的矩形回线，即使是比较好的晶体，其电滞回线的拐角处也总是被稍微变圆。对于大多数铁电陶瓷来说，因自发极化反转比较缓慢，因而具有圆弧形的电滞回线。

【实验仪器】

TF-DH1 铁电体电滞回线测量仪

1. 测量主机前、后面板

测量主机的前、后面板如图 5-4-2 和图 5-4-3 所示。

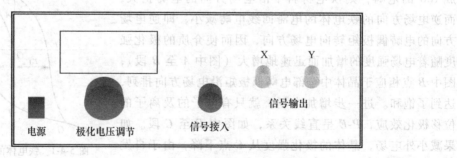

图 5-4-2　测量主机前面板

2. 样品盒

样品盒中安置有测量样品的样品架；样品盒的顶盖嵌有透明有机玻璃，通过该窗口可以观察样品的情况；测量样品时，必须将顶盖合上。样品盒通过配备的电缆连接到测量主机的"信号接入"端。

图 5-4-3 测量主机后面板

3. 样品的安装及其注意事项

在样品盒中，连接样品的一对电极被加工成样品架，既起电极作用，又可固定样品。将铁电体样品平稳放置在样品架上。

注意事项：

1）安装样品时，请将极化电压调到最小。

2）打开样品盒时，样品台上的红色指示灯应该熄灭，否则不要触摸电极。

3）更换、安装、取下样品时，以及关机后，样品台电极不要直接短路。

4）样品放置平稳，避免测量时尖端放电现象发生。

5）测量时，样品盒必须关闭。

4. 测量信号输出

1）测量信号可以通过前面板上的一对接线柱连接到示波器或电脑化 X-Y 记录仪上。

2）可以通过后面板的"计算机接口端"，用配备的信号电缆连接到计算机的串口上。

5. 测量方法

从小到大，逐步调节极化电压，同时观察测量得到的曲线，直到满意为止。从测量曲线上得到"自发极化强度 P_s""剩余极化强度 P_r""矫顽电场强度 E_c"等参数。

注意事项：

1）测量时，样品可能会发出一些噪声，这属于正常现象。

2）刚开始测量时，由于样品没有充分极化，曲线可能不对称。在较高电压下持续一会儿，情况会有变化。

3）当极化电压较大时，样品可能会发生放电、龟裂现象，此时可以微调样品换一区域测量，或更换样品。

样品：

有的样品正面有大、小两个电极，其示意图如图 5-4-4 所示。如果用大电极部分测量时噪声较大，则可以用小电极部分测量。

6. 测量软件的使用

测量软件的使用窗口如图 5-4-5 所示。

（1）功能区说明（见表 5-4-1）

（2）菜单栏（见表 5-4-2）

图 5-4-4

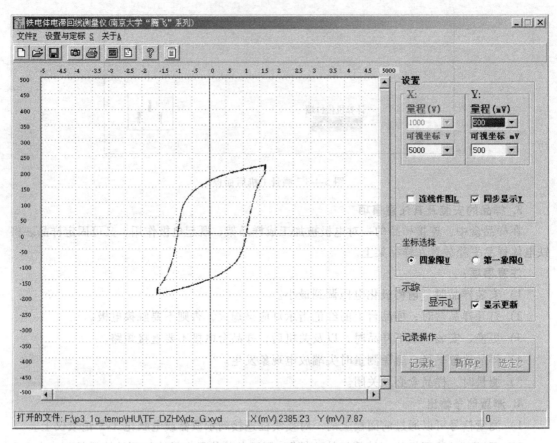

图 5-4-5　测量软件的使用窗口

表　5-4-1

功能区	设置 X、Y 方向的量程和坐标
示踪	"显示"按钮,该按钮的作用是使软件模拟示波器显示测量曲线。功能的"开启与关闭"都是通过单击该按钮实现的。当该按钮闪烁时,系统会不断重复地接收测量数据并显示曲线,否则停止接收显示曲线。注意,该功能只显示曲线,而不保存数据,要想记录曲线和数据,请单击"记录操作"中的"记录"按钮 　选中"显示更新"选项后,用新的测量曲线不断替换旧的曲线。否则,在显示区中仍然保留"旧曲线"。利用这个功能,可以观察曲线的变化过程
记录操作	单击"记录"按钮,系统开始记录数据和曲线,记录的数据可以被保存,而且曲线可以被打印输出。记录的数据量最大为 20000 组数据 　单击"暂停"按钮,暂停记录过程 　单击"选定"按钮,在"显示区"中,按住鼠标左键拖出一矩形区域后,单击该按钮可以对其进行放大(也可以通过单击鼠标右键操作对应项)
坐标选择	选择"显示区"为四象限坐标或第一象限

表　5-4-2

菜单	命令	功能说明	
文件	新建(N)	建立一个新的测量过程。清除"显示区"中的曲线和缓冲区中的数据,系统准备进入新的一轮测量	
	打开数据文件(O)	打开一个已有的测量记录,并显示测量曲线。数据文件的默认扩展名为".XYD"	
	保存数据文件(S)	保存测量数据。将所测量的数据保存在一个由你指定文件名的数据文件中。文件的默认扩展名为".XYD"。该数据文件以 ASCII 形式保存,可以被 Origin 等数据处理软件所识别	
	保存图片文件(T)	将所绘制的测量曲线以图形文件的方式保存。图形文件为位图格式。默认扩展名为".BMP"	
	打印曲线(P)	当前曲线	打印"测量曲线显示区"中当前所绘制的测量曲线
		选择一组曲线显示和打印	打开对应窗口,双击鼠标左键,选择数据文件。对选中的数据文件进行显示和打印
	退出(E)	退出测量程序	
设置与定标	设定常数	打开对应窗口,进行有关常数设定	
	系统定标(C)	—	
	通信端口选择	可以选择串口 1(com1)或 串口 2(com2)	
	打印网格(G)	在输出曲线时,打印坐标网格	
	多曲线同步刷新和打印(R)	当执行"文件/打印曲线/选择一组曲线显示和打印"后,变为有效。选中后,每当进行屏幕刷新操作和打印操作时,对所显示的所有曲线有效,否则只对当前记录的曲线有效	
关于	如何使用	打开联机帮助文件	
	关于	版本等信息说明和联系热线	

（3）状态栏

图 5-4-6 所示为状态栏。

新建,准备进行测量	X(mV) 3662.68　Y(mV) -4752.81	

图　5-4-6

1）图 5-4-6 区域 1,简要显示当前进行的操作。

2）图 5-4-6 区域 2,当鼠标在"显示区"中移动时,实时显示当前鼠标的位置。

3）图 5-4-6 区域 3,当前已经记录了 XXX 组测量数据。

（4）工具栏（见表 5-4-3）

表　5-4-3

工具栏上的按钮	执行的操作
新建	新建一个测量记录,等同于选菜单栏中的"新建"
打开	打开一个已有的数据文件,等同于选菜单栏中的"打开数据文件"
保存数据	保存数据文件,等同于选菜单栏中的"保存数据文件"

（续）

工具栏上的按钮	执行的操作
🖨打印曲线	打印测量曲线,等同于选菜单栏中的"打印"
📷保存图片	保存图形文件,等同于选菜单栏中的"保存图片文件"
🖵屏幕刷新	—

（5）鼠标右键的功能（见表5-4-4）

表　5-4-4

功能	功能说明
"区域选定"	在"显示区"中,按住鼠标"左键"拖出一矩形区域后,单击该项可以对其进行放大
"平移坐标"	—
"删除坏点"	在"显示区"中,按住鼠标"左键"拉出一矩形区域后,单击该项,可以删除区域中的数据点
"发送数据"	移动鼠标指针至"电滞回线"上的"自发极化强度""剩余极化强度""矫顽电场强度"等位置,单击右键,选取并发送对应数据至数据处理窗口

（6）数据处理窗口

输入样品的面积、厚度,填写测量曲线上对应的"自发极化强度""剩余极化强度""矫顽电场强度"等电压数据（也可以采用数据发送方式）,软件可以计算出样品的有关数据。

【注意事项】

1. 由于仪器电源发热较大,为减缓仪器老化,请不要长时间通电而不测量。
2. 建议先保存测量的数据,在进行数据处理时,暂时关闭测量仪的电源。

实验 5.5　传感器实验

【引言】

随着社会的进步,科学技术的发展,特别是近20年来,电子技术的日新月异,计算机的普及和应用,把人类带到了信息时代,各种电器设备充满了人们生产和生活的各个领域,相当大一部分的电器设备都应用到了传感器件,传感器技术是现代信息技术中主要技术之一,在国民经济建设中占据有极其重要的地位。

传感器与检测技术实验台上采用的大部分传感器虽然是教学传感器（透明结构便于教学）,但其结构与线路是工业应用的基础,通过实验可以帮助广大学生加强理解,并在实验的过程中,对信号进行拾取、转换、分析和掌握,这也是作为一个科技工作者应具有的基本的操作技能与动手能力。

【实验目的】

1. 观察了解应变片的结构及粘贴方式。
2. 测试应变梁变形的应变输出。
3. 比较各桥路间的输出关系。
4. 了解应变片的实际应用。

【实验仪器】

CSY10A 型系列传感器系统实验仪。

【实验原理】

应变片是最常用的测力传感元件。当用应变片测试时，应变片要牢固地粘贴在测试体表面，当测件受力发生形变，应变片的敏感栅随同变形，其电阻值也随之发生相应的变化。常用应变片有金属箔式与半导体式：金属箔式灵敏度较低，但温度稳定度较高；半导体式灵敏度较高，但温度稳定度较低。通过测量电路，转换成电信号输出显示。电桥电路是最常用的测量电路中的一种，分为交流电桥与直流电桥。交流电桥载波放大具有灵敏度高，稳定性好，受外界干扰和电源影响小及造价低等优点，但工作频率上限较低，导线分布电容影响较大；直流电桥工作频带宽，能解决分布电容等问题，但需配用精密电源供桥和稳定的直流放大器，造价较高。

当电桥平衡时，桥路对臂电阻乘积相等，电桥输出为零，在桥臂的四个电阻 R_1，R_2，R_3，R_4 中，电阻的相对变化率分别为 $\Delta R_1/R_1$，$\Delta R_2/R_2$，$\Delta R_3/R_3$，$\Delta R_4/R_4$，当使用一个应变片时，则有 $\sum R = \Delta R/R$；当用两个应变片组成差动状态工作时，则有 $\sum R = 2\Delta R/R$；当用四个应变片组成两个差动状态工作，且 $R_1 = R_2 = R_3 = R_4 = R$ 时，则有 $\sum R = 4\Delta R/R$。

单臂、半桥和全桥电路的 $\sum R$ 分别为 $\Delta R/R$，$2\Delta R/R$，$4\Delta R/R$。根据戴维南定理可以得出测试电桥的输出电压近似等于 $E\sum R/4$，电桥灵敏度 $S = U/(\Delta R/R)$，于是对应于单臂、半桥和全桥的电压灵敏度分别为 $E/4$、$E/2$ 和 E（单臂、半桥、全桥电路的灵敏度依次增大）。由此可知，当 E 和电阻相对变化一定时，电桥及电压灵敏度与各桥臂阻值的大小无关。

应变片即使不受外力作用，如果环境温度发生变化，应变片的电阻也将发生变化。温度变化引起应变片阻值发生变化的原因是应变片电阻丝的温度系数及电阻丝与测试中的膨胀系数不同，由此引起测试系统输出电压发生变化。因此，实用测试电路中必须进行温度补偿。

用补偿片法是应变电桥温度补偿方法中的一种，如图 5-5-1a 所示，在电桥中，R_1 为工作片，R_2 为补偿片，$R_1 = R_2$。当温度变化时两应变片的电阻变化 ΔR_1 与 ΔR_2 符号相同，数量相等，桥路如果原来是平衡的，则温度变化后 $R_1 R_4 = R_2 R_3$，电桥仍满足平衡条件，无漂移电压输出，由于补偿片所贴位置与工作片成 $90°$，所以只感受温度变化，而不感受悬臂梁的应变。

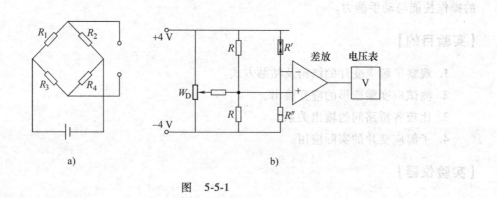

a)   b)

图　5-5-1

【实验步骤与内容】

1. 箔式应变片性能测试

（1）直流惠斯通电桥

1）差动放大器调零，开启仪器电源，差动放大器增益为100倍（顺时针方向旋到底），"+""−"两输入端用实验线对地短路，输出端接数字电压表2V挡，调节"差动调零"电位器使差动放大器输出电压为零，然后关闭仪器电源，拔掉实验线，调零后"差动增益"电位器和"差放调零"电位器的位置不要变化。

2）直流惠斯通电桥原理图如图 5-5-2
所示，按图 5-5-2 将实验所需部件用实验
线连接成测试桥路，桥路中 R_1，R_2，R_3，
和 W_D 为电桥中的固定电阻和直流调平衡
电位器，R 为应变片（可选上、下梁中的
任一工作片），直流激励电源为 $\pm 4V$ 挡，
将外径千分尺置于双平行悬臂梁前端的永

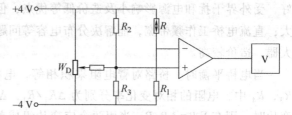

图 5-5-2　直流惠斯通电桥原理图

久磁钢上，并调节外径千分尺使双平行悬臂梁处于水平状态。

3）确认接线无误后开启仪器电源，并预热数分钟，调节电桥"W_D"电位器，使测试系统输出电压为零。

4）旋动外径千分尺，带动双平行悬臂梁分别做向上和向下运动，以双平行悬臂梁水平状态下电路输出电压为零作为起点，向上和向下各移动5mm，并记录位移——电压值填入表 5-5-1 中。（或在双孔悬臂梁称重平台上依次放上砝码，进行上述实验）

（2）直流半桥

直流半桥原理图如图 5-5-3 所示，不
变动差动放大器的"差动增益"和"差
动调零"电位器，按图 5-5-3 将图 5-5-2
中的固定电阻 R_1 换成金属箔式应变计组
成半桥电路。重复以上内容3）、4）全桥
测试系统。

（3）直流全桥

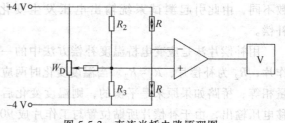

图 5-5-3　直流半桥电路原理图

直流全桥原理图如图 5-5-4 所示，不变动差动放大器增益和调零电位器，按图 5-5-7 将图 5-5-6 中的固定电阻 R_2、R_3 也换成金属箔式应变计组成全桥测试系统。重复以上内容 3）、4）全桥测试系统。

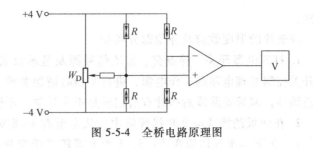

图 5-5-4　全桥电路原理图

表　5-5-1

位移/mm							
单臂/V							
半桥/V							
全桥/V							

在同一坐标上描出 U-X 曲线，比较三种桥路的灵敏度，并做出定性的结论。

2. 应变片的温度效应及补偿部分

1）惠斯顿应变电桥如图 5-5-1b 所示，按图 5-5-8 连接成惠斯顿应变电桥，开启电源，调整系统输出为零，记录环境温度 T。

2）开启"加热"电源，观察电桥输出电压随温度升高而发生的变化，待加热温度达到一个相对稳定值后（约高于环境温度 30℃），记录电桥输出电压值，并求出温漂 $\Delta U/\Delta T$，然后关闭加热电源，待其冷却。

3）将电桥中接入的一个固定电阻换成一片与应变片在同一应变梁上的补偿应变片，重新调整系统输出为零。

4）开启"加热"电源，观察经过补偿的电桥输出电压的变化情况，求出温漂，然后与未进行补偿时的电路进行比较。

【注意事项】

箔式应变片性能测试实验

1. 实验前应检查实验接插线是否完好，连接电路时应尽量使用较短的接插线，以避免引入干扰。

2. 接插线插入插孔，以保证接触良好，切忌用力拉扯接插线尾部，以免造成线内导线断裂。

3. 稳压电源不要对地短路。

4. 应变片接入电桥时注意其受力方向，一定要接成差动形式。

5. 直流激励电压不能过大，以免造成应变片自热损坏。

6. 由于进行位移测量时测微头要从零——→正的最大值，又恢复到零——→负的最大值，因应变梁的金属滞后特性容易造成零点偏移，因此计算灵敏度时可先将正的 ΔX 的灵敏度与负的 ΔX 的灵敏度分开计算，再求平均值，以后实验中凡需过零的实验均可采用此种方法。

应变片的温度效应及补偿部分实验

1. 打开电源开关，检查交、直流信号源及显示仪表是否正常。仪器下部面板左下角处的开关控制处理电路的工作电源，进行实验时请勿关掉。指针式毫伏表工作前需输入端对地短路调零，取掉短路线后指针有所偏转是正常现象，不影响测试。

2. 在面板的箔式应变片接线端中，从左至右 1~8 对接线端分别是：1 为上梁半导体应变片；2 为下梁半导体应变片；3、5 为上梁箔式应变片；4、6 为下梁箔式应变片；7、8 为上、下梁温度补偿片。请注意应变片接口上所示符号表示的相对位置。电路中工作片与补偿片应在同一应变梁上。

3. 本仪器是实验性仪器，各电路完成的实验主要目的是对各传感器测试电路做定性的验证，而非工程应用型的传感器定量测试。仪器工作时需良好的接地，以减小干扰信号，并尽量远离电磁干扰源。实验工作台上各传感器部分如相对位置不太正确可松动调节螺钉稍做调整，原则上以按下振动梁松手，周边各部分能随梁上下振动而无碰擦为宜。

【仪器介绍】

CSY10A 型系列传感器系统实验仪使用说明

CSY10A 型系列传感器系统实验仪是用于检测仪表类课程教学实验的多功能教学仪器。其特点是集被测体、各种传感器、信号激励源、处理电路和显示仪表于一体，可以组成一个完整的测试系统。通过本书所提供的几十种实验举例，能完成包含光、磁、电、温度、位移、振动、转速等内容的测试实验，通过这些实验，实验者能够对各种不同的传感器及测量电路系统有直观的感性认识，并可在本仪器上举一反三开发出新的实验内容。

CSY10A 型系列传感器系统实验仪主要由实验工作台，处理电路、信号源及仪表显示，数据采集三部分组成。

1. 实验仪的传感器配置及布局

位于仪器的顶部，左边是一副双平行悬臂梁，上面装有应变式、热敏式、P-N 结温度式、热电式和压电加速度五种传感器，右边是由装于机箱内的另一副平行悬臂梁带动的圆盘式工作台组成，圆盘周围（逆时针方向）安装有：电感式（差动变压器）、MPX 扩散硅压阻式、电容式、磁电式、霍尔式、电涡流式六种传感器。

1）金属箔式应变传感器：贴于双平行悬臂梁上梁的上表面和下梁的下表面工作片 4 片，受力工作片分别用符号 $\updownarrow$ 和 $\downarrow$ 表示，横向所贴的两片为温度补偿片，用符号 $\leftarrow$ 和 $\rightharpoonup$ 表示，应变系数为 2.06，精度为 2%。

2）半导体式应变传感器：贴于双平行悬臂梁上梁的上表面和下梁的下表面工作片 2 片，BY350 工作片 2 片，应变系数为 120。

3）电感式传感器：由初级线圈 L_i 和两个次级线圈 L_o 绕制而成的空心线圈，圆柱形铁氧体铁心置于线圈中间，测量范围>10mm。

4）霍尔式传感器：半导体霍尔片置于由两个半圆形永久磁钢形成的梯度磁场中，线性范围≥3mm。

5）磁电式传感器：由一组线圈和动铁（永久磁钢）组成，灵敏度为 $0.4V \cdot m^{-1} \cdot s^{-1}$。

6）压电加速度式传感器：位于悬臂梁自由端部，由 PZT-5 双压电晶片、铜质量块和压簧组成，装在透明外壳中。

7）电涡流式传感器：由多股漆包线绕制的扁平线圈与金属涡流片组成的传感器，线性范围>1mm。

8）电容式传感器：由装于圆盘上的一组动片和装于支架上的一组定片组成平行变面积式差动电容，线性范围≥3mm。

9）热电式（热电偶）传感器：串接工作的两个铜-康铜热电偶（T 分度）分别装在上、下梁表面，冷端温度为环境温度。分度表见本书附录中的附表 C-22。

10）热敏式传感器：位于双平行悬臂梁上梁表面的黑色玻璃珠状的半导体热敏电阻 MF-51，负温度系数，25℃时阻值为 $8 \sim 10k\Omega$。

11）光纤位移传感器：连接于仪器下方大面板的光纤变换器处，多模光强型，量程≥2mm，在其线性范围内精度为 5%。

12）光电耦合式传感器：位于旋转叶轮后，近红外发射-接收，量程 $0 \sim 2400r/min$。

13）P-N 结温度式传感器：根据半导体 P-N 结温度特性所制成的具有良好线性范围的集成温度传感器。

14）湿敏传感器：位于双平行悬臂梁前的白色塑料盒子上面，高分子材料，测量范围：$0 \sim 99\%RH$。

15）气敏传感器：位于双平行悬臂梁前的白色塑料盒子上面，MQ3 型，对酒精气敏感，测量范围 $10 \sim 2000PPm$，灵敏度 $R_0/R>5$。

2. 信号源及仪表显示部分

1）低频振荡器：$1 \sim 30Hz$ 输出连续可调，U_{P-P} 值 20V，最大输出电流 1.5A，V_i 端插口可提供用作电流放大器输入端。

2）音频振荡器：$0.4 \sim 10kHz$ 输出连续可调，U_{P-P} 值 20V，180°为 0°和 L_V 的反相输出，L_V 端最大电流输出 1.5A。

3）直流稳压电源：±12V，提供仪器电路工作电源和温度实验时的加热电源，最大输出 1.5A。$±2V \sim ±10V$，挡距 2V，分五挡输出，提供直流信号源，最大输出电流 1.5A。

4）数字式电压/频率表：$3\frac{1}{2}$ 位显示，分 2V，20V，2kHz，20kHz 四挡，灵敏度≥50mV，频率显示 $5Hz \sim 20kHz$。

5）指针式直流毫伏表：测量范围 500MV，50mV，5mV 三挡，精度 2.5%。

3. 处理电路部分（位于仪器下部面板）

1）电桥：用于组成应变电桥，面板上虚线所示电阻为虚设，仅为组桥提供插座，三个电阻 R_1，R_2，R_3 为 350Ω 标准电阻，W_D 为直流调节电位器，W_A 为交流调节电位器。

2）差动放大器：增益可调直流放大器，可接成同相、反相、差动结构，增益 $1 \sim 100$ 倍。

3）光电变换器：提供光纤传感器红外发射、接收、稳幅、变换，输出模拟信号电压与频率变换方波信号，四芯航空插座上装有光电转换装置和由两根多模光纤（一根接收，一根发射）组成的光强型光纤传感器。

4）电容变换器：由高频振荡、放大和双 T 电桥组成。

5）移相器：允许输入电压 $20U_{P-P}$，移相范围 $-40° \sim +40°$（随频率不同有所变化）。

6）相敏检波器：集成运放极性反转电路构成，所需最小参考电压 $0.5U_{P-P}$，允许最大输入电压 $\leq 20U_{P-P}$。

7）电荷放大器：电容反馈式放大器，用于放大压电加速度传感器输出的电荷信号。

8）电压放大器：增益 5 倍的高阻放大器。

9）涡流变换器：变频式调幅变换电路，传感器线圈是三点式振荡电路中的一个元件。

10）温度变换器（信号变换器）：根据输入端热敏电阻值、光敏电阻及 P-N 结温度传感器信号变化而输出电压信号相应变化的变换电路。

11）低通滤波器：由 50Hz 陷波器和 RC 滤波器组成，转折频率 35Hz 左右。

【补充说明】

实验接线直观图

1. 金属箔式应变计惠斯通电桥（见图 5-5-5）

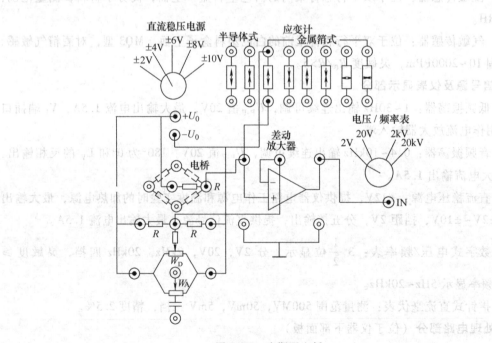

图 5-5-5　惠斯通电桥

2. 金属箔式应变计直流半桥电路（见图 5-5-6）

3. 金属箔式应变计直流全桥电路（见图 5-5-7）

4. 应变电路的温度补偿（见图 5-5-8）

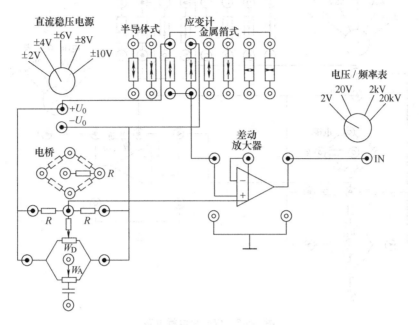

图 5-5-6　半桥电路

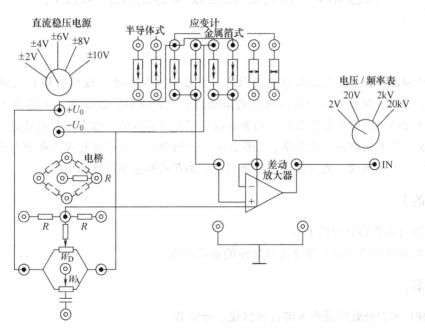

图 5-5-7　全桥电路

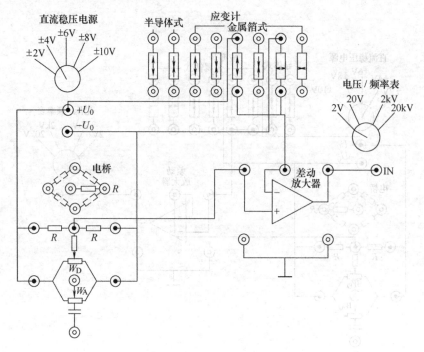

图 5-5-8　应变片电桥电路

实验 5.6　多普勒效应及声速的测试与应用

【引言】

对于机械波、声波、光波和电磁波而言，当波源和观察者（或接收器）之间发生相对运动，或者波源、观察者不动而传播介质运动时，或者波源、观察者、传播介质都在运动时，观察者接收到的波的频率和发出的波的频率不相同的现象，称为多普勒效应。

多普勒效应在核物理、天文学、工程技术、交通管理、医疗诊断等方面有着十分广泛的应用，如用于卫星测速、光谱仪、多普勒雷达、多普勒彩色超声诊断仪等。

【实验目的】

1. 加深对多普勒效应的了解。
2. 测量空气中声音的传播速度及物体的运动速度。

【实验仪器】

DH-DPL 多普勒效应及声速综合测试仪、示波器。

【实验原理】

1. 声波的多普勒效应

设声源在原点，声源振动频率为 f，接收点在 x，运动和传播都在 x 方向。对于三维情

况，处理稍复杂一点，其结果相似。声源、接收器和传播介质不动时，在 x 方向传播的声波的数学表达式为

$$p = p_0 \cos\left(\omega t - \frac{\omega}{c_0}x\right) \tag{1}$$

（1）声源运动速度为 v_s，介质和接收点不动

设声速为 c_0，在时刻 t，声源移动的距离为

$$v_s\left(t - \frac{x}{c_0}\right)$$

因而声源实际的距离为

$$x = x_0 - v_s\left(t - \frac{x}{c_0}\right)$$

所以

$$x = (x_0 - v_s t)/(1 - M_s) \tag{2}$$

式中，$M_s = v_s/c_0$ 为声源运动的马赫数，声源向接收点运动时 v_s（或 M_s）为正，反之为负。将式（2）代入式（1），得

$$p = p_0 \cos\left[\frac{\omega}{1 - M_s}\left(t - \frac{x_0}{c_0}\right)\right]$$

可见，接收器接收到的频率变为原来的 $1/(1 - M_s)$，即

$$f_s = \frac{f}{1 - M_s} \tag{3}$$

（2）声源、介质不动，接收器运动速度为 v_r，同理可得接收器接收到的频率为

$$f_r = (1 + M_r)f = \left(1 + \frac{v_r}{c_0}\right)f \tag{4}$$

式中，$M_r = \dfrac{v_r}{c_0}$ 为接收器运动的马赫数，接收点向着声源运动时 v_r（或 M_r）为正，反之为负。

（3）介质不动，声源运动速度为 v_s，接收器运动速度为 v_r，可得接收器接收到的频率为

$$f_{rs} = \frac{1 + M_r}{1 - M_s}f \tag{5}$$

（4）介质运动，设介质运动速度为 v_m，得

$$x = x_0 - v_m t$$

根据式（1）可得

$$p = p_0 \cos\left[(1 + M_m)\omega t - \frac{\omega}{c_0}x\right] \tag{6}$$

式中，$M_m = v_m/c_0$ 为介质运动的马赫数，介质向着接收点运动时 v_m（或 M_m）为正，反之为负。

可见若声源和接收器不动，则接收器接收到的频率为

$$f_m = (1 + M_m)f$$

还可看出，若声源和介质一起运动，则频率不变。

为了简单起见，本实验只研究第 2 种情况：声源、介质不动，接收器运动速度为 v_r。根据式（4）可知，改变 v_r 就可得到不同的 $\Delta f = f_r - f$，从而验证了多普勒效应。另外，若已知 v_r、

f，并测出 f_r，则可算出声速 c_0，可将用多普勒频移测得的声速值与用时差法测得的声速值进行比较。若将仪器的超声换能器用作速度传感器，就可用多普勒效应来研究物体的运动状态。

2. 声速的几种测量原理

（1）超声波与压电陶瓷换能器

频率为 20Hz~20kHz 的机械振动在弹性介质中传播形成声波，高于 20kHz 的称为超声波，超声波的传播速度就是声波的传播速度，而超声波具有波长短、易于定向发射等优点。声速实验所采用的声波频率一般都在 20~60kHz 之间，在此频率范围内，采用压电陶瓷换能器作为声波的发射器、接收器效果最佳。

根据压电陶瓷换能器的工作方式，将其分为纵向（振动）换能器、径向（振动）换能器及弯曲振动换能器。声速教学实验中所用的大多数采用纵向换能器。图 5-6-1 所示为纵向换能器的结构简图。

（2）共振干涉法（驻波法）测量声速

假设在无限声场中，仅有一个点声源换能器 1（发射换能器）和一个接收平面（接收换能器 2）。当点声源

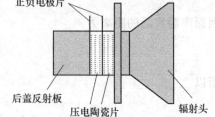

图 5-6-1　纵向换能器的结构简图

发出声波后，在此声场中只有一个反射面（即接收换能器平面），并且只产生一次反射。

在上述假设条件下，发射波 $\xi_1 = A_1\cos(\omega t + 2\pi x/\lambda)$ 在换能器 2 处产生反射，反射波 $\xi_2 = A_2\cos(\omega t - 2\pi x/\lambda)$ 的信号相位与 ξ_1 相反，幅度 $A_2 < A_1$。ξ_1 与 ξ_2 在反射平面相交叠加，合成波速 ξ_3，则

$$\begin{aligned}
\xi_3 &= \xi_1 + \xi_2 = A_1\cos(\omega t + 2\pi x/\lambda) + A_2\cos(\omega t - 2\pi x/\lambda)\\
&= A_1\cos(\omega t + 2\pi x/\lambda) + A_1\cos(\omega t - 2\pi x/\lambda) + (A_2 - A_1)\cos(\omega t - 2\pi x/\lambda)\\
&= 2A_1\cos(2\pi x/\lambda)\cos\omega t + (A_2 - A_1)\cos(\omega t - 2\pi x/\lambda)
\end{aligned}$$

由此可见，合成后的波速 ξ_3 在幅度上，具有随 $\cos(2\pi x/\lambda)$ 呈周期变化的特性，在相位上，具有随 $(2\pi x/\lambda)$ 呈周期变化的特性。另外，由于反射波幅度小于发射波，合成波的幅度即使在波节处也不为 0，而是按 $(A_2 - A_1)\cos(\omega t - 2\pi x/\lambda)$ 变化。图 5-6-2 所示波形显示了叠加后的声波幅度，随距离按 $\cos(2\pi x/\lambda)$ 变化的特征。

实验装置按后面的图 5-6-6 所示，图中 1 和 2 为压电陶瓷换能器。换能器 1 作为声波发射器，它由信号源供给频率为数十千赫的交流电信号，由逆压电效应发出一平面超声波；而 2 则作为声波的接收器，压电效应将接收到的声压转换成电信号。将它输入示波器，我们就可看到一组由声压信号产生的正弦波形。由

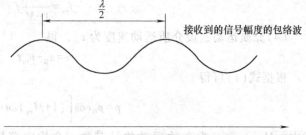

图 5-6-2　换能器间距与合成幅度

于换能器 2 在接收声波的同时还能反射一部分超声波，接收的声波、发射的声波振幅虽有差异，但二者周期相同且在同一条线上沿相反方向传播，二者在换能器 1 和 2 区域内产生了波的干涉，形成驻波。我们在示波器上观察到的实际上是这两个相干波合成后在声波接收器（换能器 2）处的振动情况。移动换能器 2 位置（即改变换能器 1 和 2 之间的距离），从示波

器显示屏上会发现，当换能器 2 在某位置时振幅有最大值。根据波的干涉理论可以知道：任何两相邻的振幅最大值的位置之间（或两相邻的振幅最小值的位置之间）的距离均为 $\lambda/2$。为了测量声波的波长，可以在一边观察示波器上声压振幅值的同时，缓慢地改变换能器 1 和 2 之间的距离。在示波器上就可以看到声波振动幅值不断地由最大变到最小再变到最大，两相邻的振幅最大值之间的距离为 $\lambda/2$；换能器 2 移动过的距离亦为 $\lambda/2$。超声换能器 2 至 1 之间的距离的改变可通过转动滚花帽来实现，而超声波的频率又可由测试仪直接读出。

在连续多次测量相隔半波长的位置变化及声波频率 f 以后，我们可运用测量数据计算出声速，用逐差法处理测量的数据。

（3）相位法测量原理

由前述可知入射波 ξ_1 与反射波 ξ_2 叠加，形成波束 $\xi_3 = 2A_1\cos(2\pi x/\lambda)\cos\omega t + (A_2 - A_1)\cdot\cos(\omega t - 2\pi x/\lambda)$，由此可见，相对于发射波束：$\xi_1 = A\cos(\omega t + 2\pi x/\lambda)$ 来说，在经过 Δx 距离后，接收到的余弦波与原来位置处的相位差（相移）为 $\theta = 2\pi\Delta x/\lambda$，如图 5-6-3 所示。因此能通过示波器，用李萨如图形法观察测出声波的波长。

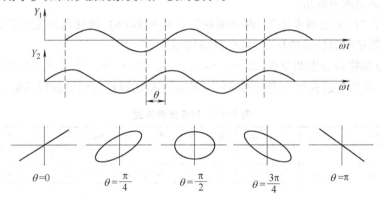

图 5-6-3 用李萨如图形观察相位变化

（4）时差法测量原理

连续波经脉冲调制后由发射换能器发射至被测介质中，声波在介质中传播，经过 t 时间后，到达 L 距离处的接收换能器，如图 5-6-4 所示。由运动定律可知，声波在介质中传播的速度可由以下公式求出：速度 $v =$ 距离 L/时间 t，通过测量两换能器发射、接收平面之间的距离 L 和时间 t，就可以计算出当前介质下的声波传播速度。

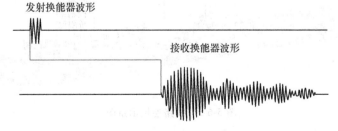

图 5-6-4 发射波与接收波

【实验内容与步骤】

1. 实验内容

1）熟悉测量声速的多种方法，进一步加深对多普勒效应的了解。

2）利用已知的声速进一步观测空气中物体的移动速度。

2. 实验步骤

（1）时差法测声速

1）按图 5-6-5 接线。

2）把载有接收换能器的小车移动到导轨最右端（移动时可以关闭智能运动控制系统电源或在通电时保证移动区域在两限位光电门之间，智能运动控制系统的使用请参看使用说明），并把实验仪的超声波发射强度和接收增益调到最大。

3）进入"多普勒效应实验"子菜单，切换到"设置源频率"后，按"▶▶""◀◀"键增减信号频率，一次变化 10Hz；用示波器观察接收换能器波形的幅度是否达到最大值，该值对应的超声波频率即为换能器的谐振频率。

4）谐振频率调好后进行"动态测量"，我们可以看到画面中换能器的接收频率（测量频率）和发射源频率是相等的，而且改变接收换能器的位置，该测量频率和发射源频率始终是相等的，证明调谐成功。

5）切换到"时差法测声速"，调节滚花帽（见图 5-6-6）将接收换能器调到约 12cm 处，记录接收换能器接收到的脉冲信号与原信号时间差。

6）将接收换能器分别调至约 12cm，13cm，…，26cm 处，分别记录各位置时间差，填入表 5-6-1（如在调节过程中出现时间显示不稳定，则选择稳定区域进行测量）。

表 5-6-1　时差法测声速

小车位置/cm	S_1	S_2	S_3	S_4	S_5	S_6	S_7	S_8	S_9	S_{10}	S_{11}	S_{12}	S_{13}	S_{14}	S_{15}
时间/s	t_1	t_2	t_3	t_4	t_5	t_6	t_7	t_8	t_9	t_{10}	t_{11}	t_{12}	t_{13}	t_{14}	t_{15}

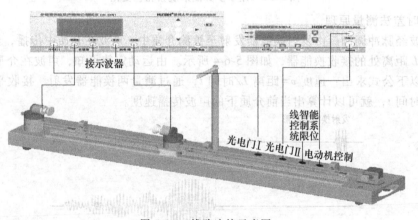

接示波器

光电门Ⅰ　光电门Ⅱ　电动机控制　线智能控制系统限位

图 5-6-5　线路连接示意图

（2）多普勒法测声速

瞬时法测声速

1）按照时差法测声速的 1）~ 4）步进行操作，使谐频成功。

2）将接收换能器调到约 75cm 处。

3）返回多普勒效应菜单，点击瞬时测量。

4）按下智能运动控制系统的"Set"键，进入速度调节状态——按"Up"直至速度调节到 0.450m/s。

5）按"Set"键确认——再按"Run／Stop"键使接收换能器运动。

6）记录"测量频率"的值于表 5-6-2 中，按"Dir"键改变运动方向，再次测量。

表 5-6-2 瞬时法测声速

v_r /(m/s)	$v_{r正}$ /(m/s)	$\Delta f_{正}$	$v_{r反}$ /(m/s)	$\Delta f_{反}$	v'_r /(m/s)	Δf	v /(m/s)

$$\Delta f = (\Delta f_{正} + \Delta f_{反})/2, \quad v'_r = (v_{r正} + v_{r反})/2, \quad v = f v'_r/\Delta f$$

（3）驻波法测声速

1）按照时差法测声速的 1）～4）步进行操作，使谐频成功。

2）切换到"多普勒效应实验"画面进行实验。

3）逐渐移动小车的位置，同时观察接收波的幅值，找出相邻两个振幅最大值（或最小值）之间的距离差，此距离差为 $\lambda/2$，λ 为声波的波长。通过 λ 和声波的频率 f 即可算出声速 c_0：$c_0 = \lambda f$。记录下幅度为最大时的距离 L_i 于表 5-6-3，再向前或者向后（必须是一个方向）通过转动步进电动机上的滚花帽使小车缓慢移动，当接收波经变小后再次达到最大时，记录下此时的距离 L_{i+1} 于表 5-6-3，即可求得声波长 $\lambda_i = 2|L_{i+1} - L_i|$。

表 5-6-3 驻波法测声速

L_2	L_2	L_3	L_4	L_5	L_6

（4）相位法测声速

1）按照时差法测声速的 1）～4）步进行操作，使谐频成功。

2）切换到"多普勒效应实验"画面进行实验。

3）选择合适的发射强度，将示波器打到"X-Y"方式，选择合适的示波器通道增益，示波器显示李萨如图形。转动步进电动机上的滚花帽使载有接收换能器的小车缓慢移动，使李萨如图形显示的椭圆变为一定角度的一条斜线，记录下此时的距离 L_i 于表 5-6-4 中，距离由刻度尺和游标读出。再向前或者向后（必须是一个方向）移动距离，使观察到的波形又回到前面所说的特定角度的斜线，这时接收波的相位变化 2π，记录下此时的距离 L_{i+1} 于表5-6-4 中，即可求得声波波长：$\lambda_i = |L_{i+1} - L_i|$。

表 5-6-4　相位法测声速

L_1	L_2	L_3	L_4	L_5	L_6

【数据记录与处理】

1. 将接收换能器分别调至 12cm，13cm，…，26cm 处，分别记录各位置和时间差，用作图法计算声速。

2. 利用式（4），将测得的 $f_正$（朝向声源运动）和 $f_反$（远离声源运动）求差，从而得出声速值 c_0 的计算式，并且作不确定度的分析，给出 c_0 的结果表达式。

3. 画出相应的 V-t 曲线，并且求出最大和最小速度。

理论声速

$$c_0 = 331.45 \sqrt{1 + \frac{t}{373.16}}$$

其中 t 为室温。

【思考题】

1. 马赫是什么单位？是怎么定义的？为什么要用马赫作单位？

2. 请列举生活中多普勒效应的应用。

【仪器介绍】

DH-DPL 多普勒效应及声速综合测试仪由实验仪、智能运动控制系统和测试架三个部分组成。实验仪由信号发生器和接收器、功率放大器、微处理器、液晶显示器等组成。智能运动控制系统由步进电动机、电动机控制模块、单片机系统组成，用于控制载有接收换能器的小车的速度。测试架由底座、超声发射换能器、导轨、载有超声接收器的小车、步进电动机、传动系统、光电门等组成，如图 5-6-6 所示。

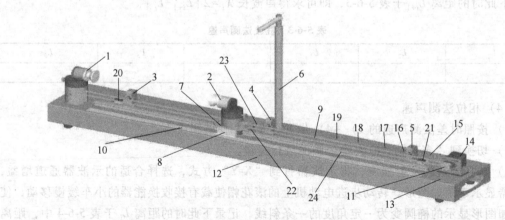

图 5-6-6　运动系统结构示意图

1—发射换能器　2—接收换能器　3、5—左右限位保护光电门　4—速光电门　6—接收线支撑杆　7—小车　8—游标
9—同步带　10—标尺　11—滚花帽　12—底座　13—复位开关　14—步进电动机　15—电动机开关　16—电动机控制
17—限位　18—光电门Ⅱ　19—光电门Ⅰ　20—左行程开关　21—右行程开关　22—行程撞块　23—挡光板　24—运动导轨

实验 5.7　利用光电效应测普朗克常量

【实验目的】

1. 通过对实验现象的观测与分析，了解光电效应的规律和光的量子性。
2. 观测光电管的弱电流特性，找出不同光频率下的截止电压。
3. 了解光的量子理论与波动理论，并验证爱因斯坦方程，进而求出普朗克常量。

【实验原理】

用一定频率的光照射在某些金属表面时，会有电子从金属表面飞逸出来，这一物理现象称为光电效应。逸出的电子称为光电子，光电子做定向运动形成的电流称为光电流。图 5-7-1所示是用光电管进行光电效应实验并测量普朗克常量的实验原理图。

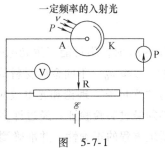

当频率为 ν、光强为 P 的光照射到由金属材料制成的光电管阴极 K 上时，即有光电子从阴极 K 上逸出。在 A、K 之间加上一定电压 U_{AK}，光电子从 K 到 A 的定向运动形成光电流 I_{AK}。而光电流 I_{AK}、电压 U_{AK} 与入射光频率 ν 和强度 P 之间有如下实验规律：

第一，饱和光电流 I_H 与光照强度成正比。I_{AK} 与光电管两端电压 U_{AK} 之间的伏安特性可由图 5-7-2 表示。

第二，光电效应存在着一个截止频率 ν_0（或称阈频率）。当入射光的频率低于截止频率 ν_0 时，无论光照强度有多大，都不会产生光电效应。如图 5-7-3 所示。

图　5-7-1
A—光电管阳极　K—光电管阴极
$\mathscr{E}$—电源　P—微电流测试仪
V—电压表　R—调压电位器

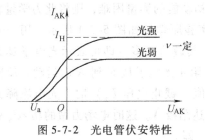

图 5-7-2　光电管伏安特性

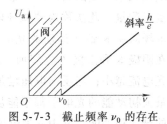

图 5-7-3　截止频率 ν_0 的存在

第三，反向截止电压 U_S（使光电流减少为零的反向电压值）的存在，说明光电子逸出金属表面时有一定的最大初动能。从图 5-7-3 可以看出，U_a-ν 的关系曲线为一直线。这说明光电子的动能与光强无关，但与入射光的频率 ν 呈线性关系。

第四，一经光照射（$\nu > \nu_0$），立即产生光电流。这说明光电效应是瞬时效应。

以上这些实验规律无法用经典的光的电磁理论加以解释。1905 年，爱因斯坦受普朗克量子假设的启示，提出了"光量子"或"光子"的概念。把一束频率为 ν 的单色光看成是一束以光速 c 运动的光子流，每个微粒具有能量 $h\nu$，其中 h 就是普朗克常量（其公认值为 $h = 6.626176 \times 10^{-34}$ J·s）。

按照爱因斯坦理论，光电效应的实质是光子和电子相碰撞时，光子把全部能量传给电子。电子所获得的能量，一部分用来克服金属表面对它的束缚，其余的能量则成为该光电子逸出金属表面后的动能。所以用频率为 ν 的单色光投射到金属表面（阴极 K 上）时，受到金属表面束缚的自由电子会一次性地吸收一个光子能量 $h\nu$。如果这个能量足够使它从金属表面逃逸出来，则将其中的一部分用来克服金属表面的束缚，用逸出功 A 来表示；剩余的另一部分能量成为它逸出金属表面后具有的最大初动能 $\frac{1}{2}mv_{max}^2$。按照能量守恒定律，爱因斯坦光电效应方程为

$$h\nu = \frac{1}{2}mv_{max}^2 + A = E_k + A \tag{1}$$

式中，h 为普朗克常量；m 为光电子的质量；ν 为光电子逸出金属表面时的初速度；逸出功 A 是只与金属材料本身属性有关的一个常数。因此，光电子初动能与频率 ν 呈线性关系，而与光照强度无关。由 $E_k = h\nu - A$ 可知，要使光电效应能够产生，光电子初动能必须大于或等于零，即

$$h\nu - A > 0 \quad \text{或} \quad \nu \geqslant \frac{A}{h}, \quad \nu_0 = \frac{A}{h} \tag{2}$$

当 $\nu < \nu_0$ 时，不可能产生光电效应。产生光电效应的最低频率是 ν_0，通常称之为光电效应的截止频率 ν_0。不同金属材料的逸出功 A 不同，所以它们的截止频率 ν_0 也不相同。爱因斯坦的"光量子"理论和光电效应方程圆满地解释了光电效应的实验规律。但要证明其正确性，必须经过实验验证。经过许多科学家十年的艰苦工作，最后由密立根在 1915 年验证了爱因斯坦方程的正确性，并准确测定出普朗克常量。

　　按照爱因斯坦理论，光的强弱取决于光量子的多少，所以光电流与入射光的强度成正比。又因一个光电子只能吸收一个光子的能量，所以光电子的能量与光强无关。由于要验证光电效应方程式并测出普朗克常量 h，就要验证光电子初动能和入射光频率 ν 呈线性关系，并测出该线性关系直线的斜率。考虑到微观电子初动能的测量困难，则将此力学量转换成相关的电学量来测量。此法称为"减速电压法"。实验原理仍如图 5-7-1 所示。用一个可以测量电压的电场对从 K 到 A 运动的光电子做负功，其做功的多少即可表示光电子具有的初动能大小。在阴极 K 和阳极 A 之间加上反向电压，阻止光电子从 K 到 A 的运动。反向电压越大，正向光电流越小；当反向电压增加到某一数值（截止电压 U_a）时，光电流降为零。这表明具有最大初动能的光电子都不能从阴极 K 到达阳极 A。这时电场力做的功 eU_a 就等于逸出光电子的最大初动能，其中 e 为电子的电荷量。即

$$eU_a = \frac{1}{2}mv_{max}^2 = E_k \tag{3}$$

将式（1）和式（2）代入式（3），可得

$$U_a = \frac{h}{e}\nu - \frac{A}{e} = \frac{h}{e}\nu - \frac{h}{e}\nu_0 \tag{4}$$

U_a-ν 的关系曲线如图 5-7-3 所示。

　　对同一只光电管，用若干种不同频率的单色光分别照射它的阴极 K，并测得各种光照频率的伏安特性曲线，再由这些实验曲线来确定各种频率对应的截止电压 U_a，然后作 U_a-ν 关系曲线，如果它为一条直线，就验证了爱因斯坦方程，由该直线的斜率 k 则可求出普朗克常量 h 为

$$h = ek \qquad (5)$$

实际测量的光电管伏安特性曲线与理想的有所不同（见图 5-7-4）。这主要是 A、K 之间存在反向暗电流和阳极 A 的反向发射电流的影响，使理论曲线下移的结果。

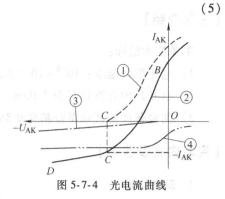

图 5-7-4　光电流曲线

图 5-7-4 中，曲线③为暗电流。这主要是无光照射光电管时，反向电压也会促使少部分电子从阳极 A 到达阴极 K。另外，常温下的热电子发射和极间漏电等都会形成反向暗电流。暗电流与反向电压值基本呈线性关系。曲线④为阳极发射电流。阳极 A 上往往会溅射有阴极材料，投射于阴极上的光会散射到阳极 A 上，使阳极 A 上也逸出小部分光电子。反向电压对这部分光电子起加速作用，从而使 A、K 之间形成另一部分反向电流。当电压值达到一定数值后，形成反向饱和电流（曲线④的水平部分）。

暗电流和阳极发射电流都是负向电流，它们都叠加在正向光电流①上，从测试仪表上反映出来。这样，在实际测量中，截止电压 U_a 并不是出现于 $I_{AK} = 0$ 的地方，而是出现于叠加以后的某一反向电流（$-I_{AK}$）的转折点 C 上。截止电压的准确判定，必须根据实测曲线②的陡峭部分（电流随电压变化较快的 BC 曲线部分）和平缓部分（电流随反向电压加大几乎不变的 CD 部分）的交汇处来确定。

【实验仪器】

WPC-1 型普朗克常量实验仪由汞灯电源、光源盒、一体式接收器（内置光电管、同轴连接独立旋转的滤光盘及光阑盘组为一体）、测试仪（电控箱——内置微电流放大器）及导轨组成（配有光电管电源电缆红、黑各一条，光电管信号电缆一条，三芯电源线两条），如图 5-7-5 所示。

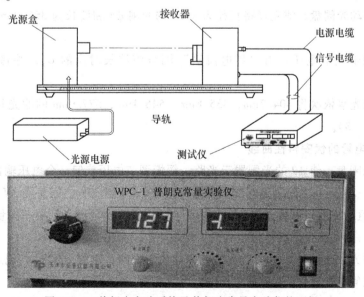

图 5-7-5　普朗克实验系统及普朗克常量实验仪的面板

【仪器介绍】

主要技术指标：

1）电流测量范围：$10^{-8} \sim 10^{-13}$A，分六挡，三位半数显。

2）滤光片中心波长有 365.0nm，404.7nm，435.8nm，546.1nm，577.0nm。

3）测量普朗克常量误差精度 ≤3%。

【实验内容及步骤】

1. 调整仪器

1）用专用电缆将微电流测量仪的输入接口与暗盒的输出接口连接起来；将微电流测量仪的电压输出端插座与暗盒的电压输入插座连接起来；转动接收器滤光盘使之处于"遮光"位置；调节好接收器与光源盒之间的距离（将接收器与光源盒分别沿导轨滑动到两端即可，约为50cm）。将汞灯下侧的电线与汞灯电源（镇流器）连接起来；接好电源，打开电源开关，充分预热（不少于20min）。

2）在测量电路连接完毕后，没有给测量信号时，（此时最好将电流输入端断开，避免干扰）旋转"电流调零"旋钮，使其显示"000"。每换一次量程，必须重新调零。（调零时，为了减少干扰可将信号输入端取下。）

3）转动滤光盘，分别使直径为 2mm 的光阑 $\phi 2$ 及波长为 365.0nm 的滤光片置于光路（之前滤光盘应处"遮光"位置并调节好接收器与光源盒的距离，调节好后应保证 $\phi 2$ 与光阑上方的小箭头对齐）。

2. 测量普朗克常量 h

1）将电压选择按键开关置于 $-2 \sim +2$V 挡，将"电流量程"选择开关置于 10^{-13}A 挡。将测试仪电流输入电缆断开，调零后重新接上。

2）分别转动光阑盘、滤光盘将直径为 4mm 的光阑 $\phi 4$ 和波长为 365.0nm 的滤光片置于光路。

3）从高到低调节电压，用"零电流法"测量该波长对应的 U_a，并将数据记录于表 5-7-2中。

4）转动滤光盘依次将 404.7nm，435.8nm，546.1nm，577.0nm 的滤光片置于光路，重复步骤 1）、2）、3）。

3. 测量光电管的伏安特性曲线

1）调节光阑盘，使 $\phi 2$ 的光阑置于光路，缓慢调节电压旋钮，令电压输出值缓慢由 -2V 增加到 $+30$V，-2V 到 0 之间每隔 0.2V 记一个电流值，0 到 30V 之间每隔 3V 记一个电流值。但注意在电流值为零处记下截止电压值。（测量时注意更换量程，每换一次量程，必须重新调零；调零时，为了减少干扰可将信号输入端取下。）

2）转动滤光盘使波长为 404.7nm 的滤光片置于光路，重复步骤 1），记入表 5-7-1 中。

3）转动光阑盘使 $\phi 4$ 的光阑置于光路，重复步骤 1）、2）。

4）选择合适的坐标，分别绘制出两种光阑下的光电管伏安特性曲线 U-I。

【注意事项】

1. 微电流测量仪和汞灯的预热时间必须长于 20min。实验中，汞灯不可关闭。如果关闭，必须经过 5min 后才可重新起动，且须重新预热。

2. 微电流测量仪与暗盒之间的距离在整个实验过程中应当一致。

3. 注意保护滤光片，防止污染。

4. 微电流测量仪每改变一次量程，必须重新调零。

【数据记录及处理】

表 5-7-1　光电管的伏安特性

滤光片的波长/nm	光阑的直径/mm	伏安特性										
365.0	2	U/V	−2	−1.8	−1.6	−1.4	−1.2	−1.0	−0.8	−0.6	−0.4	−0.2	0
		I/nA											
		U/V	3	6	9	12	15	18	21	24	27	30	
		I/nA											
	4	U/V	−2	−1.8	−1.6	−1.4	−1.2	−1.0	−0.8	−0.6	−0.4	−0.2	0
		I/nA											
		U/V	3	6	9	12	15	18	21	24	27	30	
		I/nA											
404.7	2	U/V	−2	−1.8	−1.6	−1.4	−1.2	−1.0	−0.8	−0.6	−0.4	−0.2	0
		I/nA											
		U/V	3	6	9	12	15	18	21	24	27	30	
		I/nA											
	4	U/V	−2	−1.8	−1.6	−1.4	−1.2	−1.0	−0.8	−0.6	−0.4	−0.2	0
		I/nA											
		U/V	3	6	9	12	15	18	21	24	27	30	
		I/nA											

表 5-7-2　频率与截止电压的关系（光速为 $2.998 \times 10^8 \mathrm{m/s}$，光阑的直径 = 4mm）

波长 λ_i/nm	365.0	404.7	435.8	546.1	577.0
频率 $\nu_i/\times 10^{14} Hz$	8.214	7.408	6.879	5.490	5.196
截止电压 U_a/V					

【思考题】

1. 光电管为什么要装在接收器（暗盒）中？为什么在非测量时，要使接收器的滤光盘处于"遮光"位置？

2. 入射光的光强对光电流的大小有无影响？

实验 5.8　夫兰克-赫兹实验

【实验目的】

1. 了解夫兰克-赫兹管的工作原理和使用方法。
2. 通过测定汞原子或氩原子的第一激发电位，证明原子能级的存在。

【实验原理】

玻尔发表的原子理论指出：原子只能较长久地处于一系列不连续的、稳定的能量状态。在这些状态中，原子不辐射能量，也不吸收能量，具有分立的、确定的能量值，称为定态。原子的能量不论通过什么方式发生变化，它只能从一个定态跃迁到另一个定态。原子的跃迁伴随着辐射或吸收单色光波，光波的频率是一定的。当原子从一个具有较大能量 E_m 的定态跃迁到另一个较低能量 E_n 的定态时，原子辐射的单色光波的频率 ν_{nm} 由下式决定：

$$\nu_{nm} = \frac{E_m - E_n}{h} \tag{1}$$

式中，h 为普朗克常量，$h = 6.63 \times 10^{-34} \text{J} \cdot \text{s}$。

原子在正常情况下处于基态（低能态），当原子吸收光波辐射或受到其他具有足够大的能量的粒子碰撞时，可由基态跃迁到能量较高的激发态。原子从基态跃迁到第一激发态所需要的能量通常称之为临界能量。

在本实验中，用具有一定能量的电子与原子相碰撞的方法进行能量交换，使原子从低能级向高能级跃迁。实验的具体做法是，将初速度为零的电子置于电位差为 U_0 的加速电场中，电子在加速电场的作用下将获得能量 eU_0。当具有这种能量的电子与稀薄气体中的原子（例如汞原子）发生碰撞时，就会发生能量交换。如果以 E_1 表示汞原子在基态的能量，以 E_2 表示汞原子在第一激发态的能量，则当汞原子从电子获得的能量恰好为

$$eU_0 = E_2 - E_1 \tag{2}$$

时，汞原子就会从基态跃迁到第一激发态。这时的加速电位差 U_0 称为汞原子的第一激发电位（或称汞的中肯电位）。只要在实验中测出这个电位差 U_0，就可以根据式（2）求出汞原子的基态和第一激发态之间的能量差。其他元素的原子第一激发电位也可参照这种方法进行测定。

图 5-8-1 所示是夫兰克-赫兹实验的原理图。在充有汞的夫兰克-赫兹管中，电子由热阴极 K 发出，并在阴极 K 和栅极 G 之间加速电压 U_{GK} 的作用下做加速运动。在板极 A 和栅极 G 之间加以较小的反向电压（拒斥电压），使电子运动在此空间受到阻碍。若忽略空间电荷的分布，夫兰克-赫兹管内极间电位分布如图 5-8-2 所示。

实验时要逐渐增加电压 U_{GK} 并仔细观察电流计中板极电流的变化情况。如果原子的能级确实存在，且基态和第一激发态之间确有确定的能量差，就可以画出如图 5-8-3 所示的板极电流 I_A 随电压 U_{GK} 变化的曲线。由 I_A-U_{GK} 曲线可以看出汞原子在 KG 空间与电子进行能量交换的情况，并可找出以下规律：

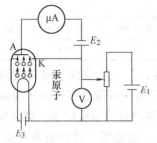

图 5-8-1 夫兰克-赫兹实验原理图

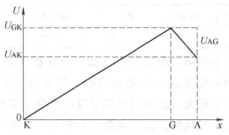

图 5-8-2 夫兰克-赫兹管内极间电位分布

1）板极电流 I_A 不是单调上升的，曲线中有若干极大值（峰值）与极小值（谷值）。

2）相邻的两个极大值或者极小值所对应的电压 U_{GK} 的差值均为 4.9V，只有第一极大值点的电位稍大于 4.9V，这是由于夫兰克-赫兹管的管脚与管座间存在接触电势差，使整个曲线发生平移。因此，出现峰值时对应的加速电压 U_{GK} 为

$$U_{GK} = a + nU_0 \tag{3}$$

式中，a 为接触电势差；U_0 为汞原子的第一激发电位；n 为峰序数。

为什么会产生上述的规律性呢？

这是由于加速电压小于 4.9V 时，电子在 KG 空间被加速获得的能量较低，其具有的动能不足以使汞原子激发，只能与汞原子发生碰撞，碰撞后电子的能量损失很小，电子可穿过栅极 G 到达板极 A。随着 U_{GK} 的增加，这样的电子也在增多，所以电流计中的电流指示单调上升。当 U_{GK} 达到 4.9V 时，那些在栅极附近与汞原子发生碰撞的电子的能量等于或大于 eU_0，能将汞原子从基态激发到第一激发态。由于发生碰撞，电子具有的动能大部分传递给了汞原子，这样的电子即使穿过了栅极也不能克服反向拒斥电场到达板极，所以板极电流明显下降，I_A-U_{GK} 曲线出现第一个谷值。

若加速电压 U_{GK} 继续增加并超过 4.9V 时，被加速的电子在没有到达栅极以前就可能有足够大的能量与汞原子发生碰撞，碰撞后的电子还会被加速电压继续加速，穿过栅极并克服反向拒斥电场的作用到达板极，形成板极电流，所以电流计中的电流又显著地增加。当加速电压 $U_{GK} = 2 \times 4.9V$ 时，很多电子在 KG 空间可能与汞原子发生第二次碰撞，再次失去穿越反向拒斥电场的能力，于是板极电流出现第二次明显下降，I_A-U_{GK} 曲线出现第二个谷值。以此类推可知，凡是在 KG 空间，当加速电压 $U_{GK} = nU_0$（$n = 1$，2，3，…）时，板极电流都会因电子与汞原子发生 n 次碰撞失去能量而出现下降，形成如图 5-8-3 所示的 I_A-U_{GK} 曲线。从该曲线的相邻的两极大值（或极小值）之间 U_{GK} 的差值可求出汞原子的第一激发电位是 4.9V。

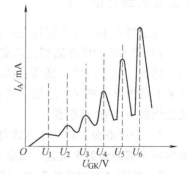

图 5-8-3 I_A-U_{GK} 曲线图

以上是充有汞原子气体的夫兰克-赫兹管内电子与汞原子的碰撞过程，若换用充有其他气体的夫兰克-赫兹管，电子与其他气体的原子碰撞过程与此完全相同。通过测绘 I_A-U_{GK} 曲线，同样可求出其他气体原子的第一激发电位。几种元素的第一激发电位见表 5-8-1。

表 5-8-1

元素名称	钾（K）	锂（Li）	钠（Na）	镁（Mg）	氩（Ar）	氖（Ne）	氦（He）
U_0/V	1.63	1.84	2.12	2.71	13.1	18.6	21.2

由于汞的第一激发电位较低，故在相同的 U_{GK} 范围内，I_A-U_{GK} 曲线上可得到较多的峰值，但用汞管做夫兰克-赫兹实验，需要对汞管加热，使汞滴变成汞蒸气，由于汞蒸气气压受温度影响较大，实验值也随温度的变化而变化，为了得到较好的实验结果，就必须对加热装置进行恒温控制。为了克服汞管的缺点，常采用充氖气（或氩气）的四极夫兰克-赫兹实验管来做该实验。因氖管（或氩管）在常温下管内气压变化不大，对实验值没有多大的影响，所以，可在常温下测出氖原子（或氩原子）的第一激发电位。

【实验仪器】

DH4507 普通型夫兰克-赫兹实验仪（见图 5-8-4）。

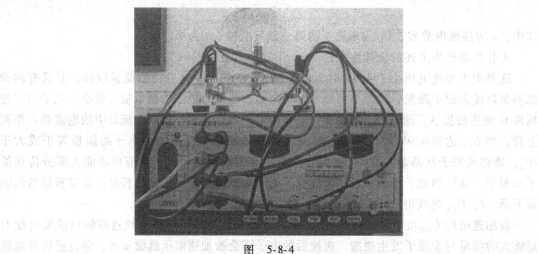

图 5-8-4

【实验内容与步骤】

普通型为手动方式测量夫兰克-赫兹管的特性，实验步骤如下：

1）将 DH4507 普通型夫兰克-赫兹实验仪后面板上的四组电压输出（灯丝电压；U_{G1K}：第一栅压；U_{G2K}：第二栅压；U_{G2A}：拒斥电压）按前面板上所示的原理图分别与电子管测试架上的插座分别对应连接。微电流（I_A）检测器已在内部连好。注意：仔细检查，避免接错烧毁夫兰克-赫兹管。

2）开启电源，将工作方式打到："手动"位置（弹出位置），所有电位器按照面板上指示方向全部调到最小位置。加电 2～3min 以后可往下进行实验。

3）按下"灯丝电压"按钮显示屏上显示为灯丝电压，调节"灯丝电压"旋钮，使其在 2.8V 到 3.9V 之间的某一值（一般固定在 3V），灯丝电压调整好后，在中途不能再有变动。注意：灯丝电压不要超过 4.5V。

4）将显示按键切换至第一栅压"U_{G1K}"，调节第一栅压"U_{G1K}"旋钮，使其在 2V 到 3V 之间的某一值（一般固定在 2.1V）。

5）将显示按键切换至拒斥电压"U_{G2A}"，调节拒斥电压"U_{G2A}"旋钮，使其在5V到9V之间的某一值（一般固定在5.2V）。

注意：不同的电子管，设置的最佳参数会不一样，出厂时一般设定了一个参考参数，标记在夫兰克-赫兹测试架上；为了得到较好的爬坡曲线，需反复调整参数。

6）静置5min待上述电压都稳定后（与设定值一样），再将按键切换至第二栅压"U_{G2K}"，使电压表显示第二栅压值，缓慢调节第二栅压（从0V到90V），以电压表能显示的最小分辨率0.1V为步进，记下I_A表显示的板极电流I_A，画出U_{G2K}-I_A曲线。

7）将拒斥电压增加0.5V，重复上述6），画出另外一条U_{G2K}-I_A曲线，然后比较上述两条曲线。

【数据处理】

1. 在坐标纸上描绘I_A-U_{G2K}曲线。

2. 在曲线上标出各峰、谷点对应的加速电压U_{G2K}，将两组数据分别用逐差法求氩原子的第一激发电位U_0，取其平均值$\overline{U}_0$并与公认值13.1V比较，求出相对不确定度。

3. 在曲线上标出各峰值点对应的加速电压U_{G2K}和峰序数n，根据式（3）用最小二乘法求氩原子的第一激发电位U_0及其标准偏差s_{U_0}。

注：上述第二、第三这两种方法可任选其一。

【思考与讨论】

1. 从实验曲线上可看出板极电流I_A并不突然改变，每个峰、谷都有圆滑的过渡，为什么？

2. 氩原子的第一激发电位U_0是13.1V，为什么栅压U_{G2K}增加到13.1V时，并不出现第一个峰？

3. 若电子与氩原子发生弹性碰撞，其动能为131eV（氩原子的第一激发能量的10倍），它能否使氩原子激发到第一激发态？

4. 如何测定较高能级激发电势或电离电势？

实验5.9 光的偏振特性

【实验目的】

1. 通过对光的偏振现象的观察，进一步加深对光传播规律的理解。
2. 掌握偏振光的检验方法。
3. 了解光的偏振形态及其特性，并学习控制光的偏振态。

【实验仪器】

激光器、可调激光器支架、偏振片、多孔光学平板、光强检测计、1/2波片、1/4波片、支撑底座、支撑杆。

【实验原理】

1. 偏振光

偏振光的分类主要有随机偏振光、线偏振光、圆偏振光、椭圆偏振光。获得偏振光的方法主要有反射法、透射法、吸收法，以及利用晶体的双折射性质产生偏振光等。

一个单一频率的平面波在空间中朝 z 方向行进时，其电场在 xOy 平面上可以表示如下：

$$E(z, t) = \mathrm{Re}\left[(\hat{x}E_1 + \hat{y}E_2 \mathrm{e}^{\mathrm{j}\phi}) \times \mathrm{e}^{\mathrm{j}\omega t - \mathrm{j}kz} \right] = \hat{x}E_x + \hat{y}E_y \tag{1}$$

式中，ω 是光波的角频率；$k = 2\pi/\lambda$ 是波数，λ 是波长；$\hat{x}$，$\hat{y}$ 是 x 和 y 方向上的单位矢量。在式（1）中，xOy 平面上的电场可以分解成 x 方向及 y 方向上的分量，其分别为

$$\begin{cases} E_x = E_1 \cos(\omega t - kz) \\ E_y = E_2 \cos(\omega t - kz + \phi) \end{cases} \tag{2}$$

由两者之间不同相对相位角 ϕ 及相对强度的组合，我们便可得到不同偏振态的光。

1）若 E_x 和 E_y 间无特定关系，或者相对相位角 ϕ 是一个随机变数，静电场在任一位置 z 或任一时间 t 的偏振方向即为随机，我们将这样的光称作**自然光**或**随机偏振光**。

2）若 $\phi = 0$ 或 π 时，由矢量的加法可以得到以下的总电场强度 $E_{\mathrm{total}} = (E_x^2 + E_y^2)^{1/2} = (E_1^2 + E_2^2)^{1/2} \cos(\omega t - kz)$，其在 xOy 平面上偏振方向角度为 $\theta = \arctan(E_y/E_x) = \pm\arctan(E_2/E_1)$，$\theta$ 角不随时间改变，因此线性偏振光朝一方向行进时，其电场的偏振方向在 xOy 平面上固定在一角度 θ 上，虽然振幅大小是时间（t）及位置（z）的函数，但是在 xOy 平面上电场的偏振方向不随时间或位置而改变，这样的光称为**线偏振光**，如图5-9-1所示。

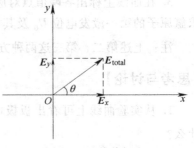

图 5-9-1　线偏振光

3）若 $E_1 = E_2 = E_0$ 且 $\phi = \pm\dfrac{\pi}{2}$ 时，可得到 $E_x^2 + E_y^2 = E_0^2$，且偏振角度是时间（t）和位置（z）的函数：$\tan\theta = E_y/E_x = \mp\tan(\omega t - kz)$。这表示静电场矢量在任意时间都保持一固定强度，同时沿着 z 轴方向前进。若将该矢量投影到 xOy 平面上，或是在某一 z 的位置上观察电场的大小及方向，则可见到该矢量随时间做圆周旋转，这种光称为**圆偏振光**，如图5-9-2所示。

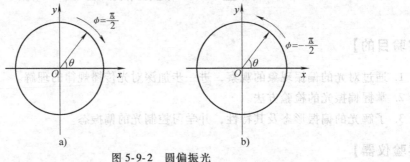

图 5-9-2　圆偏振光

a）右旋圆偏振光的电场矢量图　b）左旋圆偏振光的电场矢量图

4）若 $E_1 \neq E_2$ 且 ϕ 为某一特定角度时，用椭圆来表示，且由几何代数可以推知，这个

椭圆的轴与 x 轴的夹角 ϕ 满足：

$$\tan 2\phi = \frac{2E_1E_2\cos\phi}{E_1^2 - E_2^2} \qquad (3)$$

在任意一个位置 z，光的电场在 xOy 平面上随时间做椭圆形旋转，旋转的方向与 ϕ 的值有关，这种光称为**椭圆偏振光**，如图 5-9-3 所示。

2. 相位延迟片

任何一个相位延迟片，或简称波片，均有一快轴、一慢轴，且该两轴互相垂直，当光的偏振沿着快轴方向时，折射率相对比较小，其相速度就相对比较大；反之，当光的偏振沿着慢轴方向时，折射率比较大，其相速度相对就比较小。我们以光偏振的水平分量和垂直分量来进行分类，假设波片的快、慢两轴分别置于水平、垂直的方向上。若一相位延迟片造成这两个偏振态之间的相位差为 π 时，我们称之为 1/2 波长相

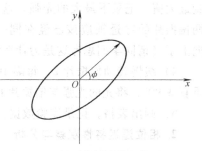

图 5-9-3　椭圆偏振光的电场矢量图

位延迟片，或者半波片（Half wave plate，HWP）；若相位差为 π/2 时，我们称之为 1/4 波长相位延迟片，或四分之一波片（Quarter-wave palte，QWP）。半波片因为将水平和垂直两分量的相位差改变 180°，因此可以旋转入射光的偏振角度，如果我们将一线性入射光的偏振方向和快轴（或慢轴）形成 θ 的夹角，则经过半波片后光的偏振方向将被旋转 2θ，如图5-9-4所示，这种情形很容易用琼斯计算（Jones calculus）验证（详见附录偏振光的琼斯矢量分析）。

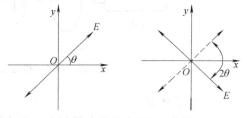

图 5-9-4　半波片旋转线性偏振光两倍的角度，
x 及 y 轴对应到波片的快轴和慢轴

QWP 因为将两偏振分量的相位差改变 90°，因此当以线性偏振光进入该相位延迟片之后，我们所得的光将会变为椭圆偏振光。如果入射光的偏振方向与 QWP 的轴成 45° 角，则出射光可以得到圆偏振态；反之，一个圆偏振光通过一片 QWP 会变成一个线性偏振光。值得留意的是，若快、慢轴的水平、垂直位置互换，会造成偏振旋转方向的改变。

【实验内容及步骤】

1. 马吕斯定律（Malus's Law）的验证

（1）实验光路

当一光强为 I_0 的线偏振光的偏振化方向与偏振片的偏振化方向之间夹角为 α 时，透过偏振片的光强有如下关系：

$$I = I_0\cos^2\alpha \qquad (4)$$

上式称为马吕斯定律，根据马吕斯定律，可以计算出 α 从 0~2π 的变化过程中可出现两次消光与两次光强最大的情况（思考：如果入射光不是线偏振光时，情况又如何呢？）。以此为依据，实验原理图如图 5-9-5 所示。

（2）实验步骤

1）确定激光的方向与桌面水平，并将激光导入一个光强检测计。

2）首先放入偏振片 1，旋转偏振片的穿透轴，使光强检测计量到最大值。

3）将偏振片 2 放到偏振片 1 之后，转动偏振片 2，使光强检测计量到最大值，记录下最大的光强。这时，两偏振片的穿透轴应该已经在同一方向上了（请同学们思考这是为什么？）。

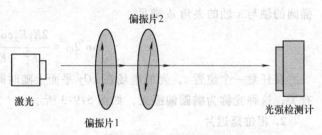

图 5-9-5　马吕斯定律验证实验光路图

4）缓慢转动偏振片 2，每隔 10°记录光的光强，直到偏振片 2 与偏振片 1 的穿透轴互相垂直成 90°，将光的光强与偏振片的角度关系绘制成一极坐标图。并以此验证马吕斯定律。

5）画出表格，记录实验数据，利用拟合的方法处理实验数据。

2. 相位延迟特性观察与分析

（1）实验光路

实验光路图如图 5-9-6 所示。

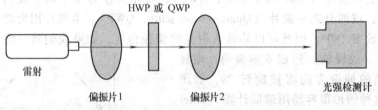

图 5-9-6　相位延迟特性分析实验光路图

（2）实验步骤

1）确定激光与桌面呈水平状态，并将激光导入光强检测计。

2）首先放入偏振片 1，旋转偏振片的穿透轴，让光强检测计量到最大值。

3）在偏振片 1 后继续放置偏振片 2，转动偏振片，使光强检测计量到最小值。这时偏振片 2 的穿透轴应该已和偏振片 1 互相垂直了。

4）在偏振片 1、2 间放置一个 1/2 波长的相位延迟片（HWP），转动 HWP 直到穿透偏振片 2 的激光强度变成最小值，若偏振片品质很好，应该可以调到完全看不到穿透光。此时，HWP 之前的激光偏振方向应该已和 HWP 之快轴或慢轴呈平行了。

5）观察 HWP 转动偏振的现象：转动 HWP 一个小角度 θ，则在光强检测计上又可以见到一个光点，这时转动偏振片 2 直至光点再度消失，记录下偏振片 2 所转的角度。

6）转动 HWP，使 HWP 的轴与入射激光的偏振方向形成以角度 θ（依序 = 30°，45°，60°，取三组数据），接着转动偏振片 2 一圈，每转 10°记录光强检测计上光强值，将光强检测计的光强值与偏振片 2 的角度值画成一个极坐标图形。

7）重复步骤 1）~3），将偏振片 1、2 的穿透轴重新调成垂直，将 HWP 换成四分之一波片（QWP），利用步骤 4）的技巧使 QWP 的快轴或慢轴与偏振片 1 的穿透轴平行或垂直。

8）转动 QWP 使其轴与入射激光的偏振方向成一角度 θ（依序 = 30°，45°，60°，取三组数据），慢慢地转动偏振片 2 一圈，每转 10°就记录光强检测计上光强对角度的关系，将光强检测计的光强值与偏振片 2 的角度值画成一个极坐标图形。

9）画出数据记录表格，记录实验数据，并利用拟合方法处理实验数据。

【思考题】

1. 在一个空间定点上测量一个椭圆偏振光或一个圆偏振光的电场方向时，电场的旋转频率有没有可能和光波的频率不一样？

2. 若将实验室的水平及垂直方向分别定为正交坐标系中的 x 及 y 轴，将一个偏振片的穿透轴摆在与 x 轴夹 θ 角的位置上，求出这个偏振片在实验室坐标系中的琼斯矩阵（Jones matrix）。

3. 将一个相位延迟片放置在两个穿透轴互相垂直的偏振片之间，同时相位延迟片的轴线与偏振片的穿透轴形成 45° 的夹角。假设这个相位延迟片的琼斯矩阵如表 5-9-2 所列，求出一道偏振在第一个偏振片穿透轴方向的光通过这三个组件之后的穿透率。

4. 将一现象偏振光入射一个 $1/4\lambda$ 波片，在下列两种情形下会形成怎样的偏振态？

1）让光的偏振方向相对于波片的快轴在顺时针方向 45° 角上。

2）让光的偏振方向相对于波片的慢轴在顺时针方向 45° 角上。

【补充说明】

偏振光的琼斯矢量分析

影响偏振态的关键因素在于 E_1、E_2 之间的相对值及 E_x、E_y 之间的相对相位 ϕ，与两个矢量场之间的绝对相位无关。因此，在描述一个偏振态时可以用一个列向量来表示，即

$$J = \begin{pmatrix} E_1 \\ E_2 e^{j\phi} \end{pmatrix} \tag{5}$$

其中，列向量的第一个值 E_1 代表 x 方向的偏振场，第二个值 $E_2 e^{j\phi}$ 代表 y 方向的偏振场，这个表示法称为琼斯矢量。实验上这个表示在计算平均光强时可以做以下的矢量运算，即

$$I = J^T J^* = (E_1 \quad E_2 e^{j\phi}) \begin{pmatrix} E_1^* \\ E_2^* e^{-j\phi} \end{pmatrix} = |E_1^2| + |E_2^2| \tag{6}$$

若将一个琼斯矢量算出来的光强归一化 $I = J^T J^* = 1$，即

$$J = \frac{1}{\sqrt{|E_1^2| + |E_2^2|}} \begin{pmatrix} E_1 \\ E_2 e^{j\phi} \end{pmatrix} \tag{7}$$

则用琼斯矢量描述偏振态时就有了一个统一的形式，表 5-9-1 中列出了几个代表性的偏振态及它们的归一化琼斯矢量的表示方法。

表 5-9-1　几种偏振态及其琼斯矢量的表示方法

偏振态	归一化琼斯矢量	图示
x 线性偏振	$\begin{pmatrix} 1 \\ 0 \end{pmatrix}$	

（续）

偏振态	归一化琼斯矢量	图示
y 线性偏振	$\begin{pmatrix} 0 \\ 1 \end{pmatrix}$	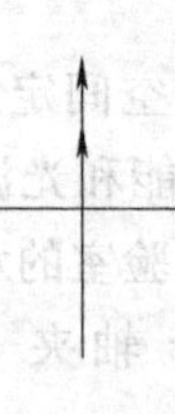
θ 角线性偏振	$\begin{pmatrix} \cos\theta \\ \sin\theta \end{pmatrix}$	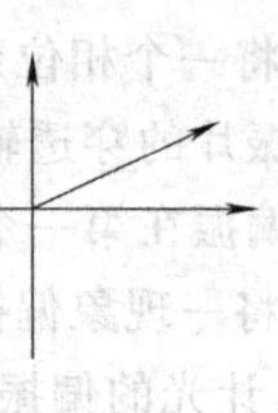
右旋圆偏振	$\dfrac{1}{\sqrt{2}}\begin{pmatrix} 1 \\ j \end{pmatrix}$	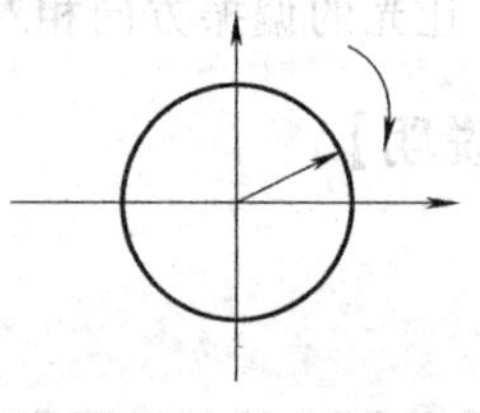
左旋圆偏振	$\dfrac{1}{\sqrt{2}}\begin{pmatrix} 1 \\ -j \end{pmatrix}$	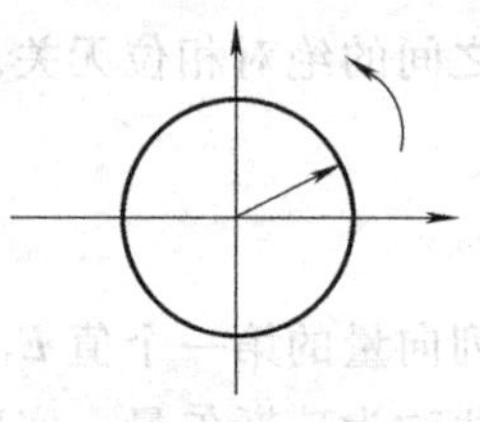
右旋正椭圆偏振	$\dfrac{1}{\sqrt{a^2+b^2}}\begin{pmatrix} a \\ jb \end{pmatrix}$	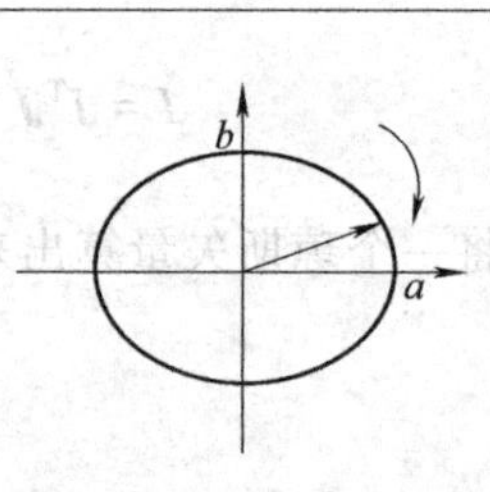
左旋正椭圆偏振	$\dfrac{1}{\sqrt{a^2+b^2}}\begin{pmatrix} a \\ -jb \end{pmatrix}$	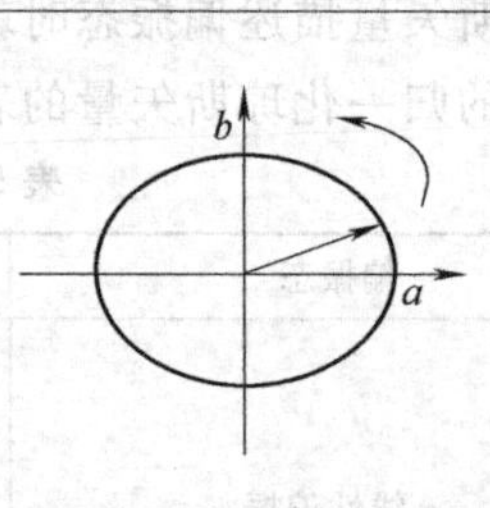

　　光的能量及偏振态经过一个偏振组件之后有可能会被改变掉，若用琼斯矢量来描述光的偏振态，其入射光与输出光之间存在以下的关系：

$$J_2 = MJ_1 \equiv \begin{pmatrix} M_{11} & M_{12} \\ M_{21} & M_{22} \end{pmatrix} J_1 \tag{8}$$

式中，J_1 是输入光的偏振态；J_2 是输出光的偏振态；矩阵 M 称为琼斯矩阵，其写法视偏振元件的特性而定。譬如，若有一个偏振元件会将一道与 x 轴夹角为 θ 的线性偏振光旋转一个角度 Ψ，则这个偏振元件的琼斯矩阵可以写成

$$M = \begin{pmatrix} \cos\Psi & -\sin\Psi \\ \sin\Psi & \cos\Psi \end{pmatrix} \tag{9}$$

因为

$$\begin{pmatrix} \cos\Psi & -\sin\Psi \\ \sin\Psi & \cos\Psi \end{pmatrix} \begin{pmatrix} \cos\theta \\ \sin\theta \end{pmatrix} = \begin{pmatrix} \cos(\theta+\Psi) \\ \sin(\theta+\Psi) \end{pmatrix} \tag{10}$$

不同的偏振组件有不同的偏振特性。例如，一个偏振片会让一个特定偏振方向的偏振光通过；一个相位延迟片会让 y 方向的偏振场相对于 x 方向产生一个特定的相位延迟；若这个相位延迟为 $\pm\pi$，则此相位延迟片称为半波片，或 $1/2\lambda$ 波片；若这个相位延迟为 $\pm\pi/2$，则此相位延迟片称为四分之一波片，或 $1/4\lambda$ 波片。相位延迟的正负号代表 x 及 y 方向光场其相对相速度的快慢，由此也定义出一个相位延迟片的快轴与慢轴，顾名思义，偏振在快轴方向的光其相速度会比偏振在慢轴方向的光来得快。表 5-9-2 中列举了一些代表性偏振元件的矩阵表示法。

通常会将平行于实验室地面的方向定义成 x 的方向，垂直于地面的方向定义成 y 的方向。但是偏振组件的 x、y 轴向却是由物质的特性决定的，因此表中的矩阵也都是以元件的 x、y 轴向为参考方向而写出来的。有时候在实验中摆置偏振元件时，偏振元件的 x、y 轴向与实验室定义的 x、y 轴向并不一致；在这种情形下可以先采用组件的 x、y 轴向，及表 5-9-2 中的简单矩阵公式进行琼斯计算（Jones Calculus），算完之后再把组件的 x、y 轴向做一个坐标转换，换回到实验室的 x、y 坐标。例如，在元件的坐标系统中输出光与入射光有以下的关系：

$$J_2{}' = MJ_1{}' \tag{11}$$

式中，组件矩阵 M 仍如表 5-9-2 中的能够使；符号 "$'$" 用来区分在组件的坐标系统下计算出来的值。假设组件坐标系统与实验室坐标系统存在一个转换矩阵 R，使得

$$J' = RJ \tag{12}$$

将式（12）代入式（11）中可以立即得到

$$J_2 = R^{-1}MRJ_1 \tag{13}$$

因此，在实验室坐标系统下计算输出光与入射光之间的关系时，可以先利用 $R^{-1}MR$ 将表 5-9-2 中的偏振元件矩阵做一转换再代到式（13）中。若偏振组件的 $x'Oy'$ 坐标平面相对于实验室 xOy 坐标平面旋转了 θ 角，根据坐标转换原理可以得到

$$R = \begin{pmatrix} \cos\theta & \sin\theta \\ -\sin\theta & \cos\theta \end{pmatrix} \tag{14}$$

有了以上的表示法，若将多个偏振组件串接在输入光与输出光之间，则输出光的偏振态可以很方便地用下面的矩阵运算求出来：

$$J_2 = M_N \cdots M_3 M_2 M_1 J_1 \tag{15}$$

这种矩阵计算方式称为琼斯计算。

表 5-9-2　几种偏振态及其琼斯矩阵的表示法

偏振组件	琼斯矩阵的表示法
穿透轴在 x 的偏振片	$\begin{pmatrix} 1 & 0 \\ 0 & 0 \end{pmatrix}$
穿透轴在 y 的偏振片	$\begin{pmatrix} 0 & 0 \\ 0 & 1 \end{pmatrix}$
半波片	$\begin{pmatrix} 1 & 0 \\ 0 & -1 \end{pmatrix}$
快轴在 x 的 1/4 波片	$\begin{pmatrix} 1 & 0 \\ 0 & -j \end{pmatrix}$
快轴在 y 的 1/4 波片	$\begin{pmatrix} 1 & 0 \\ 0 & j \end{pmatrix}$
相位延迟片（y 方向的偏振场比 x 方向多延迟 Γ 的相位）	$\begin{pmatrix} 1 & 0 \\ 0 & e^{-j\Gamma} \end{pmatrix}$

实验 5.10　用椭圆偏振方法测量透明介质薄膜厚度

【实验目的】

1. 了解椭圆偏振仪（简称椭偏仪）测量介质薄膜的原理，并初步掌握反射型椭偏仪的使用方法。

2. 学会使用椭圆偏振方法（简称椭偏法）测量介质薄膜的厚度。

【实验原理】

用椭圆偏振方法测量的基本思路是，起偏器产生的线偏振光经取向一定的 1/4 波片后成为特殊的椭圆偏振光，把它投射到待测样品表面时，只要起偏器取适当的透光方向，被待测样品表面反射出来的将是线偏振光。根据偏振光在反射前后的偏振状态变化，包括振幅和相位的变化，便可以确定样品表面的许多光学特性。

1. 仪器基本光路

仪器光路图如图 5-10-1 所示。一束自然光经起偏器 1 变成线偏振光。再经 1/4 波片 2 变成椭圆偏振光入射在待测的薄膜面 3 上，反射后光的偏振状态发生变化。通过检测这种变化，便可推算出待测薄膜面的某些光学参量（如膜厚和折射率）。光路中 4 为检偏器，5 为接收装置。

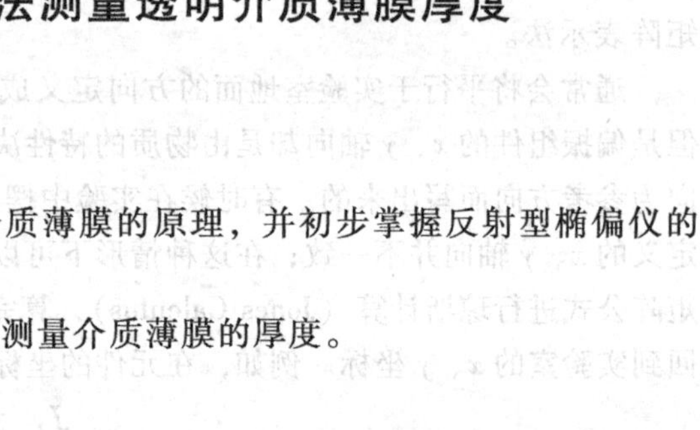

2. 椭偏方程与膜层厚度的测量

图 5-10-2 所示为一光学均匀和各向同性

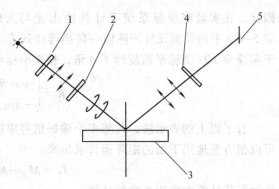

图 5-10-1　椭偏仪光路图

的单层介质膜。它有两个平行的界面。通常，上部是折射率为 n_1 的空气（或真空），中间是一层厚度为 d、折射率为 n_2 的介质薄膜，均匀地附在折射率为 n_3 的衬底上。当一束光射到膜面上时，在界面 1 和界面 2 上形成多次反射和折射，并且各反射光和折射光分别产生多光束干涉，其干涉结果反映了薄膜的光学特性。

设 φ_1 表示光的入射角，φ_2 和 φ_3 分别为在界面 1 和界面 2 上的折射角，根据折射定律有

$$n_1 \sin \varphi_1 = n_2 \sin \varphi_2 = n_3 \sin \varphi_3 \qquad (1)$$

由于光是一种电磁波，光波的电矢量可以分解成在入射面内振动的 p 分量和垂直于入射面振动的 s 分量。若用 E_{ip} 和 E_{is} 分别代表入射光的 p 和 s 分量，用 E_{rp} 及 E_{rs} 分别代表各束反射光 K_0，K_1，K_2，…中电矢量的 p 分量之和及 s 分量之和，则用复数形式表示入射光和反射光的 p 分量和 s 分量，即

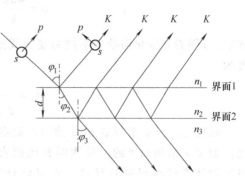

图 5-10-2　光在薄膜界面的反射和折射

$$E_{ip} = |E_{ip}| \exp(\mathrm{i}\theta_{ip}), \quad E_{is} = |E_{is}| \exp(\mathrm{i}\theta_{is}) \qquad (2)$$

$$E_{rp} = |E_{rp}| \exp(\mathrm{i}\theta_{rp}), \quad E_{rs} = |E_{rs}| \exp(\mathrm{i}\theta_{rs}) \qquad (3)$$

式中，各绝对值为相应电矢量的振幅；各 θ 值为相应界面处的相位。由菲涅耳公式知两个分量的总反射系数 R_p 和 R_s 可以表示为

$$R_p = \frac{E_{rp}}{E_{ip}}, \quad R_s = \frac{E_{rs}}{E_{is}} \qquad (4)$$

将两个分量的总反射系数 R_p 与 R_s 相除，得到

$$\frac{R_p}{R_s} = \frac{|E_{rp}||E_{is}|}{|E_{rs}||E_{ip}|} \exp\{\mathrm{i}[(\theta_{rp} - \theta_{rs}) - (\theta_{ip} - \theta_{is})]\} \qquad (5)$$

在椭圆偏振方法中，为了简便起见，通常引入另外两个物理量 ψ 和 Δ 来描述反射光偏振态的变化，且它们与总反射系数的关系定义为

$$\tan \psi \cdot \mathrm{e}^{\mathrm{i}\Delta} = \frac{R_p}{R_s} = \frac{|E_{rp}||E_{is}|}{|E_{rs}||E_{ip}|} \exp\{\mathrm{i}[(\theta_{rp} - \theta_{rs}) - (\theta_{ip} - \theta_{is})]\} \qquad (6)$$

上式称为椭偏方程。

对比等式两端，可得到 ψ 和 Δ 分别为

$$\tan \psi = \frac{|E_{rp}||E_{is}|}{|E_{rs}||E_{ip}|} \qquad (7)$$

$$\Delta = (\theta_{rp} - \theta_{rs}) - (\theta_{ip} - \theta_{is}) \qquad (8)$$

其中，ψ 和 Δ 称为椭偏参数，并具有角度量值。为了简化方程，将线偏振光通过一 $\pm45°$ 的 1/4 波片后，输出的光以等振幅的椭圆偏振光出射，即 $E_{ip} = E_{is}$。此时，如果改变起偏器的方位角，就能使反射光以线偏振光出射，有

$$\Delta = (\theta_{rp} - \theta_{rs}) = 0 \quad 或 \quad \pi$$

则式（7）、式（8）可分别化为

$$\tan \psi = \frac{|E_{rp}|}{|E_{rs}|} \qquad (9)$$

$$\Delta = -\left(\theta_{ip} - \theta_{is}\right) \tag{10}$$

在由图 5-10-2 所示的反射光线示意图中，可以很容易地计算出相邻两反射光线之间的相位差为

$$\delta = \frac{4\pi d}{\lambda}\sqrt{n_2^2 - n_1^2 \sin \varphi_1} \tag{11}$$

式中，δ 随着 d 变化而处于不同的变化周期中，同时 δ 的周期为 2π，所以有第一周期的厚度为

$$d_0 = \frac{\lambda}{2\sqrt{n_2^2 - n_1^2 \sin^2 \varphi_1}} \tag{12}$$

原则上，只要求得 ψ 和 Δ 便可以确定薄膜的厚度 d，但是一般要直接解得 ψ 和 Δ 与 d 之间的关系是很困难的。对透明介质而言，n_1、n_2 均为实数，ψ 和 Δ 与 d 之间的关系可以通过计算机编程进行计算，也可将计算结果写成数据列表或列线图，以查表的方式求得。

【实验仪器】

本实验中所用的仪器为 HG-WJZ 激光椭圆偏振仪，如图 5-10-3 所示。

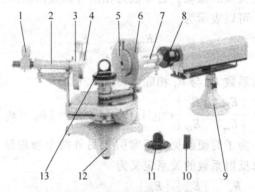

图 5-10-3　HG-WJZ 激光椭圆偏振仪
1—白屏目镜　2—望远镜镜筒　3—检偏器读数头　4—光孔盘　5—1/4 波片读数盘
6—起偏器读数头　7—平行光管　8—小孔光阑　9—激光器　10—黑色反光镜
11—试样台　12—HG-JJY1′分光计　13—氧化锆标准样板

【实验内容与步骤】

1. 仪器及实验光路的调整

1）用自准直法调整好分光计（请参照 HG-JJY1′型分光计使用说明书）。

2）分光计刻度盘的调整：使游标与刻度盘零线置于适当位置，当望远镜转过一定角度时不致无法读数。

（1）光路调整

1）卸下望远镜和平行光管的物镜（本实验中可不用），平行光管另一端装上小孔光阑（注：实验前教师已经安装）。

2）点亮激光，调整激光装置的方位，使光束完全通过小孔光阑。（技巧：把黑色反光镜放在载物台上作为反光镜用，通过调整激光装置，使入射光与反射光完全重合。）

3）仔细调整平行光管和望远镜，在距离阿贝式目镜后约 1m 处的白纸上形成一均匀圆光斑，注意光斑不可有椭圆或切割现象。此时光路调节完成。

特别说明：上述 2）、3）两步骤比较难，而其调整正确与否将直接影响后面测量结果的精度，所以需要耐心应对。

卸下阿贝式目镜，换上白屏目镜。

（2）检偏器读数头位置的调整与固定

1）将检偏器读数头套在望远镜筒上，90°读数朝上，位置基本居中。

2）将附件黑色反光镜置于载物台中央，将望远镜转过 66°（与平行光管成 114°夹角），使激光束按布儒斯特角（约 57°）入射到黑色反光镜表面并反射入望远镜到达白屏上成为一个圆点。

3）转动整个检偏器读数头以调整其与望远镜筒的相对位置（此时检偏器读数应保持 90°刻度位置不走动），使白屏上的光点达到最暗。这时检偏器的透光轴一定平行于入射面，将此时检偏器读数头的位置固定下来（拧紧三个平头螺钉）。

（3）起偏器读数头位置的调整与固定

1）将起偏器读数头套在平行光管镜筒上，此时不要装上 1/4 波片，0°读数朝上，位置基本居中。

2）取下黑色反光镜，将望远镜系统转回原来位置，使起、检偏器读数头共轴，并令激光束通过中心。

3）调整整个起偏器读数头与镜筒的相对位置（此时起偏器读数应保持 0°刻度位置不走动），找出最暗位置。定此位置为起偏器读数头 0°刻度位置，并将三个平头螺钉拧紧。

（4）1/4 波片零位的调整

1）起偏器读数保持 0°，检偏器读数保持 90°，此时白屏上的光点应最暗。

2）将 1/4 波片读数盘（即内刻度圈）对准零位。

3）将 1/4 波片框的红点（即快轴方向记号）向上，套在内刻度圈上，并微微转动（注意不要带动刻度圈）。使白屏上的光点达到最暗，固紧 1/4 波片框上的柱头螺钉，定此位置为 1/4 波片的零位。此时，仪器调整完成。

2. 透明介质薄膜厚度测量

（1）将仪器按照椭偏仪的调整中 1 所述的方法调整好。

（2）将被测样品放在载物台的中央，旋转载物台使望远镜转过一定的角度，并使反射光在目镜上形成一亮点。

（3）为了尽量减少系统误差，采用四点测量。先置 1/4 波片快轴于 +45°（即转动波片盘），仔细调节检偏器 A 和起偏器 P，使目镜内的亮点最暗，记下 A 值和 P 值于表 5-10-1 中，这样可以测得两组消光位置数值。

其中 A 值分别大于 90° 和小于 90°，分别定为 A_1（>90°）和 A_2（<90°），所对应的 P 值为 P_1 和 P_2。然后将 1/4 波片快轴转到 −45°，也可找到两组消光位置数值，A 值分别记为 A_3（>90°）和 A_4（<90°），所对应的 P 值为 P_3 和 P_4。将测得的 4 组数据经下列公式换算后取平均值，就得到所要求的 A 值和 P 值。

表　5-10-1

1/4 波片放置角度	45°			-45°
n	1	2	3	4
A				
P				

1) $A_1-90°=A$（1），$P_1=P$（1）

2) $90°-A_2=A$（2），$P_2+90°=P$（2）

3) $A_3-90°=A$（3），$270°-P_3=P$（3）

4) $90°-A_4=A$（4），$180°-P_4=P$（4）

$$A=\frac{A(1)+A(2)+A(3)+A(4)}{4}, P=\frac{P(1)+P(2)+P(3)+P(4)}{4}$$

注：上述公式适用于 A 和 P 值在 0°～180° 范围的数值，若出现大于 180° 的数值时应减去 180° 后再换算。

（4）测量 ψ 和 Δ

1) 在消光状态下直接读出的检偏方位角就是 ψ；

2) 由公式 $\Delta=-(\theta_{ip}-\theta_{is})=2A-\dfrac{\pi}{2}$ 计算出 Δ；

3) 测出 ψ 和 Δ 后，利用列线图（或数值表）和计算机编程求出第一周期值 d_0。

【数据处理】

自拟表格，参照仪器各部件的参数，对测量结果进行评价。

【思考题】

1. 1/4 波片的作用是什么？

2. 为了使实验便于操作和使用，你认为实验过程中哪些地方需要改进？

3. 如何利用椭圆偏振方法测量透明介质的折射率？

【补充说明】

编制数值表

由电磁理论知，光在透明介质表面的菲涅耳反射系数分别为

$$r_{1p}=\frac{\tan(\varphi_1-\varphi_2)}{\tan(\varphi_1+\varphi_2)}, \quad r_{1s}=\frac{-\sin(\varphi_1-\varphi_2)}{\sin(\varphi_1+\varphi_2)} \tag{13}$$

$$r_{2p}=\frac{\tan(\varphi_2-\varphi_3)}{\tan(\varphi_2+\varphi_3)}, \quad r_{2s}=\frac{-\sin(\varphi_2-\varphi_3)}{\sin(\varphi_2+\varphi_3)} \tag{14}$$

其中，r_{1p}，r_{2p}，r_{1s}，r_{2s} 分别为 p 分量与 s 分量的菲涅耳反射系数。

又知，在界面外的反射和透射电场分别为

$$E_{rp}=\frac{r_{1p}+r_{2p}\mathrm{e}^{-\mathrm{i}\delta}}{1+r_{1p}r_{2p}\mathrm{e}^{-\mathrm{i}\delta}}E_{ip}, \quad E_{rs}=\frac{r_{1s}+r_{2s}\mathrm{e}^{-\mathrm{i}\delta}}{1+r_{1s}r_{2s}\mathrm{e}^{-\mathrm{i}\delta}}E_{is} \tag{15}$$

则椭圆偏振方程化为

$$\tan \psi \cdot e^{i\Delta} = \frac{E_{rp}}{E_{rs}} = \frac{(r_{1p} + r_{2p}e^{-i\delta})(1 + r_{1s}r_{2s}e^{-i\delta})}{(1 + r_{1p}r_{2p}e^{-i\delta})(r_{1s} + r_{2s}e^{-i\delta})} \tag{16}$$

相邻两束光线之间的相位为

$$\delta = \frac{4\pi d}{\lambda}\sqrt{n_2^2 - n_1^2\sin\varphi_1} \tag{17}$$

同时，由折射定律表述为

$$n_1\sin\varphi_1 = n_2\sin\varphi_2 = n_3\sin\varphi_3 \tag{18}$$

　　而编制数值表的工作通常由计算机来完成。其制作方法是，先测量（或已知）衬底的折射率 n_3，取定一个入射角 φ_1，设一个 n_2 的初始值，令 δ 从 0°变到 180°（变化步长可取 $\pi/180$，$\pi/90$，…），相应的 d、ψ 和 Δ 值便可计算出来，然后将 n_2 增加一个小量进行类似计算。如此继续下去便可得到 d-(ψ, Δ) 的数值表。为了使用方便，常将数值表绘制成列线图，以供得到 ψ 和 Δ 后，查询 d。

实验 5.11　用椭圆偏振仪测量金属薄膜的复折射率

　　随着现代科学与技术的发展，对金属薄膜的研究和应用日益广泛。快速而精确地测定一给定金属薄膜的光学参数在科研和生产中已变得迫切和重要。在实际应用中虽然可以利用布儒斯特角法、干涉法、散斑法等各种传统方法测定薄膜光学参数，但椭圆偏振法（简称椭偏法）具有独特的优点，是一种可探测生长中的薄膜小于 0.1nm 的厚度变化的高精度实验方法，同时可以实现对待测样品非破坏性测量。目前椭圆偏振法应用于光学、半导体、生物、医学等诸方面。椭圆偏振法的原理几十年前就已被提出，但是由于计算过程复杂，一般很难直接从测量值求得方程的解析解，直到计算机的应用出现之后，才使该方法具有了新的活力，广泛应用于各种薄膜材料光学性质的研究中。

【实验目的】

　　1. 了解金属薄膜的光学性质。

　　2. 学会利用光学偏振方法测量金属薄膜的光学吸收特性。

　　3. 学会调节椭偏仪的复杂光路，为学生自行设计实验，以及相关科研奠定基础。

【实验原理】

　　金属薄膜的复折射率反映了材料的折射率、吸收系数等重要的光学信息，是金属介质的重要光学参数。对于金属薄膜材料的光学性质快速而精确的测定在日常生产生活和科学研究中有重要的应用。另外，由于金属是导电介质，光波在导电介质中传播能量时要衰减，故各种导电介质都对光波有不同程度的吸收。理论表明，金属的介电常数是复数，其折射率也是复数，可表示为 $n_2 = n_2' - i\kappa$，式中 κ 表示材料对光的吸收。

　　椭偏法测量金属薄膜复折射率的基本思路是：首先，激光光源输出的光经起偏器产生的线偏振光通过 1/4 波片后成为特殊的椭圆偏振光，把它投射到待测样品表面时，只要起偏器取适当的透光方向，被待测样品表面反射出来的将是线偏振光。根据偏振光在反射前后的偏振状态变化，包括振幅和相位的变化，经适当的运算便可以确定样品的复折射率。

如图 5-11-1 所示，金属薄膜上方的折射率为 n_1，金属薄膜的折射率为 n_2，薄膜下方的折射率为 n_3，薄膜的厚度为 d。设 φ_1 表示光的入射角，φ_2 和 φ_3 分别为在界面 1 和界面 2 上的折射角。根据折射定律有

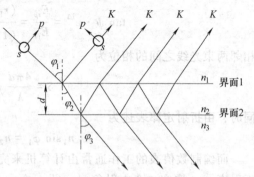

$$n_1 \sin \varphi_1 = n_2 \sin \varphi_2 = n_3 \sin \varphi_3 \qquad (1)$$

由于光是一种电磁波，光波的电矢量可以分解成在入射面内振动的 p 分量和垂直于入射面振动的 s 分量。若用 E_{ip} 和 E_{is} 分别代表入射光的 p 和 s 分量，用 E_{rp} 及 E_{rs} 分别代表各束反

图 5-11-1　光在金属薄膜界面的反射和折射

射光 K_0，K_1，K_2，…中电矢量的 p 分量之和及 s 分量之和。用复数形式表示入射光和反射光的 p 分量和 s 分量，即

$$E_{ip} = |E_{ip}| \exp(\mathrm{i}\theta_{ip}), \quad E_{is} = |E_{is}| \exp(\mathrm{i}\theta_{is}) \qquad (2)$$

$$E_{rp} = |E_{rp}| \exp(\mathrm{i}\theta_{rp}), \quad E_{rs} = |E_{rs}| \exp(\mathrm{i}\theta_{rs}) \qquad (3)$$

式中，各绝对值为相应电矢量的振幅；各 θ 值为相应界面处的相位。由菲涅耳公式知，两个分量的总反射系数 R_p 和 R_s 可以表示为

$$R_p = \frac{E_{rp}}{E_{ip}}, \quad R_s = \frac{E_{rs}}{E_{is}} \qquad (4)$$

将两个分量的总反射系数 R_p 与 R_s 相除，得到

$$\frac{R_p}{R_s} = \frac{|E_{rp}| \, |E_{is}|}{|E_{rs}| \, |E_{ip}|} \exp\{\mathrm{i}[(\theta_{rp} - \theta_{rs}) - (\theta_{ip} - \theta_{is})]\} \qquad (5)$$

在椭圆偏振方法中，为了简便起见，通常引入另外两个物理量 ψ 和 Δ 来描述反射光偏振态的变化，且它们与总反射系数的关系定义为

$$\tan \psi \cdot \mathrm{e}^{\mathrm{i}\Delta} = \frac{R_p}{R_s} = \frac{|E_{rp}| \, |E_{is}|}{|E_{rs}| \, |E_{ip}|} \exp\{\mathrm{i}[(\theta_{rp} - \theta_{rs}) - (\theta_{ip} - \theta_{is})]\} \qquad (6)$$

对比等式两端，可得到 ψ 和 Δ 分别为

$$\tan \psi = \frac{|E_{rp}| \, |E_{is}|}{|E_{rs}| \, |E_{ip}|} \qquad (7)$$

$$\Delta = (\theta_{rp} - \theta_{rs}) - (\theta_{ip} - \theta_{is}) \qquad (8)$$

式（7）表明，参量 ψ 与反射前后 p 分量和 s 分量的振幅比有关。而式（8）表明，参量 Δ 与反射前后 p 分量和 s 分量的相位差有关。可见，ψ 和 Δ 直接反映了光在反射前后偏振态的变化。一般规定，ψ 和 Δ 的变化范围分别为 $0 \leqslant \psi \leqslant \pi/2$ 和 $0 \leqslant \Delta \leqslant 2\pi$。

当入射光为椭圆偏振光时，反射后一般为偏振态（指椭圆的形状和方位）发生了变化的椭圆偏振光（除 $\psi < \pi/4$ 且 $\Delta = 0$ 的情况）。为了能直接测得 ψ 和 Δ，必须对实验条件做特殊处理，这里要求入射光和反射光满足以下两个条件：

1）若要求入射在膜面上的光为等幅椭圆偏振光（即 p 和 s 两分量的振幅相等），这时，

$$\frac{|E_{ip}|}{|E_{is}|} = 1,$$

则式（7）可化简为

$$\tan \psi = \frac{|E_{rp}|}{|E_{rs}|} \qquad (9)$$

2）若要求反射光为一线偏振光，也就是要求 $\theta_{rp}-\theta_{rs}=0$（或 π），则式（8）简化为

$$\Delta = -(\theta_{ip}-\theta_{is}) \qquad (10)$$

满足一定条件并不困难，因为对某一特定的膜，总反射系数比 R_p/R_s 是一定值，式（2）、式（3）决定了 Δ 也是某一定值。根据式（8）可知，只要改变入射光两分量的相位差 $(\theta_{ip}-\theta_{is})$，直到其大小为一适当值，就可以使 $\theta_{ip}-\theta_{is}=0$（或 π），从而使反射光变成一线偏振光（在调节过程中可以利用一检偏器检验此条件是否已满足）。

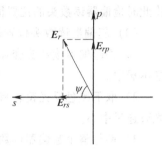

以上 1）、2）两条件都得到满足时，式（9）表明，$\tan \psi$ 恰好是反射光的 p 分量和 s 分量的幅值比，ψ 是反射光线偏振方向与 s 方向间的夹角，如图 5-11-2 所示。式（10）则表明，Δ 恰好是在膜面上的入射光中 s 分量和 p 分量间的相位差。基于以上的方法可以确定 ψ 和 Δ。

图 5-11-2 p、s 分量电场示意图

由于待测厚金属铝的厚度 d 与光的穿透深度相比大得多，在膜层第二个界面上的反射光可以忽略不计，经推算后得

$$n_2' = \frac{n_1 \sin \varphi_1 \tan \varphi_1 \cos 2\psi}{1 + \sin 2\psi \cos \Delta} \qquad (11)$$

$$\kappa \approx \tan 2\psi \sin \Delta \qquad (12)$$

【实验仪器】

本实验中所用的仪器为图 5-10-3 所示的 HG-WJZ 激光椭圆偏振仪。

【实验内容与步骤】

1. 仪器及实验光路的调整

1）用自准直法调整好分光计（请参照 HG-JJY1′型分光计使用说明书）。

2）分光计刻度盘的调整：使游标与刻度盘零线置于适当位置，当望远镜转过一定角度时不致无法读数。

（1）光路调整

1）卸下望远镜和平行光管的物镜（本实验中可不用），平行光管另一端装上小孔光阑（注：实验前教师已经安装）。

2）点亮激光，调整激光装置的方位，使光束完全通过小孔光阑。（技巧：把黑色反光镜放在载物台上作为反光镜用，通过调整激光装置，使入射光与反射光完全重合。）

3）仔细调整平行光管和望远镜，在距离阿贝式目镜后约 1m 处的白纸上形成一均匀圆光斑，注意光斑不可有椭圆或切割现象。此时光路调节完成。

特别说明：上述 2）、3）两步骤比较难，而其调整正确与否将直接影响后面测量结果的精度，所以需要耐心应对。

卸下阿贝式目镜，换上白屏目镜。

（2）检偏器读数头位置的调整与固定

1）将检偏器读数头套在望远镜筒上，90°读数朝上，位置基本居中。

2）将附件黑色反光镜置于载物台中央，将望远镜转过 66°（与平行光管成 114°夹角），使激光束按布儒斯特角（约 57°）入射到黑色反光镜表面并反射入望远镜到达白屏上成为一个圆点。

3）转动整个检偏器读数头以调整其与望远镜筒的相对位置（此时检偏器读数应保持 90°刻度位置不走动），使白屏上的光点达到最暗。这时检偏器的透光轴一定平行于入射面，将此时检偏器读数头的位置固定下来（拧紧三个平头螺钉）。

（3）起偏器读数头位置的调整与固定

1）将起偏器读数头套在平行光管镜筒上，此时不要装上 1/4 波片，0°读数朝上，位置基本居中。

2）取下黑色反光镜，将望远镜系统转回原来位置，使起、检偏器读数头共轴，并令激光束通过中心。

3）调整整个起偏器读数头与镜筒的相对位置（此时起偏器读数应保持 0°刻度位置不走动），找出最暗位置。定此位置为起偏器读数头 0°刻度位置，并将三个平头螺钉拧紧。

（4）1/4 波片零位的调整

1）起偏器读数保持 0°，检偏器读数保持 90°，此时白屏上的光点应最暗。

2）将 1/4 波片读数盘（即内刻度圈）对准零位。

3）将 1/4 波片框的红点（即快轴方向记号）向上，套在内刻度圈上，并微微转动（注意不要带动刻度圈）。使白屏上的光点达到最暗，固紧 1/4 波片框上的柱头螺钉，定此位置为 1/4 波片的零位。此时，仪器调整完成。

2. 金属薄膜复折射率测量

（1）将仪器按照椭偏仪的调整中 1 所述的方法调整好。

（2）将被测样品放在载物台的中央，旋转载物台使达到预定的入射角 70°，即望远镜转过 40°，并使反射光在目镜上形成一亮点。

（3）为了尽量减少系统误差，采用四点测量。先置 1/4 波片快轴于 +45°（即转动波片盘），仔细调节检偏器 A 和起偏器 P，使目镜内的亮点最暗，记下 A 值和 P 值于表 5-11-1 中，这样可以测得两组消光位置数值。

其中 A 值分别大于 90°和小于 90°，分别定为 A_1（>90°）和 A_2（<90°），所对应的 P 值为 P_1 和 P_2。然后将 1/4 波片快轴转到 -45°，也可找到两组消光位置数值，A 值分别记为 A_3（>90°）和 A_4（<90°），所对应的 P 值为 P_3 和 P_4。将测得的 4 组数据经下列公式换算后取平均值，就得到所要求的 A 值和 P 值：

表　5-11-1

1/4 波片放置角度	45°		-45°	
n	1	2	3	4
A				
P				

1）$A_1 - 90° = A$（1），$P_1 = P$（1）

2) $90°-A_2=A$（2），$P_2+90°=P$（2）

3) $A_3-90°=A$（3），$270°-P_3=P$（3）

4) $90°-A_4=A$（4），$180°-P_4=P$（4）

$$A=\frac{A(1)+A(2)+A(3)+A(4)}{4}, \quad P=\frac{P(1)+P(2)+P(3)+P(4)}{4}$$

注：上述公式适用于 A 和 P 值在 $0°\sim180°$ 范围的数值，若出现大于 $180°$ 的数值，应减去 $180°$ 后再换算。

（4）测量 ψ 和 Δ

1) 在消光状态下直接读出的检偏方位角就是 ψ；

2) 由公式 $\Delta=-(\theta_{ip}-\theta_{is})=2A-\dfrac{\pi}{2}$ 计算出 Δ；

3) 将 φ_1，n_1，ψ 和 Δ 代入式（11）和式（12），便求得 n_2' 和 κ，从而代入 $n_2=n_2'-i\kappa$ 求得折射率 n_2。

【数据处理】

自拟表格，参照仪器各部件的参数，对测量结果进行评价。

注：因实验中存在误差，一般其值在 $-10°\sim10°$ 以内时，可认为所测数据是合理的。

【思考题】

根据你的实验过程分析，在实验过程中如何才能减小实验误差？

实验 5.12　激光全息照相

【引言】

早在激光出现以前的 1948 年，D. Gabor（1971 年获得诺贝尔物理学奖）为了提高电子显微镜的分辨本领，提出了一种无透镜两步光学成像方法（波前记录与重建），这就是现代全息技术的思路。但由于当时缺少理想的光源，这项工作进展缓慢。直到 20 世纪 60 年代后，激光的出现才为全息照相提供了高度相干的强光源，使其得到迅速发展。现如今，全息术已经在现代成像理论和光学图像检测等领域显示出了其独特的优点。

【实验目的】

1. 学习全息照相的基本原理和方法。
2. 制作漫反射全息图，并观察再现像。

【实验原理】

全息照相与普通照相无论在原理上还是方法上都有本质的区别。首先，普通照相是以几何光学为基础，利用透镜把物体成像在一个平面记录介质上，以记录平面上各点的光强或振幅分布。物与像之间虽然一一对应，但这种对应是二维平面图像上的点和三维物体上的点之间的对应，因此并不是完全意义的逼真。根据干涉原理，干涉条纹的光强分布能提供参与干涉的光波的光强和相位两方面的信息。全息照相正是以光的干涉、衍射等光学规律为基础，借助参考光波来记录物光波的全部信息（振幅和相位）的。在记录介质上得到的不是物体的像，而是只有在高倍显微镜下才能看得到的细密干涉条纹，称之为**全息图**。条纹的明暗程度和图样反映了物光波的振幅与相位分布，好像是一个复杂的光栅。对全息图适当照明就能重建原来的物光波，看到与原物不可分辨的立体像。其次，由于每一物点的散射球面波被扩散后会覆盖整个全息图面，所以全息图上的每一点都包含了整个物体的信息，而类似普通照相的一一对应关系在此不复存在。因此，如果全息图破损，则仍有可能观察到物体的全貌。最后，全息图能在同一张照相底版上记录多个物体的信息，而且仍能够得到各自高质量的再现。

1. 全息记录（即全息图的制作）

当用激光照射物体时，物体因漫反射而发出物光波（透明物体可以采用透射的物光波）。物光波的全部信息应该包括振幅和相位两个方面，但是所有的感光介质都只对光强有响应，因此，必须把相位信息转换成强度的变化才能被记录下来，而常用的方法就是干涉法，其思路是用另一振幅和相位都已知的相干波（参考光）与物光发生干涉。如图 5-12-1 所示，为了记录物光波在照相底版（全息干板）每一点上的振幅和相位的全部信息，采用分光干涉法。一束激光经分束镜分成两路光，一路光照在物体上形成物光波，另一路光直接照在干板上，即作为参考光。

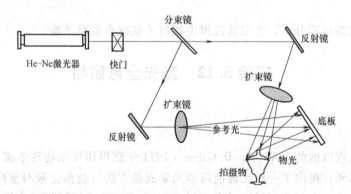

图 5-12-1　漫反射全息照相光路示意图

物光波的复振幅可表示为

$$O(x,y,z)\exp[\mathrm{i}\varphi_O(x,y,z)] \tag{1}$$

参考光的复振幅表示为

$$R(x,y,z)\exp[\mathrm{i}\varphi_R(x,y,z)] \tag{2}$$

它们的振幅和相位都是空间坐标的函数。这样，在感光干板上的总光场是二者的叠加，复振幅为 $O+R$，因此，干板上各点的光强分布为

$$I=(O+R)(O^*+R^*)=OO^*+RR^*+OR^*+O^*R=I_O+I_R+OR^*+O^*R$$

$$=I_O+I_R+|O|\cdot|R|\exp[\mathrm{i}(\varphi_O-\varphi_R)]+|O|\cdot|R|\exp[-\mathrm{i}(\varphi_O-\varphi_R)] \tag{3}$$

$$=I_O+I_R+2|O|\cdot|R|\cos(\varphi_O-\varphi_R)$$

式中，O^*、R^* 代表 O、R 的共轭量；I_O、I_R 分别为物光与参考光独立照射到干板上时的光

强，这两项在干板上与位置的关系不明显，基本均匀，在全息记录中不起主要作用。而 $OR^*+O^*R=2\mid O\mid\cdot\mid R\mid\cos(\varphi_O-\varphi_R)$ 为干涉项，可见干涉项产生的是明暗以 $(\varphi_O-\varphi_R)$ 为变量、按余弦规律变换的干涉条纹。由于这些干涉条纹在底版上各点的光强决定于物光波（及参考光）在各点的振幅和相位，所以底版上就保留了物光波的振幅与相位的分布信息，由此就可以推知物光波会聚点的位置。因此，当我们观察全息图的再现波前时，看到的将是与原物不可分辨的立体像。

2. 波前的重建

记录物光波全息图的底版经曝光、冲洗后，形成透光率各处不同（由曝光时间和光强分布决定）的全息片。光经过这样的底版时振幅和相位都要发生变化。底版上各点的振幅透过率 T 的定义为

$$T=\frac{透射光的复振幅}{入射光的复振幅}$$

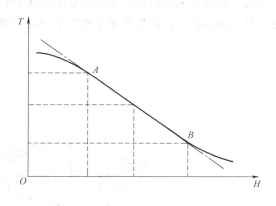

图 5-12-2　T-H 特性曲线

设 H 为曝光量，$H=It$（其中，I 为生成全息图时底版上的光强分布，t 为曝光时间），则 T-H 特性曲线如 5-12-2 所示。适当选取曝光时间和显影时间，以使 T 位于

T-H 曲线中段近似直线的工作区部分（图中 AB 段）。在此段，其振幅透过率为

$$T=T_0+KIt \tag{4}$$

式中，K 为直线斜率。把式（3）的光强分布 I 代入式（4），得

$$\begin{aligned}
T&=T_0+K\{I_O+I_R+\mid O\mid\cdot\mid R\mid\exp[\mathrm{i}(\varphi_O-\varphi_R)]+\mid O\mid\cdot\mid R\mid\exp[-\mathrm{i}(\varphi_O-\varphi_R)]\}t\\
&=T_0+K(I_O+I_R)+Kt\cdot\mid O\mid\cdot\mid R\mid\exp[\mathrm{i}(\varphi_O-\varphi_R)]+Kt\cdot\mid O\mid\cdot\mid R\mid\exp[-\mathrm{i}(\varphi_O-\varphi_R)]
\end{aligned} \tag{5}$$

该式表示了全息图片的振幅透过率。

波前的重建方法是用再照光来照射已经制作好的全息片。通常，再照光仍用制作全息片时的参考光，则再照光透过干板后的复振幅分布为

$$\begin{aligned}
W&=R(x,y,z)\exp[\mathrm{i}\varphi_R(x,y,z)]\cdot T\\
&=[T_0+K(I_O+I_R)]\cdot\mid R\mid\cdot\exp(\mathrm{i}\varphi_R)+Kt\cdot\mid R\mid^2\cdot\mid O\mid\exp[\mathrm{i}(\varphi_O)]+\\
&\quad Kt\mid R\mid^2\exp(2\varphi_R)\cdot\mid O\mid\exp(-\mathrm{i}\varphi_O)
\end{aligned} \tag{6}$$

该式称为再现方程。W 代表了再照光经过全息片上复杂光栅衍射后的振幅分布。这种光栅的透过率是按余弦规律变化的［由式（3）、式（5）可知］，根据式（6），再照光经过全息片衍射后，只有 0 级、+1 级和 -1 级的衍射光束，它们分别对应着式（6）右边的三项，如图 5-12-3 所示。若令 $\theta_0=\varphi_R$，$\theta=\varphi_O-\varphi_R$，则上式右边第一项的相位角为 $\varphi_R=\theta_0$，说明光沿着与干板法线成 θ_0 角的方向出射，并保持与再照光方向一致。此外还可以发现，该项与再照光复振幅成正比，或者说是直接透过的再照光，相当于 0 级衍射波。因此，第一项不能成像，对信息记录无意义。第二项的相位角为 $\varphi_O=\theta_0+\theta$，相当于 +1 级衍射波，我们可以发现它与制作全息片时底版所在处原来的物光波成正比，即是按一定比例重建的物光波。这个

重建的物光波在离开全息片继续传播时，其行为与原物在原来位置发出的光波一致，不同的是振幅按一定比例改变了，而且相位也改变了180°。因此，当全息片后面的观察者对着这个衍射光波方向观察时（与再照光夹角为θ），可以看到原来物体的三维立体虚像。第三项的相位角为$(2\varphi_R-\varphi_O)=\theta_0-\theta$，它是沿着相对于再照光入射方向的负$\theta$角方向传播的光波，相当于−1级。该项与原物光波的共轭光波成比例，它是一束会聚光。采用原参考光的共轭光波作为再照光，会形成原物的共轭实像。所谓共轭光波是指传播方向和原来光波完全相反的光波，如果原来光波是从某一点发出的球面波，则其共轭光波就是与传播方向相反而且会聚于该点的球面波；如果原来光波是平面波，则其共轭光波就是与传播方向相反的平面波。

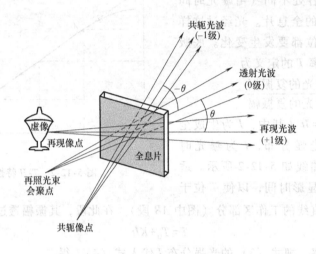

图 5-12-3 再现像观测示意图

以上讨论是严格以制作全息片所用的参考光（或其共轭光）作为再照光的情形，由此可以得到无畸变的虚像（或实像）。但是，如果再照光不完全是原来的参考光束，比如取向、波长或光源位置等的不同，就可能造成再现像的位置、大小、虚实发生变化，而且还可能存在畸变。

【实验仪器】

全息台、He-Ne激光器、曝光定时器、分束镜、反射镜、扩束镜、干板架、载物台等。

实验装置如图5-12-1所示。除光源、记录介质（含暗室用品）以及曝光定时器外，全息系统的主要光学元件还包括分束镜、反射镜、扩束透镜。实验装置必须满足如下要求：

1. 必须有一个很好的相干光源。一般用He-Ne激光器，且要求有足够大的输出功率和良好的输出稳定性。如前所述，全息照相是用干涉的方法记录物光波的振幅及相位的，因此参考光束与物光束必须是相干的。实验用的He-Ne激光器，其波长是6328Å（$1\text{Å}=0.1\text{nm}=10^{-10}\text{m}$），单色性虽然很好，但谱线仍有一定宽度，相应的相干长度$l=\dfrac{\lambda^2}{\Delta\lambda}$，考虑到最坏的情况，例如多普勒展宽$\Delta\lambda=0.02\text{Å}$时，$l=20\text{cm}$。为了保证物光束与参考光束相干，应使参考光束与物光束的光程接近相等。

2. 摄制系统要求有足够的稳定性。全息片记录的是参考光束与物光束之间的干涉条纹，这些条纹十分细密，极小的扰动也会使得干涉模糊。用 $d=\dfrac{\lambda}{2\sin\theta}$ 来估计条纹之间的宽度，例如，$\lambda=6328\text{Å}$，$2\theta=45°$，$d=0.83\mu\text{m}$。在制作全息片时，$2\theta\approx180°$，为了成功记录干涉条纹，曝光期间元件相对位移应小于条纹间距的几分之一。因此要注意全息台的抗振动性能和光学元件支架的牢固性，实验过程中还应尽量避免空气气流的流动。

3. 必须有高分辨率的记录介质（其光谱响应范围要包括拍摄用的光波段区域），一般用感光底片。根据上面的估算，干涉条纹间距在 10^{-3} 量级或更小，每毫米内将有上千条干涉条纹，所以必须要用特制的银化合物颗粒极细的底片。本实验所用的全息底版的分辨率达到每毫米 3000 条线。

【实验内容】

按照图 5-12-1 所示安排光路。要求参考光的光程与物光光程基本相等，且参考光和物光照射到底片上时的夹角不能过大（30°左右），且要保证它们在底片上较好叠加。

1. 光路安排好后，在放底片的位置处，比较物光与参考光的光强，使其比例大约在 1:2 至 1:7 之间（物光不可太强），以保证底片的振幅透射率和曝光量呈线性关系。

2. 在遮光条件下，把底片稳定地放置在支架上。底片药面要迎着光。放置底片后稍等几分钟，待整个系统稳定后开启曝光定时器曝光拍摄，时间长短由光强和底片的感光灵敏度共同决定，最佳时间应通过试拍决定，一般为 1s 左右。最后暗室处理：显影、冲洗、定影、冲洗、晾干。这样就完成了全息片的摄制。

3. 观察再现虚像。将制得的全息片放回到底片架上（药面向光），用再照光照明，观察再现像和共轭像（注意观察角度）。详细记录实验现象，并在实验报告中给出必要的理论解释。请用事实证明：如果再照光束与参考光束是完全相同的球面波，则再现像和原物的位置、形状、大小、光强分布完全相同。再观察再照光束会聚点位置和全息图的法线取向对再现像的影响，并记录实验现象。用平行光束照射全息片，可以用白屏观察到类似原物的图像，观察屏与全息图的距离对该图像的影响。

【思考与讨论】

1. 简要总结全息照相与普通照相的区别。
2. 为了得到一张较高衍射效率的漫反射全息图，实验技术上应注意哪些问题？
3. 全息照相所用干板的分辨率为什么要求很高？
4. 为什么漫反射全息照相再现像时要采用制作全息片时所用的参考光作为再照光？而不能用白光再现？

【注意事项】

1. 所有光学元件面请勿用手触摸，以防污染。
2. 实验过程是暗室操作，勿使底片曝光。
3. He-Ne 激光器及曝光定时器的使用请看附带的仪器使用说明书。

【补充材料】

（1）冲洗

冲洗包括显影、定影和漂白，其操作方法和普通照片的冲洗完全相同。漂白是为了提高衍射效率，提高再现像的亮度。这是因为底片经过漂白，将原来形成的银粒变为几乎完全透明的化合物，它的折射率和明胶的不同。这样，记录采取了光程中的空间变化形式，而不像原初振幅全息图那样是光密度的空间变化（这种全息图又称相位全息图）。

1) 显影用 D19 型显影液，显影时间约为 $1 \sim 2 \text{min}$。

2) 定影用 F5 型定影液，定影时间约为 $3 \sim 5 \text{min}$。

3) 漂白用 R-10 漂白液，漂白时间待全息底片透明即可。

R-10 漂白液的配方如下：

A 液：重铬酸钾　　　　20g

　　　浓硫酸　　　　　14ml

　　　加蒸馏水至　　　1000ml

B 液：氯化钾　　　　　45g

　　　加蒸馏水至　　　1000ml

将 A 液和 B 液按 1 : 1 的比例混合使用，漂白过的全息图还需要定影，以消除氯化银。

在正常情况下，可以通过控制曝光时间和显影时间使底片不要过黑，这样就不需要漂白了。

（2）再现

1) 将处理过的底片放到干板架上，用原参考光照明，像即呈现在原物所在的位置上，仔细观察再现像——虚像的特点。

2) 用未扩束的 He-Ne 激光束作为参考光的共轭光直接照射全息图，在投射光一侧用白屏观察实像。

实验 5.13　法拉第效应与磁光调制实验

1845 年，法拉第（M. Faraday）在探索电磁现象和光学现象之间的联系时，发现了一种现象：当一束平面偏振光穿过介质时，如果在介质中沿光的传播方向上加上一个磁场，就会观察到光经过介质后其偏振面会转过一个角度，即磁场使介质具有了旋光性，这种现象后来就称为法拉第效应。法拉第效应第一次显示了光和电磁现象之间的联系，促进了人们对光本性的认识。之后韦尔代（Verdet）对许多介质的磁致旋光性进行了研究，发现了法拉第效应在固体、液体和气体中都存在。

法拉第效应有许多重要的应用，尤其在激光技术发展后，其应用价值越来越受到重视。如用于光纤通信中的磁光隔离器，它是对法拉第效应中偏振面的旋转只取决于磁场的方向，而与光的传播方向无关的特性的应用，这样就可以使光沿规定的方向通过，同时又可以阻挡反方向传播的光，从而减少光纤中器件表面反射光对光源的干扰。磁光隔离器也被广泛应用于激光多级放大和高分辨率的激光光谱、激光选模等技术中。在磁场测量方面，利用法拉第效应弛豫时间短的特点制成的磁光效应磁强计可以测量脉冲强磁场、交变强磁场。在电流测量方面，利用电流的磁效应和光纤材料的法拉第效应，可以测量几千安培的大电流和电压为几兆伏的高压电流。

磁光调制主要应用于光偏振微小旋转角的测量技术，它是通过测量光束经过某种物质时偏振面的旋转角度来测量物质的活性，这种测量旋光的技术在科学研究、工业和医疗中有广泛的用途，在生物和化学领域以及新兴的生命科学领域中也是重要的测量手段。如物质的纯度控制、糖分测定，不对称合成化合物的纯度测定，制药业中的产物分析和纯度检测，医疗和生化中酶作用的研究，生命科学中研究核糖和核酸以及生命物质中左旋氨基酸的测量以及人体血液或尿液中糖分的测定等。

【实验目的】

1. 用特斯拉计测量电磁铁磁头中心的磁感应强度，分析线性范围。
2. 法拉第效应实验：利用正交消光法检测法拉第磁光玻璃的韦尔代常数。
3. 磁光调制实验：熟悉磁光调制的原理，用倍频法精确测定消光位置；精确测量不同样品的韦尔代常数。

【实验仪器】

FD-MOC-A 磁光效应综合实验仪、双踪示波器。

【实验原理】

1. 法拉第效应

实验表明，在磁场不是非常强时，如图 5-13-1 所示，偏振面旋转的角度 θ 与光波在介质中经过的路程 d 及介质中的磁感应强度在光的传播方向上的分量 B 成正比，即

$$\theta = VBd \tag{1}$$

比例系数 V 由物质和工作波长决定，表征着物质的磁光特性，这个系数称为韦尔代（Verdet）常数。在实验最后部分的表 5-13-3 中列出了几种物质的韦尔代常数。几乎所有物质（包括气体、液体、固体）都存在法拉第效应，不过一般都不显著。

不同的物质，其偏振面旋转的方向也可能不同。习惯上规定，以顺着磁场观察偏振面的旋转方向与磁场方向满足右手螺旋关系的称为"右旋"介质，其韦尔代常数 $V>0$；反向旋转的称为"左旋"介质，其韦尔代常数 $V<0$。

对于每一种给定的物质，法拉第旋转方向仅由磁场方向决定，而与光的传播方向无关（不管传播方向与磁场同向或者反向），这是法拉第磁光效应与某些物质的固有旋光效应的重要区别。固有旋光效应的旋光方向与光的传播方向有关，即随着顺光线和逆光线的方向观察，线偏振光偏振面的旋转方向是相反的，因此，当光线往返两次穿过固有旋光物质时，线偏振光的偏振面没有旋转。而法拉第效应则不然，在磁场方向不变的情况下，当光线往返穿过磁致旋光物质时，法拉第旋转角将加倍。利用这一特性，可以使光线在介质中往返数次，从而使旋转角度加大。

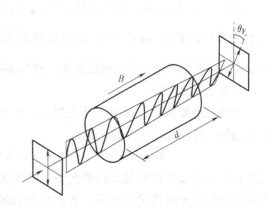

图 5-13-1 法拉第磁致旋光效应

　　与固有旋光效应类似，法拉第效应也有旋光色散，即韦尔代常数随波长而变，若一束白色的线偏振光穿过磁致旋光介质，则紫光的偏振面要比红光的偏振面转过的角度大，这就是旋光色散。实验表明，磁致旋光物质的韦尔代常数 V 随波长 λ 的增加而减小，旋光色散曲线又称为法拉第旋转谱。

2. 法拉第效应的唯象解释

　　从光波在介质中传播的图像看，对法拉第效应可以做如下解释：一束平行于磁场方向传播的线偏振光，可以看作是两束等幅左旋和右旋圆偏振光的叠加。这里左旋和右旋是相对于磁场方向而言的。

　　如果磁场的作用是使右旋圆偏振光的传播速度 c/n_R 和左旋圆偏振光的传播速度 c/n_L 不等，于是通过厚度为 d 的介质后，便产生不同的相位滞后：

$$\varphi_R = \frac{2\pi}{\lambda} n_R d, \quad \varphi_L = \frac{2\pi}{\lambda} n_L d \tag{2}$$

式中，λ 为真空中的波长。这里应注意，圆偏振光的相位即旋转电矢量的角位移；相位滞后即角位移倒转。在磁致旋光介质的入射截面上，入射线偏振光的电矢量 E 可以分解为图 5-13-2a 所示的两个旋转方向不同的圆偏振光 E_R 和 E_L，通过该介质后，它们的相位滞后不同，旋转方向也不同，在出射界面上，两个圆偏振光的旋转电矢量如图 5-13-2b 所示。当光束射出介质后，左、右旋圆偏振光的速度又恢复一致，我们又可以将它们合成起来考虑，即仍为线偏振光。从图上容易看出，由介质射出后，两个圆偏振光的合成电矢量 E 的振动面相对于原来的振动面转过角度 θ，其大小可以由图 5-13-2b 直接看出，因为

$$\varphi_R - \theta = \varphi_L + \theta \tag{3}$$

所以

$$\theta = \frac{1}{2}(\varphi_R - \varphi_L) \tag{4}$$

由式（2）得

$$\theta = \frac{\pi}{\lambda}(n_R - n_L)d = \theta_F d \tag{5}$$

　　当 $n_R > n_L$ 时，$\theta > 0$，表示右旋；当 $n_R < n_L$ 时，$\theta < 0$，表示左旋。假如 n_R 和 n_L 的差值正比于磁感应强度 B，由式（5）便可以得到法拉第效应公式〔即式（1）〕。式中的 $\theta_F = \frac{\pi}{\lambda}(n_R - n_L)$，它是单位长度上的旋转角，称为法拉第旋转比。

3. 磁光调制原理

　　根据马吕斯定律，如果不计光损耗，则通过起偏器，经检偏器输出的光强为

$$I = I_0 \cos^2 \alpha \tag{6}$$

式中，I_0 为起偏器同检偏器的透光轴之间的夹角 $\alpha = 0$ 或 $\alpha = \pi$ 时的输出光强。若在两个偏振器之间加一个由励磁线圈（调制线圈）、磁光调制晶体和低频信号源组成的低频调制器（见图 5-13-3），则调制励磁线圈所产生的正弦交

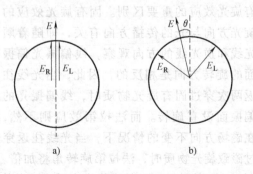

图 5-13-2　法拉第效应的唯象解释

变磁场 $B = B_0 \sin\omega t$ 能够使磁光调制晶体产生交变的振动面转角 $\theta = \theta_0 \sin\omega t$，其中 θ_0 称为调制角幅度。此时输出光强由式（6）变为

$$I = I_0 \cos^2(\alpha + \theta) = I_0 \cos^2(\alpha + \theta_0 \sin\omega t) \tag{7}$$

由式（7）可知，当 α 一定时，输出光强 I 仅随 θ 变化，因为 θ 是受交变磁场 B 或信号电流 $i = i_0 \sin\omega t$ 控制的，从而使信号电流产生的光振动面旋转，转化为光强调制，这就是磁光调制的基本原理。

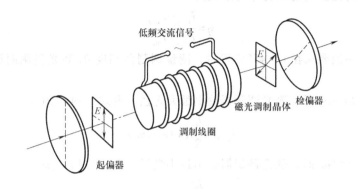

图 5-13-3 磁光调制装置

根据三角函数的倍角公式，由式（7）可以得到

$$I = \frac{1}{2}I_0 \left[1 + \cos 2(\alpha + \theta) \right] \tag{8}$$

显然，在 $0 \leqslant \alpha + \theta \leqslant 90°$ 的条件下，当 $\theta = -\theta_0$ 时，输出光强最大，即

$$I_{\max} = \frac{I_0}{2} \left[1 + \cos 2(\alpha - \theta_0) \right] \tag{9}$$

当 $\theta = \theta_0$ 时，输出光强最小，即

$$I_{\min} = \frac{I_0}{2} \left[1 + \cos 2(\alpha + \theta_0) \right] \tag{10}$$

定义光强的调制幅度：

$$A \equiv I_{\max} - I_{\min} \tag{11}$$

由式（9）和式（10）代入上式，得到

$$A = I_0 \sin 2\alpha \sin 2\theta_0 \tag{12}$$

由上式可以看出，在调制角幅度 θ_0 一定的情况下，当起偏器和检偏器透光轴的夹角 $\alpha = 45°$ 时，光强调制幅度最大，即

$$A_{\max} = I_0 \sin 2\theta_0 \tag{13}$$

因此，在做磁光调制实验时，通常将起偏器和检偏器透光轴成 $45°$ 角（即 $\alpha = 45°$）放置，此时输出的调制光强由式（8）知

$$I\big|_{\alpha=45°} = \frac{I_0}{2}(1 - \sin 2\theta) \tag{14}$$

当 $\alpha = 90°$ 时，即起偏器和检偏器偏振方向正交时，输出的调制光强由式（7）知

$$I\big|_{\alpha=90°} = I_0\sin^2\theta \tag{15}$$

当 $\alpha=0°$ 时，即起偏器和检偏器偏振方向平行时，输出的调制光强由式（7）知

$$I\big|_{\alpha=0°} = I_0\cos^2\theta \tag{16}$$

若将输出的调制光强入射到硅光电池上，转换成光电流，再经过放大器放大并输入到示波器，就可以观察到被调制了的信号。当 $\alpha=45°$ 时，在示波器上观察到调制幅度最大的信号，当 $\alpha=0°$ 或 $\alpha=90°$ 时，在示波器上观察到由式（15）和式（16）决定的倍频信号。

磁光调制器的光强调制深度 η 的定义为

$$\eta = \frac{I_{max}-I_{min}}{I_{max}+I_{min}} \tag{17}$$

在实验中，一般要求在 $\alpha=45°$ 位置时，测量调制角幅度 θ_0 和光强调制深度 η，因为此时调制幅度最大。

当 $\alpha=45°$，$\theta=-\theta_0$ 时，磁光调制器输出最大光强，由式（14）知

$$I_{max} = \frac{I_0}{2}(1+\sin 2\theta_0) \tag{18}$$

当 $\alpha=45°$，$\theta=+\theta_0$ 时，磁光调制器输出最小光强，由式（14）知

$$I_{min} = \frac{I_0}{2}(1-\sin 2\theta_0) \tag{19}$$

由式（18）和式（19）得

$$I_{max}-I_{min} = I_0\sin 2\theta_0, \quad I_{max}+I_{min} = I_0$$

所以有

$$\eta = \frac{I_{max}-I_{min}}{I_{max}+I_{min}} = \sin 2\theta_0 \tag{20}$$

调制角幅度 θ_0 为

$$\theta_0 = \frac{1}{2}\arcsin\frac{I_{max}-I_{min}}{I_{max}+I_{min}} \tag{21}$$

由式（20）和式（21）可以知道，测得磁光调制器的调制角幅度 θ_0，就可以确定磁光调制器的光强调制深度 η，由于 θ_0 随交变磁场 B 的幅度 B_m 连续可调，或者说随输入低频信号电流的幅度连续可调，所以磁光调制器的光强调制深度连续可调。只要选定调制频率 f（如 $f=$ 500Hz）和输入励磁电流 i_0，就可在示波器上读出在 $\alpha=45°$ 状态下相应的 I_{max} 和 I_{min}（以格为单位）。

将读出的 I_{max} 和 I_{min} 值代入式（20）和式（21），就可以求出光强调制深度 η 和调制角幅度 θ_0。逐渐增大励磁电流 i_0，测量不同磁场 B_0 或电流 i_0 下的 I_{max} 和 I_{min} 值，绘制出 θ_0-i_0 和 η-i_0 曲线图，其饱和值即为对应的最大调制幅度 $(\theta_0)_{max}$ 和最大光强调制幅度 η_{max}。

【实验内容与步骤】

1. 电磁铁磁头中心磁场的测量

1）将直流稳压电源的两输出端（"红""黑"两端）用四根连接线与电磁铁相连。

2）调节两个磁头上端的固定螺钉，使两个磁头中心对准，并使磁头间隙为一定数值，如 20mm 或者 10mm。

3) 将特斯拉计探头与装有特斯拉计的磁光效应综合实验仪主机对应插座相连，另外一端通过探头臂固定在电磁铁上，并使探头处于两个磁头的正中心，旋转探头方向，使磁力线垂直穿过探头前端的霍尔传感器。

4) 调节直流稳压电源的电流调节电位器，使电流逐渐增大，并记录不同电流情况下的磁感应强度。然后列表、画图分析电流-中心磁感应强度的线性范围，并分析磁感应强度饱和的原因。

2. 用正交消光法测量样品的韦尔代常数

1) 将半导体激光器、起偏器、电磁铁、检偏器、光电接收器依次放置在光学导轨上；将半导体激光器与主机上的 DC3V 相连，将光电接收器与主机面板上的信号输入端相连；将恒流电源与电磁铁相连（注意电磁铁的两个线圈可以并联也可以串联）。

2) 在磁头中间放入实验样品，样品共两种；这里选择韦尔代常数比较大的法拉第旋光玻璃样品。调节激光器，使激光依次从起偏器、透镜、磁铁中心、样品、检偏镜穿过，并能够被光电接收器接收。

3) 由于半导体激光器为部分偏振光，所以可以通过调节起偏器来调节输入光强的大小；调节检偏器，使其与起偏器偏振方向正交，这时检测到的光信号最小，读取此时检偏器的角度 θ_1。

4) 打开恒流电源，给样品加上恒定磁场，可看到光功率计读数增大，转动检偏器，使光功率计读数为最小，读取此时检偏器的角度 θ_2，得到样品在该磁场下的偏转角 $\theta=\theta_2-\theta_1$。

5) 关掉半导体激光器，取下样品，用特斯拉计测量磁隙中心的磁感应强度 B，用游标卡尺测量样品厚度，根据公式 $\theta=VBd$，可以求出该样品的韦尔代常数。

3. 磁光调制实验

1) 将激光器、起偏器、调制线圈、检偏器、光电接收器依次放置在光学导轨上。

2) 将激光器与主机上的 DC3V 相连，将光电接收器与主机面板上的信号输入端相连；调制线圈与主机调制信号输出端用音频线相连；将主机上的示波器输出端与示波器的"CH1"端相连。

3) 调节激光器，使激光从调制线圈中心样品中穿过，并能够被光电接收器接收。

4) 将调制线圈与主机上的调制信号发生器部分的"输出"端用音频线连接。

5) 将光电接收器与主机上信号输入部分的"基频"端相连，用 Q9 线连接选频放大部分的"基频"端与示波器的"CH2"端。用示波器观察基频信号，调节调制信号发生器部分的"频率"旋钮，使基频信号最强。

6) 调节起偏器和检偏器，改变偏振方向夹角，用示波器观察基频信号的变化。

7) 调节检偏器到消光位置附近，将光电接收器与主机上信号输入部分的"倍频"端相连，同时将示波器的"CH2"端与选频放大部分的"倍频"端相连接，调节调制信号发生器部分的"倍频"旋钮，使信号最强，微调检偏器，当检偏器与起偏器正交时（即消光位置），可以观察到稳定的倍频信号。

4. 磁光调制倍频法实验

1) 将半导体激光器、起偏器、透镜、电磁铁、调制线圈、有测微机构的检偏器、光电接收器依次放置在光学导轨上。

2) 在电磁铁的磁头中间放入实验样品，将恒流电源与电磁铁相连，将主机上调制信号发生器部分的"示波器"端与示波器的"CH1"端相连,将激光器与主机上的DC 3V输出相连。调节激光器,使激光从各元件中穿过,并能够被光电接收器接收。将调制线圈与主机上调制信号发生器部分的"基频"端相连;用Q9线连接选频放大部分的"基频"端与示波器的"CH2"端。

3)用示波器观察基频信号,旋转检偏器到消光位置附近,将光电接收器与主机上信号输入部分的"倍频"端相连,同时将示波器的"CH2"端与选频放大部分的"倍频"端相连,微调检偏器的测微器可以观察到稳定的倍频信号,读取此时检偏器的角度 θ_1。

4)打开恒流电源,给样品加上恒定磁场,可看到倍频信号发生变化,调节检偏器的测微器至再次看到稳定的倍频信号,读取此时检偏器的角度 θ_2,得到样品在该磁场下的偏转角 $\theta = \theta_2 - \theta_1$。

5)关掉半导体激光器,取下样品,用特斯拉计测量磁隙中心的磁感应强度 B,用游标卡尺测量样品厚度,根据公式 $\theta = VBd$,可以求出该样品的韦尔代常数。更换样品,并测量不同样品的韦尔代常数。

【数据处理】

1. 电磁铁磁头中心磁场的测量 (表 5-13-1)

表 5-13-1　励磁电流 I 和磁场中心磁感应强度 B 的数据记录 (间隙 10.00mm)

励磁电流 I/A	磁感应强度 B/mT	励磁电流 I/A	磁感应强度 B/mT	励磁电流 I/A	磁感应强度 B/mT

2. 用正交消光法测量样品的韦尔代常数

表格自拟。

3. 磁光调制实验

用坐标纸记录观察到的实验现象。

4. 磁光调制倍频法实验 (表 5-13-2)

表 5-13-2　励磁电流和测微器读数对应测量数据

励磁电流/A	测微器读数/mm

【注意事项】

1. 起偏器和检偏器都是两个装有偏振片的转盘,其读数精度都为 1°,仪器还配有一个装有螺旋测微头的转盘，转盘中同样装有偏振片，其中外转盘的精度也为1°，螺旋测微头的精度为0.01mm，测量范围为8mm，即是将角位移转化为直线位移，实现角度的精确测量。

2. 实验仪电磁铁的两个磁头间距可以调节，这样，不同宽度的样品均可以放置于磁场中间，并且实验中可以用手臂形特斯拉计探头固定架测量中心磁场的磁感应强度。

3. 光电检测器前面有一个可调光阑，实验时可以调节合适的通光孔，这样可以减小外界杂散光的影响。

表 5-13-3　几种材料的韦尔代常数

物质	λ/nm	$V/[\times10^{-2}\,rad/(T\cdot m)]$
水	589.3	1.31×10^2
二硫化碳	589.3	4.17×10^2
轻火石玻璃	589.3	3.17×10^2
重火石玻璃	830.0	$8\times10^2\sim10\times10^2$
冕玻璃	632.8	$4.36\times10^2\sim7.27\times10^2$
石英	632.8	4.83×10^2
磷索	589.3	12.3×10^2

【仪器说明】

FD-MOC-A 磁光效应综合实验仪主要由导轨滑块光学部件（8个）、控制主机（2个）、直流可调稳压电源以及手提零件箱组成。

其中1m长的光学导轨上有8个滑块，分别安装有激光器、起偏器、检偏器、测角器（含偏振片）、调制线圈、会聚透镜、探测器、电磁铁。直流可调稳压电源通过四根连接线与电磁铁相连，电磁铁既可以串联，也可以并联，具体连接方式及磁场方向可以通过特斯拉计测量确定。

两个控制主机主要由五部分组成：特斯拉计、调制信号发生器、激光器电源、光功率计和选频放大器。其中，特斯拉计及信号发生器的面板如图 5-13-4 所示，光功率计和选频放大器的面板如图 5-13-5 所示。

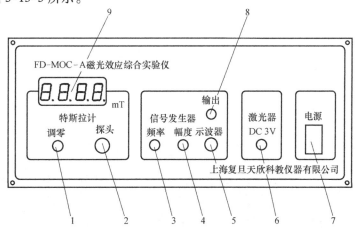

图 5-13-4　控制主机（特斯拉计）

1—调零旋钮　2—接特斯拉计探头　3—调节调制信号的频率　4—调节调制信号的幅度
5—接示波器（观察调制信号）　6—半导体激光器电源　7—电源开关
8—调制信号输出（接调制线圈）　9—特斯拉计测量数值显示面板

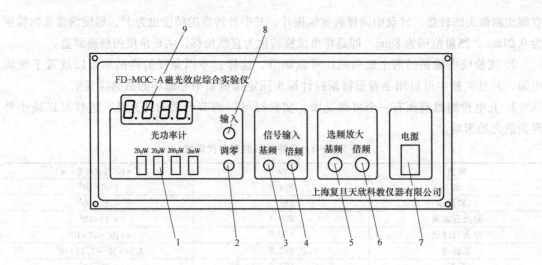

图 5-13-5　控制主机（光功率计）

1—换挡开关　2—调零旋钮　3—基频信号输入端（接光电接收器）
4—倍频信号输入端（接光电接收器）　5—接示波器（观察基频信号）　6—接示波器（观察倍频信号）　7—电源开关
8—光功率计输入端（接光电接收器）　9—光功率计表头显示面板

附录

附录 A 常用物理基本常数

物理常数	符　号	数　值	单　位
真空中光速	c	2.99792458×10^{8}（定义）	$m \cdot s^{-1}$
真空电容率	$\varepsilon_0 (=1/\mu_0 c^2)$	$8.854187817 \times 10^{-12}$（定义）	$F \cdot m^{-1}$
真空磁导率	$\mu_0 (=4\pi \times 10^{-7})$	$12.566370614 \times 10^{-7}$（定义）	$N \cdot A^{-2}$
引力常量	G	$6.673(10) \times 10^{-11}$	$m^3 \cdot kg^{-1} \cdot s^{-2}$
普朗克常量	h	$6.62606876(52) \times 10^{-34}$	$J \cdot s$
	$\hbar (=\dfrac{h}{2\pi})$	$1.054571596(82) \times 10^{-34}$	$J \cdot s$
基本电荷	e	$1.602176462(63) \times 10^{-19}$	C
磁通量子	$\varPhi_0 (=\dfrac{h}{2e})$	$2.067833636(81) \times 10^{-15}$	Wb
电子质量	m_e	$9.10938188(72) \times 10^{-31}$	kg
质子质量	m_p	$1.67262158(13) \times 10^{-27}$	kg
中子质量	m_n	$1.67492716(13) \times 10^{-27}$	kg
电子康普顿波长	$\lambda_c (=\dfrac{h}{m_e c})$	$2.426310215(18) \times 10^{-12}$	m
精细结构常数	$\alpha (=\dfrac{\mu_0 c e^2}{2h})$	$7.297352533(27) \times 10^{-3}$	—
	α^{-1}	$137.03599976(50)$	
玻尔磁子	$\mu_B (=\dfrac{e\hbar}{2m_e})$	$5.788381749(43) \times 10^{-11}$	$MeV \cdot T^{-1}$
玻尔半径	$a_0 [=4\pi\varepsilon_0 \hbar^2/(m_e e^2) = r_e \alpha^{-2}]$	$0.5291772083(19) \times 10^{-10}$	m
里德堡常数	$R_\infty [=m_e c \alpha^2/(2h)]$	$10973731.568549(83)$	m^{-1}
阿伏伽德罗常数	N_A	$6.02214199(47) \times 10^{23}$	mol^{-1}
法拉第常数	$F (=N_A e)$	$96485.3415(39)$	$C \cdot mol^{-1}$
摩尔气体常数	R	$8.314472(15)$	$J \cdot mol^{-1} \cdot K^{-1}$
玻耳兹曼常数	$k (=R/N_A)$	$1.3806503(24) \times 10^{-23}$	$J \cdot K^{-1}$
斯忒藩-玻耳兹曼常数	$\sigma [=(\pi^2/60)k^4/(\hbar^3 c^2)]$	$5.670400(40) \times 10^{-8}$	$W \cdot m^{-2} \cdot K^{-4}$
电子伏特	eV	$1.602176462(63) \times 10^{-19}$	J
原子质量单位	amu	$1.66053873(13) \times 10^{-27}$	kg
标准大气压	atm	101325（定义）	Pa
天文单位	au	$149597870660(20)$	m
秒差距	pc	$3.0856775807(4) \times 10^{16}$	m
光年	ly	0.9461×10^{16}	m

附录 B 常用物理量的符号、SI 单位

量的名称	量的符号	单位的关系式	单位的中文符号	单位的国际符号
长度	l, r, x 等	基本单位	米	m
时间	t	基本单位	秒	s
位置矢量(矢径)	$\boldsymbol{r}$	—	米	m
单位矢量	$\hat{r}, \hat{x}$ 等	$\hat{r} = r/r, \hat{x} = x/x$	—	—
平面角	α, θ, φ 等	$\theta = l/R$	弧度	rad
速度	v, u, c	$v = \dfrac{dx}{dt}$	米/秒	m/s
加速度	a	$a = \dfrac{dv}{dt}$	米/秒^2	m/s^2
质量	m	基本单位	千克	kg
力	F	$F = ma$	牛	N
冲量	I	$I = Ft$	牛·秒	N·s
动量	p	$p = mv$	千克·米/秒	kg·m/s
功	A	$A = Fs$		
动能	E_k	$E_k = mv^2/2$		
势能	E_p	$E_p = E_g + E_s$	焦[耳]	J
重力势能	E_g	$E_g = mgh$		
弹性势能	E_s	$E_s = kx^2/2$		
功率	P	$P = \dfrac{dA}{dt}$	瓦	W
弹簧的劲度系数	k	$F = -kx$	牛/米	N/m
引力常量	G	$F = G_1 m_1 m_2/r^2$	牛·米^2/千克^2	N·m^2/kg^2
角速度	ω	$\omega = \dfrac{d\theta}{dt}$	弧度/秒	rad/s
角加速度	β	$\beta = \dfrac{d\omega}{dt}$	弧度/秒^2	rad/s^2
力矩	M	$M = Fd$	牛·米	N·m
转动惯量	I	$dI = R^2 dm$	千克·米^2	kg·m^2
角动量(动量矩)	L	$L = I\omega, L = Rmv$	千克·米^2/秒	kg·m^2/s
面积	S		米^2	m^2
体积	V	—	米^3	m^3
密度	ρ	$\rho = m/V$	千克/米^3	kg/m^3
线密度	λ	$\lambda = m/l$	千克/米	kg/m

附录 C　常用物理数据

附表 C-1　在 20℃时部分固体和液体物质的密度

物质	密度 $\rho/(kg/m^3)$	物质	密度 $\rho/(kg/m^3)$
铝	2698.9	石英	2500~2800
铜	8960	水晶玻璃	2900~3000
铁	7874	冰(0℃)	880~920
银	10500	乙醇	789.4
金	19320	乙醚	714
钨	19300	汽车用汽油	710~720
铂	21450	氟利昂-12	1329
铅	11350	(氟氯烷-12)	
锡	7298	变压器油	840~890
水银	13546.2	甘油	1260
钢	7600~7900		

附表 C-2　在标准大气压下不同温度时水的密度

温度 $t/℃$	密度 $\rho/(kg/m^3)$	温度 $t/℃$	密度 $\rho/(kg/m^3)$	温度 $t/℃$	密度 $\rho/(kg/m^3)$
0	999.841	16	998.943	32	995.025
1	999.900	17	998.774	33	994.702
2	999.941	18	998.595	34	994.371
3	999.965	19	998.405	35	994.031
4	999.973	20	998.203	36	993.68
5	999.965	21	997.992	37	993.33
6	999.941	22	997.770	38	992.96
7	999.902	23	997.538	39	992.59
8	999.849	24	997.296	40	992.21
9	999.781	25	997.044	50	988.04
10	999.700	26	996.783	60	983.21
11	999.605	27	996.512	70	977.78
12	999.498	28	996.232	80	971.80
13	999.377	29	995.944	90	965.31
14	999.244	30	995.646	100	958.35
15	999.099	31	995.340		

附表 C-3　在海平面上不同纬度处的重力加速度

纬度 $\varphi/(°)$	$g/(m/s^2)$	纬度 $\varphi/(°)$	$g/(m/s^2)$
0	9.78049	50	9.81079
5	9.78088	55	9.81515
10	9.78204	60	9.81924
15	9.78394	65	9.82294
20	9.78652	70	9.82614
25	9.78969	75	9.82873
30	9.78338	80	9.83065
35	9.79746	85	9.83182
40	9.80180	90	9.83221
45	9.80629		

注:表中所列数值是根据公式 $g=9.78049(1+0.005288\sin^2\varphi-0.000006\sin^2\varphi)$ 算出的,其中 φ 为纬度。

附表 C-4　部分固体物质的线膨胀系数

物质	温度或温度范围/℃	$\alpha/(\times 10^{-6}\,℃^{-1})$
铝	0~100	23.8
铜	0~100	17.1
铁	0~100	12.2
金	0~100	14.3
银	0~100	19.6
钢(0.05%碳)	0~100	12.0
康铜	0~100	15.2
铅	0~100	29.2
锌	0~100	32
铂	0~100	9.1
钨	0~100	4.5
石英玻璃	20~200	0.56
窗玻璃	20~200	9.5
花岗石	20	6~9
瓷器	20~700	3.4~4.1

附表 C-5　在 20℃时某些金属的弹性模量(杨氏模量)

金属	弹性模量 E	
	GPa	kgf/mm²
铝	69~70	7000~7100
钨	407	41500
铁	186~206	19000~21000
铜	103~127	10500~13000
金	77	7900
银	69~80	7000~8200
锌	78	8000
镍	203	20500
铬	235~245	24000~25000
合金钢	206~216	21000~22000
碳钢	196~206	20000~21000
康铜	160	16300

注:弹性模量的值与材料的结构、化学成分及其加工制造方法有关。因此,在某些情况下,E 的值可能与表中所列的平均值不同。

附表 C-6　在 20℃时与空气接触的部分液体的表面张力系数

液体	$\sigma/(\times 10^{-3}\,N/m)$	液体	$\sigma/(\times 10^{-3}\,N/m)$
石油	30	甘油	63
煤油	24	水银	513
松节油	28.8	蓖麻	36.4
水	72.75	乙醇	22.0
肥皂溶液	40	乙醇(在 60℃时)	18.4
氟利昂-12	9.0	乙醇(在 0℃时)	24.1

附表 C-7　某些固体的比热容

固体	比热容/J·kg⁻¹·K⁻¹	固体	比热容/J·kg⁻¹·K⁻¹
铝	908	铁	460
黄铜	389	钢	450
铜	385	玻璃	670
康铜	420	冰	2090

附表 C-8　在不同温度下与空气接触的水的表面张力系数

温度/℃	$\sigma/(\times 10^{-3}\,N/m)$	温度/℃	$\sigma/(\times 10^{-3}\,N/m)$	温度/℃	$\sigma/(\times 10^{-3}\,N/m)$
0	75.62	16	73.34	30	71.15
5	74.90	17	73.20	40	69.55
6	74.76	18	73.05	50	67.90
8	74.48	19	72.89	60	66.17
10	74.20	20	72.75	70	64.41
11	74.07	21	72.60	80	62.60
12	73.92	22	72.44	90	60.74
13	73.78	23	72.28	100	58.84
14	73.64	24	72.12		
15	73.48	25	71.96		

附表 C-9　不同温度时水的黏度

温度/℃	黏度 η		温度/℃	黏度 η	
	$\mu Pa \cdot s$	$(\times 10^{-6}\,kgf \cdot s/mm^2)$		$\mu Pa \cdot s$	$(\times 10^{-6}\,kgf \cdot s/mm^2)$
0	1787.8	182.3	60	469.7	47.9
10	1305.3	133.1	70	406.0	41.4
20	1004.2	102.4	80	355.0	36.2
30	801.2	81.7	90	314.8	32.1
40	653.1	66.6	100	282.5	28.8
50	549.2	56.0			

附表 C-10　部分固体的导热系数 λ

物质	温度/K	$\lambda/(\times 10^2\,W/m \cdot K)$	物质	温度/K	$\lambda/(\times 10^2\,W/m \cdot K)$
银	273	4.18	康铜	273	0.22
铝	273	2.38	不锈钢	273	0.14
金	273	3.11	镍铬合金	273	0.11
铜	273	4.0	软木	273	0.3×10^{-3}
铁	273	0.82	橡胶	298	1.6×10^{-3}
黄铜	273	1.2	玻璃纤维	323	0.4×10^{-3}

附表 C-11　某些液体的黏度

液体	温度/℃	$\eta/\mu Pa \cdot s$	液体	温度/℃	$\eta/\mu Pa \cdot s$
汽油	0	1788	甘油	−20	134×10^6
	18	530		0	121×10^5
甲醇	0	817		20	1499×10^3
	20	584		100	12945
乙醇	−20	2780	蜂蜜	20	650×10^4
	0	1780		80	100×10^3
	20	1190	鱼肝油	20	45600
乙醚	0	296		80	4600
	20	243	汞(水银)	−20	1855
变压器油	20	19800		0	1685
蓖麻油	10	242×10^4		20	1554
葵花子油	20	50000		100	1224

附表 C-12　蓖麻油的黏度值与温度的关系

温度/℃	$\eta/Pa \cdot s$	温度/℃	$\eta/Pa \cdot s$	温度/℃	$\eta/Pa \cdot s$	温度/℃	$\eta/Pa \cdot s$
0	53.0	16	1.37	23	0.73	30	0.45
10	2.42	17	1.25	24	0.67	31	0.42
11	2.20	18	1.15	25	0.62	32	0.39
12	2.00	19	1.04	26	0.57	33	0.36
13	1.83	20	0.95	27	0.53	34	0.34
14	1.67	21	0.87	28	0.52	35	0.31
15	1.51	22	0.79	29	0.48	40	0.23

附表 C-13　某些液体的比热容

液体	比热容/$J \cdot kg^{-1} \cdot K^{-1}$	温度/℃	液体	比热容/$J \cdot kg^{-1} \cdot K^{-1}$	温度/℃
乙醇	2300	0	汞	146.5	0
	2470	20	(水银)	139.3	20

附表 C-14　不同温度时水的比热容

温度/℃	0	5	10	15	20	25	30	40	50	60	70	80	90	99
比热容/$J \cdot kg^{-1} \cdot K^{-1}$	4217	4202	4192	4186	4182	4179	4178	4178	4180	4184	4189	4196	4205	4215

附表 C-15　不同温度时干燥空气中的声速　（单位:m/s）

温度/℃	0	1	2	3	4	5	6	7	8	9
60	366.05	366.60	367.14	367.69	368.24	368.78	369.33	369.87	370.42	370.96
50	360.51	361.07	361.62	362.18	362.74	363.29	363.84	364.39	364.95	365.50
40	354.89	355.46	356.02	356.58	357.15	357.71	358.27	358.83	359.39	359.95
30	349.18	349.75	350.33	350.90	351.47	352.04	352.62	353.19	353.75	354.32
20	343.37	343.95	344.54	345.12	345.70	346.29	346.87	347.44	348.02	348.60
10	337.46	338.06	338.65	339.25	339.84	340.43	341.02	341.61	342.20	342.58
0	331.45	332.06	332.66	333.27	333.87	334.47	335.07	335.67	336.27	336.87
−10	325.33	324.71	324.09	323.47	322.84	322.22	321.60	320.97	320.34	319.52
−20	319.09	318.45	317.82	317.19	316.55	315.92	315.28	314.64	314.00	313.36
−30	312.72	312.08	311.43	310.78	310.14	309.49	308.84	308.19	307.53	306.88
−40	306.22	305.56	304.91	304.25	303.58	302.92	302.26	301.59	300.92	300.25
−50	299.58	298.91	298.24	397.56	296.89	296.21	295.53	294.85	294.16	293.48
−60	292.79	292.11	291.42	290.73	290.03	289.34	288.64	287.95	287.25	286.55
−70	285.84	285.14	284.43	283.73	283.02	282.30	281.59	280.88	280.16	279.44
−80	278.72	278.00	277.27	276.55	275.82	275.09	274.36	273.62	272.89	272.15
−90	271.41	270.67	269.92	269.18	268.43	267.68	266.93	266.17	265.42	264.66

附表 C-16　某些金属和合金的电阻率及其温度系数

金属或合金	电阻率/($\times 10^{-6}\Omega \cdot m$)	温度系数/$℃^{-1}$	金属或合金	电阻率/($\times 10^{-6}\Omega \cdot m$)	温度系数/$℃^{-1}$
铝	0.028	42×10^{-4}	锌	0.059	42×10^{-4}
铜	0.0172	43×10^{-4}	锡	0.12	44×10^{-4}
银	0.016	40×10^{-4}	汞(水银)	0.958	10×10^{-4}
金	0.024	40×10^{-4}	武德合金	0.52	37×10^{-4}
铁	0.098	60×10^{-4}	钢(0.10~0.15%碳)	0.10~0.14	6×10^{-3}
铅	0.205	37×10^{-4}	康铜	0.47~0.51	$(-0.04~+0.01)\times10^{-3}$
铂	0.105	39×10^{-4}	铜锰镍合金	0.34~1.00	$(-0.03~+0.02)\times10^{-3}$
钨	0.055	48×10^{-4}	镍铬合金	0.98~1.10	$(0.03~0.4)\times10^{-3}$

注:电阻率与金属中的杂质有关,因此表中列出的只是20℃时电阻率的平均值。

附表 C-17　不同金属或合金与铂(化学纯)构成热电偶的热电动势

(热端在100℃,冷端在0℃时)

金属或合金	热电动势/mV	连续使用温度/℃	短时使用最高温度/℃
95%Ni+5%(Al,Si,Mn)	-1.38	1000	1250
钨	+0.79	2000	2500
手工制造的铁	+1.87	600	800
康铜(60%Cu+40%Ni)	-3.5	600	800
56%Cu+44%Ni	-4.0	600	800
制导线用铜	+0.75	350	500
镍	-1.5	1000	1100
80%Ni+20%Cr	+2.5	1000	1100
90%Ni+10%Cr	+2.71	1000	1250
90%Pt+10%Ir	+1.3	1000	1200
90%Pt+10%Rh	+0.64	1300	1600
银	+0.72	600	700

注:1. 表中的"+"或"-"表示该电极与铂组成热电偶时,其热电动势是正或负。当热电动势为正时,在处于0℃的热电偶一端电流由金属(或合金)流向铂。

2. 为了确定用表中所列任何两种材料构成的热电偶的热电动势,应当取这两种材料的热电动势的差值。例如:铜-康铜热电偶的热电动势等于+0.75mV-(-3.5mV)=4.25mV。

附表 C-18　几种标准温差电偶

名　　称	分度号	100℃时的电动势/mV	使用温度范围/℃
铜-康铜(Cu55Ni45)	CK	4.26	-200~300
镍铬(Cr9-10Si0.4Ni90)-康铜(Cu56-57Ni43-44)	EA-2	6.95	-200~800
镍铬(Cr9-10Si0.4Ni90)-镍硅(Si2.5-3Co<0.6Ni97)	EV-2	4.10	1200
铂铑(Pt90Rh10)-铂	LB-3	0.643	1600
铂铑(Pt70Rh30)-铂铑(Pt94Rh6)	LL-2	0.034	1800

附表 C-19　铜-康铜热电偶的温差电动势(自由端温度0℃)　　　(单位:mV)

康铜的温度/℃	铜的温度/℃										
	0	10	20	30	40	50	60	70	80	90	100
0	0.000	0.389	0.787	1.194	1.610	2.035	2.468	2.909	3.357	3.813	4.277
100	4.227	4.749	5.227	5.712	6.204	6.702	7.207	7.719	8.236	8.759	9.288
200	9.288	9.823	10.363	10.909	11.459	12.014	12.575	13.140	13.710	14.285	14.864
300	14.864	15.448	16.035	16.627	17.222	17.821	18.424	19.031	19.642	20.256	20.873

附表 C-20　在常温下某些物质相对于空气的光的折射率

物质 ＼ 波长	H_α 线(656.3nm)	D 线(589.3nm)	H_β 线(486.1nm)
水(18℃)	1.3314	1.3332	1.3373
乙醇(18℃)	1.3609	1.3625	1.3665
二硫化碳(18℃)	1.6199	1.6291	1.6541
冕玻璃(轻)	1.5127	1.5153	1.5214
冕玻璃(重)	1.6126	1.6152	1.6213
燧石玻璃(轻)	1.6038	1.6085	1.6200
燧石玻璃(重)	1.7434	1.7515	1.7723
方解石(寻常光)	1.6545	1.6585	1.6679
方解石(非常光)	1.4846	1.4864	1.4908
水晶(寻常光)	1.5418	1.5442	1.5496
水晶(非常光)	1.5509	1.5533	1.5589

附表 C-21　常用光源的谱线波长表　　　(单位:nm)

一、H(氢)	447.15 蓝	589.592(D_1)黄
656.28 红	402.62 蓝紫	588.995(D_2)黄
486.13 绿蓝	388.87 蓝紫	五、Hg(汞)
434.05 蓝	三、Ne(氖)	623.44 橙
410.17 蓝紫	650.65 红	579.07 黄
397.01 蓝紫	640.23 橙	576.96 黄
二、He(氦)	638.30 橙	546.07 绿
706.52 红	626.25 橙	491.60 绿蓝
667.82 红	621.73 橙	435.83 蓝
587.56(D_3)黄	614.31 橙	407.78 蓝紫
501.57 绿	588.19 黄	404.66 蓝紫
492.19 绿蓝	585.25 黄	六、He-Ne 激光
471.31 蓝	四、Na(钠)	632.8 橙

附表 C-22　铜-康铜热电偶分度表

温度/℃	热电动势/mV									
	0	1	2	3	4	5	6	7	8	9
-10	-0.383	-0.421	-0.458	-0.496	-0.534	-0.571	-0.608	-0.646	-0.683	-0.720
-0	0.000	-0.039	-0.077	-0.116	-0.154	-0.193	-0.231	-0.269	-0.307	-0.345
0	0.000	0.039	0.078	0.117	0.156	0.195	0.234	0.273	0.312	0.351
10	0.391	0.430	0.470	0.510	0.549	0.589	0.629	0.669	0.709	0.749
20	0.789	0.830	0.870	0.911	0.951	0.992	1.032	1.073	1.114	1.155
30	1.196	1.237	1.279	1.320	1.361	1.403	1.444	1.486	1.528	1.569

（续）

温度/℃	热电动势/mV									
	0	1	2	3	4	5	6	7	8	9
40	1.611	1.653	1.695	1.738	1.780	1.882	1.865	1.907	1.950	1.992
50	2.035	2.078	2.121	2.164	2.207	2.250	2.294	2.337	2.380	2.424
60	2.467	2.511	2.555	2.599	2.643	2.687	2.731	2.775	2.819	2.864
70	2.908	2.953	2.997	3.042	3.087	3.131	3.176	3.221	3.266	3.312
80	3.357	3.402	3.447	3.493	3.538	3.584	3.630	3.676	3.721	3.767
90	3.813	3.859	3.906	3.952	3.998	4.044	4.091	4.137	4.184	4.231
100	4.277	4.324	4.371	4.418	4.465	4.512	4.559	4.607	4.654	4.701
110	4.749	4.796	4.844	4.891	4.939	4.987	5.035	5.083	5.131	5.179
120	5.227	5.275	5.324	5.372	5.420	5.469	5.517	5.566	5.615	5.663
130	5.712	5.761	5.810	5.859	5.908	5.957	6.007	6.056	6.105	6.155
140	6.204	6.254	6.303	6.353	6.403	6.452	6.502	6.552	6.602	6.652
150	6.702	6.753	6.803	6.853	6.903	6.954	7.004	7.055	7.106	7.156
160	7.207	7.258	7.309	7.360	7.411	7.462	7.513	7.564	7.615	7.666
170	7.718	7.769	7.821	7.872	7.924	7.975	8.027	8.079	8.131	8.183
180	8.235	8.287	8.339	8.391	8.443	8.495	8.548	8.600	8.652	8.705
190	8.757	8.810	8.863	8.915	8.968	9.024	9.074	9.127	9.180	9.233
200	9.286	—	—	—	—	—	—	—	—	—

参 考 文 献

[1]　劳令耳，黄英才．大学物理实验[M]．贵阳：贵州科学技术出版社，2005.

[2]　周定伯，马云魁，程文林，等．物理学实验技术[M]．沈阳：沈阳农业大学出版社，1993.

[3]　陶纯匡，王银峰，汪涛，等．大学物理实验[M]．2版．北京：机械工业出版社，2012.

[4]　吴平．大学物理实验教程[M]．北京：机械工业出版社，2007.

[5]　张雄，王黎智．物理实验设计与研究[M]．北京：科学出版社，2001.

[6]　陈早生，任才贵．大学物理实验[M]．上海：华东理工大学出版社，2003.

[7]　陈守川．大学物理实验教程[M]．杭州：浙江大学出版社，2000.

[8]　吕斯骅，段家忯．基础物理实验[M]．北京：北京大学出版社，2002.

[9]　丁慎训，张连芳．物理实验教程[M]．北京：清华大学出版社，2002.

[10]　曹正东，何雨华，孙文光．大学物理实验[M]．上海：同济大学出版社，2003.

[11]　谢行恕，康士秀，霍剑青．大学物理实验：第二册[M]．北京：高等教育出版社，2002.

[12]　任良隆，谷正骐．物理实验[M]．天津：天津大学出版社，2003.

[13]　李相银．大学物理实验[M]．北京：高等教育出版社，2004.

[14]　张奕林．大学物理实验[M]．北京：中国石化出版社，2008.

[15]　陈玉林，李传起．大学物理实验[M]．北京：科学出版社，2007.

[16]　潘元胜，冯璧华，于瑶．大学物理实验：第二册[M]．修订版．南京：南京大学出版社，2004.

[17]　钱萍，申江．大学物理实验数据的计算机处理[M]．北京：化学工业出版社，2007.

[18]　肖明耀．差理论与应用[M]．北京：中国计量出版社，1985.

[19]　朱鹤年．数据分析与不确定度评定基础[M]．北京：高等教育出版社，2007.